地表过程与资源生态丛书

城市化背景下气溶胶的天气气候与群体健康效应

赵传峰　效存德 等　著

科学出版社

北京

内 容 简 介

本书共包括三篇8章内容，按照认知篇-机理篇-影响篇由浅入深，兼顾专业性和可读性，向读者普及城市化和气溶胶的相关内容。围绕气溶胶和城市化两大主题，介绍了气溶胶探测手段、气溶胶类型、污染源解析、城市化等基本概念，继而深入阐述了气溶胶影响天气气候的机理及城市化带来的气候效应，如气溶胶-云-降水相互作用、热岛效应等；在此基础上探讨了城市化背景下气溶胶的影响，对城市环境造成的群体健康问题展开深入研究，明确了不同区域气候背景下城市化和高温热浪的协同效应及作用机制。

本书可供高等学校大气科学相关专业本科生和研究生参考，也可作为气象、环境等部门科研和业务人员的参考用书。

图书在版编目(CIP)数据

城市化背景下气溶胶的天气气候与群体健康效应／赵传峰等著. —北京：科学出版社，2023.3

(地表过程与资源生态丛书)

ISBN 978-7-03-075221-5

Ⅰ.①城… Ⅱ.①赵… Ⅲ.①大气-气溶胶-气候效应-研究 Ⅳ.①P46

中国国家版本馆CIP数据核字（2023）第046842号

责任编辑：王 倩／责任校对：樊雅琼

责任印制：吴兆东／封面设计：无极书装

科 学 出 版 社 出版

北京东黄城根北街16号

邮政编码：100717

http://www.sciencep.com

北京建宏印刷有限公司 印刷

科学出版社发行 各地新华书店经销

*

2023年3月第 一 版 开本：787×1092 1/16

2023年10月第二次印刷 印张：17 1/4

字数：450 000

定价：258.00元

（如有印装质量问题，我社负责调换）

"地表过程与资源生态丛书"编委会

总　　序

2017 年 10 月，习近平总书记在党的十九大报告中指出：我国经济已由高速增长阶段转向高质量发展阶段。要达到统筹经济社会发展与生态文明双提升战略目标，必须遵循可持续发展核心理念和路径，通过综合考虑生态、环境、经济和人民福祉等因素间的依赖性，深化人与自然关系的科学认识。过去几十年来，我国社会经济得到快速发展，但同时也产生了一系列生态环境问题，人与自然矛盾凸显，可持续发展面临严峻挑战。习近平总书记 2019 年在《求是》杂志撰文指出："总体上看，我国生态环境质量持续好转，出现了稳中向好趋势，但成效并不稳固，稍有松懈就有可能出现反复，犹如逆水行舟，不进则退。生态文明建设正处于压力叠加、负重前行的关键期，已进入提供更多优质生态产品以满足人民日益增长的优美生态环境需要的攻坚期，也到了有条件有能力解决生态环境突出问题的窗口期。"

面对机遇和挑战，必须直面其中的重大科学问题。我们认为，核心问题是如何揭示人–地系统耦合与区域可持续发展机理。目前，全球范围内对地表系统多要素、多过程、多尺度研究以及人–地系统耦合研究总体还处于初期阶段，即相关研究大多处于单向驱动、松散耦合阶段，对人–地系统的互馈性、复杂性和综合性研究相对不足。亟待通过多学科交叉，揭示水土气生人多要素过程耦合机制，深化对生态系统服务与人类福祉间级联效应的认识，解析人与自然系统的双向耦合关系。要实现上述目标，一个重要举措就是建设国家级地表过程与区域可持续发展研究平台，明晰区域可持续发展机理与途径，实现人–地系统理论和方法突破，服务于我国的区域高质量发展战略。这样的复杂问题，必须着力在几个方面取得突破：一是构建天空地一体化流域和区域人与自然环境系统监测技术体系，实现地表多要素、多尺度监测的物联系统，建立航空、卫星、无人机地表多维参数的反演技术，创建针对目标的多源数据融合技术。二是理解土壤、水文和生态过程与机理，以气候变化和人类活动驱动为背景，认识地表多要素相互作用关系和机理。认识生态系统结构、过程、服务的耦合机制，以生态系统为对象，解析其结构变化的过程，认识人类活动与生态系统相互作用关系，理解生态系统服务的潜力与维持途径，为区域高质量发展"提质"和"开源"。三是理解自然灾害的发生过程、风险识别与防范途径，通过地表快速变化过程监测、模拟，确定自然灾害的诱发因素，模拟区域自然灾害发生类型、规模，探讨自然灾害风险防控途径，为区域高质量发展"兜底"。四是破解人–地系统结构、可持续发展机理。通过区域人–地系统结构特征分析，构建人–地系统结构的模式，综合评估多种区域发展模式的结构及其整体效益，基于我国自然条件和人文背景，模拟不同区域可持续发展能力、状态和趋势。

自 2007 年批准建立以来，地表过程与资源生态国家重点实验室定位于研究地表过程及其对可更新资源再生机理的影响，建立与完善地表多要素、多过程和多尺度模型与人–地系统动力学模拟系统，探讨区域自然资源可持续利用范式，主要开展地表过程、资源生态、地表系统模型与模拟、可持续发展范式四个方向的研究。

实验室在四大研究方向之下建立了 10 个研究团队，以团队为研究实体较系统地开展了相关工作。

风沙过程团队：围绕地表风沙过程，开展了风沙运动机理、土壤风蚀、风水复合侵蚀、风沙地貌、土地沙漠化与沙区环境变化研究，初步建成国际一流水平的风沙过程实验与观测平台，在风沙运动–动力过程与机理、土壤风蚀过程与机理、土壤风蚀预报模型、青藏高原土地沙漠化格局与演变等方面取得了重要研究进展。

土壤侵蚀过程团队：主要开展了土壤侵蚀对全球变化与重大生态工程的响应、水土流失驱动的土壤碳迁移与转化过程、多尺度土壤侵蚀模型、区域水土流失评价与制图、侵蚀泥沙来源识别与模拟及水土流失对土地生产力影响及其机制等方面的研究，并在全国水土保持普查工作中提供了科学支撑和标准。

生态水文过程团队：研究生态水文过程观测的新技术与方法，构建了流域生态水文过程的多尺度综合观测系统；加深理解了陆地生态系统水文及生态过程相互作用及反馈机制；揭示了生态系统气候适应性及脆弱性机理过程；发展了尺度转换的理论与方法；在北方农牧交错带、干旱区流域系统、高寒草原–湖泊系统开展了系统研究，提高了流域水资源可持续管理水平。

生物多样性维持机理团队：围绕生物多样性领域的核心科学问题，利用现代分子标记和基因组学等方法，通过野外观测、理论模型和实验检验三种途径，重点开展了生物多样性的形成、维持与丧失机制的多尺度、多过程综合研究，探讨生物多样性的生态系统功能，为国家自然生物资源保护、国家公园建设提供了重要科学依据。

植被–环境系统互馈及生态系统参数测量团队：基于实测数据和3S 技术，研究植被与环境系统互馈机理，构建了多类型、多尺度生态系统参数反演模型，揭示了微观过程驱动下的植被资源时空变化机制。重点解析了森林和草地生态系统生长的年际动态及其对气候变化与人类活动的响应机制，初步建立了生态系统参数反演的遥感模型等。

景观生态与生态服务团队：综合应用定位监测、区域调查、模型模拟和遥感、地理信息系统等空间信息技术，针对从小流域到全球不同尺度，系统开展了景观格局与生态过程耦合、生态系统服务权衡与综合集成，探索全球变化对生态系统服务的影响、地表过程与可持续性等，创新发展地理科学综合研究的方法与途径。

环境演变与人类活动团队：从古气候和古环境重建入手，重点揭示全新世尤其自有显著农业活动和工业化以来自然与人为因素对地表环境的影响。从地表承载力本底、当代承载力现状以及未来韧性空间的链式研究，探讨地表可再生资源持续利用途径，构筑人–地关系动力学方法，提出人–地关系良性发展范式。

人–地系统动力学模型与模拟团队：构建耦合地表过程、人文经济过程和气候过程的人–地系统模式，探索多尺度人类活动对自然系统的影响，以及不同时空尺度气候变化对自然和社会经济系统的影响；提供有序人类活动调控参数和过程。完善系统动力学/地球系统模式，揭示人类活动和自然变化对地表系统关键组分的影响过程和机理。

区域可持续性与土地系统设计团队：聚焦全球化和全球变化背景下我国北方农牧交错带、海陆过渡带和城乡过渡带等生态过渡带地区如何可持续发展这一关键科学问题，以土地系统模拟、优化和设计为主线，开展了不同尺度的区域可持续性研究。

综合风险评价与防御范式团队：围绕国家综合防灾减灾救灾、公共安全和综合风险防范重大需求，研究重/特大自然灾害的致灾机理、成害过程、管理模式和风险防范四大内容。开展以气候变化和地表过程为主要驱动的自然灾害风险的综合性研究，突出灾害对社会经济、生产生活、生态环境等的影响评价、风险评估和防范模式的研究。

丛书是对上述团队成果的系统总结。需要说明，综合风险评价与防御范式团队已经形成较为成熟的研究体系，形成的“综合风险防范关键技术研究与示范丛书”先期已经由科学出版社出版，不在此列。

丛书是对团队集体研究成果的凝练，内容包括与地表侵蚀以及生态水文过程有关的风沙过程观测与模拟、中国土壤侵蚀、干旱半干旱区生态水文过程与机理等，与资源生态以及生物多样性有关的生态系统服务和区域可持续性评价、黄土高原生态过程与生态系统服务、生物多样性的形成与维持等，与环境变化和人类活动及其人-地系统有关的城市化背景下的气溶胶天气气候与群体健康效应、人-地系统动力学模式等。这些成果揭示了水土气生人等要素的关键过程和主要关联，对接当代可持续发展科学的关键瓶颈性问题。

在丛书撰写过程中，除集体讨论外，何春阳、杨静、叶爱中、李小雁、邹学勇、效存德、龚道溢、刘绍民、江源、严平、张光辉、张科利、赵文武、延晓冬等对丛书进行了独立审稿。黄海青给予了大力协助。在此一并致谢！

丛书得到地表过程与资源生态国家重点实验室重点项目（2020-JC01~08）资助。

由于科学认识所限，不足之处望读者不吝指正！

2022年10月26日

前　言

中国城市化进程发展迅速，其在带动区域经济发展、促进生产生活方式变化的同时，也带来了严重的空气污染，加剧了热岛效应，改变了天气和气候格局，引发了诸多环境和健康问题。随着国家多项环境治理政策的实施，中国空气质量获得了显著提升，但空气污染依然是严重影响人民群众生产生活质量的负面因素之一。同时，大众对城市化、气溶胶的天气气候效应和群体健康效应等内容所知较少。因此对城市化背景下气溶胶的天气气候与群体健康效应进行系统阐述具有重要科学意义，且能够为国家相关政策的制定及实施提供重要科学支撑。

本书共包括三篇8章内容，按照认知篇–机理篇–影响篇由浅入深，兼顾专业性和可读性，向读者普及城市化和气溶胶的相关内容。围绕气溶胶和城市化两大主题，介绍了气溶胶探测手段、气溶胶类型、污染源解析、城市化等基本概念，继而深入阐述了气溶胶影响天气气候的机理及城市化带来的气候效应，如气溶胶–云–降水相互作用、热岛效应等；在此基础上探讨了城市化背景下气溶胶的影响，对城市环境造成的群体健康问题展开深入研究，明确了不同区域气候背景下城市化和高温热浪的协同效应及作用机制。

本书综合了气溶胶与城市化研究领域多位专家的长期工作成果，由北京师范大学、中山大学、中国科学技术大学、中国科学院大气物理研究所、中国科学院青藏高原研究所、河北人工影响天气办公室等单位的研究人员共同编写完成，在此我们对参与人员及其单位表示感谢。各章执笔人如下：第1章由赵传峰、效存德、杨以坤、杨兴川、汪洋、郑才望、杜志恒撰写；第2章由赵传峰、龚道溢、毛睿、范昊、冯星雅、程雪雁、兰天涵、胡志远、赵纯、郭栋、邬光剑撰写；第3章由何春阳、黄庆旭、岳桓陛、许芳瑾撰写；第4章由赵传峰、董晓波、苏芸菲、马占山、孙悦、赵辛撰写；第5章由赵传峰、杨新、李宝东、董晓波、吴志会、孙玉稳、杨洋、陈田萌、陈宇杨、邱艳梅、周李晶撰写；第6章由于德永、邬建国、曹茜撰写；第7章由何春阳、黄庆旭、张朝、岳桓陛、朱磊、张领雁撰写；第8章由王开存和蒋少晶撰写。赵传峰、孙悦、赵辛、赵丽君参与了全书的校订工作。

由于编著者水平有限，加之编著时间仓促，书中遗漏及不足之处在所难免，敬请读者不吝赐教。

作　者

2022年12月

目　　录

认 知 篇

机 理 篇

影 响 篇

认　知　篇

第1章 气溶胶探测与气溶胶类型

改革开放以来，我国的经济发展迅速，工业化与城市化进程加快，但同时引发了一系列严重的空气污染问题，对群体健康、工农业生产及天气气候都有一定的影响。如何有效地改善空气质量成为公众最关心的问题之一。一般来说，大气污染物可被划分为两种形式：一种是空气中的气溶胶（也称颗粒物），如细颗粒物（$PM_{2.5}$）和可吸入颗粒物（PM_{10}），相比于 PM_{10}，$PM_{2.5}$对群体健康及生态环境的危害更大；另一种是气态污染物，如二氧化硫（SO_2）、二氧化氮（NO_2）和臭氧（O_3）等。李克强总理在第十三届全国人民代表大会第一次会议上表示，树立绿水青山就是金山银山理念，以前所未有的决心和力度加强生态环境保护。重拳整治大气污染，重点地区细颗粒物（$PM_{2.5}$）平均浓度下降30%以上。显然，治理污染之前首先要获得地面的污染信息。

大气气溶胶指的是悬浮于大气中的固体或液体颗粒，直径介于 10^{-3} ~ 10μm。虽然气溶胶只是地球大气成分中含量很少的组分，但却对全球与区域尺度上的气候变化起着重要作用。气溶胶通过对太阳辐射的吸收和散射作用影响地球的辐射平衡，从而引起大气环流与地表温度的变化，这类效应称为气溶胶对天气气候的直接辐射效应；此外，气溶胶粒子作为云凝结核与冰核影响云的微物理特征，进一步影响云的形成与发展，以及降水概率，这类效应被称为气溶胶对天气气候的间接辐射效应。其中，气溶胶的间接辐射效应又可分为第一间接效应和第二间接效应。第一间接效应，也称 Twomey 效应（Twomey，1977），指的是在云中液态水含量一定的情况下，气溶胶粒子之间会互相争夺水汽，从而减小云滴的有效半径，进而增大云的反照率；第二间接效应，指的是气溶胶引起的云滴有效半径减小会抑制云的发展，使云的生命周期变长，减少地面接收的太阳辐射（Menon et al.，2002；Qian et al.，2009a）。另外，当吸收型气溶胶作为云凝结核时，由于对太阳辐射的强吸收作用，其能够加热大气并使云消散，这类效应被称为气溶胶的半直接效应。气溶胶对群体健康也有一定的影响，流行病学研究表明：$PM_{2.5}$有损人体健康，长期暴露在 $PM_{2.5}$浓度较高的空气环境中会引发心肺和心血管疾病，甚至有致癌风险。因此，气溶胶在环境、气候及流行病学领域均为重点研究对象。

1.1 气溶胶探测

研究气溶胶粒子特性的手段有很多，如卫星遥感、地基遥感及地面和飞机外场观测等。卫星遥感观测已被广泛用于估计地面 $PM_{2.5}$ 质量浓度。卫星测得的气溶胶光学厚度（aerosol optical depth，AOD）反映的是一个较大水平区域（1km^{2}及以上）垂直方向上整柱气溶胶粒子的观测情况，而且 AOD 和 $PM_{2.5}$的回归关系在不同的地理位置通常变化很大，所以卫星遥感观测的 AOD 用于估计地面 $PM_{2.5}$质量浓度时有很大的不确定性。卫星空间分辨率低和较难捕捉地面污染物信息的缺陷，使得卫星遥感观测无法精确地反映城市 $PM_{2.5}$的复杂空间分布。

世界范围内现已建成几个用于气溶胶观测的地基观测网络，如全球地基气溶胶遥感观测网络（Aerosol Robotic Network，AERONET）（Holben et al.，2001）、跨部门能见度环境监测（Interagency Monitoring of Protected Visual Environments，IMPROVE）网络（Malm et al.，1994）和中国的大约由2400个环境监测站组成的网络等。这些类型的观测经校准后广泛用于卫星气溶胶观测的评估（Bréon et al.，2011；Chu et al.，2003），但是这些观测站点在空间上的代表性范围有限且各站间距通常较大。当局地源排放的区域变化较大时，有限的城市监测站通常不能准确地反映整个城市的空气质量信息。城市环境只靠稀疏的监测站网是不能完全解析的，需要高时空分辨率的观测网络来量化城市尺度下的污染物水平（Mead et al.，2013）。随着低成本监测设备的发展，城市内高密度的环境监测站网布设成为可能。

如今，中国已在几个城市建成了高密度的地面空气污染物观测站点，即网格化观测，除了满足监控局地源的业务需求外，也可利用其高空间分辨率的观测研究空气污染物的城市内部空间分布。现已建成网格化观测的城市包括石家庄、保定、廊坊、新乡、成都等。网格化观测的相邻站点的距离可以达到几十米，有助于研究微尺度污染事件的发生、演变过程。当气溶胶污染受局地源排放影响较大时，空气污染的空间分布将会有很大的异质性，网格化观测则能发挥其高空间分辨率的优势，用于识别局地散源和计算受污染物扩散影响的城市范围等。然而，低成本网格化观测仪器的一个重要局限性是仪器精度较低，误差较大。

1.1.1 卫星遥感探测

卫星遥感通常可以获取气溶胶的光学特性，如 AOD 和消光系数，但无法直接得到气溶胶质量与数量浓度数据。

相对于地面站点，卫星遥感观测数据主要包括 AOD 和 Angstrom 指数，二者分别反映气溶胶柱浓度含量和粒子相对大小情况。卫星遥感反演气溶胶产品由于覆盖范围广而获得了广泛的应用，尤其是在时空变化特征的分析方面。然而，卫星遥感反演气溶胶产品严重依赖气溶胶反演方法，其产品的评估和改进也是重要研究内容之一。只有准确的卫星遥感气溶胶反演产品才能为后续的气溶胶-云降水-辐射相互作用研究奠定数据基础。

本节主要介绍对卫星气溶胶反演方法的改进，探索适合复杂下垫面的气溶胶反演方法（Yang et al.，2019a）。作为大气重要的组成部分，气溶胶可以改变地球系统的辐射能量平衡。气溶胶通过直接散射或者吸收太阳短波辐射和地球长波辐射对地球系统辐射平衡产生直接效应。在人类活动和自然活动的双重影响下，气溶胶污染问题是近年来人类社会面临的重大问题。气溶胶主要聚集在近地面区域，对人类的生活环境和身体健康造成了巨大的影响。气溶胶来源广泛并且具有很大的时空变化，不同区域和时间的气溶胶光学特性具有很大的差异。因此，全面了解气溶胶对气候变化、地球辐射收支和人类健康影响的研究至关重要。

传统气溶胶监测主要依靠地基观测网络，难以实现大区域内精确、实时确定气溶胶的性质、组成及时空分布的研究。与地基遥感相比，卫星遥感作为获取大区域气溶胶空间分布和时间变化的最直接、最有效的方法，已广泛应用于局部和全球尺度的研究。基于卫星光谱辐射测量，AOD 反演算法通常包括：①结构函数算法（Tanre et al.，1988）；②暗目标（dark target，DT）算法（Kaufman et al.，1997a，1997b）；③改进的 DT 算法（Levy et al.，2007）；④深蓝（deep blue，DB）算法（Hsu et al.，2004）。相比于其他反演算法，DB 算法具有较高的精度且能够实现城市区域的 AOD 反演，但是 DB 算法进行气溶胶反演时需要精确的地表信息。

AOD 是气溶胶的一个重要光学参数，它被定义为大气垂直路径上的消光系数的积分，已成为衡量气溶胶污染的重要指标。利用卫星进行 AOD 反演的主要挑战之一是从卫星记录的信号中分离出气溶胶粒子散射贡献，而卫星记录的信号是大气路径反射（包括大气分子和气溶胶物质）以及地表反射信号的叠加。气溶胶光学特性也是精确反演 AOD 的关键参数，且气溶胶在空间和时间上具有较大的变化。

NPP VIIRS 反演的 AOD 广泛应用于气候、环境和辐射研究之中。然而，该产品在复杂下垫面下的反演 AOD 存在较大误差。本研究改进了复杂下垫面的 AOD 反演算法——DB 算法，并对改进效果开展了评估研究。该评估研究在两个方面对原有 DB 算法进行了改进：一是构建了不同传感器通道之间的光谱转换模型；二是充分利用了复杂区域不同季节的气溶胶光学特性。

随着地表反照率的增高，气溶胶对辐射的贡献逐渐降低，并且随着地表反照率的增加，其误差与 AOD 反演误差呈正相关关系，因此，获取高精度的地表反照率数据集是实现 AOD 高精确反演的前提。而 NPP VIIRS 地表反照率产品 VNP 09 A1 精度相对较低，低估了地表反照率，尤其是在可见光波段，这增加了 AOD 反演的误差。MODIS 地表反照率具有较高的精度，可以作为 VIIRS AOD 反演地表先验知识数据集。光谱响应函数作为描述传感器性能的物理参数，在不同的传感器以及同一传感器不同通道之间均存在差异。为降低传感器差异对气溶胶反演的影响，我们利用 ASTER 实测地物光谱曲线构建了地表反照率光谱转换模型，即将植被和土壤实测光谱数据与传感器通道光谱响应函数相结合，构建了 MODIS 和 VIIRS 蓝光通道地表反照率的光谱转换模型，进一步提高 VIIRS AOD 反演的精度。同时，为了降低云和植被物候变化的影响，采用 MODIS 8 天合成的地表反照率数据为 AOD 反演提供先验知识。

气溶胶光学特性是影响 AOD 反演精度的又一关键参数。为了更加准确获取北京及周边区域内气溶胶光学特性，实现更高精度的 AOD 反演，我们对研究区内长时间序列的 AERONET 数据（北京、北京-CAMS、香河、兴隆四个 AERONET 站点）的气溶胶光学特性［单次散射反照率（single scattering albedo，SSA）和不对称因子］进行分析，获取了复杂区域不同季节的气溶胶光学特性。由于气溶胶类型存在季节周期的变化规律，因此，基于 6S 辐射传输模型构建了 AOD 反演查找表，也对气溶胶特性进行了相应的划分，从而降低了气溶胶光学特性差异对 AOD 反演造成的误差。此外，我们还通过 AERONET 数据和 VIIRS AOD 产品（VAOOO 和 IVAOT 两套产品）对 AOD 反演结果进行了评价。具体流程如图 1-1 所示。

为了验证改进的 AOD 反演算法的有效性，利用地基遥感观测的 AOD 对反演结果进行评估。AOD 反演结果与 AERONET 实测 AOD 具有较高的相关性，不同站点相关性介于 0.82 ~ 0.92，偏差（Bias）均小于 0.05，均方根误差（RMSE）（0.16 ~ 0.17）和平均绝对误差（MAE）（0.10 ~ 0.13）总体较小（图 1-2）。

我们反演了 2014 年 4 月 13 日、2015 年 8 月 13 日和 2017 年 3 月 4 日北京及周边区域的 AOD 和 VIIRS AOD，发现 IVAOT AOD 产品具有较高的空间分辨率，但空间一致性存在一定的问题。VAOOO AOD 产品有大量缺失值，空间连续性相对较差。与 VIIRS AOD 产品进行比较可以发现，我们反演的 AOD 与 AERONET AOD 测量值更符合，偏差较小。同时，与 VIIRS AOD 产品相比，我们反演的 AOD 在空间上的分布与辐射观测的真彩色合成图像更为一致。

1.1.2 $PM_{2.5}$

近年来，为研究大区域空间尺度的 $PM_{2.5}$ 时空分布特征，从卫星遥感的 AOD 数据向 $PM_{2.5}$ 浓度反演的算法层出不穷（黄明祥等，2015）。其中，大部分研究集中于建立 AOD 与 $PM_{2.5}$ 的统计回归模型，通过已知的观测数据求解回归方程的参数，进而得到未知区域及时间区间的 $PM_{2.5}$ 值，同时利用交叉验证来分析模型的精度与稳定性。Guo 等（2009）利用中国气象局大气成分观测网络（CAWNET）的 PM 小时数据和长时间的 MODIS AOD 产品，研究了中国东部 AOD 与地面 PM_1、$PM_{2.5}$、PM_{10} 的关系，并且讨论了边界层高度

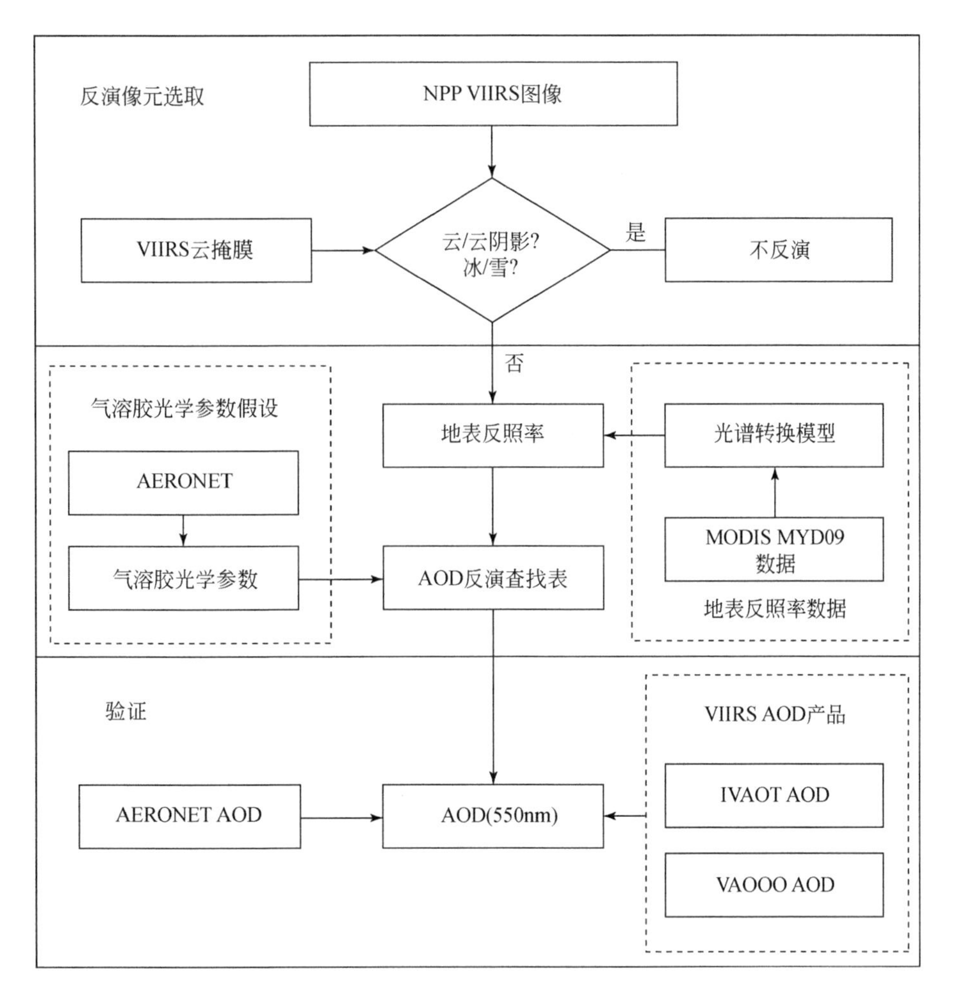

图 1-1 改进的 AOD 反演算法流程图

(PBLH) 和相对湿度 (RH) 对 AOD 与 PM 关系的潜在影响。Ma 等 (2014) 利用地理加权回归 (geographic weighted regression, GWR) 模型与交叉验证的算法, 研究了中国区域 $PM_{2.5}$浓度的时空分布特征, 发现土地利用及气象要素显著影响模型的预测精度。Xin 等 (2016) 利用 CARE-China 观测网的数据分别分析了中国 22 个站点 $PM_{2.5}$与 AOD 的线性关系, 并讨论了气象条件及气溶胶粒子对二者关系的影响。Sreekanth 等 (2017) 利用 MODIS 3km×3km 空间分辨率的 AOD 数据, 基于统计回归的方法, 反演得到了印度 5 个城市的 $PM_{2.5}$值, 交叉验证的 R 值达到了 0.63。Van Donkelaar 等 (2006, 2010, 2013) 利用全球化学传输模式 (CTM) 获取的 $PM_{2.5}$/AOD 比值与卫星遥感观测的 AOD 数据, 反演并评估了全球的 $PM_{2.5}$浓度分布。许多研究表明, 在不同区域, AOD 与 $PM_{2.5}$的关系差异显著 (Corbin et al., 2002; Hand et al., 2004)。事实上, 影响 AOD 与 $PM_{2.5}$关系的因子很多,

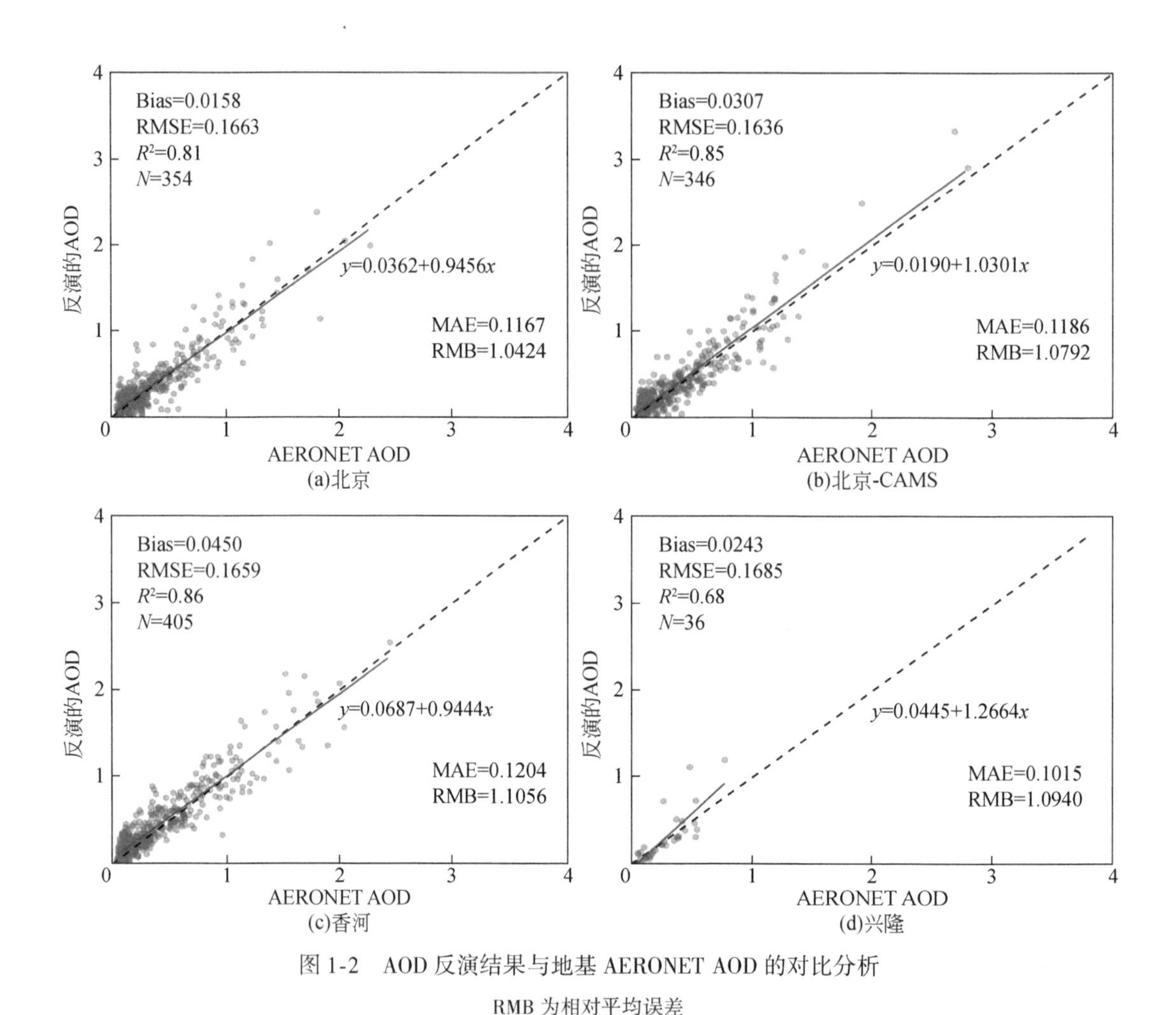

图 1-2　AOD 反演结果与地基 AERONET AOD 的对比分析

RMB 为相对平均误差

影响机制也十分复杂，除了选定合适的模型之外，探究各个因子对 AOD 与 $PM_{2.5}$关系的影响是提高反演精度的关键。

1.1.3　$PM_{2.5}$与 AOD 的比值 η

AOD 表征的是整个大气层中气溶胶对太阳辐射的总削弱作用，而地面监测站点所观测的 $PM_{2.5}$质量浓度仅反映近地面的空气污染状况。基于 AOD 与 $PM_{2.5}$的线性关系假设，由 AOD 向 $PM_{2.5}$浓度反演需要一个转换因子 η，可表示为

$$\eta=\frac{PM_{2.5}}{AOD} \tag{1-1}$$

式中，η 为气溶胶粒子单位光学厚度下的 $PM_{2.5}$质量浓度。η 受气溶胶的大小和类型、边界

层高度、相对湿度及气溶胶垂直分布的影响。在相同 $PM_{2.5}$ 质量浓度下，AOD 越小，表明消光能力越弱，反之，表明消光能力越强。此处的消光能力指的是单位质量浓度的消光系数。换句话说，η 越小，气溶胶的消光能力越强。利用 η 这个参数，在本章后面几个小节中我们介绍了不同气象因子对 AOD 与 $PM_{2.5}$ 关系的影响。

1.2 气溶胶分类方法

由于来源不同，不同地点和季节的气溶胶粒子在物理与光学特性上存在显著差异（陈好等，2013）。细粒子百分比（fine mode fraction，FMF）指的是半径小于 1μm 的细模态气溶胶粒子在 AOD 中所占比例；Ångström 指数（AE）描述了 AOD 随波长的变化关系（陈好等，2013）。AE 的大小与气溶胶粒子尺度有关，粒子尺度越大，AE 就越小，因此，AE 可粗略地区分细粒子与粗粒子。单次散射反照率（SSA）被定义为在一次散射过程中散射光强在总削弱光场能量中所占的比例，SSA 可用于区分吸收和非吸收特性的气溶胶粒子。本研究利用 AERONET 北京站点的二级小时数据来获取气溶胶的特性信息，其中，FMF 与 AE 两个参数可用于区分气溶胶的粗细模态，而 SSA 可用于区分吸收型与散射型气溶胶。基于 Lee 等（2010）提出的方法，气溶胶被分为以下 8 种类型：

1）粗模态散射型（SSA>0.95，FMF<0.4 及 AE≤0.6）

2）粗模态吸收型，即沙尘气溶胶（SSA≤0.95，FMF<0.4 及 AE≤0.6）

3）混合模态散射型（SSA>0.95，0.4≤FMF≤0.6 及 0.6<AE≤1.2）

4）混合模态吸收型（SSA≤0.95，0.4≤FMF≤0.6 及 0.6<AE≤1.2）

5）细模态散射型（SSA>0.95，FMF>0.6 及 AE>1.2）

6）细模态强吸收型（SSA≤0.85，FMF>0.6 及 AE>1.2）

7）细模态中度吸收型（0.85<SSA≤0.9，FMF>0.6 及 AE>1.2）

8）细模态弱吸收型（0.9<SSA≤0.95，FMF>0.6 及 AE>1.2）

粗模态吸收型与细模态强吸收型气溶胶粒子分别含有沙尘与黑碳粒子。整体而言，北京地区夏季气溶胶粒子主要为细模态弱吸收型和散射型粒子，而冬季气溶胶粒子为细模态弱吸收型和中度吸收型粒子，粗模态沙尘粒子主要出现在春季和冬季。

1.3 吸收型气溶胶和散射型气溶胶

为了研究气溶胶类型对 η 的影响，我们分别分析了 4 个季节 11:00～17:00（当地时间）的观测数据。RH 和 PBLH 在 11:00～17:00 时间段内的变化不大，通过这种方法，我们试图减小 RH 和 PBLH 的日变化和季节变化对 η 的影响。气溶胶粒子的消光能力反映了气溶胶对光信号的衰减能力，可以将其定义为每单位质量的消光量，它与粒子大小和波长之间的比例及化学成分（气溶胶类型）密切相关。在不考虑其他外部气象因素的情况下，相同质量浓度的气溶胶，如果 AOD 较小，则消光能力较弱；如果 AOD 越大，则消光能力越强。换句话说，η 越大，气溶胶消光能力越弱；η 越小，气溶胶消光能力越强。总体而言，η 可以反映气溶胶粒子的消光能力。

图 1-3 为北京地区 2011 ~ 2015 年 4 个季节不同气溶胶类型的频率分布图。沙尘气溶胶（粗模态吸收型气溶胶）在春、夏、秋、冬 4 个季节中所占比例分别为 15.38%、0.41%、6.38% 和 6.86%。如图 1-3 所示，由于受西北干旱区沙尘远距离传输的影响（Shen et al., 2014），沙尘天气在春冬季节发生较为频繁，尤其是春季。细模态吸收型气溶胶在 4 个季节的占比分别为 36.47%、42.63%、51.07% 和 60.28%，其中，除冬季外细模态弱吸收型

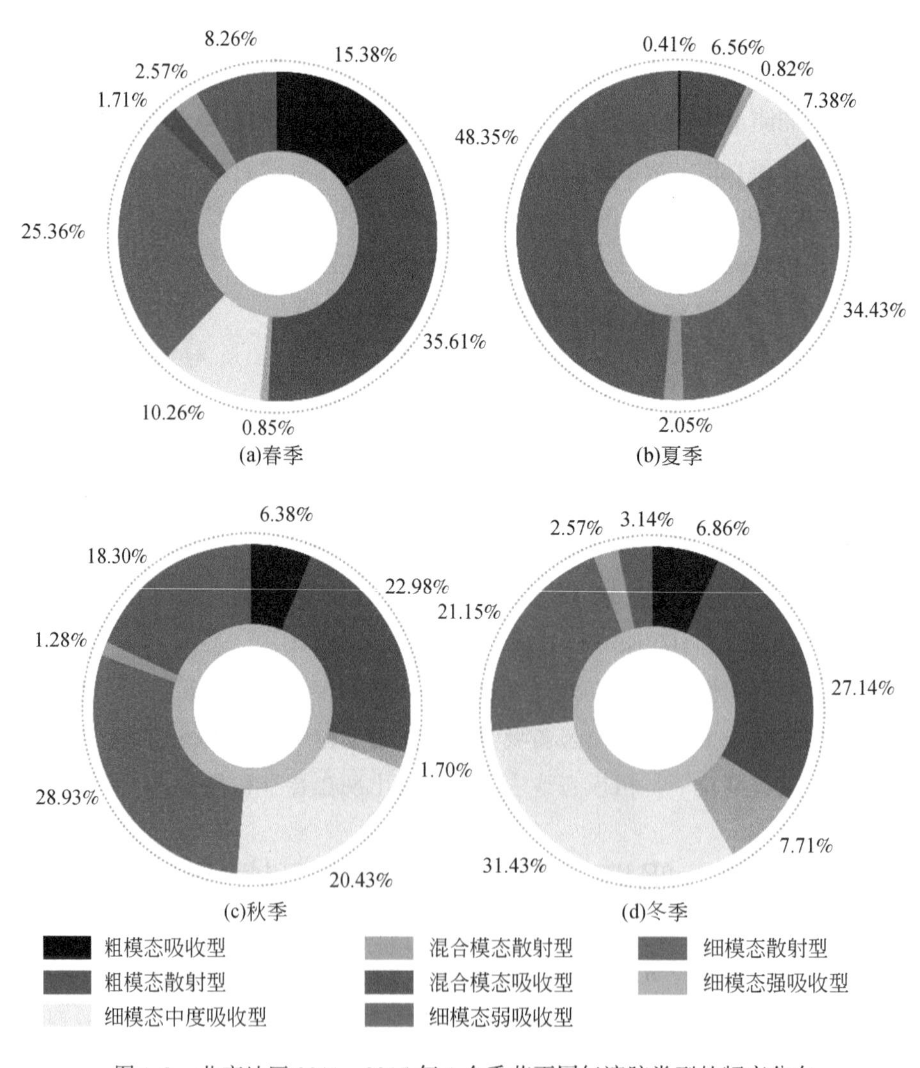

图 1-3　北京地区 2011 ~ 2015 年 4 个季节不同气溶胶类型的频率分布

气溶胶粒子占比最高。在冬季，由于供暖的煤烟排放及生物质燃烧的影响，细模态强吸收型气溶胶粒子占比明显高于其他季节，为 7.71%。细模态散射型气溶胶粒子的出现概率在夏季与秋季高于另外两个季节，特别是夏季，细模态散射型气溶胶粒子占比为 48.35%。整体而言，在粒子尺度上，细模态气溶胶在北京 4 个季节内占主导；在气溶胶的光学特性上，吸收型气溶胶占主导。气溶胶类型在时间尺度上的分布差异必然会显著影响 AOD 与 $PM_{2.5}$的关系。

图 1-4 为北京地区 2011 ~2015 年不同季节内 η 随气溶胶类型的变化图（由于夏季粗模态气溶胶的个例数太少，其 η 为缺失值）。由图 1-4 可以看出，η 总体上随气溶胶粒子

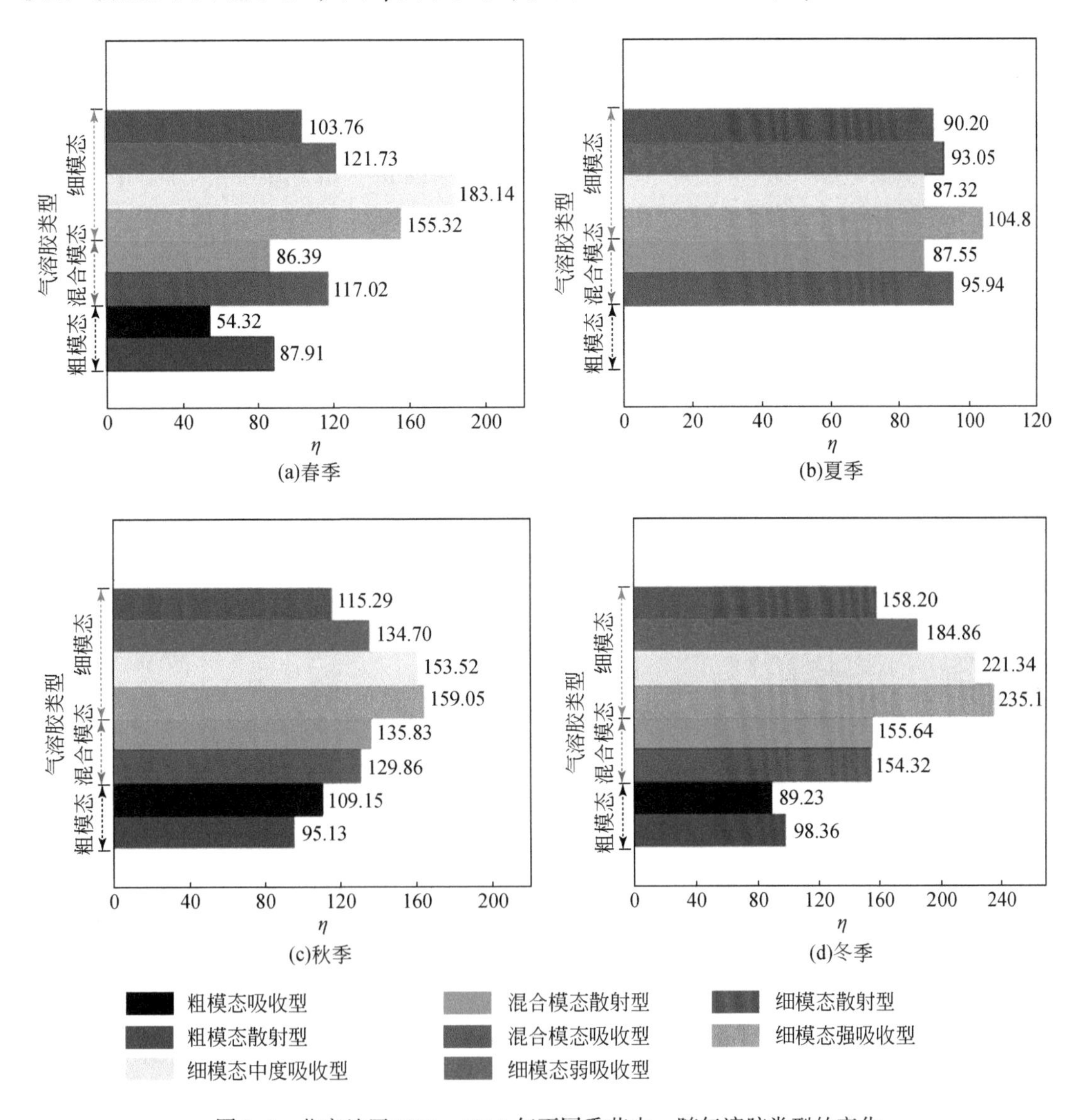

图 1-4　北京地区 2011 ~2015 年不同季节内 η 随气溶胶类型的变化

的增大而减小，即粗模态粒子的 η 最小，而细模态粒子的 η 最大，总体来说散射型气溶胶粒子的 η 要小于吸收型气溶胶粒子。理论上来说，气溶胶的消光能力随尺度参数（$x=2\pi r/\lambda$）的增加而增加，在 x 大约为 6 时达到峰值。因此，对于可见光波段的太阳辐射而言（如 $\lambda=500\text{nm}$），气溶胶粒子在 0 ~ 0.5μm 范围内，消光能力通常随粒子的增加而增加，也就是说，当 $\lambda=550\text{nm}$ 时，细模态气溶胶粒子（0.11 ~ 0.33μm）的消光能力比粗模态粒子强，细模态气溶胶粒子的 η 应当小于粗模态粒子。然而，一些半径大于 2.5μm 的粗模态粒子可能对可见光波段的消光有显著的削减作用，进而使 AOD 增大。这种现象尤其出现在由粗模态气溶胶粒子主导的沙尘天气中，即 AOD 更可能由 PM_{10} 而不是 $PM_{2.5}$ 贡献，这使得粗模态粒子的 η 小于细模态粒子。

由于样本数量的限制，图 1-5 仅显示不同季节 5 种气溶胶类型的 AOD 和 $PM_{2.5}$ 关系的差异。对于所有类型的气溶胶数据而言，$PM_{2.5}$ 和 AOD 线性回归函数（$PM_{2.5}=a\times AOD+b$）的斜率在春、夏、秋、冬 4 个季节内分别为 90.2μg/m³、56.9μg/m³、118.0μg/m³ 和 138.4μg/m³，斜率的季节性差异归因于 PBLH 和 RH 的影响。在夏季，PBLH 升高，受湍流作用的影响，污染物在垂直方向上升到更高的位置，这使得近地面 $PM_{2.5}$ 对整柱 AOD 的贡献率降低，斜率最小；冬季与夏季正好相反，斜率最大，而春季和秋季的斜率在两者之间。同时，同一季节内不同气溶胶类型的回归函数的斜率差异较大，斜率变化范围在春、夏、秋、冬 4 个季节中分别为 64.68 ~ 111.09μg/m³，40.04 ~ 121.95μg/m³，70.79 ~ 162.9μg/m³ 和 43.58 ~ 157.93μg/m³。春夏季节，混合模态散射型气溶胶斜率最小，混合模态吸收型斜率最大，秋冬季节粗模态吸收型气溶胶斜率最小，细模态气溶胶斜率最大；散射型气溶胶的斜率通常小于吸收型气溶胶。

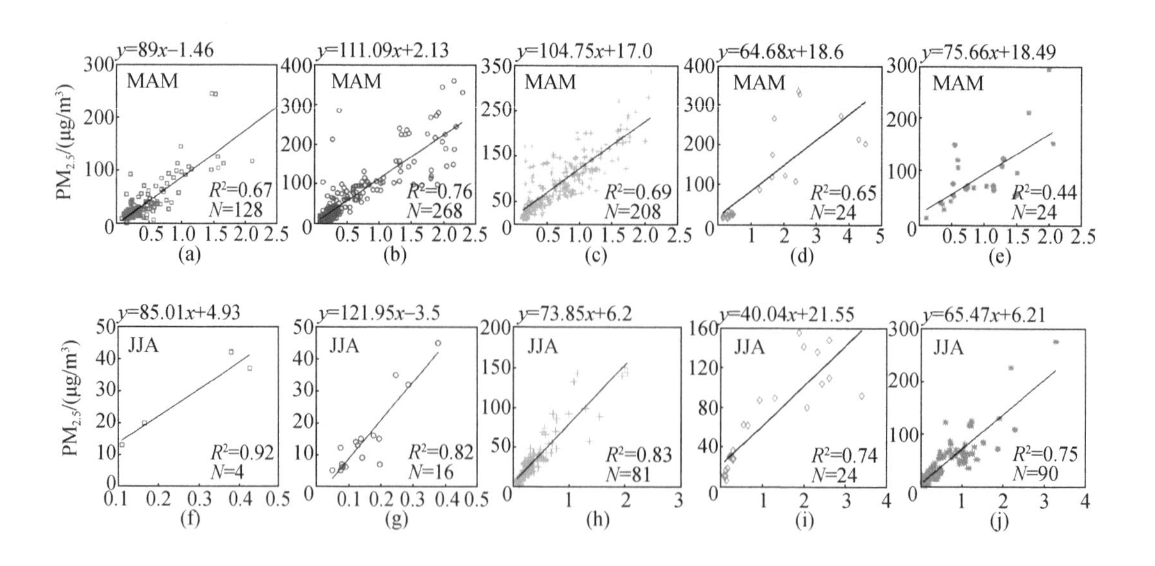

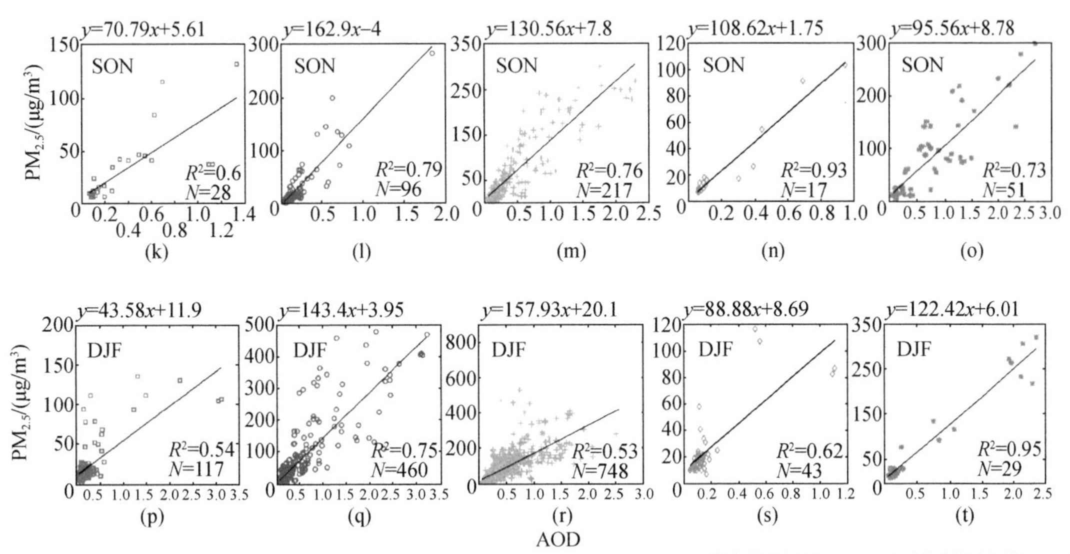

图 1-5　不同季节 5 种气溶胶类型的 AERONET AOD 与 $PM_{2.5}$浓度的散点分布图

黑实线表示线性回归的最佳拟合线；MAM 为春季，JJA 为夏季，SON 为秋季，DJF 为冬季

1.3.1　RH 与 PBLH 的影响

RH 通过影响气溶胶粒子的吸湿增长过程而使气溶胶粒子的大小、化学组分和消光特征发生改变（Liu et al.，2007）。吸湿增长因子 f（RH）被定义为气溶胶在一定 RH 下的散射系数与干空气条件的散射系数的比值（Li et al.，2014），本研究中 f（RH）可简单定义为（李成才等，2003）

$$f(\mathrm{RH})=\frac{1}{1-\mathrm{RH}/100} \tag{1-2}$$

因此，经过湿度订正后的 AOD_{dry} 为

$$\mathrm{AOD_{dry}}=\frac{\mathrm{AOD}}{f(\mathrm{RH})} \tag{1-3}$$

PBLH 随气象条件、地形、地面粗糙度而变化，对气溶胶粒子的垂直分布有显著影响（Stull et al.，1988）。基于边界层均匀混合的假设，气溶胶粒子较为均匀地分散在边界层内（Guinot et al.，2006；Zhang et al.，2009），PBLH 越高，近地面的 $PM_{2.5}$浓度越低。因此，整柱 $PM_{2.5}$的浓度可近似定义为

$$\mathrm{PM_{2.5\_Column}}=\mathrm{PM_{2.5}}\times\mathrm{PBLH} \tag{1-4}$$

RH 的增加会引起 AOD 的增加，使得 η 减小；PBLH 的降低会引起近地面 $PM_{2.5}$浓度的

增加，使得 η 增大。RH 与 PBLH 的混合作用在一定程度上会相互抵消。

图 1-6（a）为 RH 与 PBLH 的变化趋势图。整体而言，PBLH 与 RH 在一年中呈现出相反的变化趋势。2011 ~ 2015 年在春夏秋冬四个季节内 PBLH 的均值分别为 2.56km、1.97km、1.55km 和 1.32km，与之对应的 RH 均值分别为 27.58%、48.73%、42.78% 和 33.05%。PBLH 在 5 月最高，近 3.0km，而 RH 在 7 月高于 50%。如果不考虑气溶胶粒子源和汇的变化，PBLH 与 $PM_{2.5}$ 为反相关关系，而 RH 与 AOD 为正相关关系。如图 1-6（a）所示，RH 与 PBLH 反相关的趋势表明二者对 AOD 和 $PM_{2.5}$ 关系的影响在一定程度上可以相互抵消。然而，在研究 AOD 和 $PM_{2.5}$ 关系时，RH 与 PBLH 仍然是不可或缺的因子。

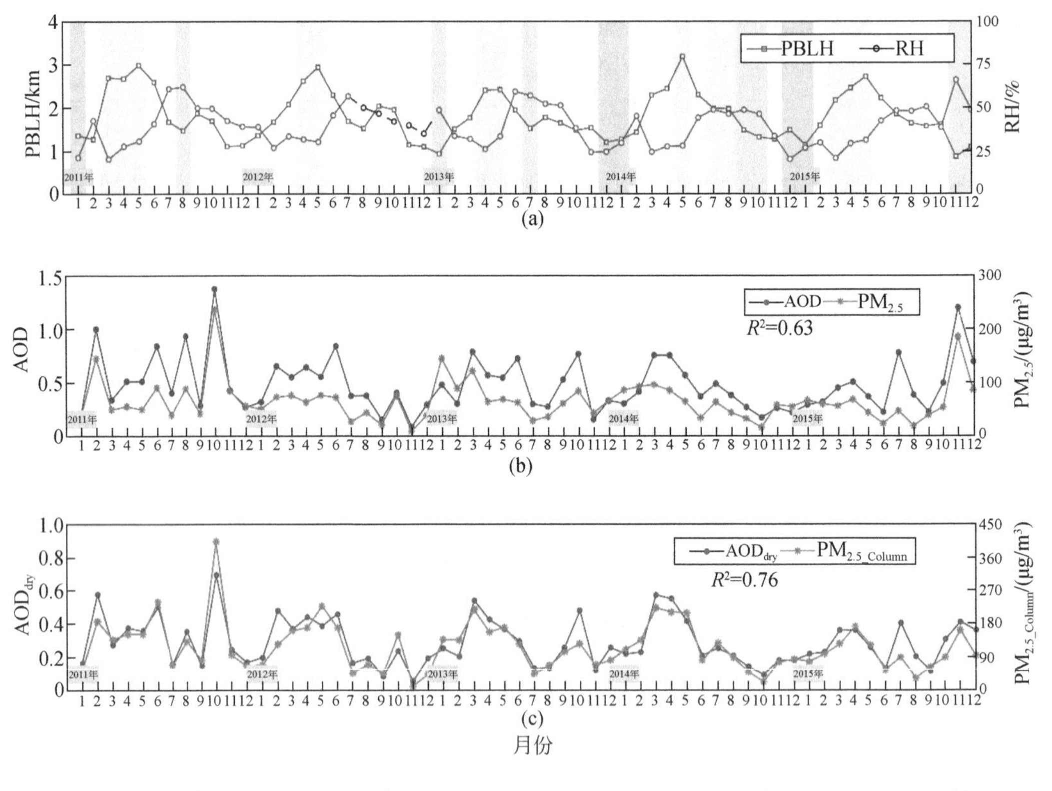

图 1-6　北京地区 2011 ~ 2015 年 PBLH、RH、AOD、$PM_{2.5}$、AOD_{dry} 和 $PM_{2.5\_Column}$ 14:00 的月均值的变化趋势图

（a）图中蓝色、紫色、绿色、黄色区域分别表示高 PBLH 和低 RH、低 PBLH 和高 RH、低 PBLH 和低 RH、高 PBLH 和高 RH 值

图 1-6（b）为未经气象因子订正的 AOD 和 $PM_{2.5}$ 在 14:00 左右的月均值在 2011 ~ 2015 年的变化趋势图。虽然 AOD 与 $PM_{2.5}$ 月均值的变化趋势相对吻合，R^2 为 0.63，但相比于其他季节，春季（3 ~ 5 月）与夏季（6 ~ 8 月）的 AOD 明显偏高，而夏季 $PM_{2.5}$ 值偏低。这

是因为春季由于 PBLH 较高，气溶胶粒子在边界层内混合交换，导致地面的 $PM_{2.5}$浓度偏低；夏季由于 RH 较高，气溶胶粒子的吸湿增长导致 AOD 的增大。PBLH 和 RH 在不同季节内受水平大气环流的影响发生变化，进而对 $PM_{2.5}$和 AOD 的季节特性产生影响。北京位于中纬度东亚季风区内，在冬季，风速的增加会促进气溶胶粒子的区域传输从而导致 AOD 较低，PBLH 的降低则使近地面的 $PM_{2.5}$较高；而在夏季，南部的暖湿气流带来大量的水汽，使 AOD 和 $PM_{2.5}$值变大，而高 PBLH 使得近地面的 $PM_{2.5}$浓度降低。如图1-6（b）所示，大气环流的影响使得 AOD 的季节变化比 $PM_{2.5}$更加显著。

图 1-6（c）为 14:00 左右的 AOD_{dry}月均值和 $PM_{2.5_Column}$月均值在 2011 ~ 2015 年的变化趋势图。AOD_{dry}与 $PM_{2.5_Column}$的趋势图比图 1-6（b）中 AOD 与 $PM_{2.5}$更加吻合，二者的相关系数提高，R^2为 0.76。

图 1-7 为 PBLH 和 RH、AOD 和 $PM_{2.5}$、AOD_{dry}和 $PM_{2.5_column}$的多年平均值（2011 ~ 2015 年）在不同季节内的日变化趋势图。图 1-7（a）~（d）中，PBLH 与 RH 在 6:00 ~ 14:00 时间段内分别展现出持续上升和下降的趋势，而在图 1-7（e）~（h）中，AOD 和 $PM_{2.5}$的相关系数 R^2 在 4 个季节内分别为 0.1、0.24、0.85 和 0.84。经过气象条件的订正后，AOD_{dry}和 $PM_{2.5_cloumn}$的相关性提高，R^2在 4 个季节内分别为 0.93、0.84、0.91 和 0.93。该结果再次表明：考虑 RH 和 PBLH 两个因子将有效提高 AOD 与 $PM_{2.5}$的相关性。

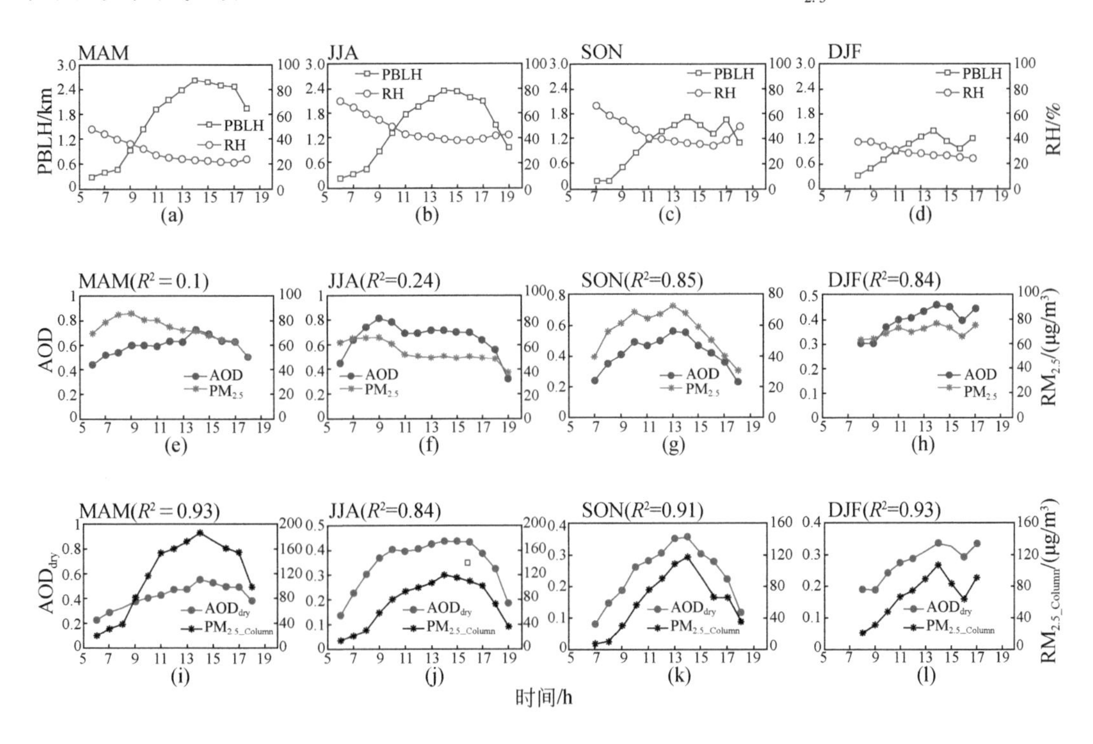

图 1-7　PBLH 和 RH、AOD 和 $PM_{2.5}$、AOD_{dry}和 $PM_{2.5_Column}$的多年平均值（2011 ~ 2015 年）在不同季节内的日变化趋势图

1.3.2 风速与风向的影响

本节分别从风速与风向两个方面来讨论风对 AOD 与 $PM_{2.5}$关系的影响。河北与北京接壤，其污染严重，其中的气溶胶与气态污染物可通过长距离传输影响北京地区。风向的季节差异会引起污染物的来源及物理化学特性的差异，这将会直接影响 AOD 与 $PM_{2.5}$关系。

如图 1-8 所示，北京地区的地面风速大小主要介于 0 ~ 9m/s。风向在春季和夏季主要为西南风，秋冬为东北风，并且春季与冬季有风天气出现的次数更多一些。在春季，中国戈壁沙漠区域的沙尘气溶胶粒子随着西北风传输到北京，进而引发沙尘天气；静稳天气（$v=0$）在春夏秋冬 4 个季节内的发生频率分别为 4.2%、5.8%、9.2% 和 8.3%。北京北

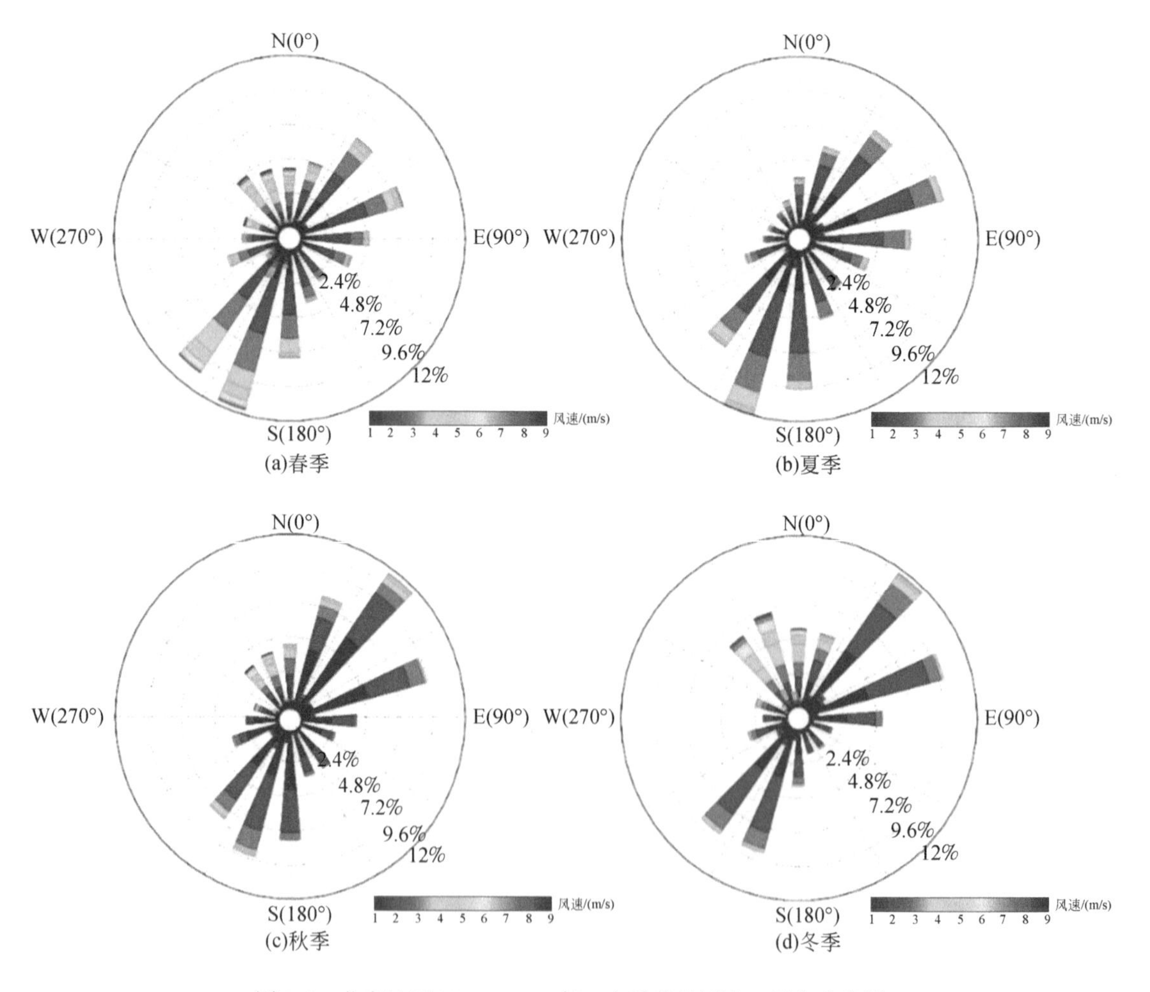

图 1-8　北京地区 2011 ~ 2015 年 4 个季节的风速、风向玫瑰图

部为山区，周边其他方向为华北平原，如果风从南边吹来，北京处于河北的下风向，由于北部山地的阻挡作用，来自河北的污染堆积并加重。相反，如果风从北边吹来，相对于河北，北京处于上风向，北方的冷空气会吹散空气中的污染物。如图 1-9 所示，在相同的风速下，南风条件下重污染事件的发生频率比北风高，随着风速的增加，无论是北风还是南风，空气污染程度都在逐渐降低。

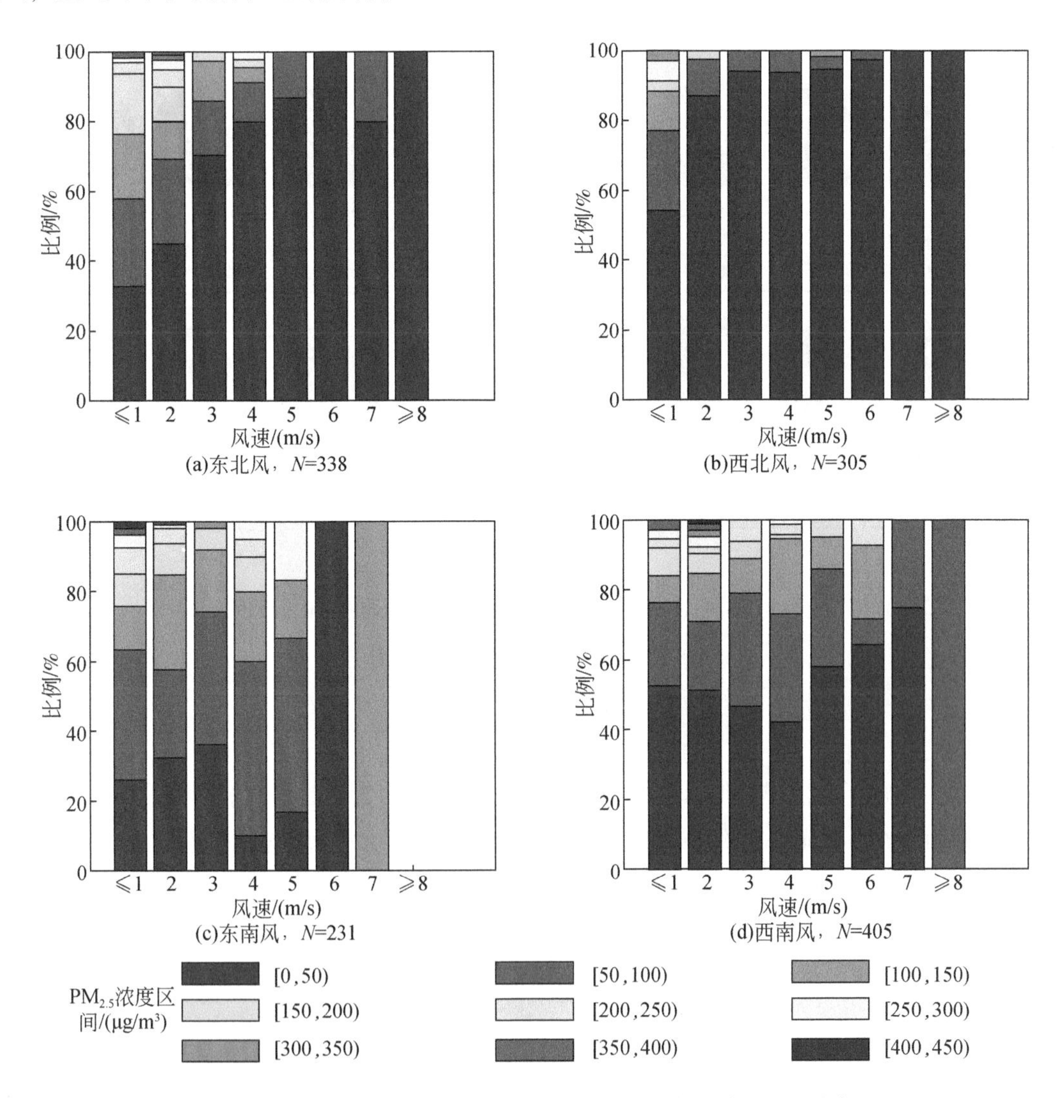

图 1-9　北京地区不同风向条件下 $PM_{2.5}$浓度在不同风速的分布

N 为研究个例数目

图 1-10 为北京地区 2011 ~ 2015 年 AOD 与近地面 $PM_{2.5}$浓度在不同风速条件下的概率分布图，表征了污染程度随风速的变化。对空气质量较好的天气（$PM_{2.5}$<50μg/m^3）而

言，其发生频率随风速的增加而增加，由 39.30%（$v \leqslant 1$m/s）增加到 92.90%（$v>7$m/s）；而对污染较严重的天气（$PM_{2.5} \geqslant 150\mu g/m^3$）来说，其发生频率随风速的增加而减小，由 20.92%（$v \leqslant 1$m/s）变化到 0（$v>7$m/s）。风速的减小会抑制近地面污染物的向外传输过程，导致北京地区污染物的堆积和持续。相反，由于天气系统（如季风）的发展，风速增加，促进了气溶胶的消散过程，从而降低了重污染天气的发生频率。

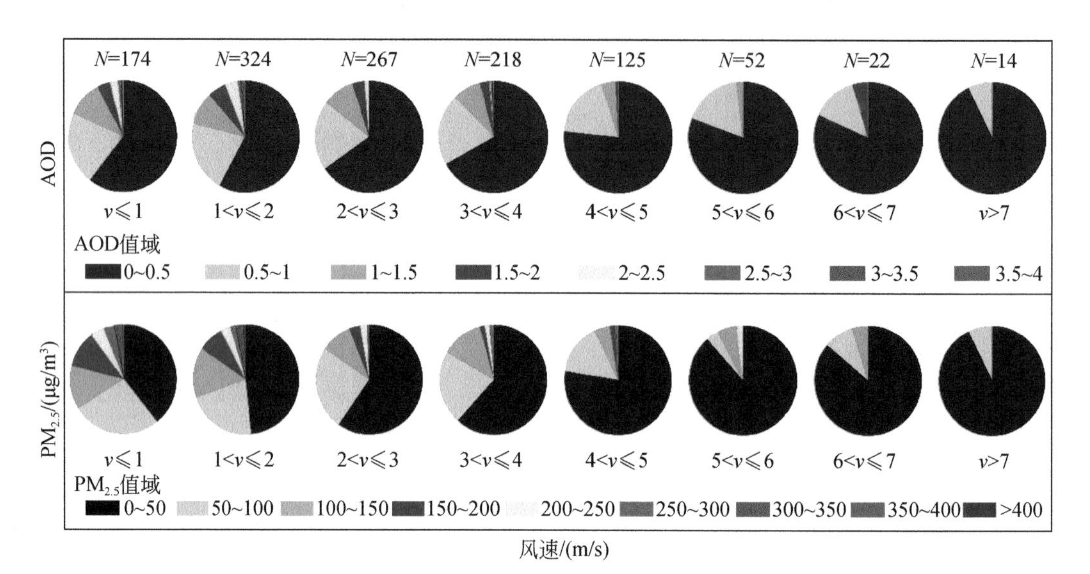

图 1-10　北京地区 2011～2015 年 AOD（上图）与近地面 $PM_{2.5}$浓度（下图）在不同风速条件下的概率分布图

v 和 N 分别表示风速大小与个例数

图 1-11 描述了 AOD 与 $PM_{2.5}$的均值及 η 随地面风速的变化趋势图。尽管 AOD 和 $PM_{2.5}$随地面风速的增加而减小的趋势基本一致，但 AOD 的变化更加复杂。相比于 $PM_{2.5}$的变化区间为 10～110μg/m³，AOD 的取值范围为 0.2～0.6，甚至风速≤2m/s 时，AOD 随风速的增加而增加，这有可能是因为 AOD 受多因素的影响，而地面风速只是 $PM_{2.5}$的扰动项。与 AOD 和 $PM_{2.5}$的变化相似，η 随着风速的增加而减小，说明近地面 $PM_{2.5}$对 AOD 的贡献随风速的增加而减小。

1.3.3　气溶胶垂直廓线的影响

由于太阳辐射的加热作用，大气边界层内的空气运动受地表的热力和动力作用的影响，运动形式主要为湍流运动，而大气边界层内主要的物理过程就是湍流运动引起的各种物理量的垂直交换和输送，其中包括热量、水汽、动量和各种物质，如污染物，这种湍流

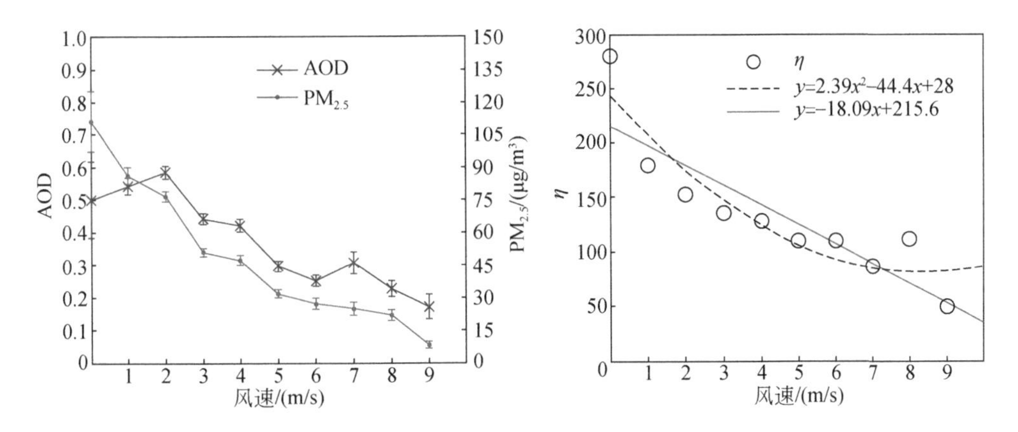

图 1-11　AOD 与 $PM_{2.5}$的均值及 η 随地面风速的变化趋势图

交换过程决定了边界层内各种变量的时空分布变化规律（Guo et al., 2016a）。显然，当接收的太阳辐射多，热交换强时，PBLH 也会随着升高，从而气溶胶在垂直方向上可以传输到更高的位置。地面接收太阳辐射的差异导致不同季节内气溶胶的垂直分布差异较大。AOD 表征的是整层大气的颗粒物对太阳辐射的削弱程度，地面监测站点获取的 $PM_{2.5}$浓度仅反映地面的污染状况，因此，气溶胶垂直廓线是影响 AOD 反演 $PM_{2.5}$浓度的重要因素。研究分别测试了不同高度下的 AOD 与 $PM_{2.5}$浓度的相关性。由于 AERONET 的 AOD 精度更高，故采用 AERONET 的 AOD 与 CALIPSO 所获得的不同高度下 AOD 占比相乘，从而获取不同高度层下的 AOD：

$$AOD_H = AOD_{Aeronet} \times \frac{AOD_{CalipsoBelow H}}{AOD_{Calipso}} \tag{1-5}$$

式中，$AOD_{Aeronet}$为 AERONET 的 AOD 数据；$AOD_{Calipso}$为 CALIPSO 卫星获得的整柱 AOD 数据；$AOD_{CalipsoBelow H}$为 CALIPSO 卫星获得的 H 高度层以下的 AOD 数据；AOD_H为最终得到的 H 高度层以下的 AOD 数据。

由图 1-12 可看出，不同高度层以下的 AOD 与 $PM_{2.5}$浓度的相关性不同，500m 以下 AOD 与 $PM_{2.5}$的相关性最高，R^2为 0.769；而整个大气层的 AOD 与 $PM_{2.5}$的相关性最低，R^2为 0.635，这证明了不同季节的气溶胶垂直分布会给 AOD 与 $PM_{2.5}$关系带来很大的不确定性。

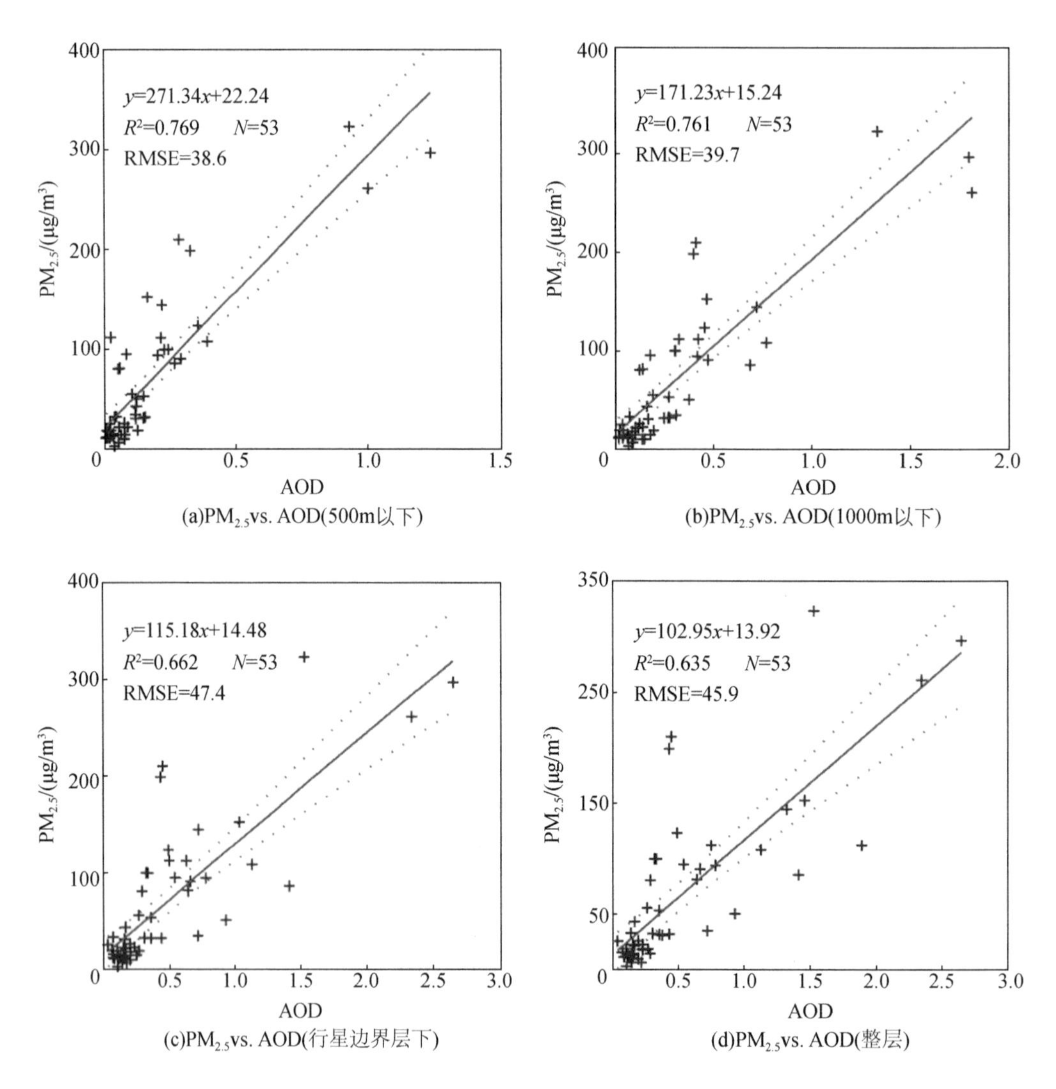

图 1-12 不同高度层下的 AOD 与近地面 $PM_{2.5}$ 浓度的散点图

实线为最优线性拟合线，虚线为拟合线 95% 的置信区间

1.4 自然气溶胶和人为气溶胶

地球大气的气溶胶分布模态主要包括核模态、爱根核模态（直径小于 0.05μm）、积聚模态（直径处于 0.05 ~ 2μm）和粗模态四种（直径大于 2μm）。其中，核模态气溶胶主要来自气态分子的核化，如多种二次气溶胶，其在大气中的扩散性能最好，因此其主要的汇是与大粒径气溶胶的碰并；爱根核模态气溶胶主要来自核模态气溶胶的冷凝增长或不完

全燃烧导致的一次排放，如人类活动导致的一些不完全燃烧过程等，其主要的汇是降水过程等导致的湿沉降；积聚模态气溶胶则主要来自爱根核模态气溶胶的增长、小颗粒的碰并或燃烧导致的一次排放，如烟尘气溶胶及多种人为气溶胶，其主要的汇也是降水过程等导致的湿沉降；粗模态气溶胶则主要来自积聚模态气溶胶的增长及自然物理过程导致的一次排放，如沙尘气溶胶、海盐气溶胶及多种生物气溶胶等（Tegen and Lacis，1996），由于粒径较大，其主要的汇是重力沉降，因此粗模态气溶胶在大气中的平均停留时间也是最短的（Zheng et al.，2016）。

大气中的气溶胶可以简单分为两类，自然气溶胶和人为气溶胶。通俗来说，由于人类活动产生的气溶胶为人为气溶胶，包括工业排放的细颗粒物，也包括人类排放污染气体在大气中转化而成的二次细颗粒物。自然气溶胶主要是由于自然过程而产生的气溶胶，如海盐、沙尘、火山灰尘等。

1.4.1 粉尘示踪研究确定自然源和人为源

矿物粉尘（气溶胶）不仅通过吸收和散射太阳辐射直接影响全球能量平衡，还可以向海洋传输营养物质影响地球系统碳循环。然而，全球矿物粉尘时空分布大小仍存在不确定性（Jickells et al.，2005；Stocker et al.，2013）。联合国政府间气候变化专门委员会（Intergovernment Panel on Climate Change，IPCC）第五次评估报告中系统统计了全球不同区域气溶胶的不同化学组分含量，结果表明，青藏高原地区植被稀疏、风力强劲，导致粉尘（气溶胶）浓度较高；受地形作用的影响，其组分浓度在不同区域分布也存在很大的不确定性。尽管目前已在中国大型城市开展了大量气溶胶研究，但青藏高原人类活动较少，供电系统仍待完善；同时，气候环境高寒缺氧，因此，在该地区开展大范围气溶胶连续监测困难重重。随着野外观测技术的提高及雪冰粉尘记录的发展，以雪冰为载体，借助地球化学手段示踪自然与人为源区，被认为是一种行之有效的手段。传统稳定性同位素锶（Sr）、钕（Nd）与铅（Pb）具有显著的“指纹效应”，在青藏高原粉尘示踪研究中取得了大量的研究成果，对该区域气溶胶的研究起到了推动作用。

Xu 等（2009a）首次利用 Sr-Nd-Pb 同位素研究了珠穆朗玛峰北坡东绒布冰芯中粉尘的来源，结果表明，冰芯污化层样品中的粉尘主要来源于局地源；而非污化层样品的同位素组成和印度西北干旱区的结果接近，提供了喜马拉雅山南坡粉尘可以传输至北坡的证据。Wu 等（2010）利用 Sr-Nd 同位素对敦德冰芯粉尘进行了研究，结果表明，粉尘主要来自塔克拉玛干沙漠与柴达木盆地。Nagatsuka 等（2010）利用 Sr-Nd 同位素对中国天山乌鲁木齐河源 1 号冰川表面粉尘进行了研究，结果表明，塔克拉玛干沙漠是其主要的粉尘来源，Pb 同位素比值表明，人为源对其有重要的贡献。Xu 等（2012）利用

Sr-Nd 同位素对中国西部 13 条冰川雪坑进行了研究，结果表明，对于阿尔泰山地区的冰川，其粉尘主要来自古尔班通古特沙漠；对于青藏高原南部与喜马拉雅山地区冰川，其粉尘主要来自当地与喜马拉雅–印度局地源；对于天山与青藏高原北部的冰川，其粉尘主要来自青藏高原北部的沙漠。然而，这些研究大多是基于 Sr-Nd 示踪自然源，或利用 Pb 同位素进行了人为源研究，缺乏对自然源与人为源进行的系统性研究。因此，Du 等（2015）基于 Sr-Nd-Pb 示踪了东天山庙尔沟浅冰芯粉尘来源，结果表明，自然源主要来自塔克拉玛干沙漠与戈壁沙漠，而人为源主要来自周围煤矿开采与汽车尾气等。

尽管基于雪冰 Sr-Nd-Pb 等同位素取得了大量的成果，然而，鲜有研究将中国沙漠与雪冰样品视为整体开展系统性研究，前人研究大多为沙漠与雪冰的对比研究（Dong et al., 2014）。为此，Du 等（2019a）在中国西部沙漠与青藏高原地区沙漠进行土壤采样，对同一样品进行了 Sr-Nd-Pb 同位素测试，并结合雪冰粉尘已有数据，系统分析了长距离粉尘传输与冰川周围山体裸露粉尘对冰川的贡献。结果表明，中国西部沙漠除了传统的塔克拉玛干沙漠–柴达木盆地–黄土高原、北方沙漠–古尔班通古特沙漠、毛乌素沙地–库布齐沙漠三大分区外，罗布泊地区同位素特征也与塔克拉玛干沙漠存在较大的差异，特别是在青藏高原腹地北麓河地区与西藏阿里沙漠的研究中发现，这些地区的同位素也与其他地区不同。因此，西藏阿里沙漠和青藏高原腹地可以被认为是青藏高原冰川潜在的粉尘源。而 Pb 同位素与 Sr-Nd 同位素存在较为一致的特点，证实了自然源可能是该地区粉尘的主要来源，同时也进一步丰富了青藏高原粉尘源区的研究（图 1-13）。

为了进一步研究局地粉尘对冰川粉尘贡献，以中国西部老虎沟 12 号冰川为例，Du 等（2019a）进一步系统研究了冰川周围山体裸露粉尘对冰川雪冰的贡献。对于山地冰川，其地形条件决定其形态分布，冰川大多沿着 U 形谷地分布。由于山谷地形作用，冰川存在显著的“山谷风”，因此，这种地形分布会将末端以及周围裸露的粉尘重新运输至冰川。特别是在夏季，当积雪融化，冰川周围山体在风蚀作用下将风化的土壤颗粒带至冰川。为了验证这一假说，Du 等（2019a）在冰川末端淤泥、冰碛物与周围山体进行土壤采样，然后将其与雪冰粉尘 Sr-Nd 进行对比发现，周围山体土壤与雪冰粉尘存在同源性，进一步表明，周围裸露山体粉尘对冰川存在显著的贡献。需要说明，Sr 同位素具有显著的粒径效应，即不同粉尘粒径存在不同的 Sr 同位素值，而 Nd 同位素的粒径效应不大（Chen et al., 2007a）。此外，从 Nd 同位素角度信息判断，其上风向远距离塔克拉玛干沙漠粉尘对该冰川贡献也较为显著。但是关于局地粉尘对冰川的准确贡献，研究仍需要进一步完善，特别是通过单次积雪采样，考虑不同粒径粉尘同位素值，开展不同季节粉尘示踪研究，将会进一步厘清不同源区粉尘与冰川粉尘来源之间的关系。

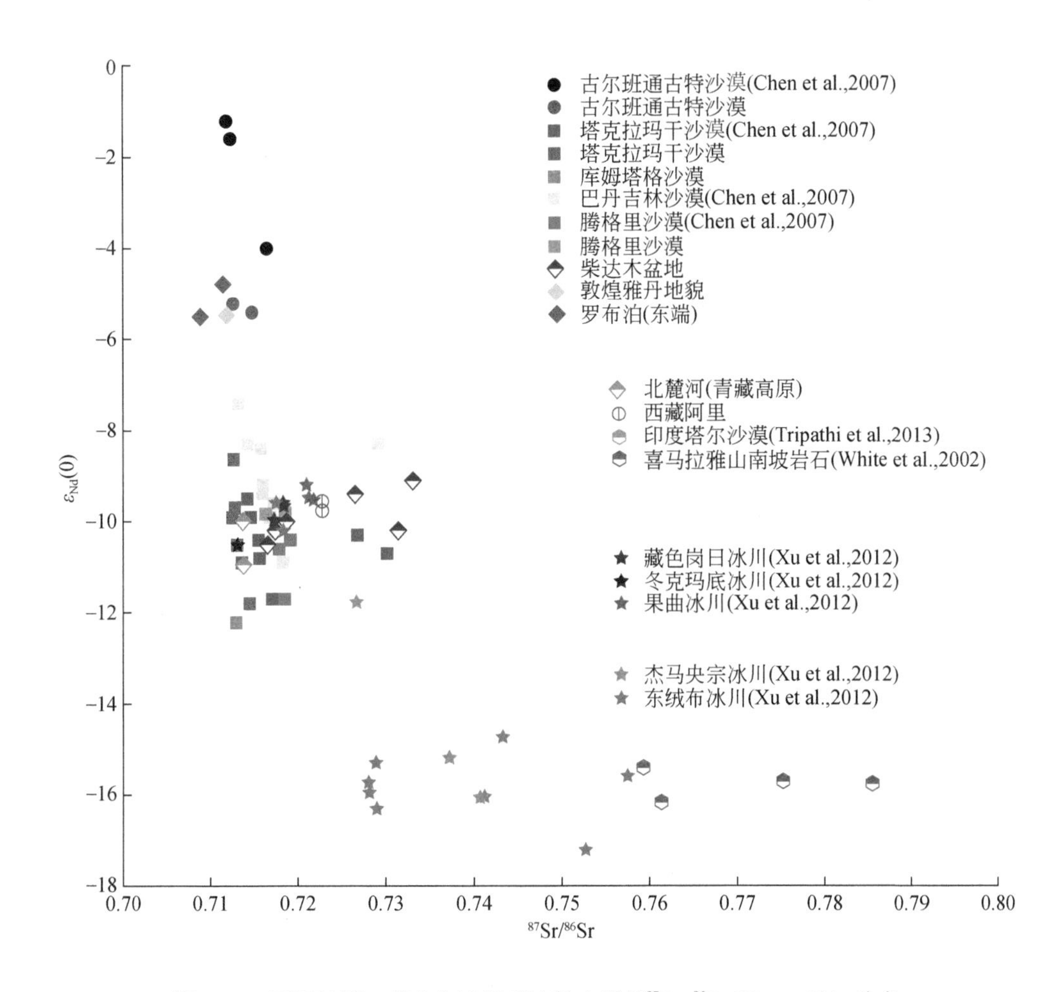

图 1-13 不同沙漠、黄土与冰川雪冰粉尘样品 $^{87}Sr/^{86}Sr$ 和 ε_{Nd}（0）分布

1.4.2 二次细颗粒物的快速增长现象

众所周知，京津冀地区是我国重要经济带，也是我国污染较为严重的区域之一。那么为什么京津冀地区颗粒物浓度如此之高呢？除了我们通常知道的气溶胶排放（人为和自然）、气象和地形等要素之外，二次细颗粒物的增长（气粒转化细颗粒或人为排放细颗粒物）也有非常重要的贡献，那么细颗粒物的增长速度具体有多快呢？

Zhao 等（2018a）利用河北香河地区的地基观测数据（距离北京 50 多千米），对气溶胶细颗粒物的增长速度开展了量化研究。研究发现，北京附近夏天的新粒子生成频繁，出现概率可以达到 50%，而且新粒子生成后增长快速，增长速率介于 2.1 ~ 6.5nm/h，平均增长速率达到 5.1nm/h，意味着新粒子可以在 1 天内增长为 100nm 以上的粗粒子，进而作为云凝结核影响云的生长、发展和消散。

进一步综合前人研究，Zhao 等（2018a）给出了影响细粒子增长的几个主要影响因素，包括前体物气体浓度、多相态转化、模内碰并及模外碰并等。尽管无法给出准确的增长快慢机制机理，但是结合前人研究发现，细颗粒物的增长速度一般在超大城市、城市和森林地区较快且明显快于海洋地区，这可能主要与前体物气体浓度有关。这项研究成果为理解细颗粒物的增长，进而理解城市区域气溶胶-云相互作用提供了重要参考；研究成果也揭示了京津冀地区严重污染的一项重要来源，为未来城市大气环境治理技术的开发和大气环境管控政策的制定等提供了科学支撑。

1.5 地基遥感观测或国控点观测

1.5.1 地基国标仪器观测

生态环境部提供了包括 $PM_{2.5}$在内的多种空气污染物含量的实时数据，但这些丰富的历史数据的时间序列相对较短。国际上成熟的 $PM_{2.5}$自动监测方法有光散射法、β 射线法、振荡天平法。由于性能较好，目前我国空气质量自动监测方法以 β 射线法和振荡天平法为主。

利用地基国标仪器观测，我们开展了大量污染特征分析和污染成因分析。地基国标仪器的观测技术方法在很多地方均有大量描述，这里不做赘述。

1.5.2 地基低成本传感器观测

基于地基低成本传感器，如我们所用的 XHAQSN-808，我们每小时进行一次观测，主要观测变量为环境六参数，即 PM_{10}、$PM_{2.5}$、SO_2、NO_2、CO 和 O_3。对于 $PM_{2.5}$的观测，主要采用 β 射线法，观测范围为 0 ~ 2000μg/m^3，最小分辨率为 0.01μg/m^3，最小探测量为 5μg/m^3。地基低成本传感器的巨大优势是成本低，可以进行高密度布点观测，其缺点是观测精度不如传统仪器精确。为此，我们对数据做了严格的质量控制，步骤如下：

第一步，将小于及等于 0 的错误数据设置为缺失值。

第二步，因仪器卡壳而导致的数据重复，连续 3 次及以上，设置为缺失值。

第三步，对数据中间连续缺失 1 ~ 2 个数据的情况，进行线性插值补齐。

第四步，移除局地极端值。对于多个站点进行遍历，找出每个站点周围 1km 范围内的所有站并对其做平均，如果这个中心站的浓度大于周围 1km 所有站平均的 2 ~ 3 倍，则这个中心站被认为是局地高排放源，在研究该污染浓度的时空分布特征时往往将这个站去除。这么做是因为有些站点位于排放源的位置，其浓度直接反映的是排放源的高浓度信息，不利于对整个空间浓度分布进行研究分析。当然，在进行溯源研究时，这种站点信息往往予以保留。

基于地基低成本传感器，我们可以形成较为密集的网格化观测，并开展大量关于污染特征、污染排放、污染溯源、污染贡献等的研究。由于该仪器观测技术相对简单，这里不做赘述。

1.5.3 基于地基 AERONET 观测对卫星 AOD 产品的评估

AERONET 是由美国国家航空航天局和法国 LOA-PHOTONS 共同建立的全球地基气溶胶遥感观测网络，全球分布站点数超过 400 个。在每个 AERONET 站点，CE318 多波段太阳光度计被用于测量太阳辐射和天空辐射，从中可以反演得到 550nm 波段的 AOD。AOD 数据已被处理成三个质量等级的产品：1.0 级（未筛选）、1.5 级（云筛选）和 2.0 级（云筛选和质量保证）（Holben et al., 1998）。其中，2.0 级数据经常用于大量研究，其包含的参数有 550nm 的 AOD 数据、675nm 的 SSA 数据及 FMF 数据。整体而言，AERONET 的 AOD 观测误差在±0.01 以内（Dubovik et al., 2000），因此，AERONET 的 AOD 数据可作为真值来验证和评估卫星 AOD 产品的精度。

气溶胶的卫星遥感反演研究始于 20 世纪 70 年代中期，针对不同的传感器特性，人们提出了不同的 AOD 反演算法，主要有基于 MODIS 的 DT 算法和 DB 算法、基于 MISR 的多角度算法、基于 POLDER 的偏振算法和基于 AVHRR 的双通道算法。MODIS AOD 产品可用于气候模型计算、环境污染动态分析和空气质量监测等，在陆地和海洋气溶胶监测方面发挥着重要作用，应用最为广泛和成熟。MODIS 搭载于极轨卫星，其产品能够覆盖全球但时间分辨率相对较低，难以实现对气溶胶的动态监测。近年来，越来越多的静止卫星发射升空，如美国的 GOES 系列卫星、日本的 Himawari-8/9 卫星、中国的“风云”系列卫星及韩国的 GEO-KOMPSAT 系列卫星等。静止卫星虽然观测范围有限但具有更高的时间分辨率，在区域大气污染的动态变化监测方面更具优势。

卫星气溶胶产品在大气环境监测方面发挥着重要作用，所以其产品精度非常重要，而卫星 AOD 反演严格依赖地表反照率和气溶胶 SSA，不同地理环境和气候条件下 AOD 反演精度具有不确定性。因此，评估卫星 AOD 产品精度十分重要，可以揭示潜在的偏差，引导用户选择合理的气溶胶产品进行相关研究，并提供改进卫星反演算法的信息。我们利用

58 个亚洲地基 AERONET 站点数据评估了 Himawari-8 的两个版本（V1.0 和 V2.1）的气溶胶产品（AOD、AE 和 FMF），并分析了 Himawari-8 L2 AOD 产品的不确定性，且对比了 Himawari-8 L2 V2.1 AOD 和 MODIS C6.1 AOD 产品的精度与空间变化。研究结果表明，Himawari-8 L2 V1.0 和 V2.1 AOD 与 AERONET AOD 的一致性较高（R 为 0.68～0.75），分别有 46.35% 和 48.63% 的检索结果落在 EE 范围内。Himawari-8 L2 V1.0 和 V2.1 AOD 偏差都随着 AOD 幅度的增大而增大，但 Himawari-8 L2 V1.0 AOD 倾向于低估 AOD，特别是在高 AOD 值的情况下。而 Himawari-8 L2 V2.1 AOD 产品中低估的情况已经得到改善。此外，Himawari-8 L2 AOD 与 MODIS AOD 产品在亚洲地区的比较结果表明，虽然 Himawari-8 L2 V2.1 AOD 产品数据量更大，但 MODIS AOD 提供了较好的一致性（R 为 0.84～0.88），较多的反演值落在 EE 范围内［Terra：57.93%（DT 10km）、56.37%（DT 3km）、54.59%（DB 10km）；Aqua：58.28%（DT 10km）、56.80%（DT 3km）、57.69%（DB 10km），且 RMSE（0.18～0.22）、MAE（0.12～0.14）和 RMB（1.13～1.37）均低于 V2.1 AOD（图 1-14 和图 1-15）。Himawari-8 L2 V2.1 AOD 和 Terra/Aqua MODIS C6.1 AOD 的空间分布相似，但 Himawari-8 L2 V2.1 AOD 在中国西北部和东南亚地区有高估的趋势。虽然 Himawari-8 L2 V2.1 AOD 产品的精度略低于 MODIS C6.1 AOD 产品，但其可提供亚洲和大洋洲地区气溶胶特性的实时监测，可用于捕捉动态气溶胶变化。此外，Himawari-8 L2 V2.1 AOD 产品有助于填补现有卫星数据的空白。

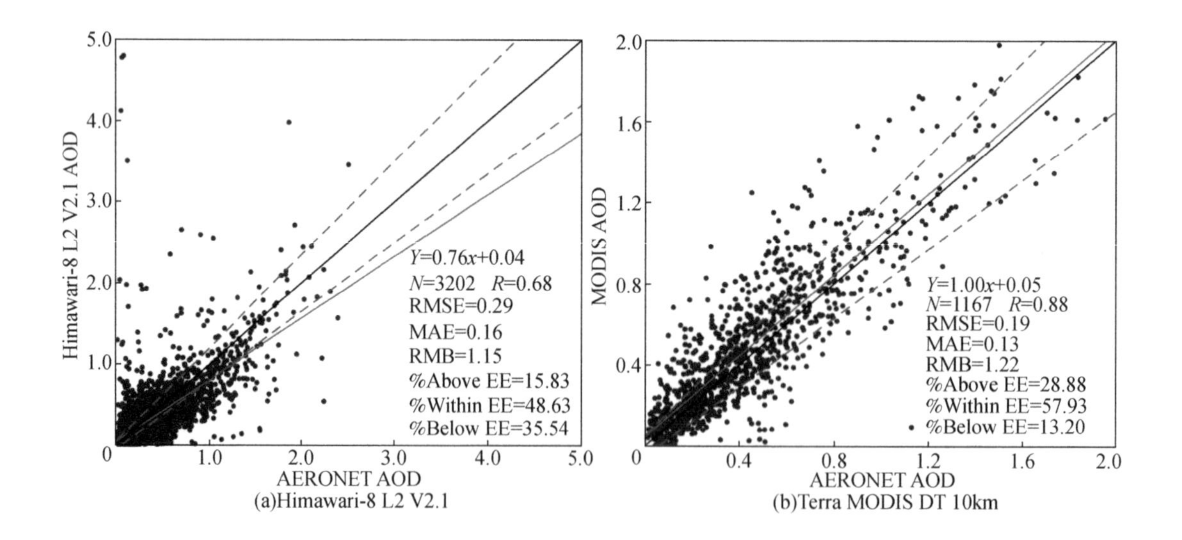

(a)Himawari-8 L2 V2.1　(b)Terra MODIS DT 10km

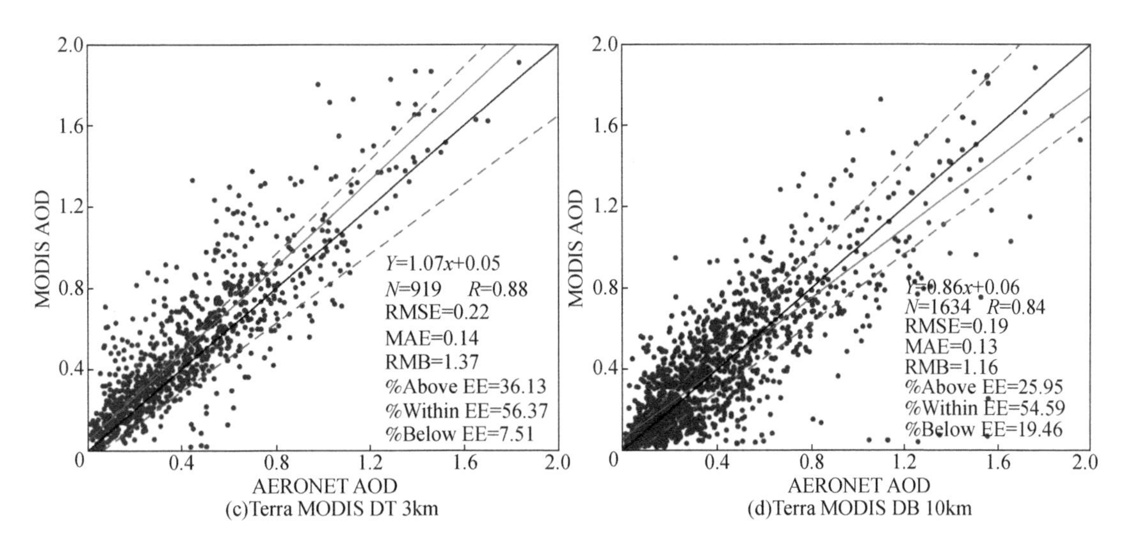

图 1-14　亚洲地区 Himawari-8 L2 V2. 1 AOD（02:30，当地时间）与 Terra MODIS AOD 对比统计

资料来源：Yang et al.，2019b

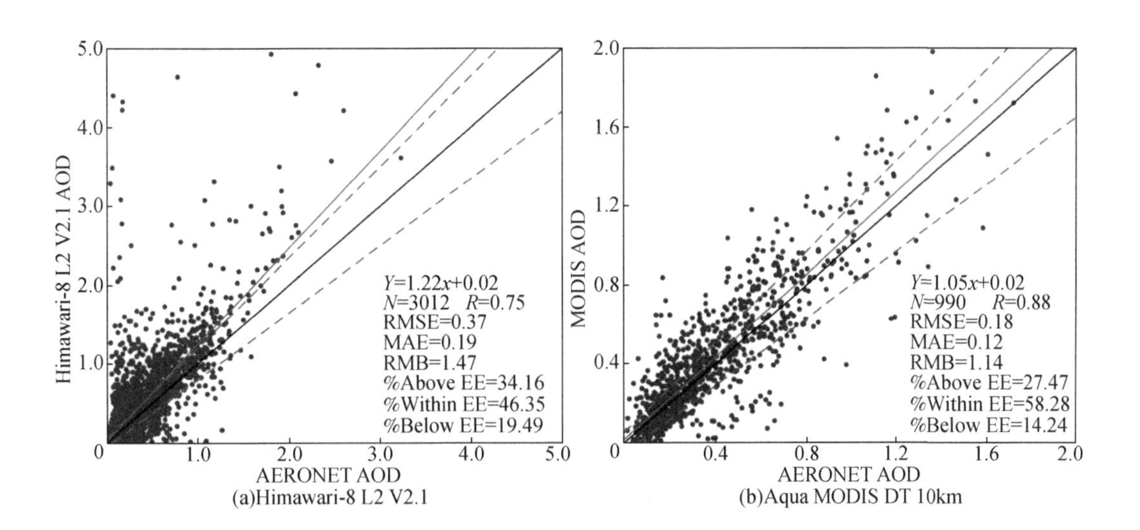

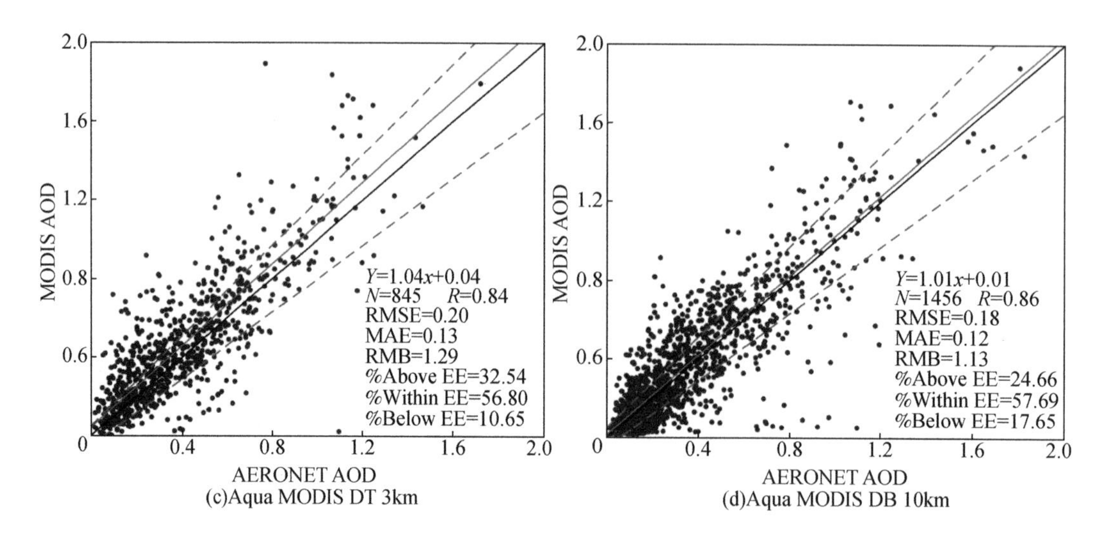

图 1-15 亚洲地区 Himawari-8 L2 V2.1 AOD（05:30，当地时间）与 Aqua MODIS AOD 对比统计

资料来源：Yang et al., 2019b

第2章　气溶胶源解析

2.1　气溶胶 $PM_{2.5}$ 的局地排放贡献和外来输送贡献

城市尺度的局地排放贡献和外来输送贡献一直是社会与科研关注的大气环境焦点问题之一，然而以往对两种贡献的区分主要通过模式计算获得，观测上一直难以获取。地面 $PM_{2.5}$ 网格化的观测使得从观测角度分析气溶胶 $PM_{2.5}$ 的来源成为可能，为此，我们开展了基于网格化的 $PM_{2.5}$ 本地源和输送源相对贡献的估算方法及其相应结果的研究。这为后续研究气溶胶源解析、云降水变化受局地和外来气溶胶影响等奠定了方法基础。

Zhao 等（2019a）利用2015年后我国部分城市构建的高密度微站大气环境监测数据，开发了一套计算城市尺度局地污染排放贡献的方法。$PM_{2.5}$ 的来源可分为三种类型：局地一次排放、远距离气溶胶输送和局地二次颗粒物生成。为了量化局地一次排放的贡献，我们假设来自输送的气溶胶量（背景值）在小区域范围内是均一的。考虑到气体污染物一般以与固态颗粒物相似或稍快的速率在城市地区扩散，且二次颗粒物（如二次有机气溶胶）的形成（尤其是非均相化学和半挥发性物质的分配）也受环境 $PM_{2.5}$ 表面积和/或体积影响，我们可以假定二次形成的 $PM_{2.5}$ 质量浓度与一次排放的 $PM_{2.5}$ 呈正相关。基于这些考虑，我们提出了一种空间变化方法和时间变化方法，从而基于高密度站点观测的 $PM_{2.5}$ 质量浓度获取 $PM_{2.5}$ 的局部排放贡献率。

这里我们只介绍空间变化方法。我们基于 $PM_{2.5}$ 的空间异质性量化了本地主要贡献率（LCR），这在本研究中被定义为空间变化方法。对于雾霾事件期间的任何时间，在高密度观测站点中都有一个 $PM_{2.5}$ 质量浓度最低值（$PM_{2.5\,min}$）。而每一个站点都有一个 $PM_{2.5}$ 质量浓度观测值（$PM_{2.5}$）。$PM_{2.5}$ 和 $PM_{2.5\,min}$ 都由三部分组成：局地一次排放量（$L\_PM_{2.5}$ 和 $L\_PM_{2.5\,min}$）、$PM_{2.5}$ 输运量（$T\_PM_{2.5}$ 和 $T\_PM_{2.5\,min}$）和 $PM_{2.5}$ 二次生成量（$S\_PM_{2.5}$ 和 $S\_PM_{2.5\,min}$）。因此，局地一次排放贡献率（$LCR_{S_{i,t}^{def}}$）可定义为

$$LCR_{S_{i,t}^{def}}=\frac{L\_PM_{2.5i,t}}{PM_{2.5i,t}}\quad i=1,\ 2,\ 3,\ \cdots,\ 169 \tag{2-1}$$

其中，i 为观测地点；t 为观测时间（h）。但是我们没有 $L\_PM_{2.5}$ 的观测信息。基于前面我

们给定的假设，空间变化方法（LCRs）可以将局地一次排放贡献率按下面公式计算：

$$LCR_{S_{i,t}}=\frac{PM_{2.5i,t}-PM_{2.5\min t}}{PM_{2.5i,t}} \quad i=1,2,3,\cdots,169 \tag{2-2}$$

在此，$PM_{2.5}$与$PM_{2.5\min}$之差可表示为$PM_{2.5}-PM_{2.5\min}=L_PM_{2.5}+T_PM_{2.5}+S_PM_{2.5}-L_PM_{2.5\min}-T_PM_{2.5\min}-S_PM_{2.5\min}$。假设远距离传输的气溶胶在研究区域的位置变化不大，则$PM_{2.5}-PM_{2.5\min}=L_PM_{2.5}+S_PM_{2.5}-L_PM_{2.5\min}-S_PM_{2.5\min}$。式（2-2）则变为

$$LCR_{S_{i,t}}=\frac{L\_PM_{2.5i,t}-L\_PM_{2.5\min t}+(S\_PM_{2.5i,t}-S\_PM_{2.5\min t})}{PM_{2.5i,t}} \quad i=1,2,3,\cdots,169 \tag{2-3}$$

与式（2-1）相比，式（2-3）的分子包含两部分，即$PM_{2.5}$最小站点的局地一次排放和给定站点与$PM_{2.5}$最小站点二次形成的相对差异。$PM_{2.5}$最小站点的局地一次排放可能会导致式（2-3）中的LCR被低估。相反，由于$S_PM_{2.5}$通常大于$S_PM_{2.5\min}$，给定站点与$PM_{2.5}$最小站点之间的二次生成项可能会导致LCR被高估。因此，LCR可能包括二级有机气溶胶（SOA）的一部分。但是，这两个部分的作用相反。我们在这里假设它们对LCR的组合效应足够弱，也就是说它们可以在很大程度上被抵消。因此，式（2-3）可以作为LCR的实际估计。

该方法的主要思路是充分利用密集网格化站点所观测$PM_{2.5}$的空间变化信息：先假定观测区域内最低观测数据代表的是背景浓度值，或者是远距离输送到达该地区的浓度值，而其他站点观测浓度值与该浓度值之差为当地排放贡献浓度值；基于该假设，我们就可以计算每个站点的本地排放贡献比值，将所有站点获得的本地排放贡献比值进行统计分析，其均值作为该地区的本地排放贡献比值，其方差作为该地区本地排放贡献的潜在误差，而剩余部分则认为来自于外来输送贡献。该方法中我们忽略了二次生成贡献，或者说将本地发生的二次生成归为本地贡献，外地发生的二次生成形成的贡献归为了外地输送贡献。Zhao等（2019a）从理论上对于该方法中可能存在的误差进行了分析，指出该方法存在潜在误差，但可以从观测上给出本地排放和外来输送相对贡献的粗估数值。

将该方法应用到河北石家庄，我们开展了局地排放贡献和外来输送贡献的估算，并与基于大气扩散模式计算出来的结果开展了比对印证。研究发现，利用较高分辨率的$PM_{2.5}$空间分布和时间分布信息可以很好地估算大气污染的局地排放贡献。如图2-1所示，该城市2015年冬天局地排放的贡献在40%～70%，平均贡献为57%，与基于扩散模式的模拟结果（52%）相近，也与该城市为较重的工业污染型城市的认知相吻合。研究还发现随着研究城市污染浓度的加重，局地排放的相对贡献也随之增加。该研究为量化和理解城市尺度局地排放和输送污染的相对贡献提供了新的方法支撑。

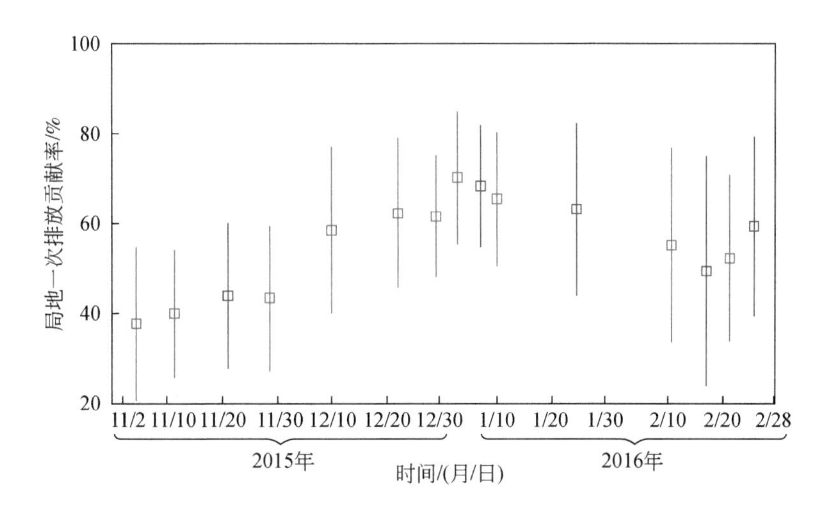

图 2-1 利用城市高密度站点 $PM_{2.5}$质量浓度的空间分布计算获得的城市本地污染贡献

2.2 青藏高原沙尘的来源贡献

沙尘气溶胶是青藏高原大气气溶胶的主要成分。青藏高原上空的大气沙尘通过对太阳辐射和长波辐射的直接影响，在局地和区域尺度上影响气候。青藏高原上空的大气沙尘来源多种多样，东亚半干旱和干旱地区为近源，中东、中亚和北非地区为远源。本研究基于2010～2014年气象模式（WRF）和化学模式（Chem）在线完全耦合模式（WRF-Chem）的模拟，估计了这些来源对青藏高原大气沙尘的贡献。各源区的贡献在春季均高于其他季节，其中春季沙尘柱质量和沙尘浓度最高。青藏高原上空中高对流层沙尘直径在0.04～2.5μm，春季沙尘数浓度高于其他季节，500hPa高度层沙尘数浓度高于300hPa高度层。青藏高原沙尘柱质量主要受东亚源的影响，四季东亚源对沙尘柱质量的贡献率为59%～78%。与北非源、中东源和中亚源相比，东亚源对青藏高原地区500hPa高度层沙尘浓度的影响在夏季为55%，秋季为44%，春季和冬季为27%～36%。北非、中东和中亚源主要通过北向路径（从中亚到青藏高原）在对流层中上部影响着青藏高原。青藏高原地区300hPa高度层沙尘浓度贡献以北非、中东和中亚沙尘为主，北非占31%～58%，中东和中亚占36%。

沙尘气溶胶是青藏高原气溶胶负荷的主要组成部分（Chen et al.，2013a；Huang et al.，2007，2008）。青藏高原上空的沙尘气溶胶通过对太阳和长波辐射的直接影响，在局部和区域尺度上造成了显著的气候强迫（Lau et al.，2006；Chen et al.，2013a；Hu et al.，2016）。例如，在区域尺度上，Chen等（2013a）模拟了2006年7月26～30日塔克拉玛干沙漠的沙尘暴事件，沙尘输送到青藏高原北坡。研究还表明，这个沙尘暴事件平均净辐射强迫改变了青藏高原上空的大气加热剖面的辐射通量，其改变量在大气顶部为-3.97W/m^2，大气中为3.4W/m^2，地表为-5.58W/m^2。Qian等（2016）报道，沙尘沉降可能会放大青藏高原上方积雪的辐射变暖，而沙尘对积雪反照率的影响可能超过黑碳对青藏高原的影响，这主要是由于沙尘的质量浓度大得多。与此同时，在区域尺度上，青藏高原上空的高空空气通过吸收印度北部工业区排放的烟尘和黑碳来吸收太阳辐射，可能起到“高空热泵”的作用。因此，印度北部部分地区和青藏高原地区可能在春末夏初诱发对流层温度异常，导致印度季风提前出现并加强（Lau et al.，2006）。Sun等（2017）基于沙尘耦合区域气候模型4.1版本（RegCM4.1）验证了青藏高原上空的沙尘气溶胶对区域气候的影响作用。他们的研究结果表明，来自大气层的沙尘在大气层上方的对流层中起到了冷却作用。此后，产生了一个以青藏高原区域为中心的反气旋环流异常，其通过东北风异常减弱东亚夏季风的强度。除通过太阳辐射和长波辐射的直接气候强迫外，沙尘可以通过气溶胶-云-降水正反馈在亚洲干旱和半干旱地区抑制或增强降水，从而影响水循环（Huang et al.，2014）。虽然根据观测和模拟，很少有研究能证实青藏高原上空的沙尘气溶胶在改变降水方面的作用，但是Han等（2009）发现高原地区的沙尘气溶胶与降水在2000～2010年存在一个显著的负相关，研究表明青藏高原上空沙尘气溶胶的辐射作用抑制了青藏高原内部地区的降水。

青藏高原上空的大气沙尘有几个潜在的来源，包括青藏高原本身、中国西北部的塔克拉玛干沙漠、北非、中东和中亚以及南亚的塔尔沙漠。青藏高原作为一个本地源。雅鲁藏布江流域存在沙化的地表，长江和黄河的源头存在移动的沙丘、沙化的草甸和草地土壤。这些区域为青藏高原上空的大气沙尘提供了充足的来源（Huang et al.，2007；Jia et al.，2015；Liu et al.，2015；Mao et al.，2019）。青藏高原沙尘源对青藏高原上空大气沙尘的贡献随高度急剧下降，从地表的69%下降到对流层低层的40%和对流层中层的5%（Mao et al.，2013）。塔克拉玛干沙漠是青藏高原上空大气沙尘的一个近距离源（Chen et al.，2013a）。模式模拟表明，塔克拉玛干沙漠中的沙尘大约在37°N时释放到大气中，并从沙尘事件发生的第一天起扩展到大约8km处。与此同时，沙尘气溶胶在第二天基本上向南输送。在向南运移过程中，由于高原地形抬升，沙尘颗粒被阻挡并抬升至青藏高原上空（Chen et al.，2013a）。最后，北非、中东和中亚以及南亚被认为是青藏高原上空大气沙尘的远距离来源，并通过输送轨迹加以识别（Kuhlmann and Quaas，2010）。数值模拟、偏振激光雷达和天空辐射计观测显示，来自北非和阿拉伯半岛的大量尘粒，在对流层中上层向东亚移动（Park et al.，2005；Tanaka et al.，2005）。Tanaka等（2005）模拟了2003年3月19日在撒哈拉沙漠和阿拉伯半岛发生的一次沙尘事件。他们指出，此次沙尘事件产生的沙尘颗粒在6～7天内输送到达日本，其中3月26～27日日本的沙尘颗粒有50%以上来自北非，约30%来自中东。

为了全面了解沙尘气溶胶对青藏高原气候的影响，有必要获得青藏高原上空沙尘气溶胶的时空变化，特别是对流层中高层的变化。此外，对于对流层的每一层，不同沙尘源对青藏高原上空沙尘气溶胶贡献的量化是重要的，可以为沙尘源地与青藏高原之间的气候遥相关提供依据。然而，据我们所知，很少有模拟工作估计沙尘气溶胶的时空变化以及不同沙尘源对沙尘的相对贡献。此外，以前的研究已经很好地描述了从塔克拉玛干沙漠向青藏高原运输沙尘的过程（Chen et al.，2013a），但是沙尘是如何从北非、中东和中亚的源头上升到自由大气中，并运输到青藏高原地区的，目前尚不清楚。

为解决上述问题，我们基于 2010 ~ 2014 年 WRF-Chem 模式（Hu et al.，2016，2019a），实现了以下两个目标：①识别北非源、中东源和中亚源到青藏高原的沙尘输运机制，包括由天气系统将沙尘从这些源抬升到自由大气，以及由对流层中部西风将沙尘从排放源地输送到青藏高原；②估算了四个季节和两个典型层中（对流层中层为500hPa，对流层上层为300hPa）不同沙尘源对青藏高原大气沙尘的贡献。下面将从采用的模式和实验设计，从北非、中东和中亚排放源地向青藏高原的沙尘输送，以及估算四个季节和两层对流层（沙尘柱质量、沙尘浓度和沙尘数浓度）下不同沙尘源对青藏高原大气沙尘的贡献三个方面详细展开论述，并加以总结。

2.2.1 实验设计与模式说明

采用中国科学技术大学更新的 WRF-Chem 3.5.1 版本（Zhao et al.，2011，2013a，2013b；Hu et al.，2016）模拟准全球沙尘输运，并提供定量的沙尘源贡献估计。在模式中，模拟气溶胶相互作用与化学模式（MOSAIC）气溶胶模块（Zaveri et al.，2008）和碳键机制（CBM-Z）光化学机制（Zaveri and Peters，1999）相耦合。气溶胶的大小分布由8个离散大小箱表示（Fast et al.，2006）。气溶胶在 WRF-Chem 中的演化受到排放、运输（Zhao et al.，2013a）、物理和化学过程（Zaveri et al.，2008）以及干湿沉降（Binkowski and Shankar，1995；Chapman et al.，2009）的影响。Zhao 等（2011，2013b）对大气中个别气溶胶成分的光学特性和直接辐射强迫进行了诊断。Gustafson 等（2007）的模型包括气溶胶-云的相互作用，用于计算干气溶胶和云滴之间的活化与再悬浮。

为了解长距离输送的沙尘对区域空气质量和天气的影响，中国科学技术大学版本的 WRF-Chem 模式在模拟中应用了示踪标记法，量化了跨太平洋运输过程中不同沙漠区域对沙尘负荷的贡献（Hu et al.，2019a）。以往的研究利用源区沙尘排放扰动和受体区响应来确定源区对受体区沙尘气溶胶的贡献（Mao et al.，2011），然而，这种方法需要为每个源区域进行一次（或多次）额外的模型模拟，因此受到计算限制。在示踪标记法中，对来自多个独立区域的沙尘颗粒在一次模拟中进行标记和跟踪（Wang et al.，2014a）。所有标记的沙尘变量都按照原始沙尘混合比处理（物理和平流趋势被明确计算）。因此，尘源对受体区沙尘特性的贡献由该受体区沙尘特性与所有源沙尘特性的总和之比来定义。这种直接标记技术既没有在模型中引入气溶胶源扰动，也没有采用沿输送路径的气溶胶源/汇假设。因此，定量的气溶胶源归因是准确的（Wang et al.，2014a；Hu et al.，2019a）。在这项研究中，世界上有四个主要沙漠地区，即北非（0°N～40°N，20°W～35°E）、东亚（25°N～50°N，75°E～150°E）、北美（15°N～50°N，80°W～140°W）及中东和中亚（北非和东亚之间的地区）。所有标记的沙尘变量都以与原始沙尘变量相同的方式处理。

本研究分析了2010～2014年的准全球模拟。采用纬向周期性边界条件的准全球通道结构和在1°水平分辨率下的360×145网格单元（180°W～180°E，67.5°S～77.5°N）进行了模拟。前人的研究中也使用了全球WRF和WRF-Chem构型（Alizadeh-Choobari et al.，2014）。模式配置了35个垂直层，最高可达50hPa。气象初始和横向边界条件来自美国国家环境预报中心（National Centers for Environmental Prediction，NCEP）全球最终分析（FNL）资料在1°水平分辨率和6h时间间隔的数据。关于模式配置的更多细节见Zhao等（2013a）和Hu等（2016，2019a）。

Zhao等（2013a）和Hu等（2016，2019a）使用的准全球WRF-Chem模式，大体再现了气象场、AOD、AE指数和全球多个地区平均消光剖面的空间与季节变异性。模式可以很好地表征850hPa的位势高度和风场（Hu et al.，2019a），为模拟沙尘事件和沙尘从源区输送到下风区提供了可能。同时，模拟结果很好地捕捉到了卫星反演得到的AOD的空间和季节变化特征，但由于沙尘的影响，最大AOD主要分布在北非、中东、塔尔沙漠和戈壁沙漠。此外，研究还发现青藏高原上空WRF-Chem模式模拟的AOD在一定程度上低于卫星反演得到的AOD（Zhao et al.，2013a；Hu et al.，2016，2019a），这种差异可能是源区沙尘排放模型的不确定性造成的。然而，卫星反演的AOD也可能被高估，这是因为半干旱地区假设的地表反照率有很大的不确定性（Remer et al.，2005；Levy et al.，2013）。此外，Hu等（2016）利用正交极化云-气溶胶激光雷达（CALIOP）与红外探路者卫星观测（CALIPSO）对对流层的AE指数和消光剖面进行了评估，发现模式模拟可以有效地捕捉到AE指数和消光剖面的季节性变化。

本研究在模拟过程中，考虑了全球的沙尘源。这些来源包括东亚塔克拉玛干沙漠和戈壁沙漠、中东和中亚的干旱与半干旱地区、亚洲西南部的塔尔沙漠、北非的博德莱洼地和西撒哈拉，以及澳大利亚、南美地区及北美地区的小沙尘源。根据以往的研究（Hu et al.，2016），南半球和北美地区沙尘向青藏高原的迁移不显著，可以忽略。此外，东亚、南亚、中东和中亚，以及北非等地区的沙尘排放速率高于4μg/（m^2·s）。考虑到沙尘从源头向青藏高原输送的可能性，本研究只考察了东亚、中东和中亚以及北非的沙尘源，并评估了它们对青藏高原大气沙尘的贡献。南亚地区的沙尘的贡献包括中东和中亚地区的沙尘源。

本研究还利用现场观测到的能见度来评估沙尘事件。能见度记录可以通过经验函数转换为地面沙尘浓度。研究中所使用的能见度记录来自英国大气数据中心的全球气象局综合数据档案系统陆地和海洋表面站数据，该数据集为每隔 3h 或 6h 报告一次的地表气象记录。Shao 等（2013）详细地描述了能见度记录及其转换为地面沙尘浓度的过程。本研究分析了四个季节的地面沙尘浓度，四季的定义为：春季（3 ~ 5 月，MAM）、夏季（6 ~ 8 月，JJA）、秋季（9 ~ 11 月，SON）和冬季（12 月至次年 2 月，DJF）。

2.2.2 沙尘从北非、中东、中亚向青藏高原的迁移

2.2.2.1 沙尘从北非源向青藏高原的传输

2010 年 4 月 14 日，青藏高原在 500hPa 高度上出现了较高的区域平均沙尘浓度（20μg/m^3），这是由 2010 年 4 月 9 ~ 11 日利比亚和埃及的一次沙尘事件造成的。2010 年 4 月 8 日，在低对流层（700hPa），地中海西部的低压系统与北非的高压系统导致阿尔及利亚和利比亚低对流层产生强烈的西风（超过 10m/s）（图 2-2），因此，WRF-Chem 模式模拟显示阿尔及利亚和利比亚北部地表沙尘浓度超过 600μg/m^3。同时，模拟结果显示，在马里和尼日尔近地面，沙尘浓度大于 160μg/m^3。而在阿尔及利亚、利比亚北部、马里和尼日尔地区，模拟得出的高沙尘浓度与气象站观测到的沙尘浓度一致 [图 2-2（a）]，且大多数气象站观测的地表沙尘浓度都大于 1000μg/m^3。此外，以往的研究也报道了与高压和低压系统结合相关的沙尘事件（Israelevich et al.，2003；Engelstaedter et al.，2006；Klose et al.，2010）。Klose 等（2010）发现，地中海西部上空的低压系统和非洲东北部上空高压系统的空间分布造成的沙尘事件约占北非沙尘事件的 14%。

在 2010 年 4 月 9 ~ 11 日，低压系统向东移动。4 月 10 日在地中海东部上空，4 月 11 日在土耳其东部上空。与此同时，高压系统变弱并向东移动。因此，低压系统在 4 月 9 日给利比亚北部、4 月 10 日给利比亚北部和埃及、4 月 11 日给埃及北部带来了沙尘暴。利用模式模拟重现了这些地区的沙尘暴，4 月 9 ~ 10 日在阿尔及利亚北部和利比亚，以及 4 月 11 日在利比亚和埃及模拟的地表沙尘浓度超过 600μg/m^3 [图 2-2（b）~（d）]。模拟的高沙尘浓度运动明显是由低压系统引起的。4 月 9 ~ 10 日低压系统由西向东移至地中海东部，模拟的地表高浓度沙尘通过西风从阿尔及利亚和利比亚移向利比亚和埃及。4 月 11 日，低压系统在土耳其东部移动，导致西南风吹过埃及和叙利亚。此后，高浓度的沙尘从埃及向东北输送到叙利亚。

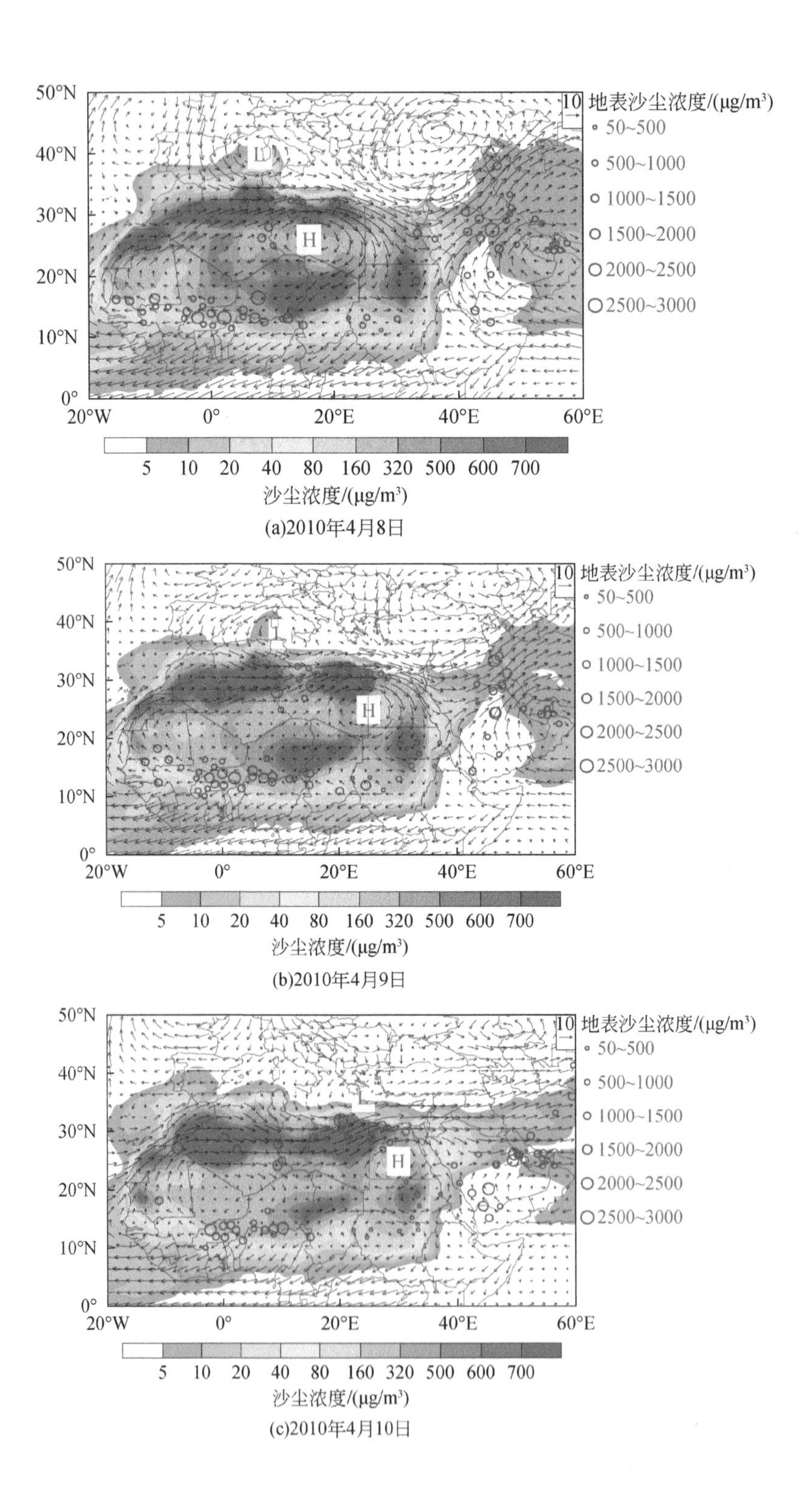

(a)2010年4月8日

(b)2010年4月9日

(c)2010年4月10日

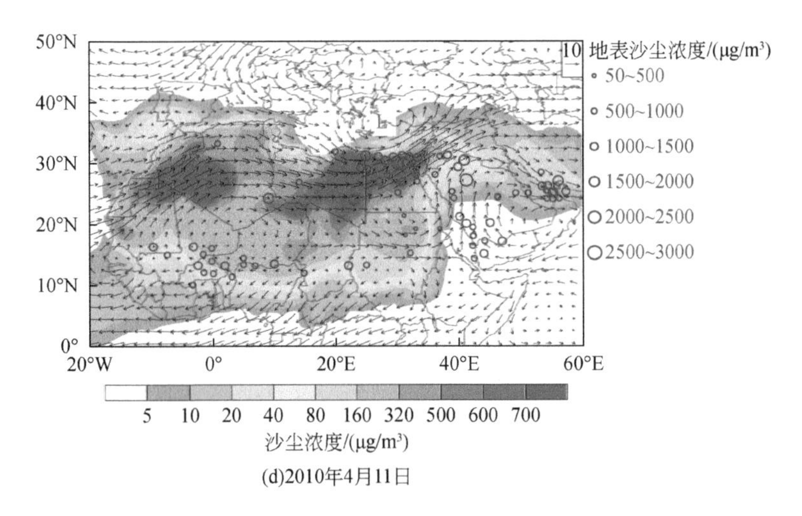

图 2-2　2010 年 4 月 8 ~ 11 日模式模拟的地表沙尘浓度

蓝色圆圈代表观测到的由能见度导出的地表沙尘浓度；箭头代表 700hPa 水平风速；L、H 分别代表低压系统和高压系统

为描述沙尘从地表上升到自由大气的过程，图 2-3 显示了 4 月 9 ~ 10 日经向风、纬向风、垂直风和模拟沙尘浓度的高度-纬度分布（平均在 10°E ~ 20°E）。从图 2-3 可以看出，沙尘主要聚集在 500hPa 高度以下（地面以上 5km）的 10°N ~ 35°N，其浓度超过 60μg/m³。在 500hPa 高度以上，沙尘浓度在 10°N ~ 25°N 突然下降到 1μg/m³。但在 450 ~ 300hPa 高度，25°N ~ 35°N 的沙尘浓度仍然较高，400hPa 高度（7km）浓度为 8 ~ 10μg/m³，300hPa 高度（9km）浓度为 1μg/m³。模拟的沙尘浓度的高度-纬度分布表明，在 30°N ~ 35°N 和10°E ~ 20°E，有大量沙尘从地面上升到自由对流层。对流层的风场揭示了沙尘从对流层表面上升到对流层中部的原因。在高度尺度上，埃及上空 200hPa 处出现一股西风急流（图 2-3 中未显示）。一方面，副热带西风急流引起了向下的动量转移，如 25°N ~ 35°N 700hPa 以下纬向风的 10m/s 等值线，增加了地面风级，促进了沙尘事件的发展（图 2-3）。另一方面，30°N ~ 40°N 对流层中高空中的上升气流将沙尘吸入自由大气起到了重要作用，这可能是由副热带西风急流在埃及的入口区域的二次流引起的。

我们模拟了 500hPa 高度层 2010 年 4 月 9 ~ 14 日北非到青藏高原的沙尘输送过程，结果表明，4 月 9 ~ 10 日，利比亚北部和埃及北部上空出现了一个浓度超过 20μg/m³ 的高沙尘浓度区域。4 月 11 日，高沙尘浓度转移到叙利亚、伊拉克和伊朗，4 月 12 日转移到里海，4 月 13 日沙尘传输到塔里木盆地和青藏高原北部，4 月 14 日传输到青藏高原，浓度超过 20μg/m³。这些地区的高沙尘浓度的输送主要是由中纬度对流层高压脊驱动的。4 月 11 ~ 12 日，该高压脊由叙利亚和伊拉克向里海移动，导致叙利亚和伊拉克的高沙尘浓度在高压脊的西风作用下向里海移动。4 月 13 ~ 14 日，高压脊向中国西北部和西部推进。因

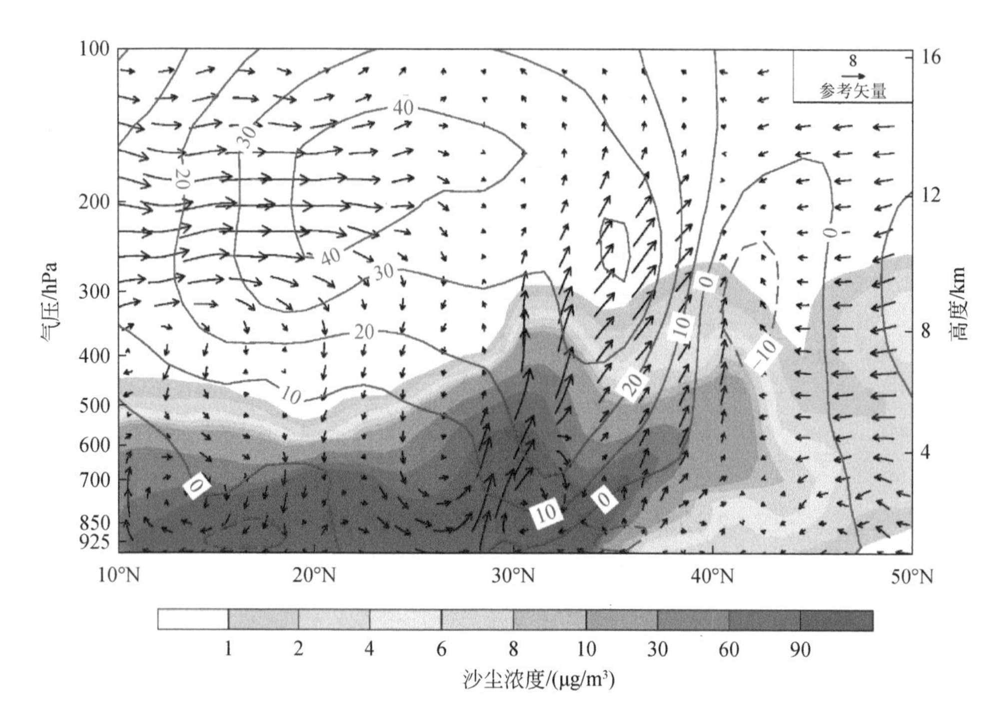

图 2-3　模拟的 10°E～20°E 平均沙尘浓度和风场的垂直廓线（2010 年 4 月 9 日）

等值线代表纬向风（单位：m/s）；箭头代表经向风（单位：m/s）和垂直速度（单位：Pa/s）；阴影代表模拟的沙尘浓度。为了演示效果，图中垂直速度数值是实际值的 200 倍

此，在高压脊的西北风作用下，沙尘从塔里木盆地向青藏高原传输。

北非 2010 年 10 月 11～17 日发生了一次沙尘事件，本小节分析了该沙尘事件在秋季从北非向青藏高原的输送过程。10 月 11 日，在对流层低层（700hPa），西地中海上空出现一个低压系统，北非东部上空出现一个高压系统（图 2-4）。高压系统和低压系统的相互作用形成了从毛里塔尼亚穿过阿尔及利亚到利比亚的西南风带。西南风带为沙尘暴的形成提供了良好的条件，马里、阿尔及利亚和利比亚西北部的观测证实了这一点。与此同时，模拟结果显示，阿尔及利亚和利比亚边境沿线地表的沙尘浓度超过 600μg/m³。

10 月 12～13 日，低压系统东移，高压系统北界向东北延伸。高压系统与低压系统之间的强烈西南风增强并东移。结果显示，10 月 11 日阿尔及利亚上空出现了一个沙尘高度集中的地区。10 月 12～13 日，沙尘区域被迫向东和向北迁移，从而扩大到地中海中部和利比亚。10 月 14 日，高沙尘区主要影响利比亚、地中海东部和土耳其，这些地区的沙尘浓度超过 80μg/m³。气象站的观测结果显示了高沙尘浓度的移动过程。沙尘暴于 10 月 12～13 日离开阿尔及利亚，在阿尔及利亚和利比亚之间的边界积聚。10 月 14 日，沙尘暴向北移动，并在利比亚西部和北部海岸线被观测到。

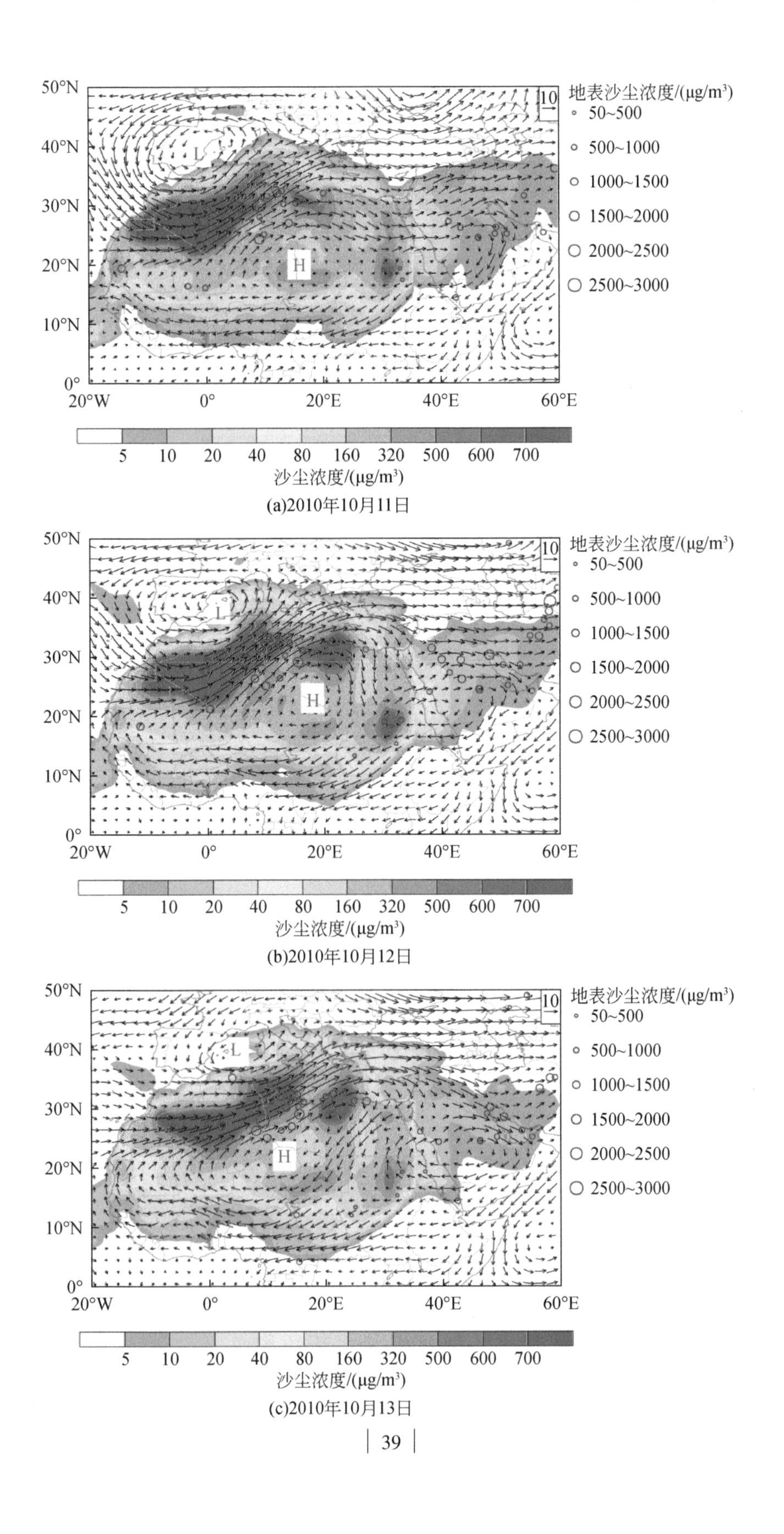

(a)2010年10月11日

(b)2010年10月12日

(c)2010年10月13日

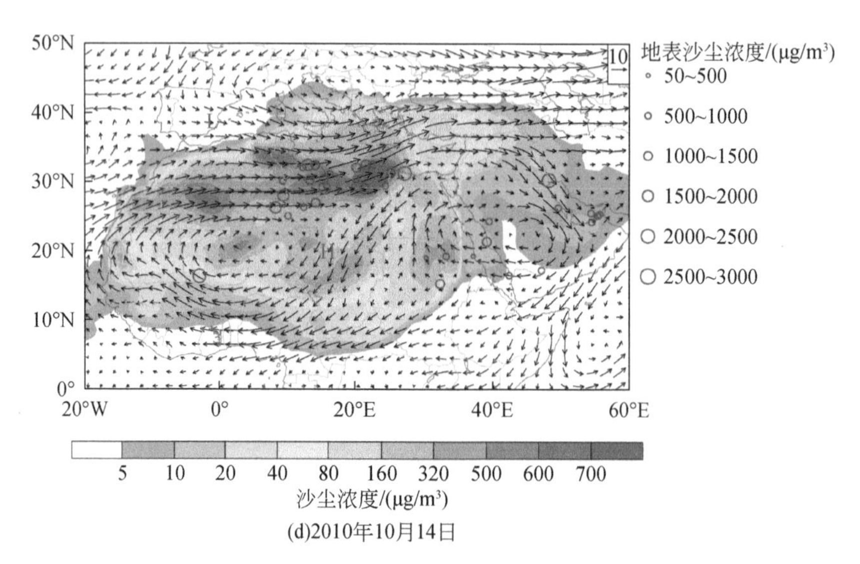

(d)2010年10月14日

图2-4　模拟的2010年10月11～14日地表沙尘浓度

蓝色圆圈代表观测到的由能见度导出的地表沙尘浓度；箭头代表700hPa水平风速；

L、H分别代表低压系统和高压系统

同时，我们分析了风场的垂直剖面图，以说明沙尘从地面上升到对流层中部的过程。10月11～12日经向风、纬向风、垂直风和模拟沙尘浓度的高度-纬度分布如图2-5所示（平均在0～20°E）。浓度为6～30μg/m³的高浓度沙尘，在对流层中部10°E～40°E积累。垂直风场的平均值显示，40°N处有明显的从地面到对流层上部的上升气流，10月11～12日阿尔及利亚上空以200hPa的西风急流为主。40°N处显著的上升气流是由急流散度引起的急流曲率造成的。上升气流可将沙尘从地表带到对流层中层，这与对流层中层40°N～50°N范围4～30μg/m³的沙尘浓度是一致的。

10月14～17日，从北非升起的沙尘开始了从南欧到青藏高原对流层中部的长距离传输。10月14日，欧洲南部上空沙尘浓度超过20μg/m³。10月15日，高浓度的沙尘从黑海穿过里海转移到中亚。在输送过程中，沙尘浓度降至5μg/m³。10月16～17日，高沙尘浓度由东南方向传入中国西北部，影响青藏高原北部，浓度为5μg/m³。阿拉伯半岛上的高压系统调节了对流层中部沙尘的输送。10月14日，一个高压带横贯北非和阿拉伯半岛。10月15～16日，高压带被分为两部分：一部分在西非上空（20°W～20°E，0°～25°N），另一部分在阿拉伯半岛上空，后者导致西风将沙尘向东输送。10月16～17日，阿拉伯半岛上空的高压系统向东北延伸至中亚。因此，高压系统盛行的西北风导致沙尘在中国西北部向东南流动，最终到达青藏高原的北部。

2.2.2.2　沙尘从中东和中亚向青藏高原的传输

2010～2014年，中东和中亚源在500hPa高度对青藏高原的模拟日沙尘浓度的平均贡

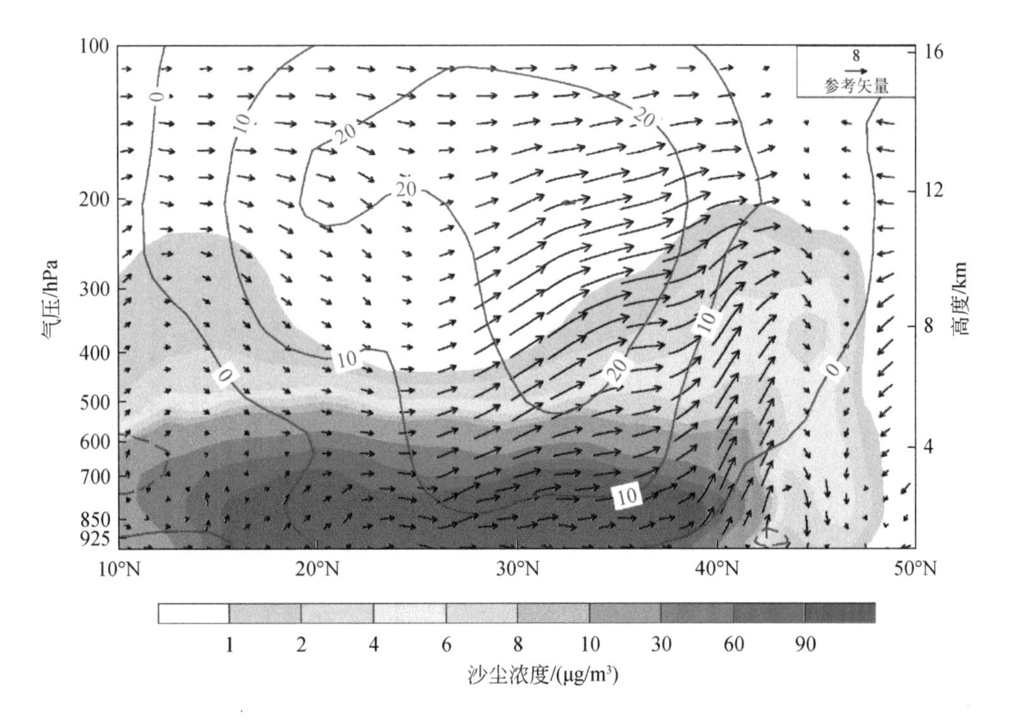

图 2-5　模拟的 0～20°E 平均沙尘浓度和风场的垂直廓线（2010 年 10 月 11～12 日）
等值线代表纬向风（单位：m/s）；箭头代表经向风（单位：m/s）和垂直速度（单位：Pa/s）；
阴影代表模拟的沙尘浓度。为了演示效果，图中垂直速度数值是实际值的 200 倍

献小于 5μg/m^3。本小节分析了 2012 年 3 月 15～18 日从中东和中亚到青藏高原的沙尘输送情况。3 月 15 日，土耳其上空出现一个低压系统，阿拉伯半岛西南 700hPa 处出现一个高压系统，低压和高压系统形成了一个强辐合带，从沙特阿拉伯和伊拉克向东北延伸至伊朗和中亚。在这种情况下，沙特阿拉伯、伊朗和土库曼斯坦东部的气象站观测到一个沙尘暴带，大多数气象站的沙尘浓度都在 1000μg/m^3 以上，且地表模拟沙尘浓度与能见度观测值一致。3 月 15 日，在阿拉伯半岛东部、伊朗和阿富汗上空，沙尘浓度均在 600μg/m^3 以上。3 月 16 日，低压系统南下并加深，因此辐合带南移，导致主要在阿拉伯半岛和伊朗南部的气象站观测到沙尘暴。此外，南亚的四个气象站在 3 月 16 日报告了沙尘天气，模拟结果也捕获了观察到的特征。3 月 16 日，模拟的高沙尘浓度区域变窄，高沙尘浓度影响到伊朗南部、阿富汗和巴基斯坦，该地区地表沙尘浓度超过 600μg/m^3。同时，浓度在 20～40μg/m^3 以上的沙尘沿青藏高原南部边缘由阿富汗向印度北部转移。

图 2-6 给出了 3 月 15～16 日的经向风、纬向风、垂直风和模拟沙尘浓度的高度-纬度分布（平均在 50°E～70°E）。高于 10μg/m^3 的沙尘浓度主要是积累在 700hPa 高度以下的 20°N～40°N 范围。然而，40°N 处 10μg/m^3 以上的高沙尘浓度向北延伸，从 40°N 上升到 50°N，从 700hPa 高度上升到 500hPa 高度，这是由 35°N 处 700hPa 高度上升到 50°N 处

200hPa 高度处的气流运动造成的。因此，在 500hPa 处，40° N ~ 50° N 的沙尘浓度大于 10μg/m³。3 月 15 ~ 16 日，一个 70m/s 的急流位于伊朗和阿富汗上空。在急流的左侧出口区域，地表模拟的高沙尘浓度明显，高对流层的强辐散加强了沙尘的抬升。

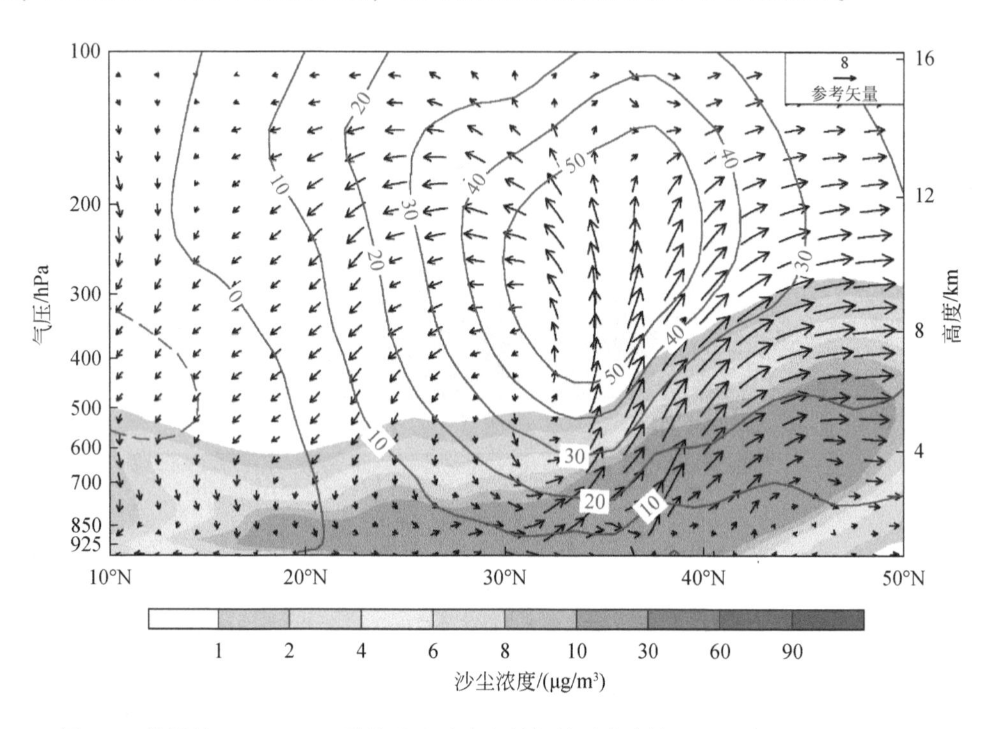

图 2-6　模拟的 50°E ~ 70°E 平均沙尘浓度和风场的垂直廓线（2012 年 3 月 15 ~ 16 日）

等值线代表纬向风（单位：m/s）；箭头代表经向风（单位：m/s）和垂直速度（单位：Pa/s）；阴影代表模拟的沙尘浓度。为了演示效果，图中垂直速度数值是实际值的 200 倍

500hPa 高度模拟的沙尘浓度显示了 3 月 17 ~ 18 日从巴基斯坦北部向青藏高原的沙尘输送。3 月 17 日，伊拉克出现了一个低压系统，中国西北部出现了一个高压系统。与此同时，在巴基斯坦北部地区观察到沙尘浓度超过 20μg/m³。3 月 18 日，低压东移，加强了中国西北部的高压系统，脊引发了从阿富汗穿越中国西北部到青藏高原的沙尘运输。因此，巴基斯坦北部、阿富汗北部和塔里木盆地沙尘浓度较高，青藏高原上空 500hPa 的沙尘浓度超过了 5μg/m³。

2.2.3　沙尘源对青藏高原大气沙尘的贡献

除了北非、中东和中亚源外，塔克拉玛干沙漠也是青藏高原地区沙尘的主要来源。这些沙尘源对青藏高原上空沙尘的相对贡献在不同季节有所不同，取决于沙尘源与青藏高原之间的距离以及大气中的输送路径。此外，由于大气环流的年际变化，这些沙尘源的扬尘总量和向青藏高原的输沙总量是可变的。本小节使用五年全球模拟（2010 ~ 2014 年）WRF-Chem 模式来演示从源头排放和运输到青藏高原的总沙尘的平均状态，以及在青藏高原四个季节内各沙尘源对沙尘的相对贡献。

2.2.3.1 沙尘柱质量及对流层中高层沙尘浓度的空间分布

研究模拟了欧亚大陆 2010 ~ 2014 年不同季节的沙尘柱质量，并分析了东亚、北非、中东和中亚地区的沙尘源贡献。研究发现，各季节沙尘柱质量的空间分布基本一致，但在量级上存在差异。东亚和北非源（中东和中亚源）对欧亚大陆春季（夏季）的沙尘柱质量贡献最大。在塔里木盆地、内蒙古与中国西部边界地区，东亚源贡献的沙尘柱质量每年均超过 200μg/m^2；在中国东部地区，东亚源贡献的沙尘柱质量每年均超过 50μg/m^2。青藏高原在春季和冬季受东亚源的影响，其北部地区的沙尘柱质量为 5 ~ 10μg/m^2。

与其他源区相比，在北非和地中海地区四季，北非源贡献的沙尘柱质量均达到最高，均在 200μg/m^{2}以上；而在北非下游地区和地中海地区春季，北非源贡献的沙尘柱质量最高，中亚地区为 50 ~ 100μg/m^2，中国北部地区为 20 ~ 50μg/m^2。从中亚到东亚的沙尘柱质量在四个季节中均呈下降趋势，由于青藏高原的阻挡，沙尘柱质量沿两条路径下降（北线和南线）。由于中纬度对流层中盛行西风，故北线输送沙尘的距离远于南线，因此北线的沙尘柱质量要高于南线。南线只从阿拉伯半岛流向印度北部。北线夏季和秋季沙尘柱质量相对较低，为 5 ~ 10μg/m^2，低于春季（20 ~ 50μg/m^2）和冬季（10 ~ 20μg/m^2）。由于北线沙尘浓度较高，春季由北非源贡献的沙尘柱质量在青藏高原北部地区达到 5 ~ 20μg/m^2。

中东和中亚源夏季的沙尘柱质量高于其他季节。阿拉伯半岛、阿拉伯海、南亚地区夏季高沙尘柱质量均超过 200μg/m^2。由中东和中亚源贡献的沙尘在运输过程中也因青藏高原的阻碍而呈现出两条路线——北线和南线。北线春季和冬季的沙尘柱质量高于夏季和秋季。南线沙尘柱质量在夏季高，在其他季节低。春季和夏季，中东和中亚源对沙尘有明显的影响。春季，青藏高原地区沙尘柱质量主要受北线影响，沙尘柱质量为 10 ~ 20μg/m^2。夏季，北线和南线对青藏高原的沙尘柱质量均有 5 ~ 10μg/m^{2}的影响。

青藏高原的平均高度约为 3600m，因此，只有上升到对流层中上层的沙尘才能被有效地输送到青藏高原。为了研究各尘源对中上层沙尘质量浓度的贡献，本节模拟了各尘源贡献的 500hPa 高度和 300hPa 高度的沙尘浓度空间分布。春季和夏季东亚源 500hPa 高度的沙尘在中国北部和蒙古国的沙尘浓度为 5 ~ 10μg/m^3，秋季和冬季为 2 ~ 5μg/m^3。在 300hPa 高度，中国北部和蒙古国春季与夏季沙尘浓度为 1 ~ 2μg/m^3，而其他季节沙尘浓度不到 0.5μg/m^3。东亚源在春季和夏季主要影响青藏高原北部 500hPa 高度的大气沙尘。

由北非源贡献的500hPa 高度和300hPa 高度的沙尘浓度空间分布表明，在30°N ~60°N 范围，从欧洲向亚洲进行了长距离的沙尘输送。在春季，北非、南欧和中亚西部地区500hPa 高度的沙尘浓度为 5 ~ 15μg/m³，中国西北地区 500hPa 高度的沙尘浓度为 5 ~ 6μg/m³，青藏高原地区和中国东部地区 500hPa 高度的沙尘浓度为 3 ~5μg/m³。在夏季和秋季，北非、南欧和中亚西部地区 500hPa 高度的沙尘浓度较低（低于 5μg/m³）。在对流层上层（300hPa），从南欧到中国西北部，由北非源贡献的春季沙尘浓度在 25°N ~60°N 呈较宽的条带，其他季节沙尘浓度带在 40°N ~60°N，范围较窄，浓度降低。北非源主要在春季主要影响青藏高原上空的大气沙尘，在冬季也有一定程度的影响。

在夏季 500hPa 高度，阿拉伯半岛南部、伊朗、阿富汗和巴基斯坦的沙尘浓度为 10 ~ 20μg/m³，由中东和中亚源贡献，中亚、中国北部和蒙古国在夏季对 500hPa 高度处的沙尘贡献较低（沙尘浓度低于 2μg/m³）。伊朗、阿富汗和巴基斯坦上空沙尘浓度较高，春季为 6 ~10μg/m³，秋季和冬季为 2 ~5μg/m³。在四个季节中，春季和冬季，华北和青藏高原地区的沙尘浓度较高，在 500hPa 高度处为 2 ~5μg/m³；其他季节，华北和青藏高原地区的沙尘浓度均较低，在 500hPa 高度处为 1 ~2μg/m³。春季，中东和中亚源对 300hPa 高度的沙尘浓度的影响最大，在中亚、中国北部、蒙古国和青藏高原地区均有大面积 1μg/m³ 的沙尘浓度；其他季节，中东和中亚源主要影响中国北部，夏季为 0. 8 ~1μg/m³，秋季为 0. 5 ~0. 8μg/m³，冬季为 1 ~1. 2μg/m³。这些结果表明，在对流层上部，中东和中亚源主要影响青藏高原春季的沙尘浓度，对青藏高原其他季节的沙尘浓度影响较小。

2. 2. 3. 2 青藏高原上空的沙尘浓度及数浓度

（1）青藏高原上空沙尘浓度的垂直分布

为了进一步解释不同沙尘源对高原沙尘浓度的贡献，本节分析了高原沙尘浓度的高度-经度和高度-纬度分布。图 2-7 为 30°N ~35°N 沙尘浓度的平均高度-经度分布。三种源引起的沙尘浓度在春季青藏高原上空均呈现较高的值，在 500hPa 高度处为 2 ~5μg/m³，在 300hPa 高度处为 1 ~2μg/m³。在其他季节，三种源引起的沙尘浓度在青藏高原上空都相对较低，这是上升到青藏高原的沙尘较少以及恶劣的天气条件导致的。例如，在夏季，阿拉伯半岛上的沙尘暴是由近地面风引起的，它把沙尘从阿拉伯半岛吹向南方到阿拉伯海。因此，夏季向青藏高原输送的沙尘比春季少。

四个季节中，青藏高原西部的沙尘浓度主要由中东和中亚源贡献。在沙尘活跃期（即春季和夏季），地表沙尘浓度在 100μg/m³ 以上，500hPa 高度处为 5 ~10μg/m³。秋季和冬季 500hPa 高度处沙尘浓度仅为 2 ~5μg/m³。北非源对青藏高原西部的沙尘浓度也有贡献，但贡献较低，从地表到500hPa 高度处，沙尘浓度春季为5 ~10μg/m³，冬季为2 ~5μg/m³，夏季和秋季为1 ~2μg/m³。夏季至冬季，青藏高原东部大气沙尘仅受东亚源的影响，东亚源在地表贡献了 5 ~ 10μg/m³的沙尘浓度，在500hPa 高度处贡献了 1 ~ 2μg/m³的沙尘浓度。春季，各源对青藏高原东部地区对流层中下部沙尘浓度的贡献为 2 ~ 5μg/m³，但在青藏高原东部地区地表，东亚源贡献的沙尘浓度最大，为 10 ~ 20μg/m³。

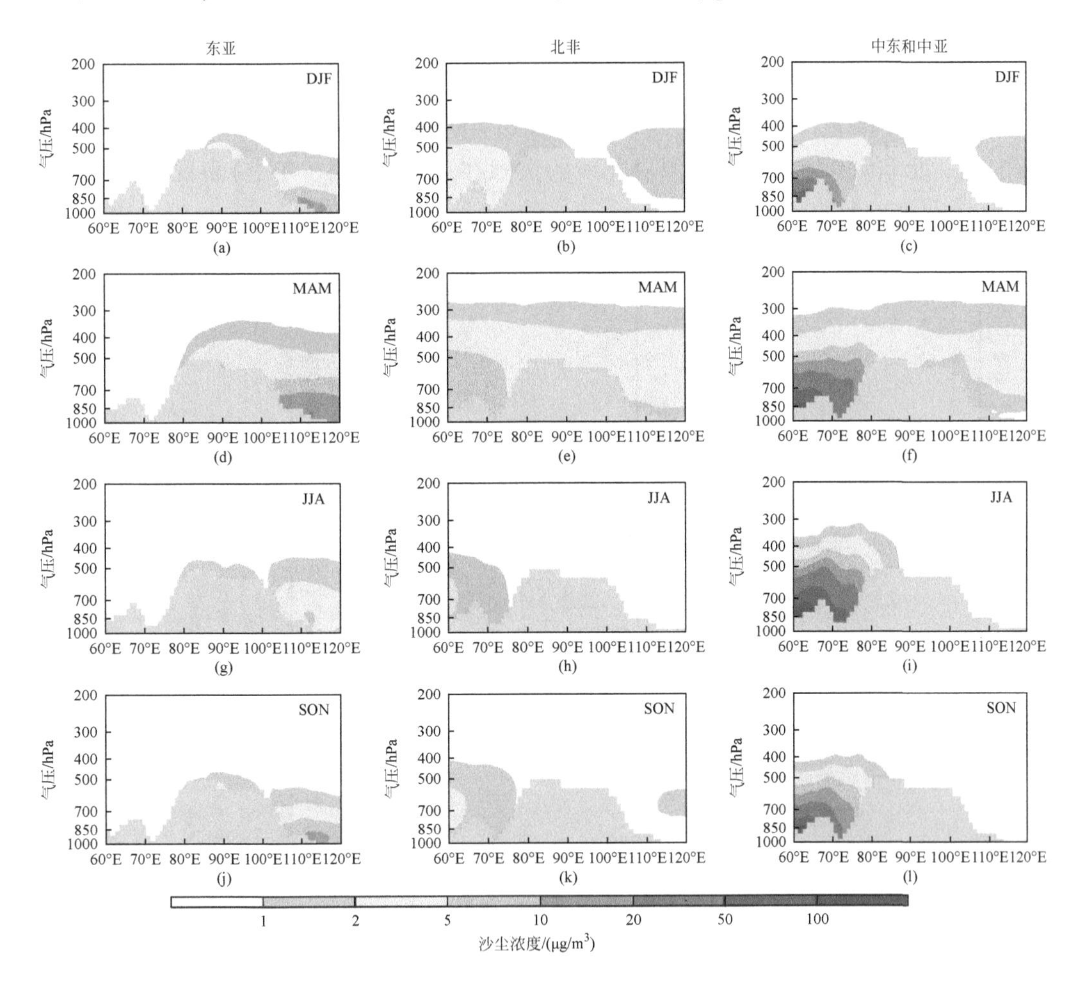

图 2-7 模拟的 2010 ~ 2014 年青藏高原冬季（DJF）、春季（MAM）、夏季（JJA）、秋季（SON）沙尘浓度高度-经度横断面

灰色阴影代表青藏高原的地形

83°E ~ 100°E 沙尘浓度的平均高度-纬度分布表明，青藏高原北坡主要受塔克拉玛干沙漠的影响（东亚源，图 2-8）。春季（其他季节），塔克拉玛干沙漠地表沙尘浓度从 100μg/m³下降到青藏高原北部的 5 ~ 10μg/m³（2 ~ 5μg/m³）。青藏高原北部的沙尘浓度证明青藏高原北部和东部的大气沙尘在有利的气象条件下有一部分来自塔克拉玛干沙漠（Fang et al.，2004）。由北非源、中东和中亚源贡献的沙尘浓度的垂直剖面特征是双中心：一个在青藏高原以南的中低对流层（称为南线），另一个在青藏高原以北的中高层

对流层(称为北线)。北线在对流层上部的沙尘浓度高于南线。这两种来源所贡献的沙尘负荷的空间分布也清楚地显示了这两种路径。春季两种路径的沙尘浓度高于其他季节，北部(南部)从地表到300hPa(500hPa)的浓度为2～5μg/m³。因此，青藏高原上方的沙尘层是北非、中东和中亚的污染源，春季的沙尘层浓度为2～5μg/m³。在其他季节，这两条路线的沙尘浓度较低。北非源对南线的贡献很弱，沙尘浓度小于1μg/m³。南线由中东和中亚源引起的沙尘浓度夏季(秋季和冬季)在500hPa(700hPa)以下为1～10μg/m³(2～10μg/m³)。北非源、中东和中亚源对北线的贡献在夏季和秋季(冬季)表现为低浓度1～2μg/m³(1～5μg/m³)。

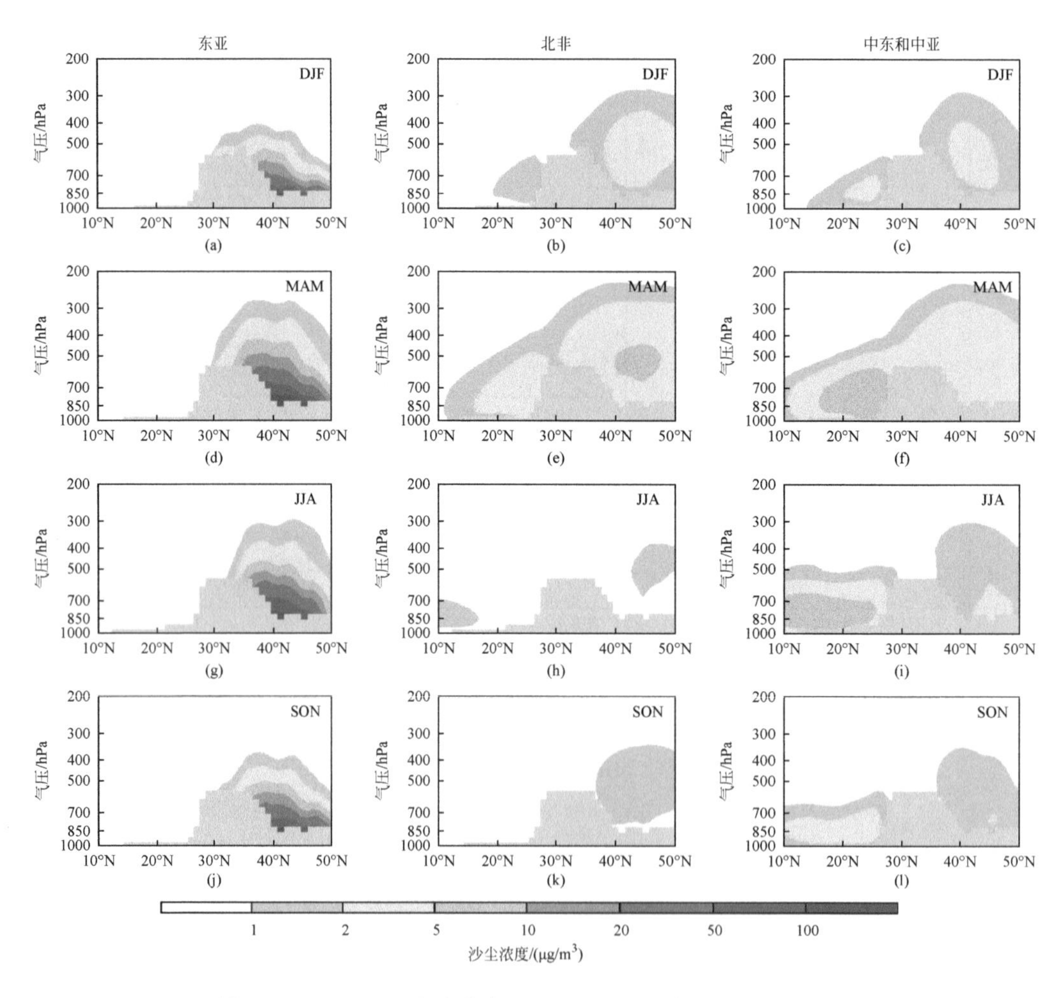

图2-8　模拟的2010～2014年青藏高原冬季(DJF)、春季(MAM)、夏季(JJA)、秋季(SON)沙尘浓度高度-纬度横断面

灰色阴影代表青藏高原的地形

图2-9显示了2010～2014年青藏高原（83°E～100°E和30°N～35°N）四个季节不同高度的沙尘柱质量、沙尘浓度及不同沙尘源贡献。青藏高原上空的沙尘柱质量春季最高（89μg/m²），其次是夏季（54μg/m²）、秋季（43μg/m²）和冬季（39μg/m²）。其中，东亚源是青藏高原沙尘柱质量的主要来源，占春季总沙尘柱质量的60%、夏季总沙尘柱质量的78%、秋季总沙尘柱质量的75%和冬季总沙尘柱质量的59%。北非源、中东和中亚源的贡献在春季和冬季为18%～23%，其他季节为9%～13%［图2-9（a）］。

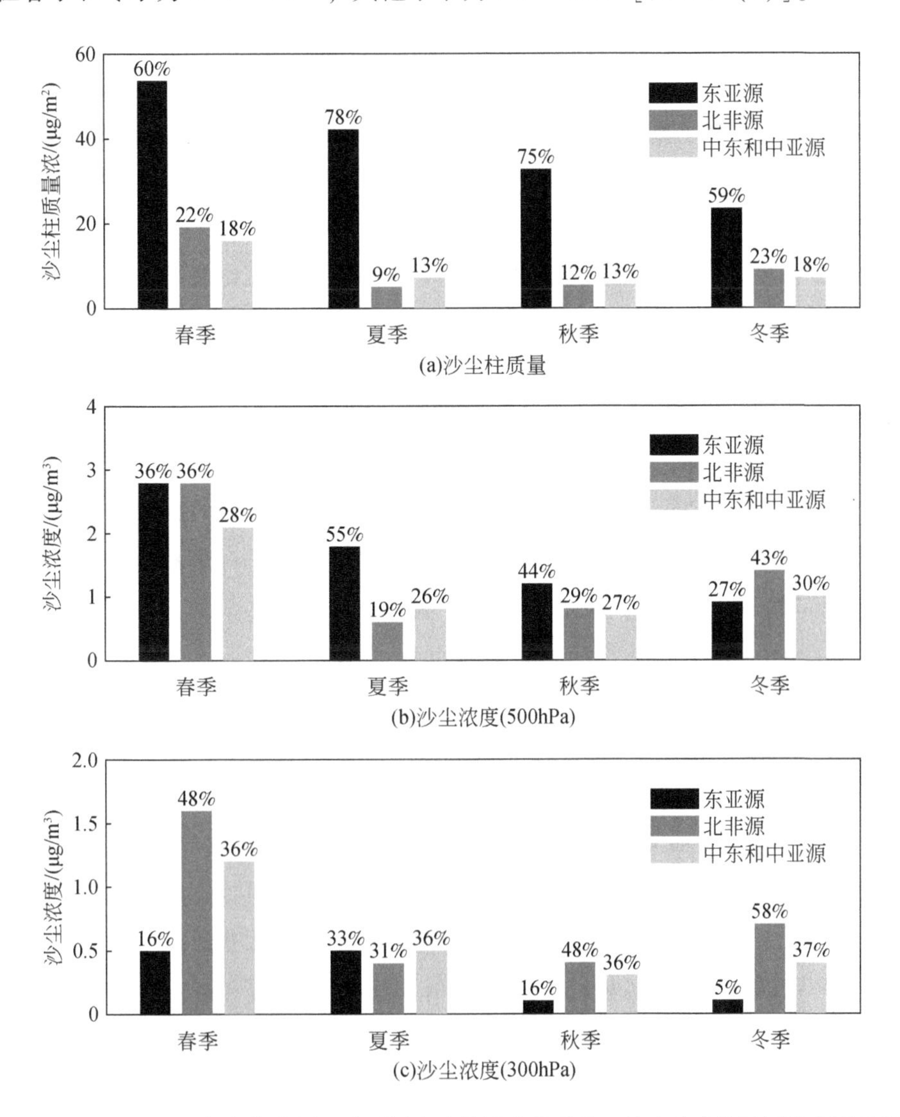

图2-9　2010～2014年青藏高原四季不同高度的沙尘柱质量、沙尘浓度及不同沙尘源贡献

柱上面的数字表示每个沙尘源在各季节的贡献比例

同时，我们检测了青藏高原地区500hPa和300hPa高度的沙尘浓度［图2-9（b）、（c）］。三个沙尘源的沙尘总浓度在500hPa（300hPa）时分别为：春季7.8μg/m^3(3.3μg/m^3)、夏季3.3μg/m^3(1.4μg/m^3)、秋季2.7μg/m^3(0.9μg/m^3）和冬季3.3μg/m^3(1.1μg/m^3)。春季沙尘浓度在500hPa和300hPa均为其他季节的2～3倍。通过比较对流层中上层沙尘柱质量与沙尘浓度，发现东亚源对大气中上层沙尘浓度和对流层沙尘浓度均不占主导地位。在500hPa高度，三个源的贡献相似，但在300hPa时，北非源、中东和中亚源主导着青藏高原上空的大气沙尘。以500hPa高度为例，东亚源春季贡献36%、冬季贡献27%，北非源春季贡献36%、冬季贡献43%。东亚源夏季和秋季的贡献相对较高，夏季为55%，秋季为44%。在300hPa时，东亚源的贡献在春季和秋季均为16%、夏季和冬季分别为33%和5%。

在500hPa和300hPa高度层，北非源在春季和冬季对青藏高原的贡献大于夏季和秋季。在500hPa，其贡献在春季为36%，冬季为43%，高于夏季和秋季的19%和29%；同时，在300hPa高度，其贡献在春季为48%，冬季为58%。相比之下，中东和中亚源的贡献在四季中基本是一致的，在500hPa时为26%～30%，在300hPa时为36%～37%。夏季，中东和中亚源的沙尘活动频繁，贡献高于北非源。在其他季节，北非源在500hPa和300hPa的贡献大于中东和中亚源，冬季尤其明显。

（2）青藏高原上空的沙尘数浓度

沙尘数浓度是模拟沙尘气候影响的关键因素，如对冰云形成的影响以及对降水的影响（Liu and Penner，2005；Phillips et al.，2008）。图2-10显示了青藏高原上空中高对流层沙尘数浓度的季节性变化。青藏高原上空的沙尘直径在0.04～2.5μm，春季沙尘数浓度高于其他季节，500hPa高度处沙尘数浓度高于300hPa高度处沙尘数浓度。在春季，青藏高原上空的沙尘数浓度最高大于0.8mm^{-3}，峰值浓度集中在直径0.16～1.25μm处。夏季、秋季和冬季沙尘数浓度均低于0.4mm^{-3}，峰值浓度集中在直径0.16～0.63μm处。

此外，我们还对不同来源的沙尘数浓度进行了比较。春季，北非源、中东和中亚源、东亚源在500hPa高度上对不同粒径沙尘的沙尘数浓度的贡献相似。然而，在300hPa高度，中东和中亚源、北非源在所有粒径上都比东亚源贡献了更大的沙尘数浓度。在夏季，东亚、中东和中亚源对不同粒径的沙尘数浓度的贡献都大于北非源。对中东和中亚源、东亚源贡献的比较表明，在500hPa高度，中东和中亚源贡献的沙尘数浓度在直径小于0.16μm时略高于东亚源贡献的沙尘数浓度，而在直径大于0.32μm时则相反，即来自中东和中亚源的贡献低于来自东亚源的贡献。秋季在500hPa高度，各尘源对直径大于0.32μm时的沙尘数浓度贡献的分数相似；而在较细的沙尘粒径（直径小于0.32μm）中，东亚源、中东和中亚源对500hPa高度的沙尘数浓度起着重要作用。在300hPa高度，北非源、中东和中亚源在不同粒径的沙尘数浓度中均占主导地位。冬季沙尘数浓度主要集中在直径0.16～1.25μm处，中东和中亚源、北非源对这些粒径的沙尘数浓度贡献大。

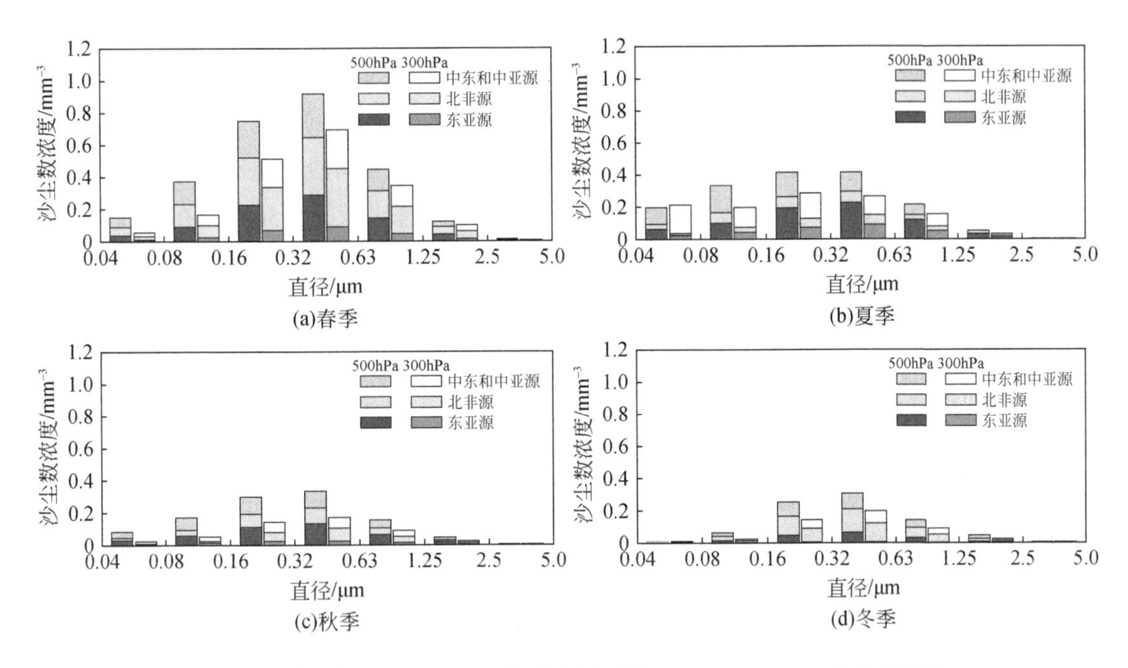

图 2-10　模拟的 2010 ~ 2014 年青藏高原四季 500hPa 和 300hPa 沙尘数浓度

2.2.4　青藏高原沙尘来源贡献总结

本研究评估了北半球主要沙尘源对青藏高原上空大气沙尘的贡献。主要的沙尘源包括北非、中东、中亚、南亚和东亚的半干旱与干旱地区。本研究将中东、中亚和南亚的沙尘源综合考虑为中东和中亚的沙尘源。基于为期五年（2010 ~ 2014 年）的模式模拟，描述了沙尘从北非源、中东和中亚源上升到青藏高原的机制。结果表明，中纬度（西北）低压系统和低纬度（东南）高压系统在对流层下部（700hPa）形成强烈的西风，引发了沙尘暴。在这些过程中，对流层上部的一股西风急流对沙尘事件的形成起了作用，使沙尘从地表上升到自由大气中。一方面，西风急流通过向下的动量传递，增加了对流层低层的风级，有利于沙尘暴的发展。另一方面，西风急流的二次流引起的上升气流，产生了一种向上的气流运动，将沙尘吸入自由大气。

来自北非、中东和中亚的沙尘源是通过对流层中高层的西风输送到高空的。在沙尘输送过程中，由于青藏高原的阻碍，沙尘浓度减小并分流成两条路径。北线的沙尘在中亚到中国北部和蒙古国区域的质量浓度更高。南线的浓度相对较低，从阿富汗和巴基斯坦沿青藏高原的南部斜坡流向印度北部。青藏高原上空的大气沙尘很大程度上受到北线的影响，这是由近几十年来从青藏高原采集的几个浅冰芯支撑的。北部和西部（中部）的沙尘浓度是南部的 2 ~ 10 倍（5 倍）（Wu et al., 2010a）。北线的沙尘是由对流层中部中纬度的高压脊驱动的。当高压脊在中国西北上空时，由于高压脊的西北风作用，沙尘从塔里木盆地流向青藏高原。

从沙尘柱质量、沙尘浓度和沙尘数浓度三个方面比较了不同沙尘源对青藏高原上空大气沙尘的贡献。沙尘柱质量和沙尘浓度在春季最高，其他季节次之。500hPa 的沙尘浓度高于 300hPa，春季的沙尘浓度为其他季节的 2 ~ 3 倍。东亚源在四个季节的沙尘柱质量中均占主导地位，其贡献率为 59% ~ 78%，影响着北部沙尘。发现东亚源对青藏高原 500hPa 沙尘浓度的影响，夏季为 55%，秋季为 44%，而在春季和冬季，东亚源、北非源与中东和中亚源的贡献相当（27% ~ 36%）。300hPa 沙尘浓度主要来自北非源、中东和中亚源，北非源占 31% ~ 58%，中东和中亚源占 36% ~ 37%。

在沙尘数浓度方面，青藏高原沙尘直径大小在 0.04 ~ 2.5μm 变化，春季沙尘数浓度高于其他季节，500hPa 沙尘数浓度高于 300hPa 沙尘数浓度。在春季，粒径为 0.16 ~ 1.25μm 的青藏高原沙尘数浓度最高大于 0.8mm^{-3}，而在其他季节，各沙尘粒径的沙尘数浓度均小于 0.4mm^{-3}。不同来源对沙尘数浓度的贡献与对沙尘浓度的贡献是一致的。春季，北非源、中东和中亚源、东亚源对 500hPa 不同尘级的沙尘数浓度贡献相似，但在 300hPa 高度，中东和中亚源、北非源对所有尘级的沙尘数浓度贡献均大于东亚源。夏季，在 500hPa 和 300hPa 高度，东亚源、中东和中亚源对沙尘数量的贡献均大于北非源；其中，在 500hPa 高度，中东和中亚源在细尺度（直径小于 0.16μm）上贡献了较大的沙尘数浓度，东亚源在粗尺度（直径大于 0.32μm）上贡献了较大的沙尘数浓度，在 300hPa 高度，中东和中亚源的沙尘数浓度占主导地位。在秋季和冬季，中东和中亚源是 500hPa 和 300hPa 高度不同粒径沙尘数浓度的主要贡献者。

2.3 以 CO 为示踪物对排放源清单的反演与优化方法研究

CO 是对流层中的主要污染物之一，也是全球碳循环中的重要气体（Holloway et al., 2000）。CO 是一种无色、无味的气体，在大气中存活寿命最长可达到 2 ~ 3 个月（Liu et al., 2019a）。一般而言，暴露在 CO 浓度为 10mg/L 或更高的环境中会降低人体细胞的氧气传输能力并危及生命（Liu et al., 2018a; Townsend and Maynard, 2002）。此外，CO 在大气化学中还发挥着重要的作用（Choi et al., 2017）。

CO 是中国主要的空气污染物之一（Kang et al., 2019），其产生主要来自自然源和人为源，如大气中甲烷的氧化、碳燃料的不完全燃烧以及海洋排放等（Hernández-Paniagua et al., 2018）。在大城市中，CO 的主要来源是工业、交通运输和锅炉供热等（Che et al.,

2016)。需要注意的是,CO 的增加还可以促进 CO_2 和 O_3 的产生(Feng et al.,2020),对大气环境产生影响。CO 通常在空气中比较稳定,其扩散和迁移主要受风控制,并且可以借助气流长距离传输(Garrett et al.,2010;Dekker et al.,2017)。

与针对其他空气污染物的研究相比,在全球范围内,尤其是在中国,关于 CO 的研究相对较少(Liu et al.,2019b)。以前关于 CO 的研究主要集中在使用地面监测数据、遥感数据或排放清单产品对包括 CO 在内的多种空气污染物的时空分布进行统计分析(Kang et al.,2019;Saikawa et al.,2017)。在模型预测 CO 浓度方面,现有研究通常基于空气质量模型和先验排放结果得出其浓度并进行分析(Dekker et al.,2017)。但是,先验排放结果通常从排放清单中获得,而由于各种影响因素的存在(如空气污染物排放系数差异、污染排放的复杂来源等)(Hassler et al.,2016),原始排放清单往往时间分辨率有限且具有较大的不确定性。同时,长期和连续的地面观测的缺乏进一步增加了评估清单模型效果的难度(Hu et al.,2019b)。利用地面观测和反演模拟,本研究提供了一种量化 CO 排放量的独立方法。迄今为止,使用随机时间倒置拉格朗日输运(stochastic time- inverted lagrangian transport,STILT)模型跟踪大气中颗粒的运移已成功并广泛应用(Hu et al.,2018;Hu et al.,2019b)。

华中地区是中国空气污染严重的地区之一(Liu et al.,2019a),政府在秋季和冬季需大力治理 CO 的快速增长,以改善空气质量。为了实现这一目标,需要清楚地了解不同地区的 CO 排放量。本研究使用 WRF 耦合 STILT 的 WRF-STILT 模型以及地面 CO 浓度测量结果,来估算郑州及周边地区的 CO 排放量。WRF-STILT 模型既提供了来自 WRF 的准确的气象模拟,也提供了来自 STILT 的便捷的足迹模拟(Zhao et al.,2009)。然后利用 WRF-STILT 的印痕结果和原始清单,使用最小二乘反演技术获得用于最佳排放估算的比例因子。在获得最佳的排放信息之后,通过比较地面观测的 CO 浓度和基于新排放模型预测的 CO 浓度进行最终评估。

2.3.1 研究说明与反演方法

2.3.1.1 研究区

研究区包括郑州及其周边地区。郑州是河南省会,也是中国中部的主要工业城市,它位于黄河中下游与黄淮平原的交汇处。郑州西部高(海拔超过 1000m)、东部低(海拔在 100~300m),太行山在其北部,这种地形会影响空气污染物的运输(Liu et al.,2018b)。郑州是中原城市群的中心城市,截至 2018 年其总人口达 1013 万人,地区 GDP 为 10 143.3 亿元。随着经济的快速发展和大规模的空气污染,郑州及其周边地区的环境受到了极大的影响（Liu et al., 2018b）。CO 是该地区常见的污染气体，尤其是在秋季和冬季，不仅破坏了自然环境，而且对群体健康造成了极大的伤害。

2.3.1.2 地面观测数据与原始排放清单

本研究用到的是 2017 年 11 月 1 日至 2018 年 2 月 28 日，郑州中部（34.75°N，113.60°E）国控站的 CO 浓度值，实地观测和数据公布由生态环境部负责，在官网（http://www.mee.gov.cn/）下载。CO 测量的传感器是美国 Thermo Fisher Scientific 公司的 48i CO 分析仪，生态环境部通过严格的标准来确保数据质量，并逐小时公布。因此，本研究获取的数据质量可靠，没有异常值和空缺值。

在本研究中，每月的先验 CO 排放图用到了清华大学开发的中国高分辨率排放清单——中国多尺度排放清单模型（multi-resolution emission inventory for China，MEIC）。它比其他排放清单更贴合中国的能源统计数据，并且能够逐月展示 CO 排放变化（Fan et al., 2018）。CO 排放图的空间分辨率为 0.25°×0.25°，可以在官网（http://www.meicmodel.org）下载。

2.3.1.3 WRF-STILT 模型

WRF-STILT 模型被广泛用于大气气体的扩散研究，包括污染气体和温室气体。它作为大气逆向传输模型，可以从固定站点获得模拟足迹，并得出研究区不同区域的排放贡献率。该耦合模型的第一个新颖之处在于，它减少了大陆范围自上而下的温室气体通量估算中的输运误差，专门用于区域排放模拟和温室气体通量反演。WRF-STILT 模型的细节已在先前的研究中（Zhao et al., 2009）进行了描述。这里仅描述与本研究最相关的功能和设置。WRF 的初始和边界气象条件是根据 FNL 数据建立的，仿真域为 900km×900km，水平分辨率为 3km。类似于我们之前的模型设置（Zhao et al., 2009，2019a），WRF 操作的主要物理模块设置如下。WRF 具体运行所采用的模块设置为：长波辐射模块采用快速辐射传输模式（rapid radiative transfer model，RRTM）；短波辐射模块采用 NASA Goddard 辐射传输模式；边界层模块采用基于 TKE 通量的 MYJ 模块；微物理模块采用 Purdue Lin 模块；对流模块采用 Grell-Devenyi 对流模块。STILT 设置为：释放高度采用 10m 来表示研究区域中 CO 测量的受体位置。作为国控站，周围大约 0.5km 范围内没有本地 CO 排放源，因此受体位置 CO 浓度主要受 0.5km 范围外污染源的影响。对于 STILT 模拟，释放了 1000 个粒子并向后传输了 3 天，时间分辨率为 1h。简而言之，WRF 模拟提供每小时的气象数据，这进一步推动了 STILT 模拟以获得研究区域内的粒子后向轨迹和足迹（f）。这与 WRF-STILT 设置的空间分辨率类似，足迹的空间分辨率为 3km。

在获得足迹后，通过将印痕乘以相应的先验 CO 排放图（F），来计算由局部排放贡献模型模拟的 CO 质量浓度C_l（X_r，t_r）。

$$C_l(X_r,t_r)=\sum_{i,j,m} f(X_r,t_r \mid x_i,y_j,t_m)\cdot F(x_i,y_j) \tag{2-4}$$

式中，X_r 和 t_r 分别为受体位置处 CO 测量的位置和时间；f（X_r，$t_r \mid x_i$，y_j，t_m）为印痕；F（x_i，y_j）为在位置（x_i，y_j）和时间t_m的先验排放图。

图 2-11 提供了上游空气污染和局部排放物影响观测位置处相应空气污染物测量值的示意图。气体粒子的运输过程包括对流和湍流两个物理过程，湍流导致颗粒物扩散，并促进气体或颗粒与表面排放物的交换。原则上，在接收器位置观测的气体浓度（如 CO 浓度）是从上游输送的气体与从局部表面排放物交换的气体的浓度总和。因此，可以使用式（2-5）计算受体位置的 CO 浓度：

$$C(X_r,t_r)=C_l(X_r,t_r)+C_{\mathrm{BG}}(X_r,t_r) \tag{2-5}$$

式中，C 为受体位置（X_r，t_r）的 CO 浓度；C_l为沿运输路径与局部表面排放物交换产生的 CO 浓度；C_{BG}为上游大气的 CO 浓度。考虑到更远的地方的足迹要弱得多，自然背景中的 CO 浓度非常小，以及向后轨迹相对较长的时间段（72h），此处将 C_{BG} 视为研究中可忽略的组成部分。

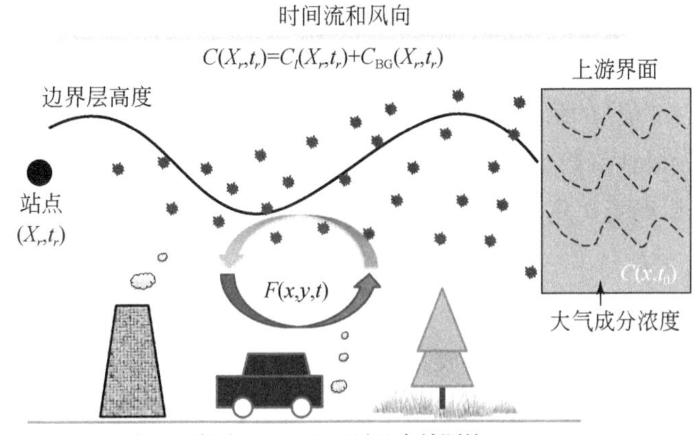

图 2-11 观测点浓度形成的物理原理示意图

2.3.1.4 反演方法及过程

图 2-12 显示了基于 WRF-STILT 模式利用站点浓度观测反演不同区域源排放的反演方案流程图。原则上，反演算法是一个最佳过程：它估算不同子区域中排放的最佳排放比例因子，以使基于 WRF-STILT 模型的计算与现场观测值紧密匹配。本研究使用标准的最小二乘法优化方法逐月估算每个子区域的总体排放的缩放因子。

联合式（2-4）和式（2-5），可以得到式（2-6）：

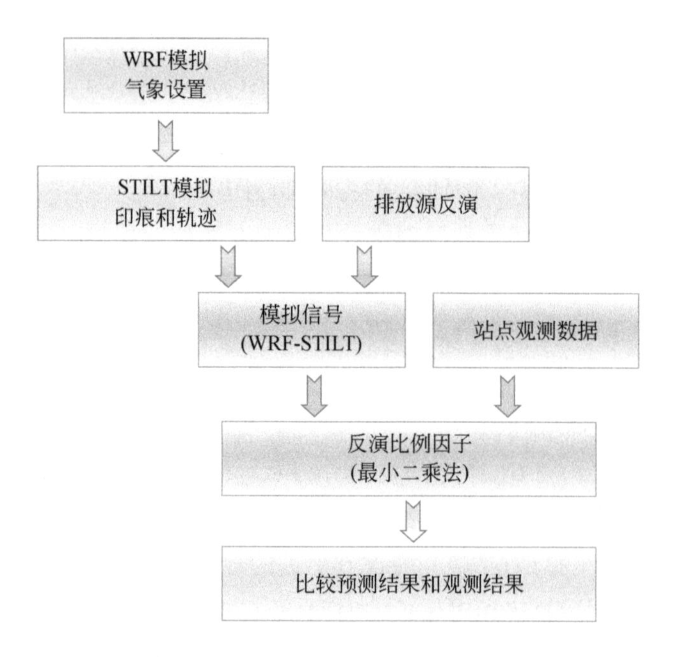

图 2-12　基于 WRF-STILT 模式，利用站点浓度观测反演不同区域源排放的反演方案流程图

$$C = fF + C_{BG} \tag{2-6}$$

式中，f 为印痕；F 为 CO 的先验排放图；C 和 C_{BG} 分别为受体位置和上游位置（背景）的 CO 浓度。将 λ 作为最佳排放比例因子引入研究区域内所有子区域的先验排放，该排放是通过比较模型模拟和现场观测从最佳反演过程获得的。这里使用标准最小二乘法优化方法获得 λ 值：

$$\min\{\mathrm{abs}(C_{obs} - f\varphi\lambda)\} \tag{2-7}$$

式中，φ 为来自不同子区域的先验排放；C_{obs} 为观测的 CO 浓度。在获得最佳的 λ 值之后，可以基于不同子区域的先验排放乘以其对应的 λ 值来获得新的先验排放 F（λ）：

$$F(\lambda) = \varphi\lambda \tag{2-8}$$

图 2-12 简要总结了本研究的分析方法。首先从 WRF 模拟中得出可靠的气象数据。然后使用气象数据来驱动 STILT 模拟，并获得研究区域内的向后轨迹和印痕。进而基于研究区域内的先验 CO 排放量，计算出受体位置的模拟 CO 浓度。然后，比较模拟和测量的 CO 浓度，并基于最小二乘法优化方法得出选定子区域内 CO 排放的比例因子。最后，确定比例因子后，获得了新的最佳 CO 排放图，再次运行模型以获取其他独立时间受体位置的 CO 浓度的新模拟结果，并在这些独立时间使用 CO 测量评估其性能。

2.3.2 郑州 CO 浓度特征及排放反演结果

(1) 郑州 CO 浓度具有明显的月变化特征和日变化特征

图 2-13 显示了 2017 年 11 月至 2018 年 2 月 CO 浓度的时间变化。如图 2-13 所示，在研究期间，CO 浓度在 0 ~ 4mg/m^3，于 2018 年 1 月 20 日达到峰值。2017 年 11 月和 2018 年 2 月，CO 浓度每小时变化比 2017 年 12 月和 2018 年 1 月弱。通过每月平均的 CO 浓度 [图 2-13 (b)] 发现，CO 在 2018 年 1 月达到峰值 1.27mg/m^3。相比之下，每月平均 CO 浓度最低值出现在 2017 年 11 月，这可能与 11 月 15 日至次年 3 月 15 日的冬季取暖有关。

图 2-13 (c) 显示了郑州 2017 年 11 月至 2018 年 2 月四个月平均 CO 浓度的每小时的变化，其中有两个 CO 浓度迅速增加的时期，分别是 6:00 ~ 9:00 和 16:00 ~ 20:00，这主要归因于城市早晚交通高峰期机动车的废气排放。相反，CO 浓度在 9:00 ~ 16:00 有一个快速下降的时期，这主要是 PBLH 增加所致。夜间 CO 浓度变化相对较平缓很可能与低排放和相对稳定的 PBLH 有关 (Gratsea et al., 2017)。

(2) 郑州市中心本地排放对 CO 贡献最大，受地形和风向影响，东北和西南方向是潜在输送区

通过 WRF-STILT 模拟获得郑州地区的平均印痕分布，其代表了各区域地表排放对测量位置 CO 浓度观测的影响大小。印痕图显示了独特的空间分布，东北和西北具有较大的值，代表着这些地区有更多贡献。这种分布与研究区的地理位置和郑州地区冬季的风特征密切相关 (Liu et al., 2018b)，郑州在冬季主要是北风和偏北风。此外，太行山、华北平原和狭窄的汾渭平原分别位于郑州的北部、东北部和西部。这种地形促进了东北和西北地区空气污染物的运输。考虑到郑州东北的华北平原和郑州西部的汾渭平原污染严重，因此认为郑州的空气质量可能受到东北和西北排放的影响。此外，郑州南部是一个人口众多的平原地区，空气污染物的排放量也很大，但是这些与郑州市中心的贡献相比都非常小。

印痕表明了在受体位置每个区域的单位排放量对 CO 浓度测量的影响 (Zhao et al., 2009)。根据郑州 2018 年土地利用的空间分布可以明确，郑州的中心建成区域是高印痕区域。因此，当地排放对观测点 CO 浓度的贡献应比郑州以外地区的运输的贡献更大。考虑到郑州的地形相对平坦且印痕较高，因此控制当地排放以改善郑州的空气质量至关重要 (Fan et al., 2018)。

(3) 分区域的反演结果证明，原始排放清单的估计略高于实际排放

总体而言，图 2-14 显示出的最佳排放比例因子平均低于 1.0，这表明大多数子区域的 CO 排放量均小于原始清单。特别是区域 5、6、7、9 和 10，其最佳排放比例因子相对较低，分别为 0.87、0.53、0.85、0.75 和 0.90，表明这 5 个子区域的最佳排放量小于原始

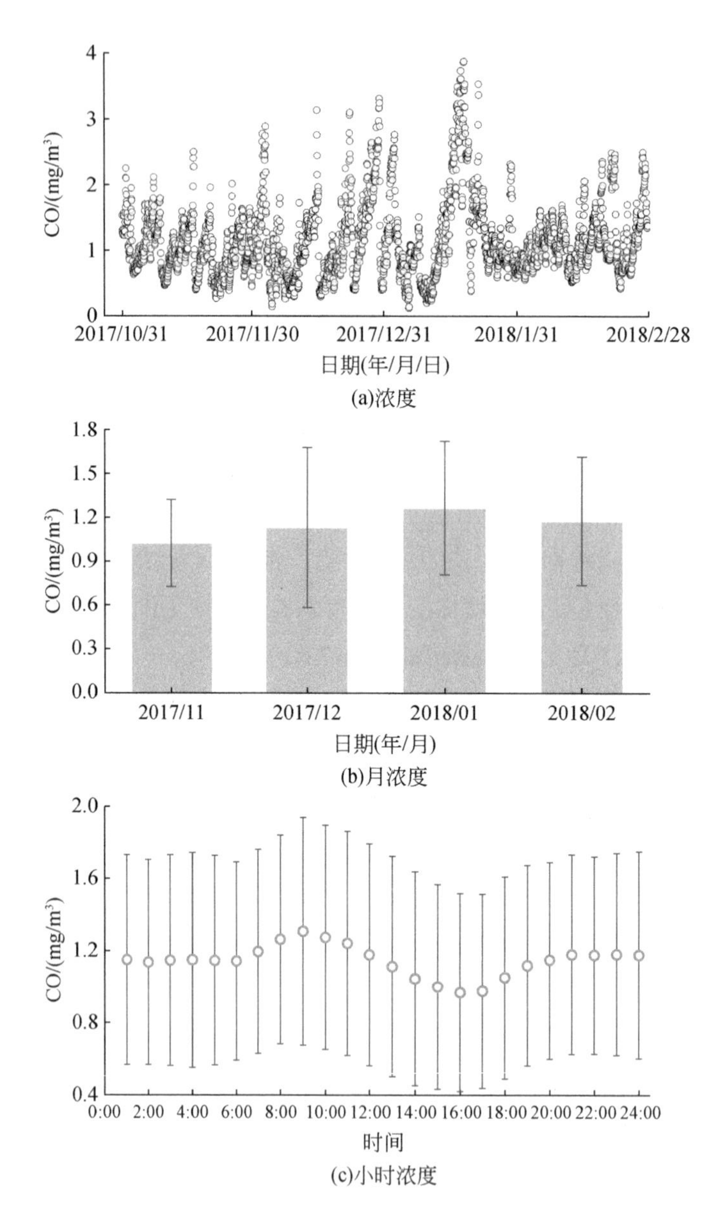

图 2-13　CO 观测浓度的时间变化

误差线代表标准偏差

清单（MEIC）排放量。请注意，这 5 个子区域的印痕同样最高，表明这 5 个子区域的反演结果通常比其他子区域更可靠（Zhao et al.，2009）。相反，子区域 1 和 4 的最佳排放比例因子分别为 1.07 和 1.12，表明最佳排放量可能比原始清单略大。对于子区域2、3 和8，其最佳排放比例因子接近于 1，表明先验 CO 排放是合理的，或者是测量地点的 CO 观测值对这些子区域的排放具有较低的敏感性。图 2-14 中子区域 1 ~ 10 的原始绝对 CO 排放量分别为 5.86Mt/a、0.87Mt/a、1.19Mt/a、3.06Mt/a、0.67Mt/a、0.79Mt/a、0.32Mt/a、0.15Mt/a、0.11Mt/a 和 0.13Mt/a。

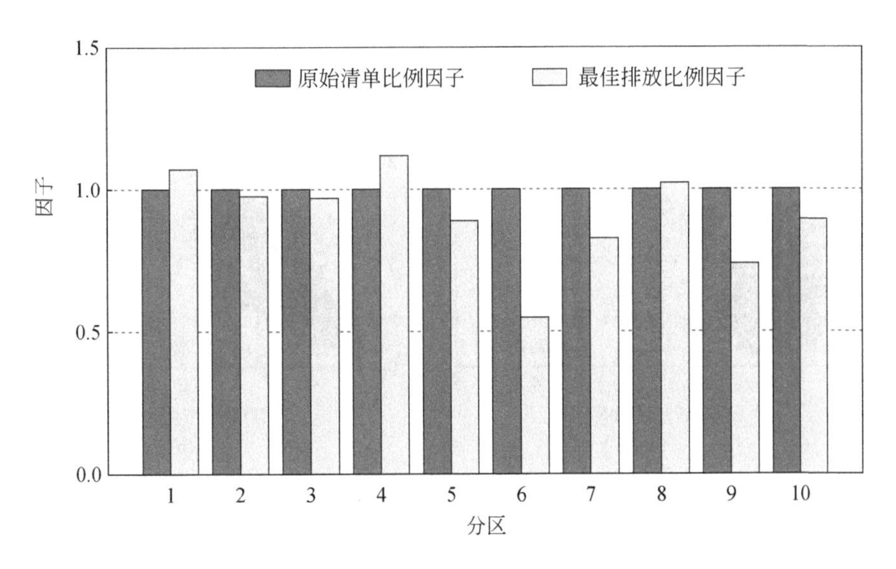

图 2-14　研究区 10 个子区域以及基于 2017 年 11 月至 2018 年 2 月 10 个子区域 CO 观测值计算的最佳排放比例因子

1～10 分别代表郑州市外北部、郑州市外西部、郑州市外东部、郑州市外南部、郑州市西北部、郑州市北部、郑州市东北部、郑州市西南部、郑州市南部、郑州市东南部

(4) 基于最佳排放比例因子优化后的最佳模拟结果显著提高，不论是针对整个研究时段还是逐月进行反演优化，模拟结果均更接近观测结果，在月均值和日变化的对比中也更接近观测实际

如图 2-15 (a) 所示，使用 WRF-STILT 模拟的先验排放 CO 浓度（y）与 CO 观测浓度（x）之间的最佳拟合线性回归方程为 $y=0.45x+0.92$，R^2 仅为 0.07，表明原始排放存在很大的不确定性。使用最佳排放比例因子修正后，WRF-STILT 模拟的 CO 浓度与 CO 观测浓度更加吻合，线性拟合回归方程 $y=0.87x+0.15$，R^2 为 0.48 [图 2-15 (b)]。图 2-15 的结果表明，如果假设 WRF-STILT 模型可靠，则使用最佳排放比例因子修正的新的排放比原始排放更能代表实际排放结果。

进一步逐月进行反演分析，从图 2-16 中可以发现两个结论。首先，与基于先验排放的 WRF-STILT 模拟结果相比，基于最佳排放的 WRF-STILT 模拟月 CO 浓度平均值与观测值更加接近。其次，基于最佳排放的 WRF-STILT 模拟月 CO 浓度的主要范围（即从下四分位数或更低的 5% 到上四分位数或更高的 95%），也比基于先验排放的 WRF-STILT 更加接近观测值。特别是，基于最佳排放的 WRF-STILT 模拟的最佳排放量在 12 月和 1 月与观测值十分吻合。

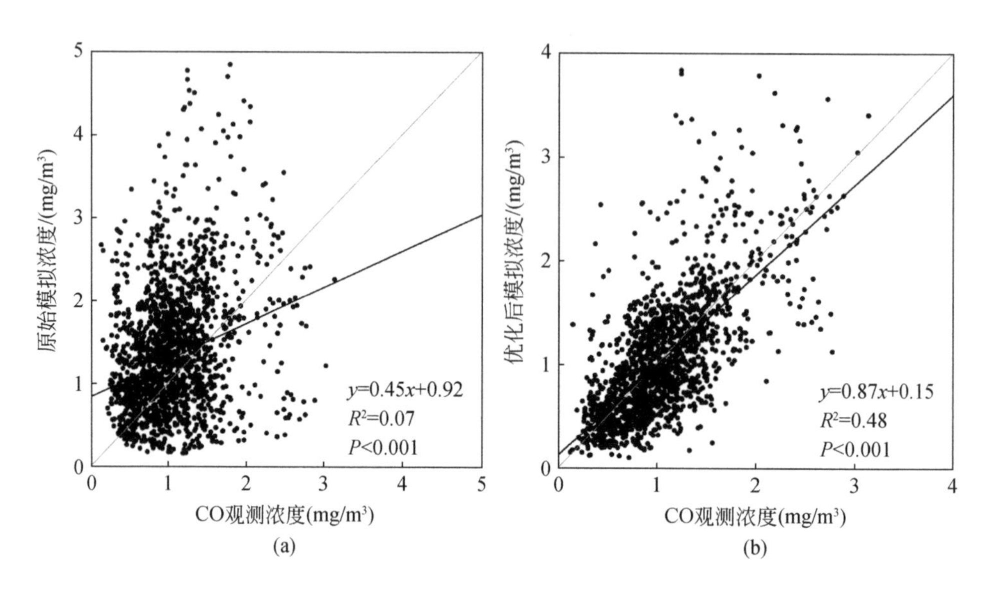

图 2-15　CO 观测浓度和原始模拟及优化后模拟 CO 浓度比较

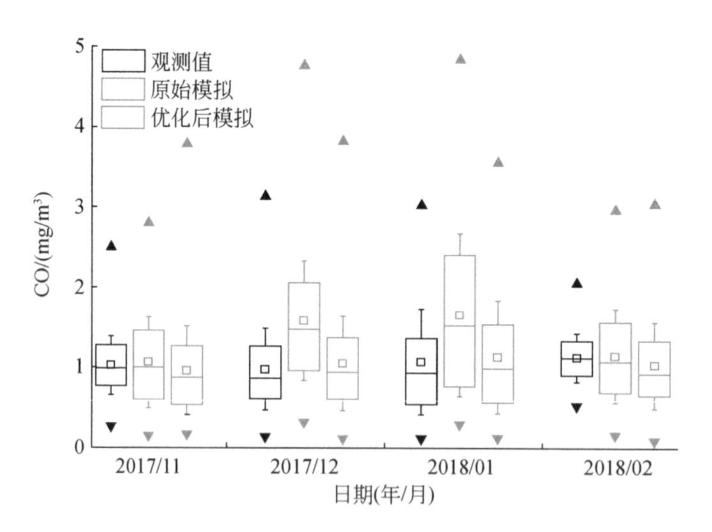

图 2-16　基于先验排放的 WRF-STILT 模拟（原始模拟）和基于最佳排放的 WRF-STILT 模拟（优化后模拟）的每月 CO 浓度的箱形图

方框表示中位数、上四分位数和下四分位数；空心正方形代表平均值；盒须代表数据的 5% ~95% 范围；上三角形和下三角形分别代表最大值和最小值

同时我们还发现，与原始模拟结果相比，优化后模拟的 CO 浓度在日变化方面明显与观测值更加吻合（图 2-17）。原则上，使用先验排放模拟的 CO 浓度很难捕捉 7:00 ~ 10:00 的增加趋势和 10:00 ~ 17:00 的减少趋势，而使用最佳排放模拟的 CO 浓度可以准确刻画。

使用基于最佳排放的 WRF-STILT 模拟的 CO 浓度比每个月使用先验排放模拟的浓度更符合观察结果，这也说明了新的最佳 CO 排放量具有较高可靠性（图 2-18）。在研究期间（图 2-18），基于最佳排放的 WRF-STILT 模拟值与观测值（CO 浓度）之间的线性拟合回归方程的斜率在 0.72～0.89，且所有拟合结果均通过了显著性检验（P<0.001）。因此，我们使用的反演优化方法可以显著改善 CO 排放量的估算，并使预测的 CO 信号与观测的 CO 信号更加一致。

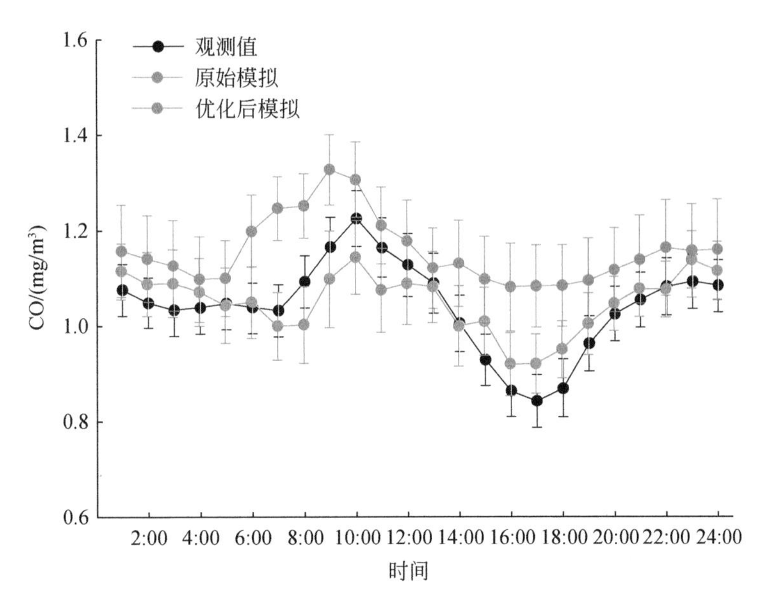

图 2-17　CO 浓度观测值、基于先验排放的 WRF-STILT 模拟值和基于最佳排放的 WRF-STILT 模拟值的日变化

圆圈代表平均值；误差线代表标准误差

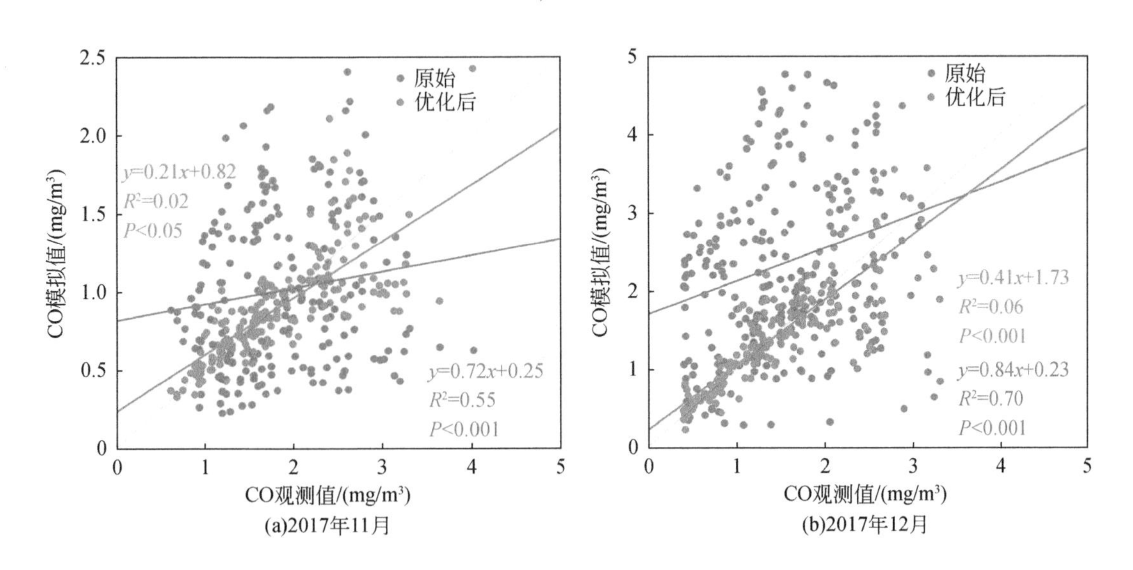

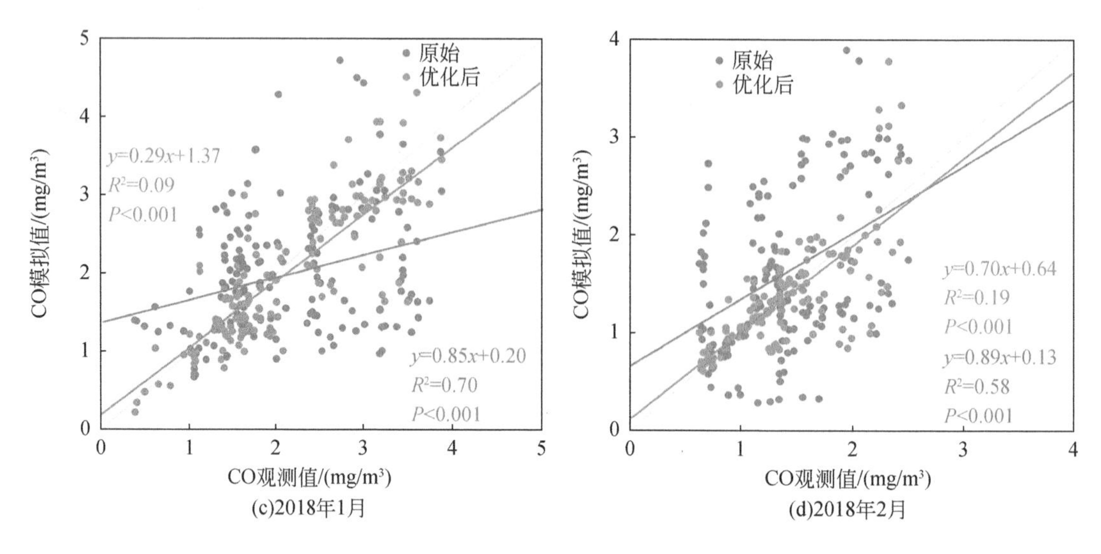

图 2-18　CO 浓度观测值和模拟值之间的比较

数值使用从反演分析中获得的月度最佳排放比例因子进行了优化

最后，我们使用 2017 年 11 月至 2018 年 1 月的数据获得最佳排放比例因子，然后使用比例因子优化 2018 年 2 月的原始排放量。在此基础上，我们比较了 2018 年 2 月模拟和观测的 CO 浓度结果并进行了独立评估。如表 2-1 所示，与使用先验排放量模拟的平均值相比，使用最佳排放量的 WRF-STILT 模拟在均值和标准差方面更接近于观测值，线性拟合回归方程 $y=0.84x+0.11$，R^2 为 0.46（$P<0.001$）。这种独立的评估分析进一步表明了最佳反演研究中 CO 排放估算的可靠性。

表 2-1　使用先验排放量和最佳排放量的 WRF-STILT 模拟值与 2018 年 2 月 CO 观测值的比较

指标	平均值/(mg/m³)	SD	Slope	Intercept	R^2	Sig.
观测值	1.40	0.50				
先验排放量	1.61	0.81	0.70	0.64	0.19	<0.001
最佳排放量	1.28	0.62	0.84	0.11	0.46	<0.001

注：这是用 2017 年 11 月至 2018 年 1 月的数据计算出的比例因子获得 2018 年 2 月清单排放的最佳结果。

2.3.3　郑州排放反演研究发现小结

本节研究发现，郑州的 CO 浓度在冬季表现出明显的日变化和月变化特征。CO 浓度的变化和昼夜特征与当地排放高度相关，如 2017 年 11 月 15 日至 2018 年 3 月 15 日采暖季节的较重排放，此外郑州东北部和西北部的空气污染物的运输也有贡献。

本研究开发了一种反演方法来估算研究区及 10 个子区域的最佳 CO 排放量。在整个研究期间进行相关分析发现，对于中部 4 个区域，其最佳排放比例因子显著小于 1.0，这意味着原始清单模拟的 CO 排放量可能被高估。进一步分析发现，与使用先验排放模拟结果相比，使用最佳排放模拟的 CO 浓度与观测值更加接近。当我们将反演算法应用于每个月 CO 观测浓度时结果显示，相比使用原始排放信息进行模拟，使用优化后的排放信息进行 WRF-STILT 模拟的 CO 浓度与观测的 CO 浓度吻合度更强且更稳定。因此，本反演方法可以显著改善 CO 排放量的估算，并使预测的 CO 信号与观测值更加一致。这项研究为区域提供了一种获取空气污染物优化排放信息的有效方法。

第3章 城市化及其气候影响

3.1 城 市 化

3.1.1 城市化的定义

城市化有狭义和广义的定义（表3-1）。狭义上，城市化是指人口的城市化过程，即一个地区的农村人口向城市集中的过程（Johnston et al., 1994；许学强等，2009）。广义上，城市化还包含了社会、空间和经济等多方面的转变过程。例如，许学强等（2009）认为，城市化包含了人口结构、经济结构、地域空间和生活方式四方面的转型。顾朝林和吴莉娅（2008）也认为，城市化涉及人口、景观和文化等多个方面的转化。在此基础上，研究者进一步区分了形式城市化和功能城市化的差异，认为前者表现为城市数量的增多与城市规模的扩大，而后者表现为城市文化、城市生活方式和价值观念向农村扩散的过程。也有学者辨析了正统城市化和假城市化，认为前者是人口、景观和文化的同时扩散与协调发展，而后者没有文化的扩散（许学强等，2009）。由于中国城市行政单位设置的特点，城市化也被称为城镇化，城镇化也体现在城镇数量、规模、景观、人口和精神文化的扩展（顾朝林等，2002；顾朝林和吴莉娅，2008）。

表3-1 城市化相关定义及来源

定义	来源
城市化是农村人口向城市集中的过程。城市化一词至少包含了乡村-城市之间的四种转型：①人口结构的转型；②经济结构的转型；③地域空间的转型；④生活方式的转型	许学强等（2009）
城市化是农业人口转化为非农业人口、农村地域转化为城市地域、农业活动转化为非农业活动的过程。城市化概念涉及四个方面的含义：①城市化是城市对乡村施加影响的过程；②城市化是全社会人口接受城市文化的过程；③城市化是人口集中的过程，包括集中点的增加和集中点的增大；④城市化是城市人口比例占全社会人口比例增加的过程	赵荣等（2006）

续表

定义	来源
城市化作为国家或区域空间系统中的一种复杂社会过程，它包括人口和非农业活动在规模不同的城市环境中的地域集中过程，非城市型景观逐步转化为城市景观的地域推进过程，还包括城市文化、城市生活方式和价值观念向农村的地域扩张过程	顾朝林和吴莉娅（2008） Friedmann（1966）
城市化是指一个地区的人口在城镇和城市的相对集中（即相对城市增长）。在此过程中，生活在城市地区中的人口比例日益增加。人们的价值、态度和行为方式都在城市社会环境中变更	Johnston et al.（2004）
中国城市化（又称城镇化），是指城镇数量的增加和城镇规模的扩大，导致人口在一定时期内向城镇聚集，同时又在聚集过程中不断地将城市的物质文明和精神文明向周围扩散，并在区域产业结构不断演化的前提下衍生出崭新的空间形态和地理景观	顾朝林等（2002） 顾朝林和吴莉娅（2008）

3.1.2 城市化的时空格局

城市化率是衡量城市化的一个常用指标，用城市人口占总人口的比例来表示（联合国经济和社会事务部人口司，2018）。1950～2018 年，全球城市化率从 29.6% 上升到 55.3%（图 3-1）。从收入水平来看，不同收入水平国家的城市化率都呈现出上升的趋势。在此期间，中等收入国家的城市化率上升更加明显，升高了 32.7%。低收入国家和高收入国家分别上升了 22.9% 和 23.0% [图 3-1（a）]。从洲际尺度来看，1950～2018 年，亚洲、非洲、拉丁美洲和加勒比海地区城市化率始终呈现出上升趋势，分别上升了 28.2%、25.7% 和 22.7% [图 3-1（b）]。欧洲、北美洲和大洋洲的城市化率虽然在总体上呈现出上升趋势，分别上升了 32.3%、39.4% 和 18.3%，但在个别年份有明显的波动，尤其是大洋洲自 1980 年左右开始，城市化率一直呈现出下降趋势。此外，除亚洲和非洲的城市化率一直低于全球城市化率外，其余四大洲的城市化率一直高于全球城市化率。

1950～2018 年，中国的城市化率呈现出明显的上升趋势，从 11.8% 上升至 59.2% [图 3-1（a）]。在改革开放之前，城市化率上升较慢，从 1950 年的 11.8% 上升到 1978 年的 17.9%，仅增长了 6.1 个百分点。自改革开放以来，中国城市化经历了较快的增长。在 2011 年，城市化率超过 50%，意味着全国一半以上的人口居住在城市地区。到 2018 年，中国的城市化率达到 59.2%，较 1978 年增长了 41.3 个百分点。

2018～2050 年全球城市化率仍呈现出上升趋势，将从 55.3% 上升到 68.4% [图 3-2

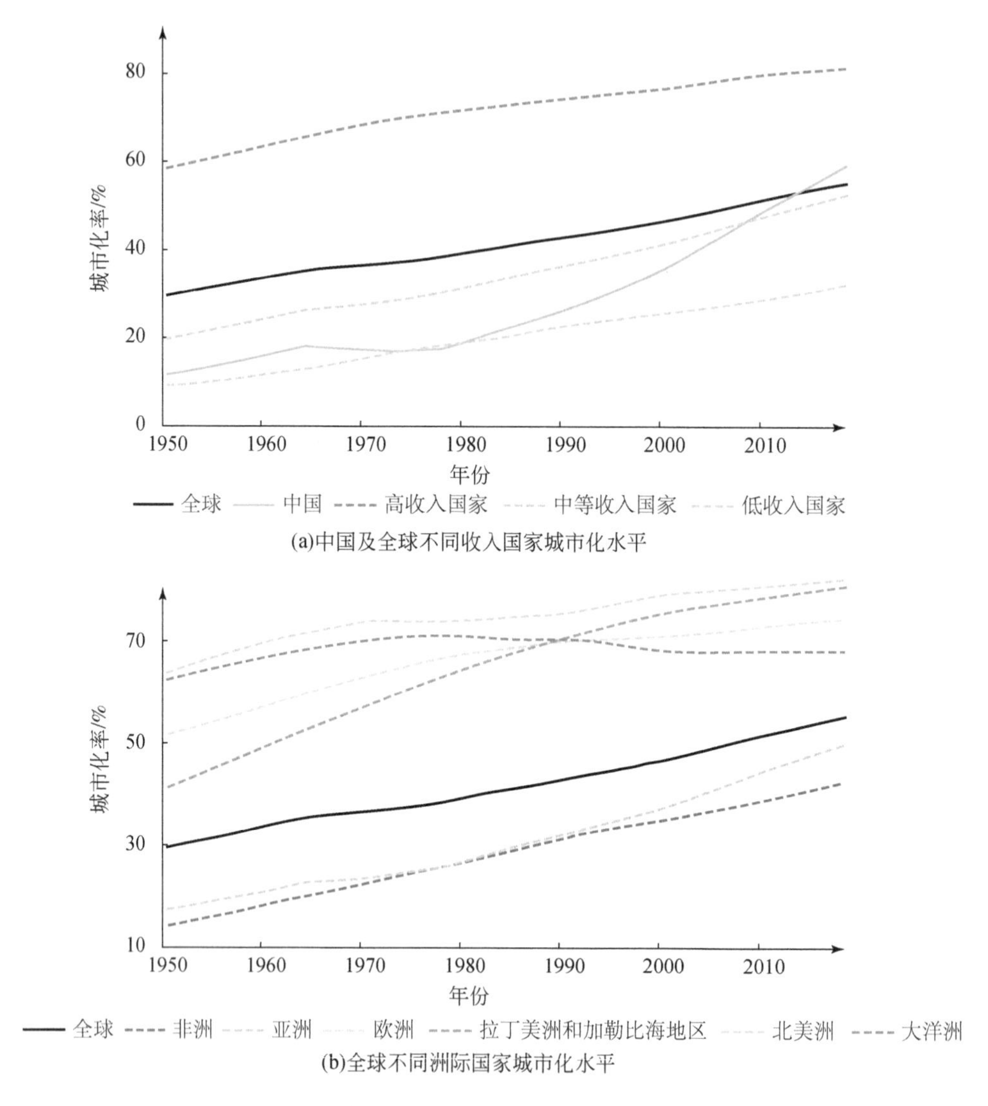

图 3-1　1950～2018 年全球和中国城市化水平变化趋势

城市化率数据来源于《世界城市化前景：2018 年修订版》（联合国经济和社会事务部人口司，2018）

(a)]。这意味着，到 21 世纪中叶，将有超过 2/3 的人口居住在城市地区。从收入水平来看，不同收入水平国家的城市化率都处于上升趋势。其中，低收入国家城市化率上升最明显，在此期间升高了大约 18 个百分点，而中等收入国家和高收入国家的城市化率分别升高了 15.7 个百分点和 6.9 个百分点［图 3-2（a）］。中等收入国家的城市化水平在 2040 年之前略低于全球城市化水平，2040～2050 年基本与全球水平一致。从洲际尺度来看，2018～2050 年所有大洲的城市化水平大体上也都处于上升趋势［图 3-2（b）］。其中，大洋洲和北美洲上升得最少，分别上升了 3.9 个百分点和 6.8 个百分点。亚洲和非洲上升得最多，分别上升了66.2 个百分点和59.0 个百分点。此外，与1950 ~2018 年相同，除亚洲和非洲的城市化率一直低于全球城市化率外，其余四大洲的城市化率一直高于全球城市化率。在此期间，中国的城市化率也呈现出上升的趋势，从 59.2% 上升到 80% ［图 3-2 (a)］，将高于同期全球城市化水平。

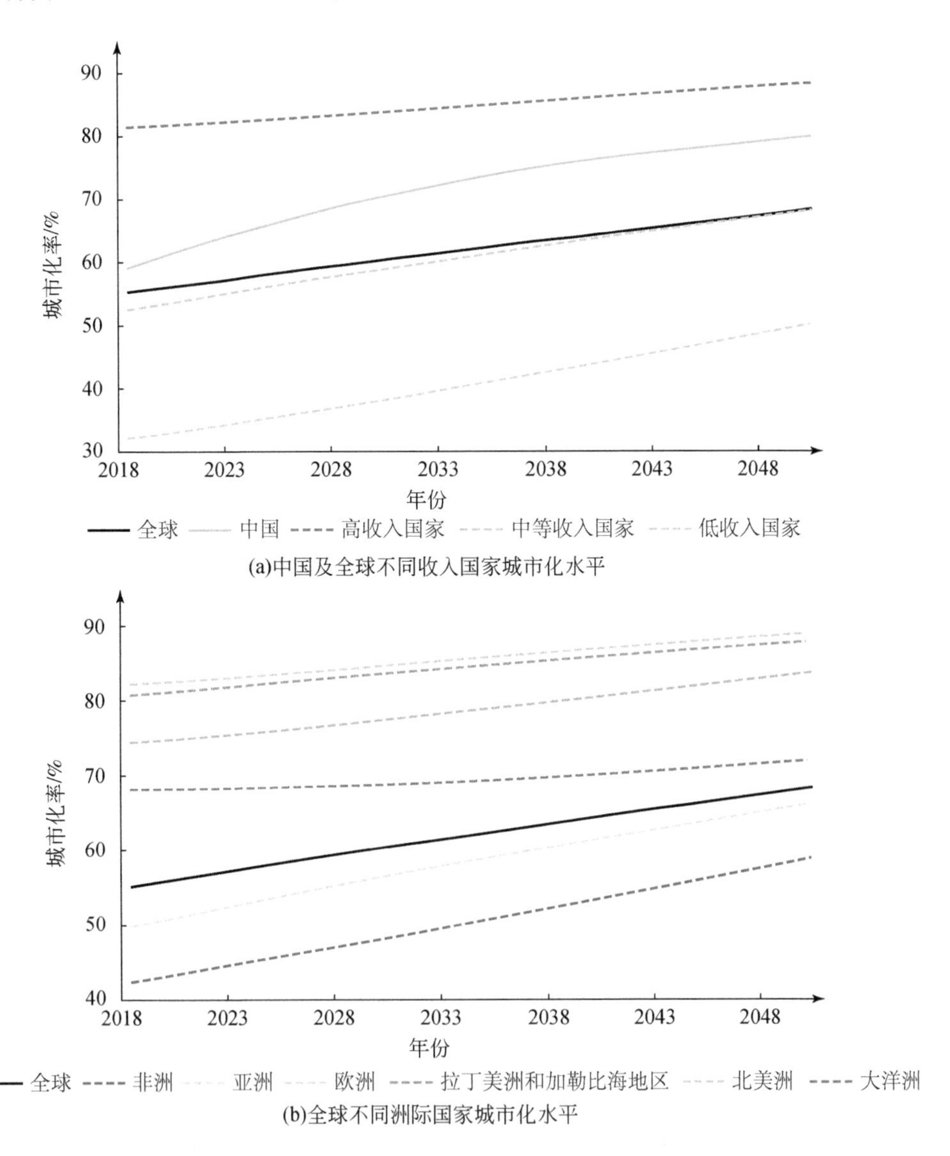

图 3-2　2018 ~2050 年全球和中国城市化水平变化趋势

城市化率数据来源于《世界城市化前景：2018 年修订版》

3.2　城市化的气候影响

3.2.1　城市高温热浪

通常情况下，高温热浪是指气温高、湿度大且持续时间较长，使人体感觉不舒适，且可能威胁公众健康和生命安全、增加能源消耗、影响社会生产活动的天气过程（中国国家标准化管理委员会，2012）。高温热浪受地理、社会和经济等多种因素的影响，因此研究高温热浪所采用的标准在世界各地会有很大的差异。

目前国际上各组织关于高温热浪的定义还没有统一的标准。世界气象组织（World Meteorological Organization，WMO）建议将日温度高于32℃且持续3天以上的天气过程称为高温热浪。美国国家气象局（National Weather Service，NWS）以及加拿大、以色列等国家的气象部门以气温和相对湿度对人的影响为指标建立热浪指数，如果热浪指数预计在任一时间超过46.5℃，或者白天热浪指数预计连续两天有3h超过40.5℃，则发布高温警报。荷兰皇家气象研究所将持续5天以上最高温度高于25℃并且其中至少有3天高于30℃的天气过程认定为热浪。德国科学家基于人体热量平衡模型，制定了人体生理等效温度（physiological equivalent temperature，PET），当PET超过41℃时热死亡率显著上升，因此以PET>41℃为高温热浪预警标准。中国地域辽阔，气候差异大，各地区可根据本地气候特征规定临界温度值。中国气象局定义了一个参考标准为：日高温大于35℃、连续3天以上的高温天气过程为高温热浪。甘肃省气象局规定，河西地区日最高气温≥34℃，河东地区日最高气温≥32℃即定为一个高温日。

高温热浪的定义一般由三部分组成，分别是气象指标、阈值和持续时长。其中，常用的气象指标有每日平均气温、最低气温、最高气温和相对湿度，当考虑相对湿度时，高温热浪还可细分为干热型和湿热型。阈值通常有绝对阈值和相对阈值之分。由于我国国土辽阔、环境复杂，中国气象局给出的绝对阈值常常难以在全国范围内普遍适用，因此相比较而言，相对阈值越来越多地被引入，相对阈值多设置为温度分布的90%、95%、98%、99%分位数。持续天数多设置为2天、3天、4天等。

总之，前人研究都普遍认同高温热浪定义会因地理位置、气候条件和人们对环境的适应程度不同而有所差异，因此非常有必要探究各地区本地化特色的高温热浪定义，这不仅有助于更好地认识高温热浪的区域特征，以及高温热浪对群体健康影响的差异，而且有利于管理部门采取科学有效的应对和防范措施，以减少高温热浪带来的公共健康风险。鉴于此，北京师范大学张领雁等研究者参考生态学中常用的积温概念，设计了新的热浪强度指数（heat wave intensity index，HWII）并将其首次应用于高温热浪公共健康的研究中(Zhang et al.，2018)，HWII 的计算如式（3-1）所示：

$$\mathrm{HWII} = \sum_{t=1}^{d} T_{\mathrm{metric},t} - T_{\mathrm{threshold}} \tag{3-1}$$

式中，t 为第 t 个高温热浪天；d 为高温热浪的持续天数；$T_{\mathrm{threshold}}$ 为高温热浪阈值；T_{metric} 为广泛使用的 16 个热浪定义中所选择的温度指标（表 3-2）。为科学地厘定高温热浪强度和人口死亡间的关系，本研究采用了分布滞后非线性模型（distributed lag non-linear model，DLNM）。其中，以日非意外死亡率为因变量，利用 HWII 和滞后时间建立交叉基函数并将其作为自变量，同时控制平均温度、相对湿度、长期和季节趋势、星期几和节假日等混杂因素的干扰，分析高温热浪强度与不同年龄组人群（如 0 ~ 64 岁人群和≥65 岁人群）死亡率间的关系。具体 DLNM 如式（3-2）所示：

$$Y_t = \alpha + \mathbf{cb}(\mathrm{HWII}_t, \mathrm{lag}) + \beta_1 T_{\mathrm{mean}\,t} + \beta_2 \mathrm{Rh}_t + \beta_3 \mathrm{Time}_t + \beta_4 \mathrm{Dow}_t + \beta_5 \mathrm{Holiday}_t \tag{3-2}$$

式中，Y_t 为第 t 天的非意外死亡率；α 为截距；HWII_t 为第 t 天的热浪强度指数，如果第 t 天是高温热浪天，那么该值等于此热浪的 HWII 值，如果第 t 天不是高温热浪天，那么该值等于 0；**cb** 为 HWII 和最大滞后天数建立的交叉矩阵；lag 为最大滞后天数；$T_{\mathrm{mean}\,t}$ 为第 t 天平均温度；Rh_t 为相对湿度；Time_t 为时间序列变量；Dow_t 为哑变量，用来描述时间 t 是星期几；$\mathrm{Holiday}_t$ 为反映是否是节假日的二值变量，根据历年政府放假安排进行编码；β_1 ~ β_5 分别为各变量的系数；最大滞后天数设置为 3 天。计算 16 个热浪定义对应 DLNM 的阿卡克信息准则（Akaike information criterion，AIC）值，根据 AIC 准则选择最小 AIC 值的热浪定义作为各研究区本地化的热浪定义。表 3-3 总结了我国 3 个典型城市的本地化热浪定义，以及相应的热浪发生频率和热浪发生强度的概率分布参数。

表 3-2　选取的 16 个热浪定义

热浪编号	定义	参考文献
HW01	日平均温度>温度分布的第 90 个分位数≥连续 2 天	Anderson 和 Bell（2011）
HW02	日平均温度>温度分布的第 95 个分位数≥连续 2 天	Anderson 和 Bell（2011）
HW03	日平均温度>温度分布的第 98 个分位数≥连续 2 天	Anderson 和 Bell（2011）
HW04	日平均温度>温度分布的第 99 个分位数≥连续 2 天	Anderson 和 Bell（2011）
HW05	日平均温度>温度分布的第 90 个分位数≥连续 3 天	Son 等（2012）
HW06	日平均温度>温度分布的第 95 个分位数≥连续 3 天	Son 等（2012）
HW07	日平均温度>温度分布的第 98 个分位数≥连续 3 天	Son 等（2012）
HW08	日平均温度>温度分布的第 99 个分位数≥连续 3 天	Son 等（2012）
HW09	日平均温度>温度分布的第 90 个分位数≥连续 4 天	Tian 等（2013）
HW10	日平均温度>温度分布的第 95 个分位数≥连续 4 天	Tian 等（2013）
HW11	日平均温度>温度分布的第 98 个分位数≥连续 4 天	Tian 等（2013）

续表

热浪编号	定义	参考文献
HW12	日平均温度>温度分布的第 99 个分位数≥连续 4 天	Tian 等（2013）
HW13	日最高温度>温度分布的第 95 个分位数≥连续 2 天	Anderson 和 Bell（2011）
HW14	日最高温度>温度分布的第 98 个分位数≥连续 2 天	Saha 等（2015）
HW15	日最高温度>35℃≥连续 3 天	Zhang 等（2016）
HW16	日最高温度>35℃≥连续 7 天且日平均温度>温度分布的第 97 个分位数	Ma 等（2011）

表 3-3　各研究区域的本地化热浪定义以及热浪发生频率和热浪发生强度的概率分布参数

研究区	南京市	重庆市	广州市
本地化热浪定义	日平均温度>温度分布的第 98 个分位数（31.2℃）≥连续 2 天	日最高温度>35℃≥连续 3 天	日最高温度>温度分布的第 95 个百分位数（35.3℃）≥连续 2 天
热浪发生频率——泊松（Poisson）分布	$\lambda=1.11$	$\lambda=2.25$	$\lambda=1.88$
热浪发生强度——伽马（Gamma）分布	$\alpha=3.91$，$\beta=1.12$	$\alpha=7.7$，$\beta=1.49$	$\alpha=1.36$，$\beta=1.75$

3.2.2　城市污染和城市健康

3.2.2.1　城市污染的基本概念和形成机理

污染是指废弃物和有害物质处于不适当的位置，或外界环境（如大气、土壤、水体等）中混入对人体有害或破坏自然环境的物质的现象（江伟钰和陈方琳，2005）。城市污染主要表现为空气污染、水污染和噪声污染等。

与其他地区相比，城市污染的形成具有以下两方面的原因。

一方面，城市地区的物质和能量流通量更大，而且更加依赖其他地区的输入，使得城市地区的污染较周边地区更加严重。具体而言，城市中的人口密集，城市居民的生活及城市中的工业、建筑业和交通都需要消耗大量的物质与能量，因此城市产生了大量的排放，如污水、固体废弃物和各类大气污染物（黑碳、有机碳、硫化物、氮氧化物和氨气等），进而使得城市地区的污染进一步恶化（Yang et al.，2018a）。

另一方面，由于城市环境自身条件限制，城市系统自动调节能力较弱，容易出现污染的问题。城市环境中的生态系统相对比较简单，对环境污染的自动净化能力远不如自然生态系统。在城市发展的过程中，短时间内大量产生的污染物绝大部分不能靠城市中的自然系统自然净化和分解，这也加速了城市污染的形成（江捍平，2010）。

整体而言，城市污染依然是城市发展面临的重要挑战之一。以空气质量为例，在全球近 3000 个城市中，仅有 16% 可以完全达到世界卫生组织（World Health Organization，WHO）空气质量指南所提出的空气质量标准（10μg/m^3）。56% 的城市依然没有达到临时性目标 1 的空气质量标准（35μg/m^3，代表所有国家都应该努力达到的空气质量）（WHO，2016a）。

3.2.2.2 城市健康的基本概念

根据世界卫生组织的章程，“健康”可以定义为“整个身体、心理和社会的良好状况，而非仅仅指人没有生病或者不虚弱”（WHO，1946）。而“城市健康”（urban health）可以理解为“城市居民的健康状态”（黄钢，2017）。近年来的城市化进程中出现了大量的城市健康问题，如空气污染、水污染和噪声污染等环境因素，以及人口密度高、住房紧张、暴力和犯罪等社会经济因素直接或间接地影响城市健康，并导致了传染性疾病（如艾滋病、肺炎、肺结核和腹泻等）、非传染性疾病（如中风、哮喘、心脏病、糖尿病和癌症等）以及暴力与伤害（如道路交通伤害）等多方面的健康负担（WHO，2016b）。到 2050 年，全球将有约 70% 的人居住在城市地区。同时，城市还是实行全面健康管理的最佳载体。因此，改善城市的人居环境和市民的健康状况，是保证公共健康的重要手段（Yang et al.，2018a）。

为了实现城市健康，世界卫生组织提出了相对应的“健康城市”（healthy cities）的概念，认为“健康城市应该是由健康的人群、健康的环境和健康的社会有机结合发展的一个整体，可以改善其环境，扩大其资源，使得城市居民能相互支持，以发挥最大潜能”（WHO，1998）。健康城市的基本特征可以概括为：①为市民提供清洁安全的环境；②为市民提供可靠和持久的食品、饮用水与能源供应，具有有效的清除垃圾系统；③通过富有活力和创造性的各种经济手段，保证市民在营养、饮水、住房、收入、安全和工作方面的基本需求；④拥有一个强有力的相互帮助的市民群体，其中不同的组织能够为了改善城市健康而协调工作；⑤使其市民一道参与涉及他们日常生活，特别是健康和福利的各种政策决定；⑥提供各种娱乐和休闲活动场所，以方便市民之间的沟通和联系；⑦保护文化遗产并尊重所有居民（不分其种族或宗教信仰）的各种文化和生活特性；⑧把保护健康视为公众决策的组成部分，赋予市民选择有利于健康行为的权利；⑨通过不懈努力争取改善服务质量，并使更多市民享受到健康服务；⑩使人们更健康长久地生活和少患疾病（WHO，1997）。

虽然城市健康和健康城市的概念相辅相成，但是两者之间依然存在一定的差异。城市健康从城市居民个体的角度出发，更加注重低收入居民的生活感受和结果。而健康城市不仅指狭义的人类身体健康，更包含城市规划、建设和管理等各个方面。它虽然以健康为终极目标，但是从处理的手段上，同时考虑了即时应用的医疗技术和预防为主的源头治理（马祖琦，2015；黄钢，2017）。

3.2.2.3 城市污染对居民健康的影响

城市污染影响居民健康的机理主要表现在环境特征和人群特征两方面。

从环境特征来看，城市地区的污染更加严重，会增加各种疾病的患病风险（吕飞，2018）。例如，空气污染会引发多种心血管疾病和呼吸道疾病。根据世界卫生组织的研究，长期暴露于年均 $PM_{2.5}$ 浓度大于 35μg/m^3 的环境时会增加 15% 的死亡风险（WHO，2005）。

从人群特征来看，城市的人口分布更加密集，人口老龄化更为严重，这使得同样强度的疾病和污染对城市的“杀伤力”要比农村强得多。例如，高密度的人口会增加其在高浓度污染物中的暴露程度（He et al.，2016）。与此同时，城市生活总与不健康的膳食、烟草和酒精选择及不断升高的心理健康风险等挂钩。而这些因素与中风、慢性阻塞性肺疾病和抑郁以及肥胖与糖尿病等疾病有密切的联系（Yang et al.，2018a）。

整体来看，城市污染引起的疾病主要包括公害病、食源性疾病和职业病三类。其中，公害病主要是指各种废弃物或有毒有害物质造成的疾病。例如，空气污染会导致心血管疾病和呼吸道疾病，而水污染则会增加患癌症、皮肤病和肾脏疾病的风险。根据 2017 年全球疾病负担研究的测算，室外空气污染和不安全饮水在 2017 年分别造成了 294 万人和 123 万人的死亡（GBD 2017 Risk Factor Collaborators，2018）。食源性疾病是指通过摄取食物而进入人体的致病因子引起的疾病。污染是食物中有毒和有害物质的来源之一。例如，不清洁的食物和水源会引发多种肠道传染病，如霍乱、伤寒和痢疾等。研究表明，约有 94% 的腹泻病例与环境相关，这些病例大多数为生活在发展中国家的 5 岁以下的儿童（江捍平，2010）。职业病主要反映生产过程、劳动过程和生产环境中某些不良因素造成职业人群常见病发病率增高、潜伏的疾病发作或疾病的病情加重等现象。例如，粉尘导致的尘肺病、高温导致的中暑，以及精神压力导致的抑郁症等（仲福来，2008）。

机　理　篇

第 4 章　气溶胶的云降水效应

4.1　气溶胶对降水的影响

4.1.1　气溶胶和降水变化的统计关系

本章首先对中国国家级地面气象站 2474 个站点的基本气象要素日值中的 1961 年 1 月到 2013 年 2 月的日降水资料进行分析和筛选。为了避免缺测数据引起的误差，对数据进行了较严格的筛选，标准如下：先剔除缺少任意一年数据的站点，再将中国分割成 1°×1° 的网格，选取每个网格中缺测数据最少的一个站点作为观测站点。经过这两步的筛选工作，最终选取了 635 个站点的日降水资料。考虑到分析数据为日降水资料，对数据中的少量缺测值保持缺测的状态，不用前后数据进行插补。

日降水资料有 5 种形式，分别为：①痕量降水；②纯雾露霜形成的降水；③完全降雨形成的降水；④完全降雪形成的降水；⑤雨和雪形成的降水。前两种形式的降水量太小，在本章中忽略不计，当作无降水处理。

关于降水量类型的等级分类，采用中央气象台的标准将日降水量划分为四个等级：小雨：0.1～10mm；中雨：10～25mm；大雨：25～50mm；暴雨：50mm 以上。其中，本章定义日降水量 0.1～1mm 为微雨。

根据气候性的不同，本章将中国划分为 5 个区，分别为南部、华北、东北、西北及青藏高原①。由于各个区域的降水量以及不同等级降水日数的差别较大，不同站点或地区降水量的绝对趋势值（mm/10a）没有可比性，不同等级降水日数的绝对趋势值（days/10a）也没有可比性，因此本章采用降水量的相对趋势值（%/10a）以及不同等级降水日数的相对趋势值（%/10a），计算方法为：相对趋势值等于绝对趋势值与 1961～2012 年的平均值的比值。由最小二乘法计算线性趋势值，并采用通用相对系数进行显著性检验。

图 4-1 为全年全国及各地区不同等级降水日数变化趋势。从全国范围来看，小雨和中

① 不含港澳台地区。

雨的降水日数都是减少的，并且都通过了显著性检验，其中微雨日数减少趋势最为明显，而大雨以上的日数却是增加的，这也是为什么在我国降水日数减少的情况下，降水量趋势却并没有明显变化的原因。分地区来看，南部地区的变化情况与全国范围最为相似，均为中小雨趋势减少且通过显著性检验，尤其是微雨日数减少趋势超过 8%/10a，而大雨以上的日数增加，致使总降水量微有增加。华北地区各等级降水日数都在减少，其中小雨以下的变化趋势通过了显著性检验，中大雨变化趋势虽未通过显著性检验，减少趋势也均接近 2%/10a，因此华北地区总降水量呈减少趋势。东北地区除微雨日数显著减少外，其余等级的降水日数变化并不明显，有增有减，且并未达到显著性趋势，中大雨的趋势微有减少，但减少趋势均未达到 1%/10a，因此总降水量也基本持平。青藏高原地区各等级降水日数均呈减少趋势，其中 2mm 以下小雨的减少趋势通过了显著性检验，微雨的减少趋势达到 9%/10a，而中大雨的减少趋势并不明显，中雨减少趋势接近 1%/10a，而大雨则未达到 1%/10a，因此总降水量虽有减少趋势，却不如东北地区减少得多。而西北地区除微雨日数变化不大以外，其他等级的降水日数均呈现增加趋势，且通过了显著性检验，中大雨的增加趋势最为明显，其中大雨增加趋势超过了 10%/10a，但由于西北地区大雨所占比例很小，因此对总降水量影响不大，反而由于中小雨降水日数的增加，西北地区降水量呈现明显增加趋势。

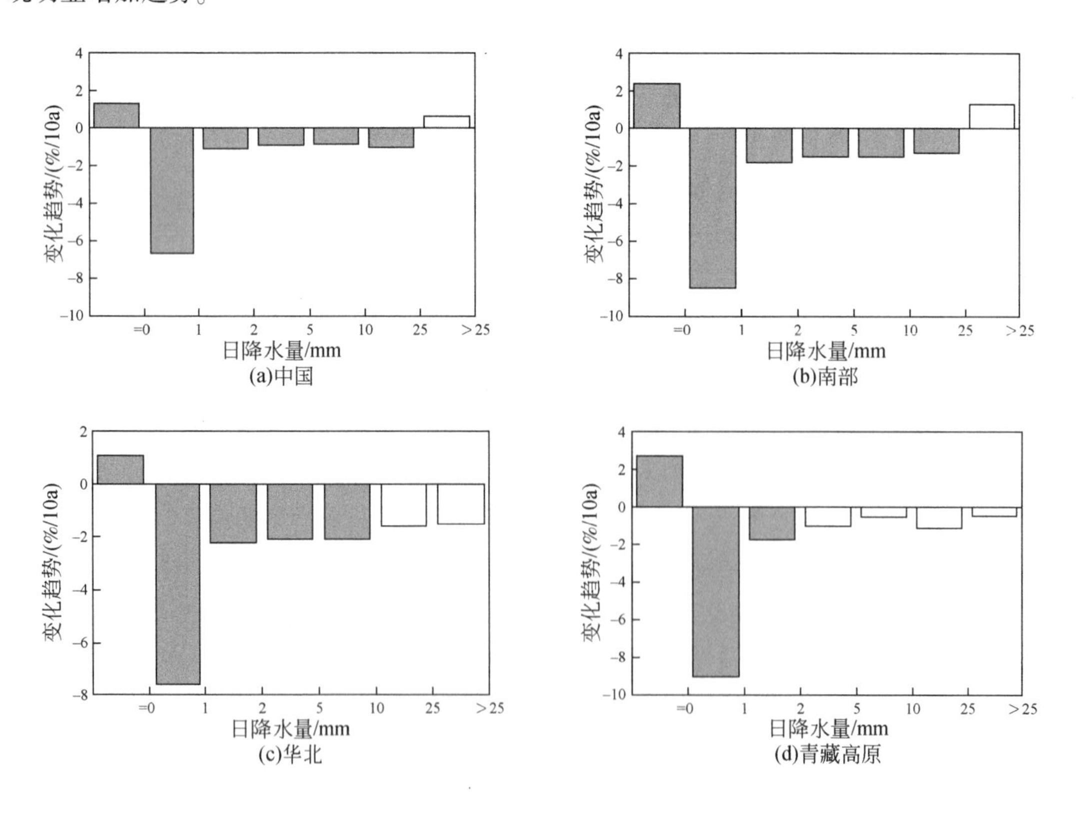

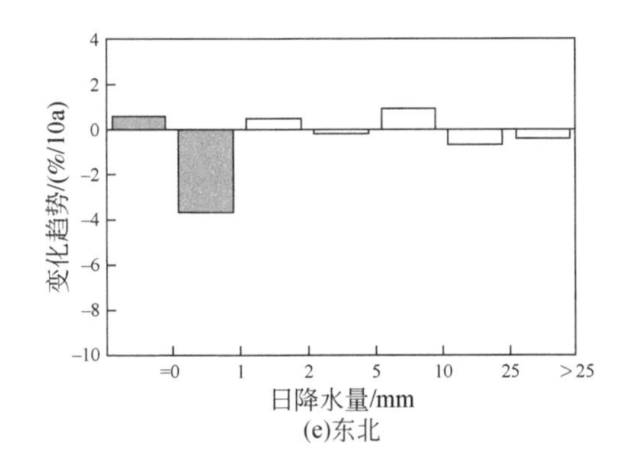

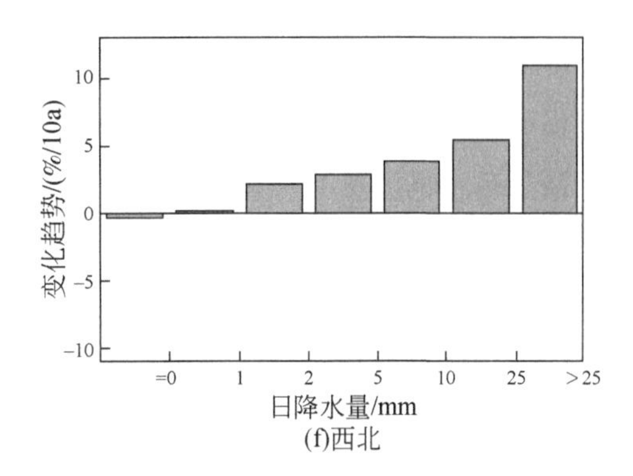

图 4-1　全年全国及各地区不同等级降水日数变化趋势

结合前人的研究成果，我们认为降水的变化与气溶胶密切相关：气溶胶的增多使得降水发生频率减少，晴空日数增多；弱降水进一步减弱，强降水进一步增强。

4.1.2　碘化银增雨试验的有效性

人工影响天气的一个重要方向就是人工增雨，即通过播撒催化剂的方式促使本来无法自然形成降水的云系形成降水，或者使得本来降水较小的云系降水增加。人工增雨作业的有效实施意义重大，可以通过增雨应对干旱及森林火灾等，也可通过增雨消霾服务大型活动。然而，尽管我国人工增雨作业应用频繁，但人工增雨作业的效果评估相对较少。

我们利用河北邢台 2018 年 1 月 22 日的一次增雨作业飞机观测数据，对人工增雨作业的效果开展了评估研究。这次观测由空中国王飞机执行，于 8:12（UTC 时间）从正定机场起飞，在邢台高空 10km 半径范围内开展了 600 ~ 2100m 的垂直穿云观测，分别在 600m、900m 及 1200m 高度开展了平飞观测，其中，9:44 在 1200m 高度开展了碘化银播撒实验。观测试验期间的 Himawari-8 卫星观测和日本气象局再分析气象数据也在此次研究中被应用。

通过融合 FCDP 和 2DS 两种仪器的云粒子谱观测数据，我们可以获得 2 ~ 100μm 直径范围的云滴谱分布信息；基于 2DS 可以获得 100 ~ 1000μm 的较大冰晶粒子，而基于 HVPS 可以获得 150 ~ 19 200μm 的大冰晶粒子。这些粒径谱信息应用到了本研究之中。基于这些粒径谱信息，使用如下公式计算云滴有效半径（r_e）和云滴数浓度（N_d）：

$$r_e = \frac{\int r^3 n(r)\,dr}{\int r^2 n(r)\,dr} = \frac{\sum N_{ci} r_i^3}{\sum N_{ci} r_i^2} \tag{4-1}$$

$$N_d = \int n(r)\,dr = \sum N_{ci} \tag{4-2}$$

式中，$n(r)$ 为云滴谱信息；N_{ci} 和 r_i 为第 i 个粒径段的云滴数浓度和平均半径。

碘化银催化前云中几乎不存在冰晶，以过冷水为主，云粒子直径主要在 100μm 以下，只有极少数粒子直径在 100μm 以上。然而碘化银催化以后，很多过冷水转化为冰晶，云粒子谱分布中也出现了很多直径在 100μm 以上的粒子。这充分说明在存在过冷水的云中播散碘化银，能够非常有效地促使过冷水转化为冰晶。

图 4-2 给出了催化作业区域和非催化作业区域的云微物理特征，其中 10:21:45 ~ 10:22:44（UTC 时间）为受到催化影响区域的观测时间，而 10:25:50 ~ 10:30:51（UTC 时间）为未受催化影响的区域观测时间。可以看到，在催化影响下，大量冰晶产生。2DS 观测到的 100μm 以下的冰晶数浓度平均为 17.1 个/L，最大值可以达到 58.4 个/L。在催化影响下，液态水含量和总水含量平均分别为 0.04g/m³ 和 0.09g/m³。也就是说，在催化的影响下，冰水含量从 0 达到了 0.05g/m³。这个结果同样说明催化作用对冰晶和冰水含量的显著增加效应。

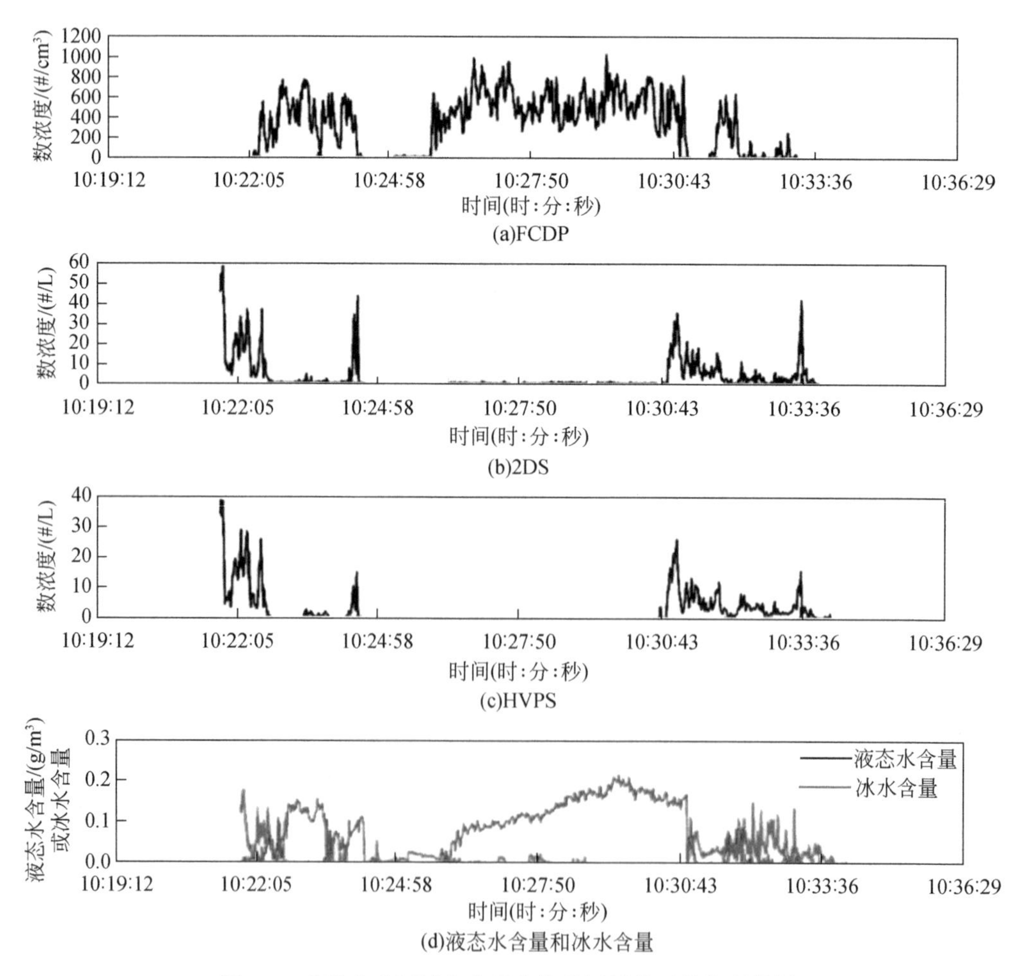

图 4-2 催化作业区域和非催化作业区域的云微物理特征

图 4-3 给出了催化前后云内粒子的形状对比可以清晰地看到，在催化之前云中粒子以过冷水为主导，仅有少量的冰晶粒子。但是在催化以后，云中粒子以冰晶为主导，过冷水变得非常少。这也直接印证了播撒催化作业下云中过冷水向冰晶的有效转化过程。图 4-4 进一步给出了催化前后 Himawari-8 卫星观测的云顶亮温空间分布图。从图 4-4 中可以看到，沿着催化作业的圆形路径，出现了云顶亮温的显著增加圆环，与著名的云沟现象相吻合，说明播撒催化作业效果明显：云水向冰晶的转化伴随潜热的能量释放，使云的温度升高，同时冰晶的增加使得云内碰并效应增强，促进大冰晶的下沉或下落，而云水的减少同时使得地面长波辐射穿透云的能力提升。综合作用使得播撒催化路线上云的亮温显著提升，这与前面发现的云内冰晶增加——云水向云冰的转化相吻合。

所有这些观测结果都同时说明人工播撒催化对该冷云改变的显著效果，说明在存在过冷水的云中播撒碘化银可以使得云水向云冰转化，促进碰并效应，具有潜在的降水增强效应，为人工影响天气提供了效果评估和科学支撑，有助于应对干旱的防灾减灾。

4.1.3 云量参数化方案的改进

数值天气和气候模式中，云的预报是最为不确定性的因素之一，提高云的模拟精度已成为改进数值模式预报性能的有效手段。云量是重要的云物理参量，其通过影响长波和短波辐射传输以调整地-气系统的辐射收支。目前，数值模式中有三种方法参数化云量：诊断方案、统计方案和预报方案。云量诊断方案通过建立云量与格点平均的相对湿度、水凝物含量来参数化云量，这种方法虽然简单，但缺乏坚实的物理基础，不能完全表征云物理和水循环中的其他过程的相互作用。云量统计方案假定当湿度和饱和值在其格点平均值附近时云量出现在次网格尺度且满足某种概率分布，统计方案要预先假定云量的概率密度函数类型，并要预设方程的闭合变量（统计距量），统计方案过程复杂且也存在不确定性。云量预报方案能克服上述两种方案的不足，该方法是将云量作为模式中独立的预报变量，考虑模式中的平流过程、次网格对流和边界层湍流过程，以及格点尺度层云凝结和蒸发过程对云量生消的影响，因此，云量预报方案具备更为坚实的物理基础。GRAPES 模式是我国自主研发的数值天气预报模式，GRAPES 模式中最初采用的是云量诊断方案，但该方案模拟的云量存在明显的低估现象。因此，在 GRAPES 模式中对云量进行正确的参数化，以提高云量模拟并改善辐射计算精度，成为亟须解决的科学问题。

本研究基于 Tiedtke 云方案的思想在 GRAPES 全球中期模式中建立了新的云量预报方案。该方案考虑了边界层湍流过程、积云对流卷出、大尺度层云凝结过程以及云与不饱和空气的水平湍流混合引起的蒸发过程等对云量生消的影响。其中，积云对流方案中采用深、浅对流过程中的质量通量及质量卷出率来计算对流过程引起的云量在向上卷出过程

200μm
10:26 58.693
10:26 58.884
10:26 59.196
10:26 59.261
10:26 59.655
10:26 59.724
10:26 59.777
10:26 59.842
10:26 59.907
10:26 59.948
10:26 59.964
10:27 00.072
10:27 00.097
10:27 00.129
10:27 01.441
10:27 01.688
10:27 02.206
10:27 02.209
10:27 02.254
10:27 02.282
10:27 02.382
10:27 02.511
10:27 02.939
10:27 03.315
10:27 03.344
10:27 03.345
10:27 03.349
10:27 03.381
10:27 03.521
10:27 03.571
10:27 03.586
10:27 03.951
10:27 04.127
10:27 04.129
10:27 04.145
10:27 04.159
10:27 04.382
10:27 04.438
10:27 04.889
10:27 05.002
10:27 05.065
10:27 05.131
10:27 05.451
10:27 05.516
10:27 05.782
10:27 05.835
10:27 05.878
10:27 06.081
10:27 06.155
10:27 06.216
10:27 06.257
10:27 06.263
10:27 06.283
10:27 06.400
10:27 06.446
10:27 06.474
10:27 06.501
10:27 06.634
10:27 06.819
10:27 07.266
10:27 07.343
10:27 07.391
10:27 07.408
10:27 07.534
10:27 07.586
10:27 08.007
10:27 08.012
10:27 08.849
10:27 09.036
10:27 09.443
10:27 09.456
10:27 09.600
10:27 09.767
10:27 09.964
10:27 10.093
10:27 10.330
10:27 10.346
10:27 11.210
10:27 11.252
10:27 11.255
10:27 12.096
10:27 12.330
10:27 13.036
10:27 13.647
10:27 13.655
10:27 13.815
10:27 13.846
10:27 13.894
10:27 14.011
10:27 14.269
10:27 14.340
10:27 14.651
10:27 14.969
10:27 15.027
10:27 15.575
10:27 15.657
10:27 15.776
10:27 15.848
10:27 15.888
10:27 15.944
10:27 15.970
10:27 16.024
10:27 16.158
10:27 17.029
10:27 17.252
10:27 17.501
10:27 17.530
10:27 17.757
10:27 17.758
10:27 17.899
10:27 17.901
10:27 18.001
10:27 18.032
10:27 18.073
10:27 18.196
10:27 18.316
10:27 18.515
10:27 18.521
10:27 19.096
10:27 19.700
10:27 20.097
10:27 20.217
10:27 20.314
10:27 20.642
10:27 20.844
10:27 21.034
10:27 21.074
10:27 24.442
10:27 25.829
10:27 26.153
10:27 27.214
10:27 27.219
10:27 27.412
10:27 27.880
10:27 28.128
10:27 28.382
10:27 28.708
10:27 28.890
10:27 28.941
10:27 29.275
10:27 29.409
10:27 29.768
10:27 29.786
10:27 29.816
10:27 30.157
10:27 30.323
10:27 30.594
10:27 30.645
10:27 30.817
10:27 30.898
10:27 30.960
10:27 31.007
10:27 31.316
10:27 31.377
10:27 31.465
10:27 31.593
10:27 31.718
10:27 31.720
10:27 31.785
10:27 31.834
10:27 31.962
10:27 32.082
10:27 32.132
10:27 32.273
10:27 32.345
10:27 32.349
10:27 32.456
10:27 32.526
10:27 32.568
10:27 32.693
10:27 32.825
10:27 32.833
10:27 32.843
10:27 33.147
10:27 33.152
10:27 33.216
10:27 33.453
10:27 33.563
10:27 33.599
10:27 33.688
10:27 33.765
10:27 33.837
10:27 33.847
10:27 34.034
10:27 34.221
10:27 34.390
10:27 34.470
10:27 34.513
10:27 34.572
10:27 34.755
10:27 34.953
10:27 35.262
10:27 35.324
10:27 35.332
10:27 35.470
10:27 35.628
10:27 35.645
10:27 35.659
10:27 35.827
10:27 35.909
10:27 35.953
10:27 35.957
10:27 35.963
10:27 36.015
10:27 36.136

(a)催化前

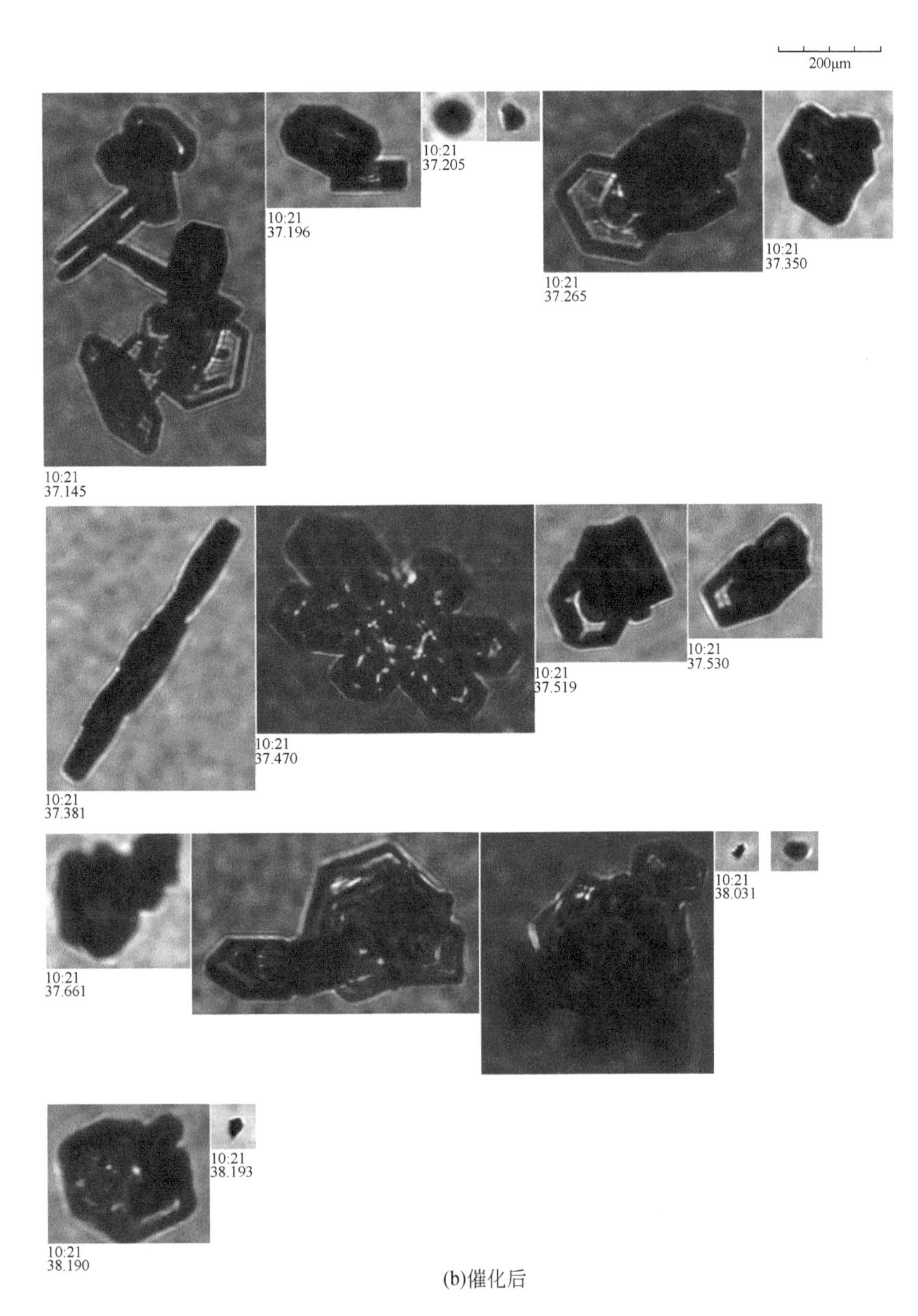

(b)催化后

图 4-3　催化前后云内粒子的形状对比

中，以及由于补偿性沉降在环境空气中的垂直输送过程对格点尺度云形成的影响。云量预报方案如下：

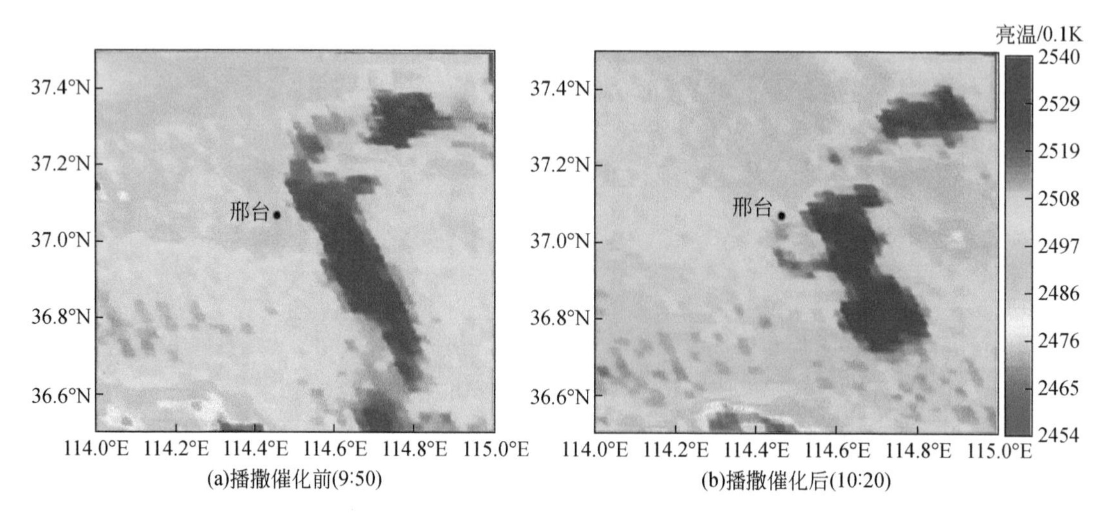

图 4-4　播撒催化前后 Himawari-8 卫星观测的云顶亮温空间分布图

$$\frac{\partial C}{\partial t}=A(C)+S(C)_{\mathrm{CV}}+S(C)_{\mathrm{SC}}-D(C) \tag{4-3}$$

式中，$\frac{\partial C}{\partial t}$为云量 C 随着时间的变率；$A(C)$ 为平流过程引起的云量变化；$S(C)_{\mathrm{CV}}$和$S(C)_{\mathrm{SC}}$分别为积云对流和层云凝结过程引起的云量的生成率；$D(C)$ 为蒸发和降水过程引起的云量的减少率。

与积云对流相关的云量的生成参数化公式为

$$S(C)_{\mathrm{CV}}=(\mathrm{DR})_{\mathrm{up}}+\frac{(\mathrm{MF})_{\mathrm{up}}}{\rho}\frac{\partial C}{\partial z} \tag{4-4}$$

式中，ρ 为空气密度（$\mathrm{kg/m^3}$）；$(\mathrm{DR})_{\mathrm{up}}$为对流上升中的云量相对卷出率（$\mathrm{s^{-1}}$）；$(\mathrm{MF})_{\mathrm{up}}$为上升气流的净质量通量［$\mathrm{kg/(m^2\cdot s)}$］。$\frac{(\mathrm{MF})_{\mathrm{up}}}{\rho}\frac{\partial C}{\partial z}$为由于补偿环境空气的云量的垂直平流变化率。与大尺度层云过程有关的云量的生成参数化公式为

$$S(C)_{\mathrm{SC}}=\frac{-(1-C)^2}{2}\frac{1}{(q_{\mathrm{sat}}-q_{\mathrm{v}})}\frac{\mathrm{d}q_{\mathrm{sat}}}{\mathrm{d}t}\qquad \frac{\mathrm{d}q_{\mathrm{sat}}}{\mathrm{d}t}<0 \tag{4-5}$$

式中，q_{sat}为饱和比湿（kg/kg）；q_{v} 为格点平均的比湿（kg/kg）。与层云相关的云量产生率是考虑在大尺度抬升或辐射冷却等非对流过程中引起的饱和比湿的下降所产生的云凝结过程中所形成的新的云量。云量的蒸发主要是考虑云与不饱和空气间的湍流混合过程所引起的减少率，其参数化公式为

$$D(C)=\frac{C^2K(q_{\mathrm{sat}}-q_{\mathrm{v}})}{q_{\mathrm{l}}} \tag{4-6}$$

式中，K 为扩散系数，$K=3\times10^{-6}\mathrm{s^{-1}}$；$q_{\mathrm{l}}$为格点平均的云液水含量（kg/kg）。

试验结果表明，利用物理基础更为扎实的云量预报方案揭示了全球不同区域云量产生的原因，中高纬度地区的云量主要是由层云凝结过程产生的，而低纬度地区的云量则是由积云对流卷出和层云凝结过程共同作用。同时，与模式原有的将云量参数化为相对湿度和水凝物含量的诊断方案相比，云量预报方案能更好地模拟出海上层积云的日变化特征，可有效地提高 GRAPES 模式中云量的模拟，较云量诊断方案，云量预报方案与大气辐射测量（ARM）项目在美国南部大平原（Southern Great Plains，SGP）站的云量观测有更好的一致性，其对模式总云量、低云量和高云量都有显著改进。例如，2013 年 1 月和 7 月的总云量偏差由诊断方案的-25.9% 和-27% 减少到预报方案的-5% 到-2.83%。图 4-5 给出了两个

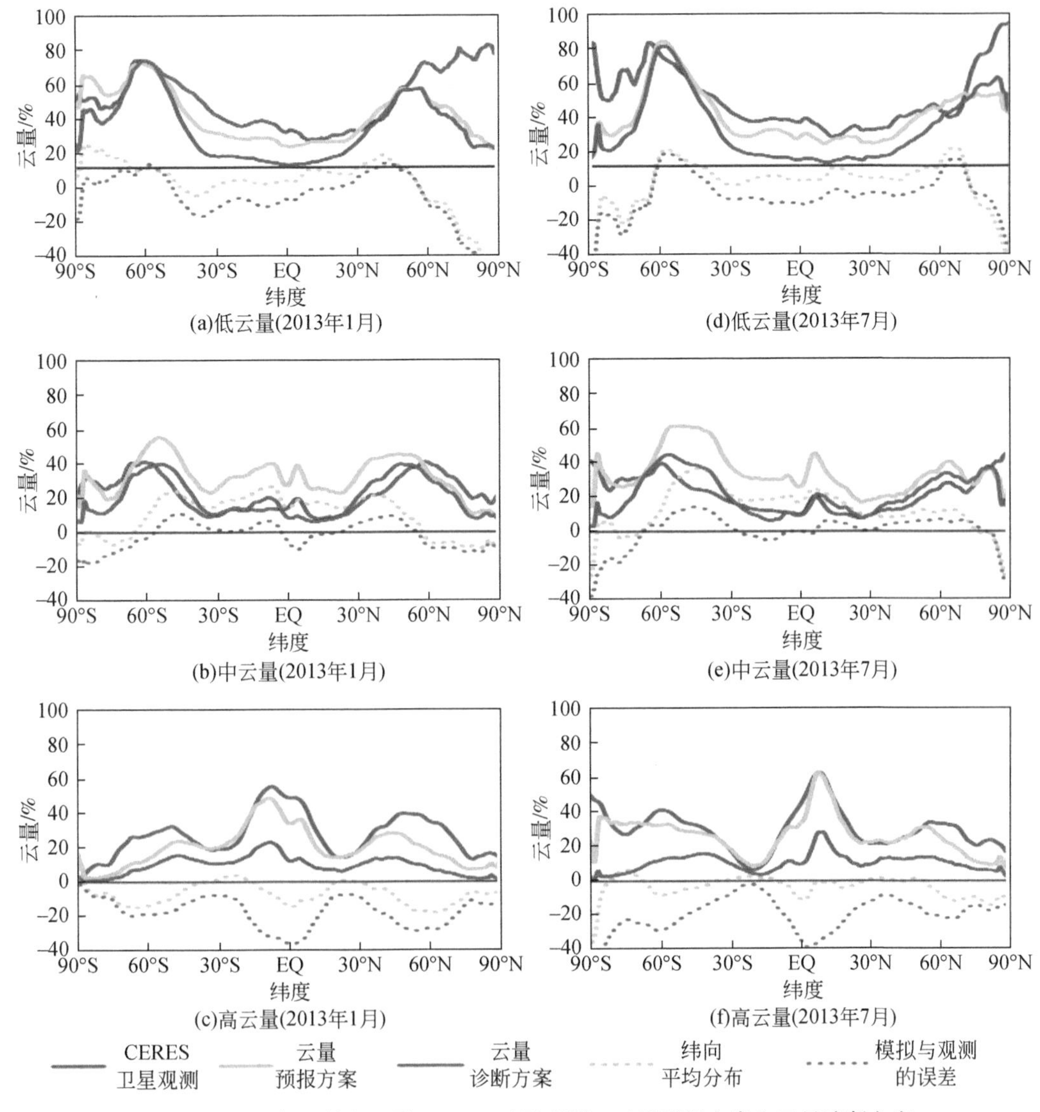

图 4-5　2013 年 1 月和 7 月 CERES 卫星观测、云量预报方案和云量诊断方案模拟的低云量、中云量和高云量的纬向平均分布以及模拟与观测的误差分布

方案模拟的高、中、低云量与 CERES 卫星观测的纬向平均及差异。由图 4-5 可见，与诊断云量相比，预报云量明显改进了 GRAPES 模式采用诊断云量时在中低纬度地区高云量和低云量预报偏少的现象，低云量偏差由-20%左右减少到-10%以内，高云量偏差也减少到-10% ~5%，中云量存在一定的高估现象。

对云量的正确表述会提高模式辐射的计算精度，云量预报方案显著地改善了诊断方案因模拟云量偏少引起的大气顶向外长波辐射偏多问题，同时其对模式的辐射加热率也有一定程度的改进，这里不作赘述。新研发的云量预报方案已在中国气象局的 GRAPES 全球模式中进行了业务应用，相应的成果发表在 2018 年 *Journal of Advances in Modeling Earth Systems* 期刊上。

4.2 降水对气溶胶的影响

气溶胶能够通过辐射效应或作为云凝结核（冰核）影响区域气候、改变云的微物理特征，从而影响降水，而降水也会反作用于气溶胶。干沉降和湿清除是自然界主要的气溶胶清除方式，干沉降是颗粒物由于自身重力或受其他物质吸附而直接沉降到地表的过程，湿清除则是通过降水过程将大气中的颗粒物冲刷到地表的过程，研究表明湿清除的效率通常远大于干沉降，这与各种气溶胶的化学组成、物理性质以及吸湿过程中的化学作用相关。降水清除包括云内和云下清除过程。云内清除是活化后的气溶胶粒子以凝结核的形式进入云内，通过增长成雨滴落至地面的过程；云下清除则是指降水过程中主要通过布朗运动、拦截和惯性撞击机制将气溶胶颗粒冲刷出大气的过程，其强度受雨滴粒径谱分布影响。

目前国内外许多学者先后通过分析实测数据，建立多元线性模型、相关分析、广义加性模型以及多重线性模型等研究方法证实降水能够对气溶胶产生作用（Tai et al., 2010; Gong et al., 2018）。降水清除效率受降水量、降水强度、降水时长、雨滴粒径分布、气溶胶类型以及降水前期污染浓度等因素影响。研究发现 $PM_{2.5}$质量浓度与降水量呈明显的负相关关系（杨茜等，2019），其质量浓度随降水强度的增加而降低，且其下降强度与降水强度正相关（Chate, 2005; Mircea et al., 2000）；还有研究发现 $PM_{2.5}$质量浓度随降水持续时间的增加而增加，相关性较强，事实上降水时长较长时，$PM_{2.5}$质量浓度日变化应该纳入考虑，尤其在有明显的日变化的地区，这也使得研究区域降水对 $PM_{2.5}$影响时充满挑战（Sun et al., 2019）。

在前人研究的基础上，我们选取北京地区 12 个站点 2015 ~2017 年小时降水及 $PM_{2.5}$质量浓度数据，试图量化降水对气溶胶的影响，并充分考虑了 $PM_{2.5}$质量浓度日变化的影响，因而仅选用降水时长不超过 1h 的降水事件作为研究对象。研究中使用的逐小时降水数据是中国地面与 CMORPH 融合逐小时降水产品（1.0 版）。该数据是 0.1°×0.1°分辨率的融合降水量产品，是中国国家气象信息中心和美国国家海洋和大气管理局（National Oceanic and Atmospheric Administration，NOAA）气候预测中心（Climate Prediction Center，CPC）合作，基于全国自动站观测降水量和 CMORPH 卫星反演降水资料，采用 PDF+OI 两步融合方法而生成的（下载网址是 http：//data. cma. cn/）。研究中使用的逐小时 $PM_{2.5}$ 质量浓度数据为污染站点的观测值，由网站 http：//beijingair. sinaapp. com 提供，该网站数据由全国城市空气质量实时发布平台——中国环境监测总站提供。

研究统计了北京 2015 ~ 2017 年的降水和污染状况，发现各站年平均降水过程为 91 ~ 123 次，其中 61% 的降水持续时间不超过 1h，40% 以上的降水量小于 1mm，70% 的降水量小于 5mm，降水明显以轻度与短期降水为主；在对污染的统计中发现，2015 ~ 2017 年年平均 $PM_{2.5}$ 质量浓度下降，北京空气质量逐步改善，其中冬季空气质量改善最为明显，夏季最不明显，各季节 $PM_{2.5}$ 日变化差异较大，这一发现更肯定了选取 1h 降水事件以减弱污染物日变化影响的研究方法。

我们在研究中定义了降水对气溶胶影响的量化方法，即利用降水前和降水后 1h 的 $PM_{2.5}$ 质量浓度差来判断降水的效应。研究发现对于持续时间小于 1h 的降水事件，降水量小于 0.5mm 的弱降水增加了 $PM_{2.5}$ 质量浓度，这与气溶胶的吸湿增长、污染物的二次生成有关；而降水量大于 10mm 的较强降水则能够明显降低 $PM_{2.5}$ 质量浓度，这与降水冲刷作用的湿清除密切相关。另外，我们还探讨了随着 $PM_{2.5}$ 质量浓度的变化降水对气溶胶的影响，研究结果表明弱污染情景下污染易随着降水增加而增加，而重污染情景下污染则随着降水增加而减弱。这两方面的研究结果总结见图 4-6。我们使用相同的研究方法研究了降水对 PM_{10} 的影响，也发现了类似的结果。

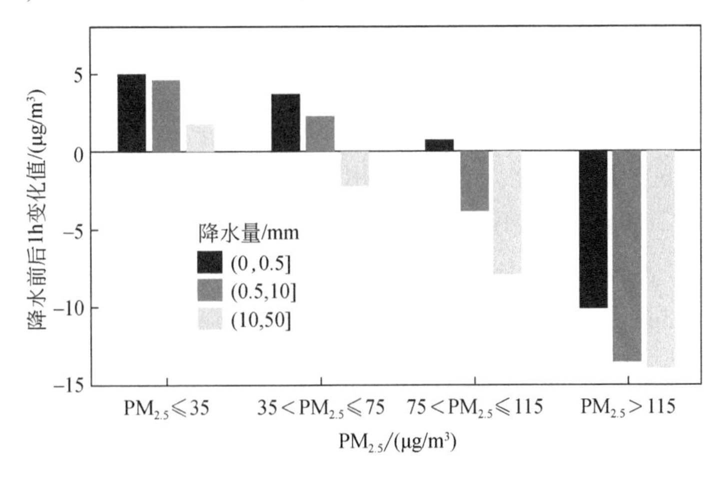

图 4-6　$PM_{2.5}$ 质量浓度在不同降水强度下的不同响应

这些研究结果对于理解降水对气溶胶污染的影响具有重要科学意义和实际应用价值。不同于传统认为的降水对气溶胶的清洁效应，降水对气溶胶的影响与降水强度和气溶胶浓度均有密切关系。这为科学有效地治理大气污染提供了理论依据。

我们进一步利用2015～2017年降水数据分析了我国三个典型城市群降水对气溶胶的湿清除效应，包括京津冀城市群、长三角城市群和珠三角城市群。京津冀城市群由北京、天津和河北组成，该地区处于沿海与内陆交接地带，北部是燕山山脉，西侧是太行山，形成了西北高东南低的地势。除山地外，该地区还具有高原、丘陵、盆地和平原多种地势类型，年平均降水量在400～800mm。京津冀北方地区的降水量由东南向西北逐渐减少，南方地区呈现出由中心向四周逐渐增加的趋势。而降水较多集中在燕山和太行山的迎风坡与沿海区域，降水较为稀少的地区是平原地区（张健等，2009）。而进入21世纪以后，京津冀的降水量出现了减小的趋势，而夏季降水量的减少在其中起到了重要作用（刘金平，2014）。

长三角城市群包括上海、江苏、浙江和安徽的全部区域，位于长江下游地区，濒临黄海和渤海，年平均降水量在1000mm以上。该地区的主要地貌是平原，地势平坦，降水受地形的影响不大，而地理位置是影响降水是一大因素，沿海城市的降水量显著高于内陆地区（唐振飞，2011）。除此之外，城市化的进程在一定程度上使降水增加（江志红和黄丹莲，2014）。近年来，长江以南地区的降水呈现逐年减少的趋势；与之相反的是长江以北地区呈现逐年增加的趋势（张庆奎等，2010）。

珠三角城市群九个城市组成，位于珠江下游，南临黄海，其他三面环山。因其临海、偏东南的独特地理位置，珠三角地区成为全国降水最为充沛的区域之一，年平均降水量在1600～2300mm。近年来，珠三角地区的总降水量呈现出增加的趋势。受到风向的影响，降水明显增加的区域位于该地区西北偏北以及东部地区。在降水总量增加上，起主要作用的是大雨及以上降水事件的增加（郑艳萍和蒙伟光，2015）。除此之外，研究表明城市化发展有利于该区域降水增加（江志红和黄丹莲，2014）。

不同于北京地区的局地研究，本研究使用了欧洲中期天气预报中心（ECMWF）提供的再分析风场数据。该数据是应用物理定律将模型数据与来自世界各地的观测数据结合到一个全球完整且一致的数据集中，分辨率为0.25°×0.25°。（数据来自网站https://cds.climate.copernicμs.eμ/）。此外，不同于北京地区的局地研究，本研究还用清除效果（ΔC）来表示$PM_{2.5}$质量浓度在降水前后的变化。清除效果的表达式见式（4-7）。

$$\Delta C=\frac{C_b-C_p}{C_b}\times100\% \tag{4-7}$$

式中，ΔC为$PM_{2.5}$清除效率；C_b为降水前$PM_{2.5}$质量浓度值；C_p为降水后$PM_{2.5}$质量浓度值。

当 ΔC 小于0时，大气中 $PM_{2.5}$ 质量浓度降低，为正清除过程；当 ΔC 大于0时，大气中 $PM_{2.5}$ 质量浓度升高，为负清除过程；ΔC 等于0时，大气中 $PM_{2.5}$ 质量浓度未发生变化，为零清除过程。之后研究将重点放在清除效果与不同强度降水之间。依据样本数量，分别将降水事件按照降水强度和降水前 $PM_{2.5}$ 质量浓度均分成三类，探究不同降水强度、不同污染程度下降水对 $PM_{2.5}$ 的清除作用的差异。同时选取个例，引入该站点所在的0.25°×0.25°范围内的100m平均风速，进一步探求风对 $PM_{2.5}$ 质量浓度的影响。

为了清晰地看出降水对 $PM_{2.5}$ 的冲刷作用，根据2015～2017年京津冀、长三角和珠三角的降水和 $PM_{2.5}$ 数据，绘制出三个区域有无降水情况下 $PM_{2.5}$ 质量浓度的日变化图，见图4-7。分析发现，与无降水情况相比，有降水情况下 $PM_{2.5}$ 质量浓度普遍更低，且波动性小。这说明降水可以明显降低 $PM_{2.5}$ 质量浓度。

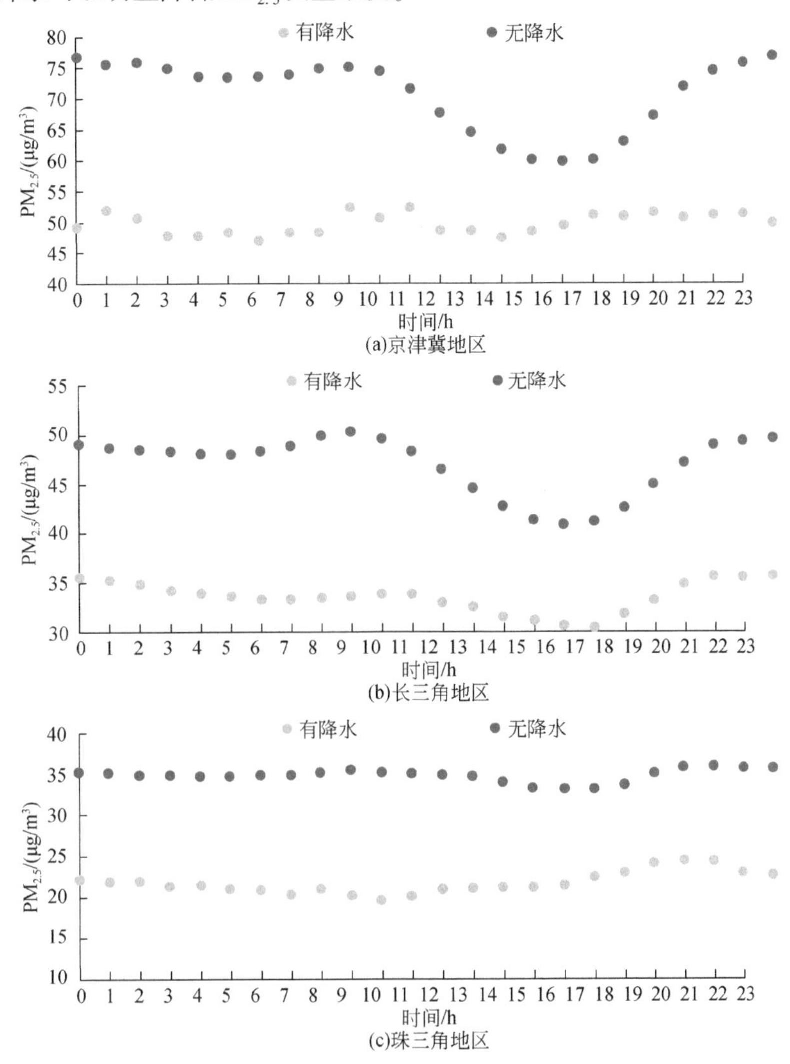

图4-7　在有无降水情况下 $PM_{2.5}$ 质量浓度的日变化图

（1）不同强度降水下清除效果的差异

为减少 $PM_{2.5}$日变化的影响，选择 $PM_{2.5}$质量浓度较稳定的时期（即15：00～17：00）作为研究时间，筛选1h降水事件作为研究对象，这样可以更好地保证 $PM_{2.5}$的变化是由于降水作用导致的。将得到的每小时降水量（即降水强度）以0.02mm/h间隔进行分组分析，得到研究区域清除效果与降水强度的散点图（图4-8）。可以发现，随着降水强度的增加，清除效果几乎均为先由负值转变为正、负值数量均等，再到最后的大部分为正值，即清除作用由负清除过程向正清除过程转变。这说明在较小的降水强度下，降水使得 $PM_{2.5}$质量浓度增加，此时清除效果的值较小，没有超过20%。这可能是因为较小降水强度下的捕获系数不足，$PM_{2.5}$粒子之间碰撞可能性降低，同时降水带来的水汽使得 $PM_{2.5}$粒子发生吸湿增长，从而使 $PM_{2.5}$质量浓度不降反升，并且由于降水不强，$PM_{2.5}$质量浓度下降的数值不会太大，即清除效果的值不大；随着降水强度的增大，降水对 $PM_{2.5}$质量浓度的影响越来越大。在较大的降水强度下，清除效果的值也出现了较大的增长。这是因为雨滴会随着降水强度的增大而有所增长，捕获系数也会增加，$PM_{2.5}$粒子之间碰撞的可能性增加，同时强降水常常伴随着风，扩散能力提高，从而使 $PM_{2.5}$质量浓度降低且清除效果更好。

三个区域都呈现出这样的变化规律，不同的是京津冀、长三角和珠三角三个区域分别在降水强度为0～0.28mm/h、0～0.6mm/h和0～0.25mm/h时以负清除过程为主；在降水强度为0.28～2mm/h、0.6～4.5mm/h和0.25～5mm/h时正、负清除过程数量均等；在降水强度为2mm/h、4.5mm/h和5mm/h以上时以正清除过程为主。三个区域中负清除过程起主要作用结束时的降水强度的转折点分别是0.28mm/h、0.6mm/h和0.25mm/h，可以发现三个区域的转折点对应的降水强度都很小并且较为接近。由此判断这个转折点受降水本身的影响，与当地 $PM_{2.5}$质量浓度的相关性较弱。而正清除过程起主要作用开始时的降水强度转折点分别是2mm/h、4.5mm/h和5mm/h，三个值相差较大。珠三角地区的降水量最为充沛，其转折点对应的降水强度也相对较大；京津冀地区的降水量在研究区中是最低的，其转折点对应的降水强度也是最小的。所以判断此转折点受 $PM_{2.5}$质量浓度的影响。$PM_{2.5}$质量浓度越小的区域，转折点对应的降水强度越大。这可能是因为 $PM_{2.5}$质量浓度小，粒子之间碰撞的可能性小，需要更强的降水来增加捕获系数，并通过强降水带来的风来提高扩散能力，从而使 $PM_{2.5}$质量浓度减小。

（2）不同污染程度下清除效果的差异

为使数据具有代表性，将降水前的 $PM_{2.5}$质量浓度按照样本数量分成3段，见图4-9（图中红黑线为三等分线）。由图4-9可以得到三等分点。京津冀地区断点为25μg/m^{3}和55μg/m^3，长三角地区为19μg/m^{3}和37μg/m^3，珠三角地区为14μg/m^{3}和26μg/m^3。

在上述分类标准的前提下，探究降水前不同污染程度下清除效果的差异。首先，计数

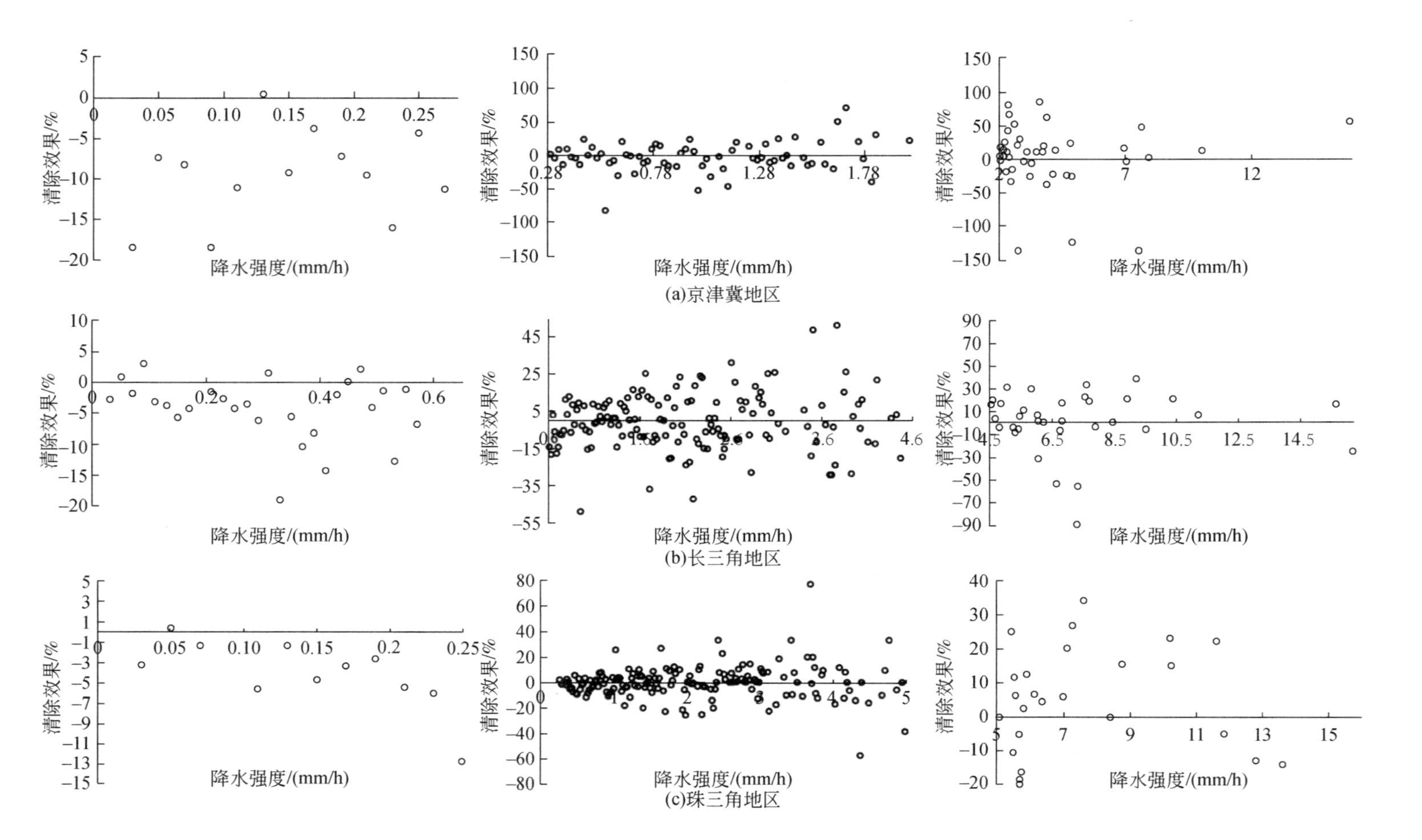

图4-8 研究区域清除效果与降水强度的散点图

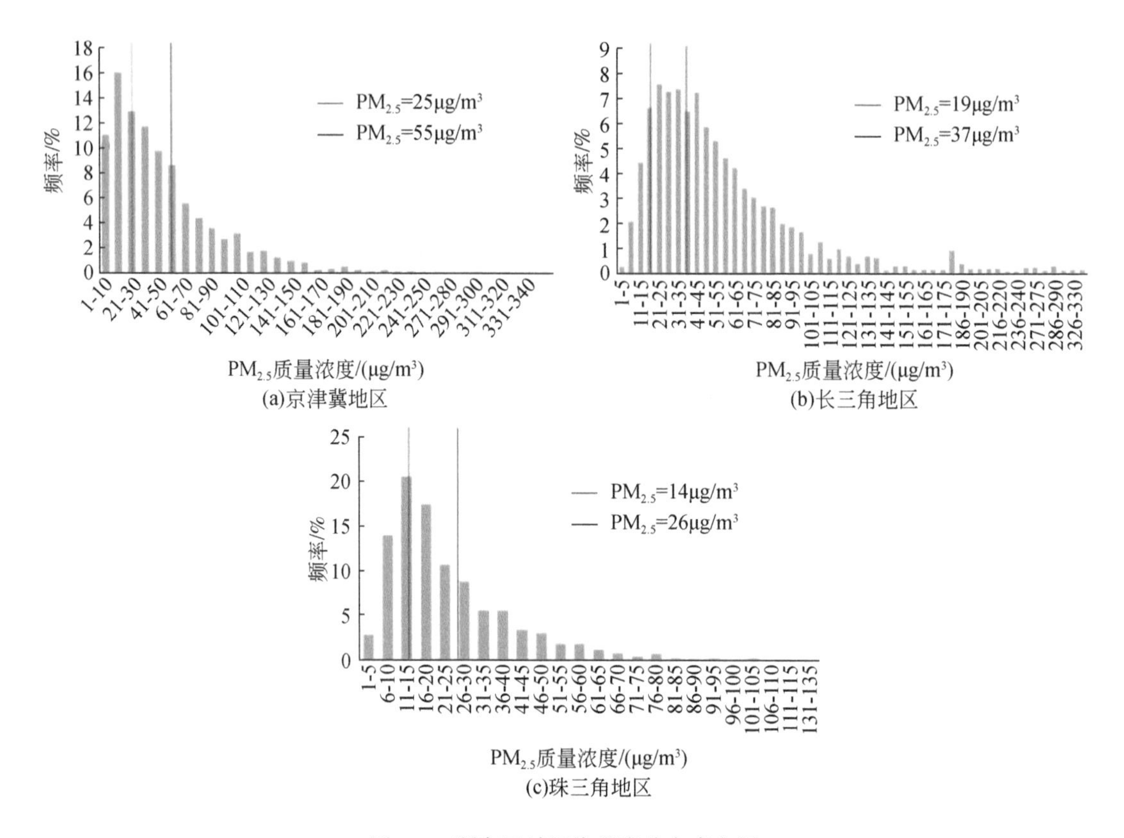

图 4-9　研究区域污染程度分布直方图

统计三种情况下正、负、零清除比例，得到表 4-1 ~ 表 4-3。由表 4-1 ~ 表 4-3 可知，在较低的污染程度下，降水过程以负清除作用为主；在中等和较高的污染程度下，降水过程以正清除作用为主，说明低污染情况下，更多的降水使 $PM_{2.5}$ 质量浓度升高，中度和较高污染情况下，更多的降水使 $PM_{2.5}$ 质量浓度降低。同时，随着降水前污染程度逐渐加重，负清除过程和零清除过程逐渐向正清除过程转变。这是因为当降水前污染程度低时，$PM_{2.5}$ 质量浓度小，粒子之间间距较大，不易发生碰撞，反而容易吸湿增长，因此负清除过程较多；当降水前污染程度高时，$PM_{2.5}$ 质量浓度大，粒子之间间距较小，易发生碰撞，因此正清除过程偏多。

表 4-1　京津冀地区不同污染程度下正、零、负清除比例　　（单位:%）

清除比例	$PM_{2.5}$ ≤25μg/m³	25μg/m³ <$PM_{2.5}$ ≤55μg/m³	$PM_{2.5}$ >55μg/m³
正清除	32.87	49.44	53.99
零清除	8.01	6.70	3.03
负清除	59.12	43.86	42.98

表 4-2　长三角地区不同污染程度下正、零、负清除比例　　　（单位：%）

清除比例	$PM_{2.5}\leq19\mu g/m^3$	$19\mu g/m^3<PM_{2.5}\leq37\mu g/m^3$	$PM_{2.5}>37\mu g/m^3$
正清除	33. 41	45. 38	54. 17
零清除	17. 18	9. 63	5. 74
负清除	49. 41	44. 99	40. 09

表 4-3　珠三角地区不同污染程度下正、零、负清除比例　　　（单位：%）

清除比例	$PM_{2.5}\leq14\mu g/m^3$	$14\mu g/m^3<PM_{2.5}\leq26\mu g/m^3$	$PM_{2.5}>26\mu g/m^3$
正清除	25. 42	40. 91	50. 94
零清除	25. 54	15. 27	7. 93
负清除	49. 04	43. 82	41. 13

接下来，本研究采用上述降水强度和降水前 $PM_{2.5}$ 质量浓度的分类标准，统计分析不同降水强度、不同污染程度下，$PM_{2.5}$ 清除效果的差异，见图 4-10。从图 4-10 中可以发现，当降水强度一定时，清除效果随着降水前的污染程度的增加而增加，即大气中 $PM_{2.5}$ 质量

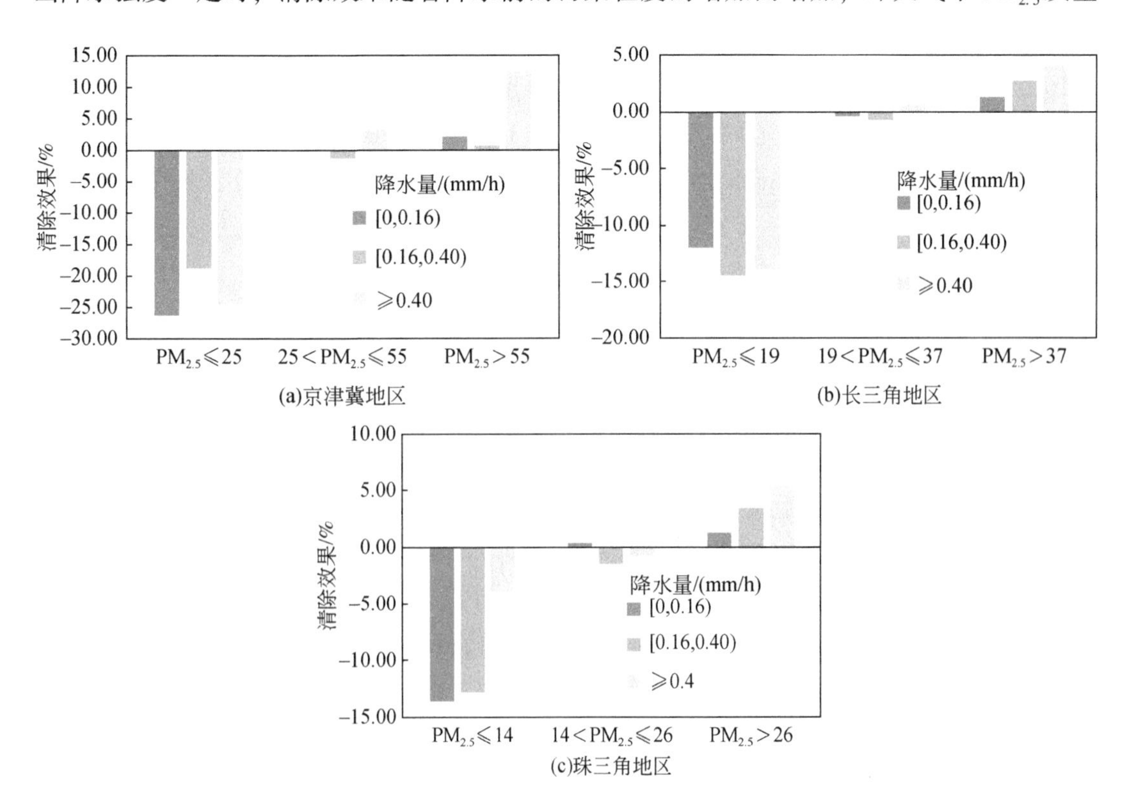

图 4-10　不同降水强度与污染程度下的 $PM_{2.5}$ 清除效果的差异

浓度下降趋势增加；当降水前的污染程度一定时，清除效果随降水强度的增加而增加，但在较低和中等污染程度下，清除效果在京津冀地区随降水强度的增加呈现先增加后减小的趋势。出现这些情况的原因会在之后的个例中进行分析。而在较低的污染程度下，负清除效果的绝对值明显大于正清除过程中清除效果的值。这是因为较低污染程度下，降水前 $PM_{2.5}$ 质量浓度相对很小，清除效果表达式的分母较小，造成清除效果的相对值较大。

(3) 个例分析

长三角地区出现了负清除率随降水强度先增后减及珠三角地区清除率随降水强度先正后负等较为异常的情况，进一步通过个例分析加以研究发现，主要是聚焦风速的影响。本研究选取个例，结合研究站点所在的 0.25°×0.25° 范围内的高度 100m 处平均风速，探索风对 $PM_{2.5}$ 质量浓度的影响。选取研究对象的标准是：在降水强度较大、污染程度较高时，降水的清除效果出现异常低值的降水过程。研究时间确定为发生降水事件当日的 15:00 ~ 23:00，因为由图 4-7 可知此时段 $PM_{2.5}$ 质量浓度呈现逐渐增加的趋势，这样使得降水与风对 $PM_{2.5}$ 质量浓度的影响可以得到更清晰的显示。

京津冀地区选取的降水事件是发生在唐山市陶瓷公司站点（118.22°E，39.67°N）2016 年 3 月 12 日 17:00 的 1h 降水过程，降水强度为 3.25mm/h；长三角地区选取的降水事件是发生在镇江市职教中心站点（119.49°E，32.22°N）2016 年 6 月 26 日 16:00 的 1h 降水过程，降水强度为 6.76mm/h；珠三角地区选取的降水事件是发生在深圳市南油站点（113.92°E，22.52°N）2017 年 9 月 5 日 16:00 的 1h 降水过程，降水强度为 5.70mm/h。三个个例的研究时间前后的其他时间段均未发生降水事件。京津冀、长三角和珠三角地区的风速与清除效果随时间变化图见图 4-11。由图 4-11 可以发现，所有研究区域内 100m 高度处的风速和清除效果均呈现出多峰、多谷的变化趋势。风速大的时刻，清除效果也较好。这是因为风可以增强 $PM_{2.5}$ 的扩散能力，使其浓度降低。三个研究区域清除效果与 100m 风速在研究时间内一直保持一致的增减趋势，并且 20:00 之前二者的变化幅度基本相近，表明此时清除效果受风速影响较大；20:00 之后，风速的变化幅度明显大于清除效果，这可能是因为夜晚大气层结稳定度增加，$PM_{2.5}$ 扩散能力受到抑制。而此时是大气稳定程度对清除效果的作用逐渐加强的结果。图 4-11（a）是京津冀地区 17:00 发生的 1h 降水事件，17:00 风速约为 4m/s，但清除效果为负。这可能是因为此时正值晚高峰，$PM_{2.5}$ 排放量大大增加，甚至超过了大气自净过程减小的量。图 4-11（b）、图 4-11（c）是长三角和珠三角地区 16:00 发生的 1h 降水事件，风速分别约为 2m/s 和 3m/s，值均偏小，因此出现了负的且较差的清除效果。

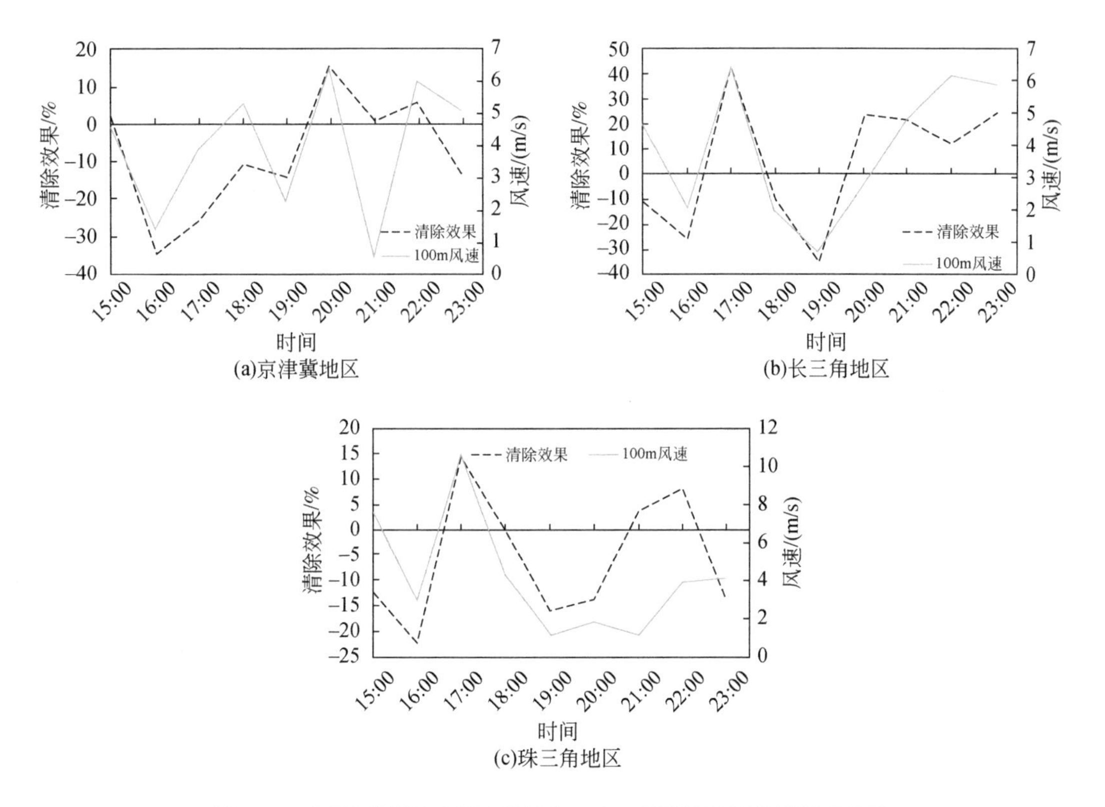

(a)京津冀地区

(b)长三角地区

(c)珠三角地区

图 4-11　不同研究区域清除效果和 100m 高度处风速随时间变化图

第 5 章　气溶胶的辐射效应

气溶胶通过直接吸收和散射太阳辐射，改变大气热力结构，进一步影响局地对流云发展和降水。该效应会进一步通过改变大气边界层、大气环流和湿清除过程等对环境及气候产生影响。我们利用观测数据，系统分析了气溶胶，尤其是吸收性气溶胶的直接辐射效应，并对气溶胶辐射效应对环境和气候的影响开展了研究。

5.1　气溶胶的天气效应

5.1.1　气溶胶辐射效应的污染反馈增强作用

气溶胶辐射效应可以降低边界层、减小近地面风速、反馈增强污染。我们都知道空气污染受污染源和气象条件的影响很大，我们的研究发现气溶胶对太阳辐射的影响可以通过改变大气边界层和风场反馈加剧空气污染。Yang 等（2016b）基于 APEC 期间（2014 年 10 月 22 日 ~ 11 月 25 日）的观测数据量化了这种反馈作用对空气污染的相对贡献量。如图 5-1 所示，高污染时（图 5-1（b）），气溶胶会减少到达地面的太阳辐射，从而使近地面温度降低，边界层温度梯度减小并十分有利于逆温层的发展，同时使得边界层内的风场减弱。该过程是一个正反馈，最终使得空气污染进一步加重。我们用敏感性分析方法粗略估计了 APEC 期间气溶胶与太阳辐射和风场的反馈对空气污染的加强分别贡献了 14% 和 12%。

5.1.2　气溶胶辐射效应对局地对流云发展及其降水的影响

气溶胶的微物理效应能够直接改变云内云滴数目、大小进而改变降水和长短波辐射效应，而气溶胶的直接辐射效应同样可以通过影响地面和大气辐射加热改变大气热力结构，进而影响大气中对流云的发生、发展和消散。另外，气溶胶还可以通过云内吸热将云滴蒸发，称为气溶胶的半直接效应。目前，针对气溶胶效应导致的降水变化是国际研究的热点，研究结果同样具有很大的不确定性。

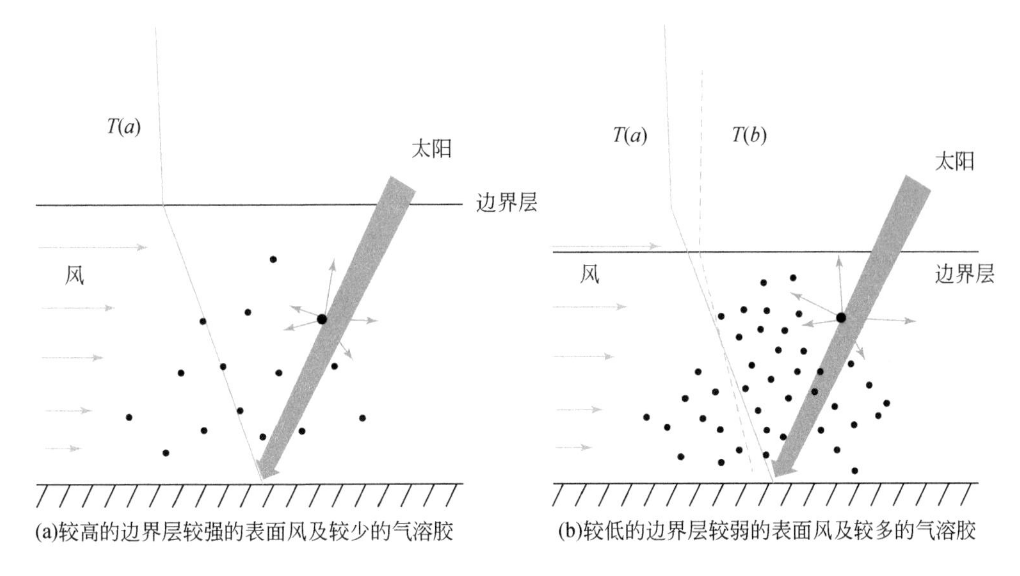

图 5-1 气溶胶与太阳辐射和风场的反馈机制示意图

T(a) 和 T(b) 分别指边界层较高和较低的时候地表下行直接太阳辐射

针对中国的典型特点，包括青藏高原的独特地形、京津冀地区的高污染、东南沿海的台风危害等，我们开展了气溶胶辐射效应对局地对流云发展及其降水影响的研究（Zhao et al.，2020）。

5.1.2.1 青藏高原地区气溶胶辐射效应对局地对流云发展及其降水的影响

青藏高原地区作为亚洲水塔，又被称为“第三极”，对东亚、南亚甚至全球的天气、气候和生物起着重要的作用。它为整个亚洲地区 14 亿人口提供了重要的淡水资源，因此该地区在全球气候变化和环境变化背景之下的大气水循环变化，尤其降水变化，具有重要科学意义和实际价值。基于此，我们对青藏高原及其周边的气溶胶及其天气和气候影响，尤其对青藏高原对流性降水的影响进行了综述，提出了可能的影响机制。

图 5-2 给出了青藏高原地区气溶胶特征分布情况。青藏高原地区观测数据比较缺乏，而卫星观测由于下垫面的积雪和复杂地形反演误差通常较大。其中，MISR 卫星基于 7 年观测数据显示青藏高原春夏秋冬四季的 AOD 均值为 0.27、0.25、0.13 和 0.11，这显示青藏高原地区并不是大家想象中的非常清洁的地区，它受到周边气溶胶的输送影响，尤其是沙尘、黑碳和无机盐气溶胶。其中，在青藏高原有限站点观测获得的 $PM_{2.5}$ 季节平均质量浓度均大于通常认为的清洁情景下的 $PM_{2.5}$ 质量浓度，即 $10\mu g/m^3$，说明青藏高原地区受到周边污染气溶胶输送的显著影响。图 5-2 显示青藏高原地区有限地面站点观测获得的气溶胶浓度和类型有着非常明显的时空变化：在北坡，以来自塔克拉玛干沙漠的沙尘型气溶胶主导；在南坡，则发现了较高浓度的无机盐气溶胶、沙尘和黑碳等，这极可能是来自印

度地区的污染气溶胶及青藏高原北部和西部沙尘气溶胶等混合造成的；东南和东北地区的气溶胶类型也展现出较为明显的差异，东南地区以无机盐气溶胶为主导，此外，沙尘也有较大贡献；在季节分布上，则是春季气溶胶质量浓度较高，夏季气溶胶质量浓度受到季风降水的影响，有所下降。

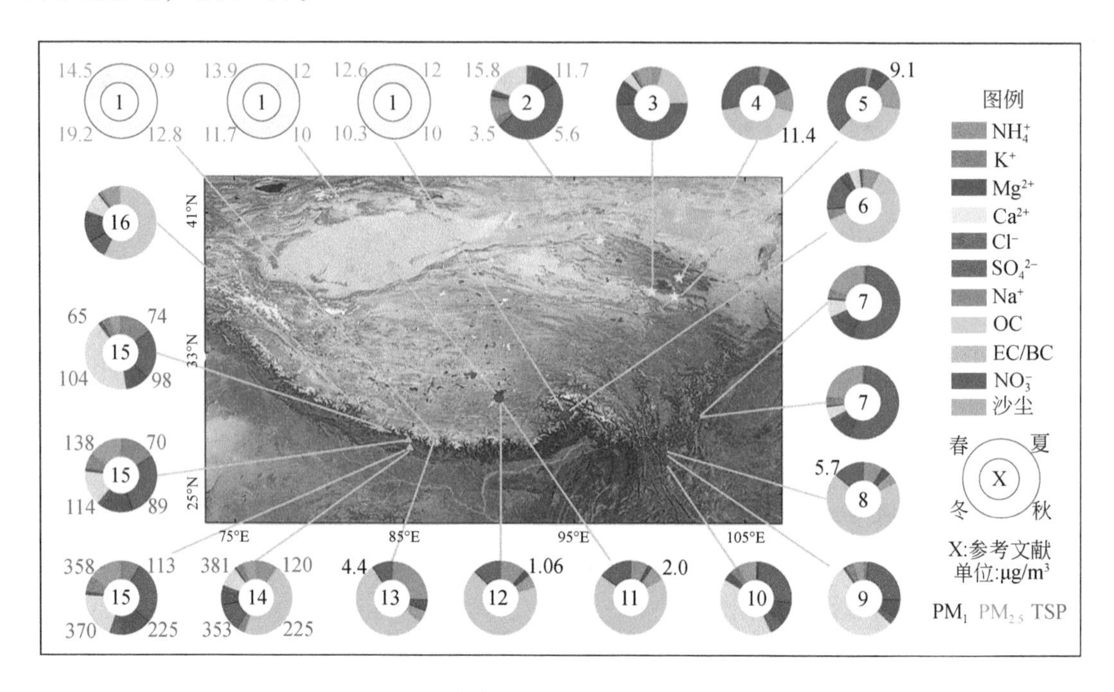

图 5-2 青藏高原地区气溶胶特征分布情况

黑色、天蓝色和红色数字分别代表 PM_1、$PM_{2.5}$和 TSP 的质量浓度（μg/m³）；

OC 和 EC/BC 分别代表有机碳和元素碳/黑碳；X 代表的是不同的参考文献，具体参考 Zhao 等（2020）

图 5-3 进一步总结了青藏高原周边气溶胶对高原及周边大气水循环，尤其是对流云发展及其降水的影响。我们将前人研究融合在一起，提出了图 5-3 所示机理：首先，印度地区的污染使本应该发生在印度地区的降水减少或者推迟，导致更多更强的对流性降水发生在青藏高原南坡；其次，青藏高原周边沙尘和黑碳气溶胶输送到高原近地面以后会进一步增强高原的“热泵效应”，促进高原对流，形成更强的对流性云和降水；再次，高原周边污染性盐类气溶胶（尤其来自印度）和老化沙尘气溶胶输送到高原地区后通过作为云凝结核促进高原对流发展，形成更强对流及降水；最后，高原的对流及降水通过东向传输影响下游地区（如长江中下游等）的对流性强降水。该观点融合了前人研究成果，揭示高原周边沙尘及污染气溶胶对高原本地及其下游对流云发展和降水的促进作用，为理解高原地区气溶胶的对流云及其降水影响提供了机理上的理解。

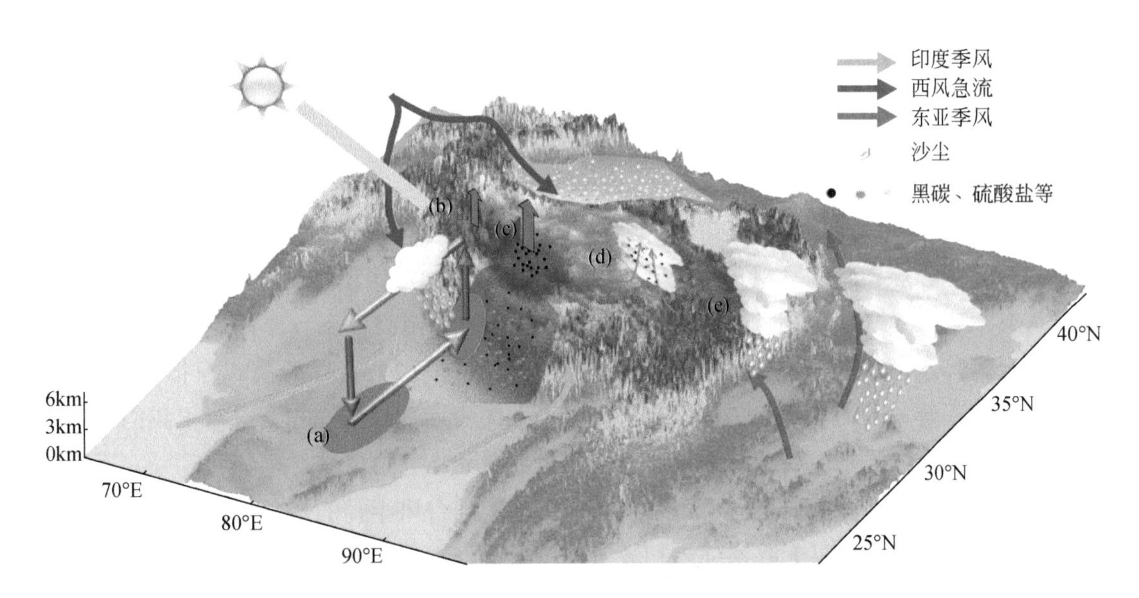

图 5-3 青藏高原周边气溶胶影响高原及周边大气水循环，尤其对流云发展及其降水的结构示意图
（a）为从印度中部传输至喜马拉雅山南部的气溶胶推迟并增强降水；（b）为高原热泵效应；（c）为吸收性气溶胶增强热泵效应；（d）为气溶胶作为云凝结核增强降水；（e）为增强的对流可以促进下游地区（中国南方）的降水事件

5.1.2.2 气溶胶效应对热带台风降水及其所关联大陆降水的影响

作为灾害性天气，台风往往会给人们生命财产造成巨大灾害，因此，了解台风的特征及其变化规律至关重要。前人的研究发现影响台风的主要因子包括海温、风切变、低中层大气相对湿度、气溶胶等。然而这些研究大多集中在对台风强度的影响上，对台风面积影响的研究相对非常缺乏。我们知道，台风灾害与台风本身的相关因素除了台风强度以外，台风降水面积或者台风大小至关重要，直接决定了所影响的人类受灾面积。前人研究中已经发现相对海温是决定台风降水面积大小的动力决定因子，那么人类活动排放的颗粒物，也就是气溶胶，是否同样对台风降水面积产生重要影响呢？

利用 TRMM 台风数据、MODIS 和 MERRA-2 气溶胶数据，Zhao 等（2018b）研究了 2000～2015 年西北太平洋地区（10°N～30°N）AOD 与台风降水面积之间的统计关系，从长时间序列上分析 AOD 对台风降水面积的潜在影响。本研究为针对西北太平洋海洋地区开展的研究，摒除了陆地影响，同时使用的数据时间超过十年，保障了研究结果统计意义上的可靠性。事实上，虽然在本研究开始之前并没有关于气溶胶与台风降水面积之间关系的观测研究结果，但是已有模式研究分析了清洁和污染情景下模式模拟的台风降水强度和降水面积变化。Wang 等（2014a）利用 WRF 模式模拟发现在污染情景之下，气溶胶的辐射冷却效应会使得台风内外海温温差减小，从外围卷入台风的气溶胶相对清洁情景卷入的位置更为靠外；而气溶胶在垂直上升运动中，通过作为云凝结核，使云滴数目增多和云滴有效半径减小，并在经过0℃层时冻结放热进一步促进外围对流活动，通过该微物理效应使得台风外围降水强度增加，从而使得台风降水面积扩大。另外，气溶胶及相应水汽在污染情景下并没有进入内围雨带，因而台风壁附近的降水强度出现下降的影响，即台风最大降水强度（通常与台风最大强度相对应）下降。然而该模式结果一直缺乏基于观测的印证。

我们的观测统计研究发现，无论是使用 MODIS 观测 AOD 还是使用 MERRA-2 再分析数据 AOD，AOD 与台风降水半径大小之间存在明显的正相关关系，也就是气溶胶的增多会使得台风降水面积扩大，这从观测上印证了 Wang 等（2014a）的模式模拟研究结果。从量化结果来看，AOD 每增加 0.1，台风降水半径大概增加 9～20km，这对于我们准确理解人类活动对台风降水面积的影响具有重要科学意义和指导价值。

进一步分析清洁和污染不同情景下的台风降水率随台风半径的变化，同样发现随着污染的加剧，台风壁附近最大降水强度初夏下降、最大降水位置外扩、降水面积明显扩大的现象，结果如图 5-4 所示。图 5-5 进一步给出了气溶胶浓度与台风降水总量和台风眼半径的统计关系。研究发现，随着气溶胶的增多，台风降水总量呈现增加趋势，考虑到前面提到的总体台风降水面积扩大，这意味着气溶胶的增多造成了更大范围、更大降水总量的洪涝灾害；研究结果还显示台风眼随着气溶胶增多而扩大，意味着台风最大强度出现下降。

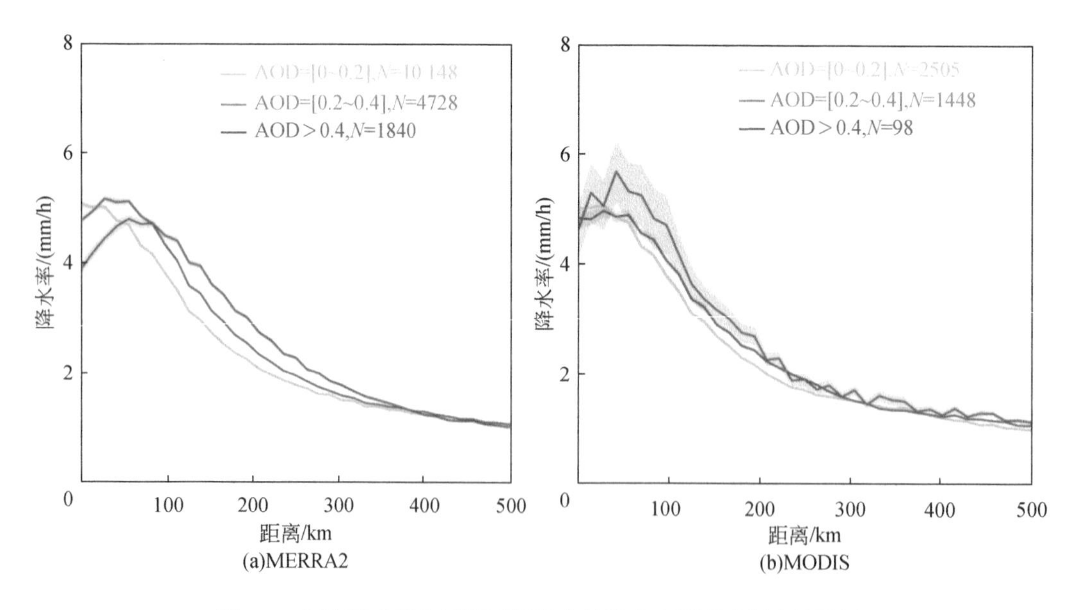

图 5-4　气溶胶对距台风眼不同距离处降水率情况的影响统计图

N 为统计的样本数目

研究结果表明，气溶胶的增多会在削弱台风最大强度的条件下增加降水总量、增大降水面积、增大台风眼，造成更大范围的台风洪涝灾害。这项研究率先从观测上印证了前人

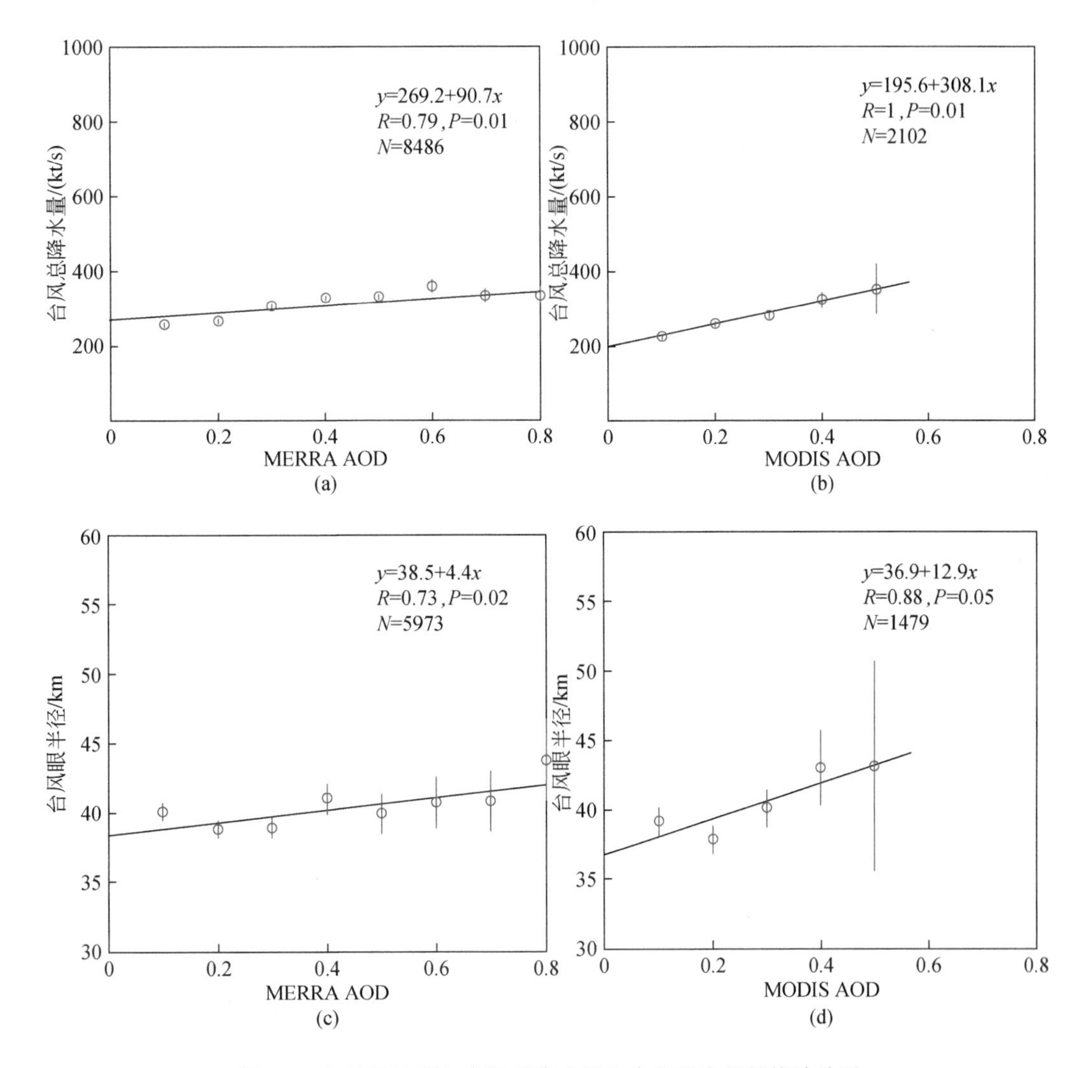

图 5-5　气溶胶浓度与台风总降水量和台风眼半径的统计关系

模式研究中提出的气溶胶-台风相互作用假说，首次从观测上发现了气溶胶对深对流云降水面积增大的现象，具有重要的科学意义、社会影响和应用价值。

气溶胶可以通过多个途径影响热带气旋的强度及其降水特征（Yang et al., 2018d）。在台风最佳路径、AOD（来自 MERRA-2）及 2284 个气象站降水量等数据基础上，我们分析了 1980～2014 年中国东部地区热带气旋引起降水的特征变化与气溶胶影响之间的可能联系。我们首先通过客观天气图法区分出每个台站的热带气旋引起的降水。同时对于每个台站，将热带气旋降水分为初始、中期和末期三个阶段，对比分析三个阶段的降水特征变化可以尽可能地排除降水对气溶胶冲刷造成的干扰。对于台站降水量，也按强度分为小雨降水（0～9.9mm/d）、大雨降水（25～49.9mm/d）和暴雨降水（≥50.0mm/d）三个等级，并分别分析气溶胶对三个等级的热带气旋降水的影响。

1980 ~ 2014 年，由于经济发展和城市扩张，中国东部地区大气污染物排放量增加，引起 AOD 显著上升；数据分析也显示热带气旋初始阶段的归一化平均台风日降水量有非常显著的上升趋势，如图 5-6 所示，这表明气溶胶的影响与热带气旋降水强度增强有密切联系。同时，研究时段内的小降水事件所占比例有明显下降趋势，而大雨、暴雨等强降水日数所占比例却有显著上升趋势（图 5-7），这也印证了气旋降水的强度在增强。这与以往文献对于我国东部地区气溶胶对弱降水的抑制和对强降水的激发作用非常吻合，说明气溶胶对热带气旋引起的降水同样有显著影响。而时间序列分析表明，在同一时期，影响我国的热带气旋数量是减少的，以往文献也指出影响我国的热带气旋的数量和强度都在降低，因此热带气旋本身的变化与我们观察到的降水强度增强可能关系不大。我们对长期观测数据的分析还显示，气溶胶与热带气旋降水变化特征在时间和空间分布上都存在密切联系。气溶胶对热带气旋降水强度的影响，将对热带气旋总体强度、发展过程甚至移动路径等有潜在影响。这一研究不仅有助于明确热带气旋强降水对我国东部地区的影响，还有助于我们全面理解气溶胶对对流云降水的影响机理。

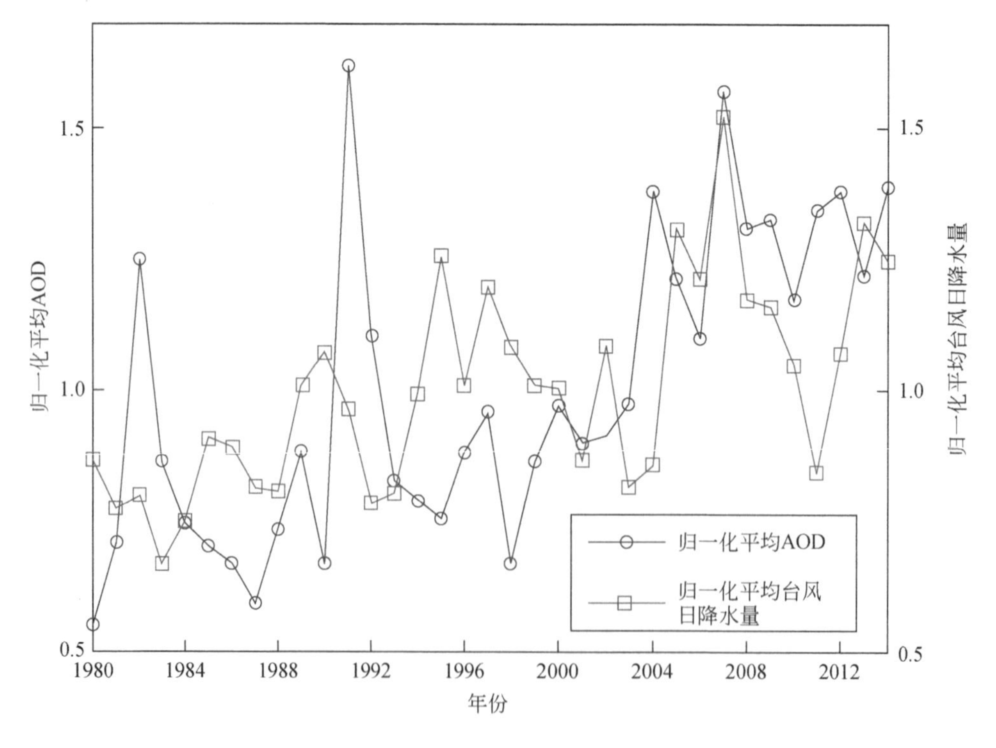

图 5-6　1980 ~ 2014 年平均每站热带气旋初始阶段归一化平均台风日降水量和台站所在区域归一化平均 AOD 的时间序列

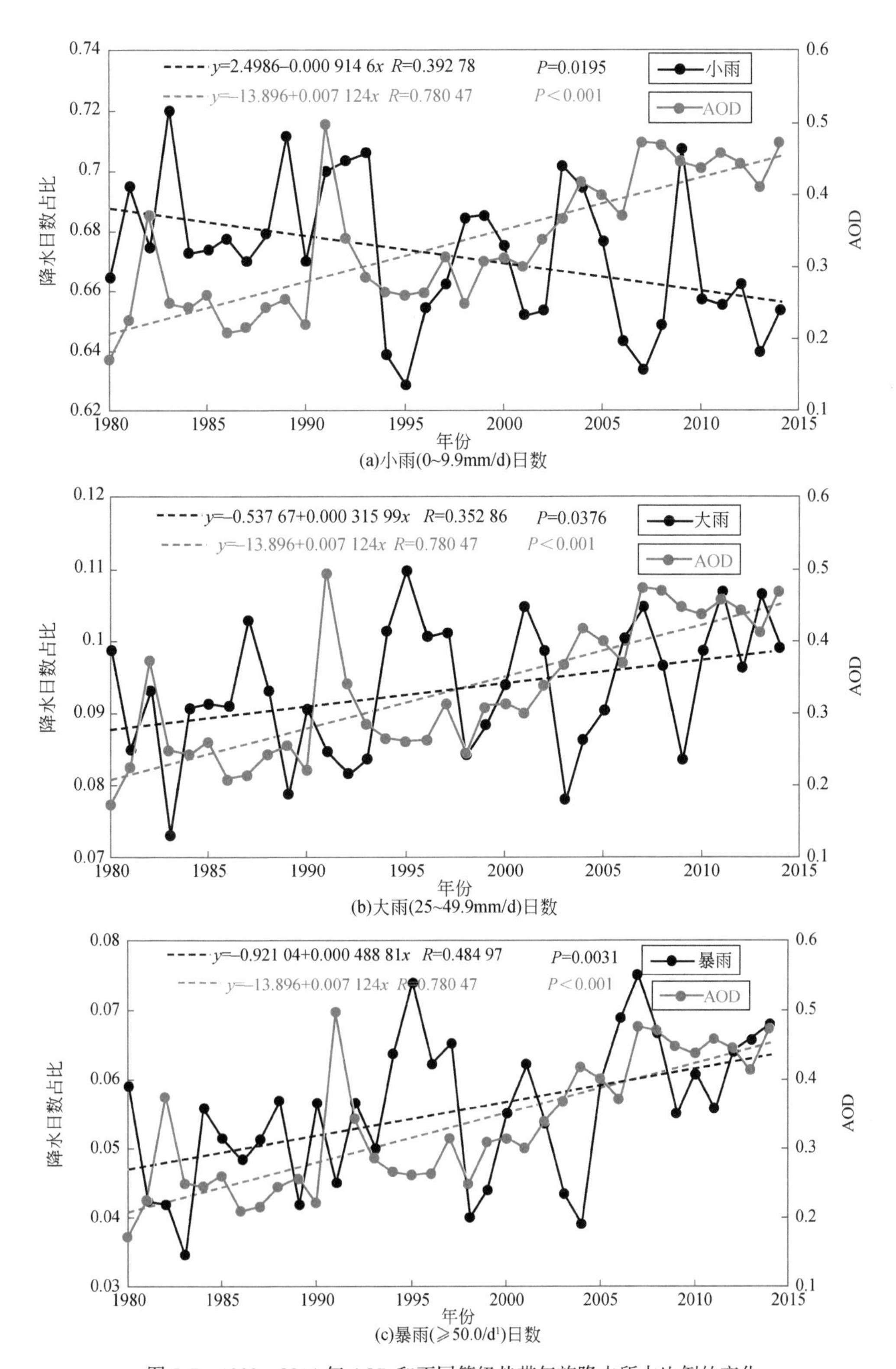

图 5-7 1980～2014 年 AOD 和不同等级热带气旋降水所占比例的变化

5.2 气溶胶的气候效应

5.2.1 气溶胶的辐射冷却效应

5.2.1.1 香港区域的辐射冷却气候效应

气溶胶通过辐射效应能够影响区域乃至全球气候。其中，气溶胶对区域气温的影响和温室气体、城市热岛等因素的影响混合在一起，怎样分离气溶胶的影响成为气候变化研究中的一个难点。我们利用香港冬季和夏季污染程度的差异，对比冬季和夏季气温变化的差异，从全球变暖的背景之下，分离并分析了气溶胶对香港地区气温的可能影响，揭示了从珠三角地区输送到香港的气溶胶对香港 1979～2014 年冬季气温的显著降低作用（Yang，2018b）。

香港位于珠三角地区的东南方，冬季西北风盛行时极易受上风向珠三角地区污染物的影响；在夏季因为盛行东南风带来太平洋洁净气团而几乎不受气溶胶影响。1979～2014 年的能见度分析也表明，香港的污染程度及其变化趋势在冬夏之间确实有显著差异。在此基础上，我们分析了香港冬季和夏季的气温日变化在 4 个 9 年时段的变化特征，如图 5-8 所示。低云覆盖量情况（low cloud cover，low CC）可以在一定程度上排除云的干扰。低云覆盖量时（小于等于 25%），研究期间香港冬季气温在正午前后有明显下降趋势，而同时期同时段的夏季气温却有明显的升温趋势，并且冬季的正午时段的气温变化与一天当中的其他时段相比差异较显著。作为对比，高云覆盖量情况（high cloud cover，high CC）下，香港冬季和夏季的气温变化没有特别显著的差异，同时正午时段的气温的年代际变化同其他时段也没有差别。这是因为较高的云量覆盖对气温影响较大，云量的影响掩盖了气溶胶对近地面气温的影响。而不考虑云量覆盖差异即所有情况（all sky）下，香港冬季和夏季的气温变化与云量覆盖较低的情况相似，只是变化幅度大大减小。这说明平均状况下云量的影响并没有完全掩盖气溶胶的影响，只是减小了气溶胶的影响程度。

除了重点分析云量覆盖较低情况下的气温变化，我们同时也做了云量变化的长时间序列分析，以尽可能地降低云量覆盖变化带来的干扰。如图 5-9 所示，在研究时段内，低云覆盖量（低于 25%）的情况在冬季和夏季有相似的变化趋势，因此云量的影响并不是气温逐年代变化的主要原因，那么气温在冬季和夏季的相反变化趋势非常有可能是香港地区冬夏季气溶胶含量不同造成的。低云量覆盖下，香港冬季气温在正午时段呈现出明显下降趋势，这与一天当中气溶胶辐射作用最显著的时段相对应。而且，20 世纪 80 年代以来香

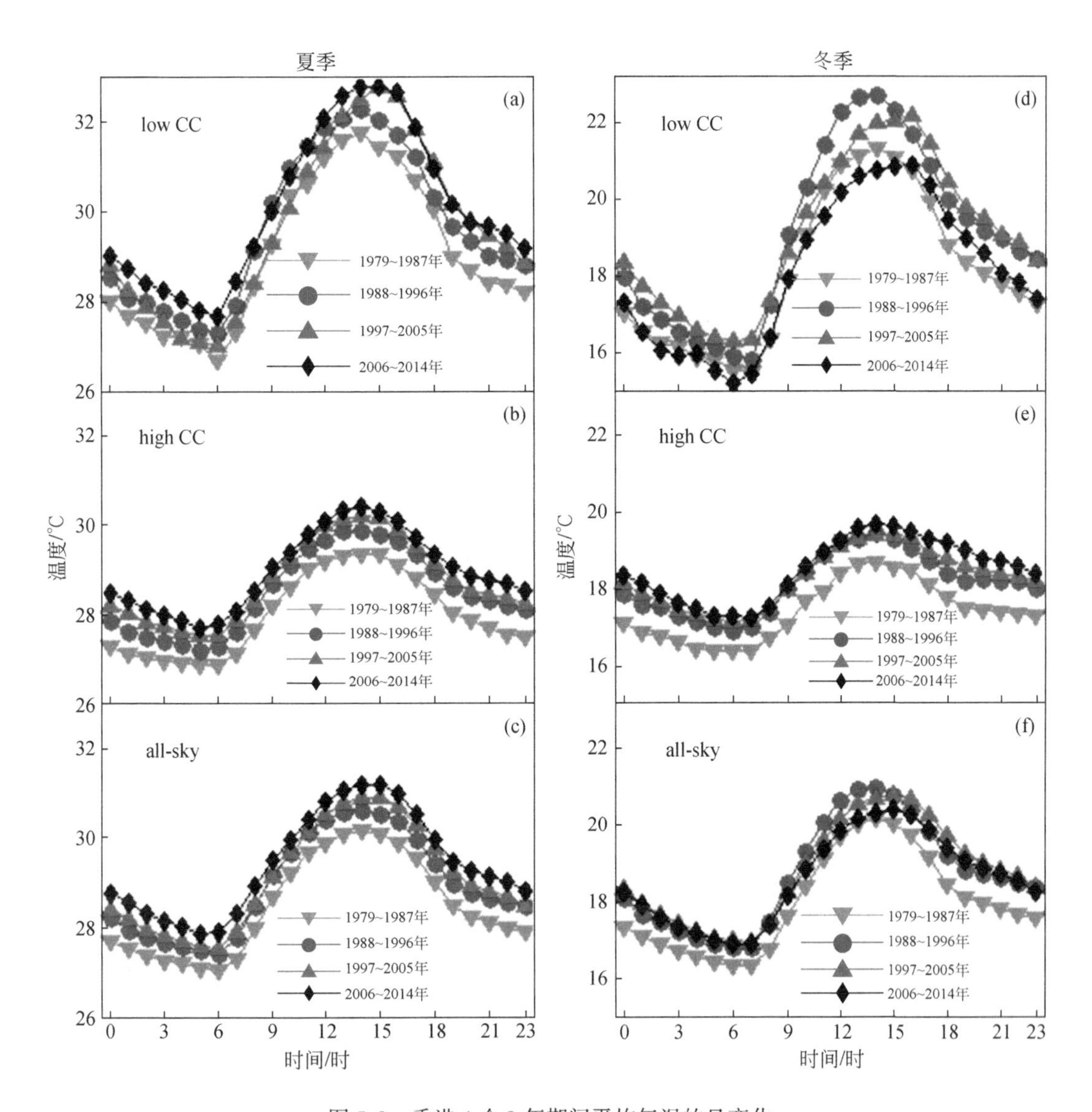

图 5-8　香港 4 个 9 年期间平均气温的日变化

(a)、(d) 为低云量覆盖 (low CC) 时的气温日变化，(b)、(e) 和 (c)、(f) 分别为高云量覆盖 (high CC) 时和所有情况 (all sky) 下的气温日变化。(a) ~ (c) 为夏季，(d) ~ (f) 为冬季。low 和 high CC 定义为 0 ~ 25% 和 75% ~ 100%

港气溶胶含量增加，几乎同时冬季气温变化趋势转为降温趋势，这也支持了气溶胶影响香港冬季气温的结论。研究显示，1979 ~ 2014 年，气溶胶使低云覆盖量情况下中午时段的香港冬季地面辐射减少了约 30 W/m^2，使中午时段气温降低了约 2.1℃。这一研究成果揭示了区域传输的气溶胶对地面的降温作用，而当前气候模式对此尚未有体现，研究成果可为模式发展和改进提供参考。

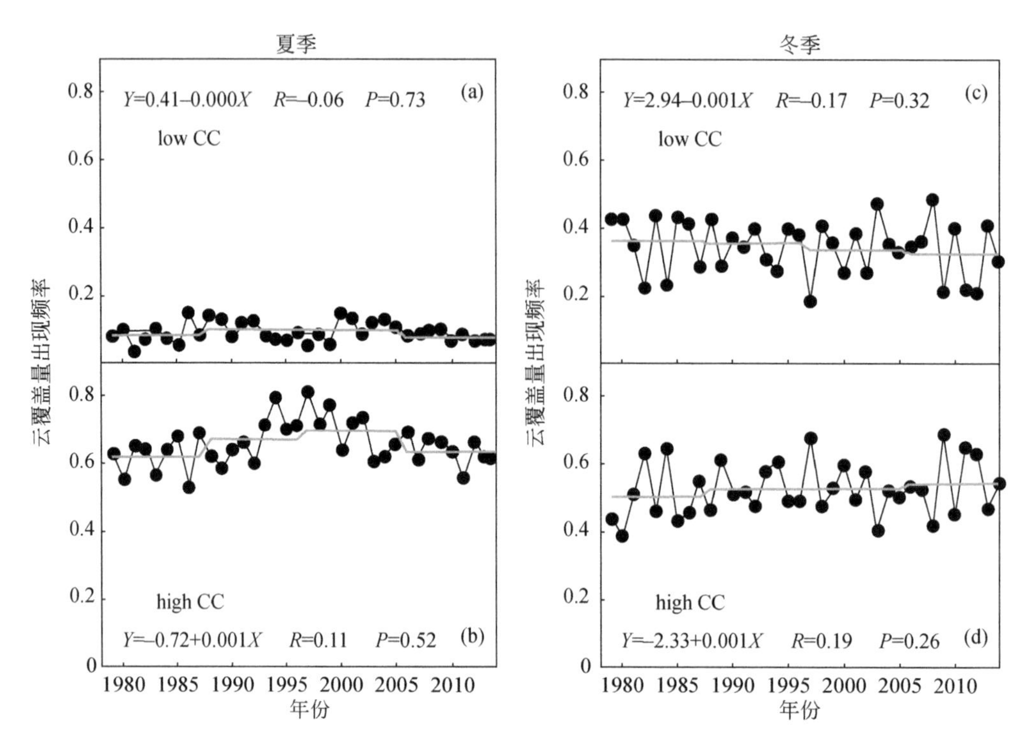

图 5-9 香港 10:00～16:00 云覆盖量的变化

5.2.1.2 气溶胶辐射冷却效应的区域差异

基于地面太阳辐射、能见度、$PM_{2.5}$观测和 MODIS AOD 数据，我们研究了气溶胶对短波辐射的影响及其造成的地面冷却效应。研究发现 2004～2014 年地面下行太阳辐射相对于 1993～2003 年在中国东部污染地区有显著下降，但在中国西部清洁地区却没有明显变化。基于 $PM_{2.5}$、AOD 或能见度与下行太阳辐射之间的相关性分析，我们同样发现气溶胶污染的增加能够显著降低到达地面的下行短波辐射。进一步分析表明，不同地区气溶胶污染导致下行短波辐射减小的幅度不同，表明气溶胶类型显著影响了短波辐射对气溶胶污染的敏感性：吸收型气溶胶类型可以使得短波辐射的下降幅度（同等气溶胶含量下）更大。研究表明气溶胶短波辐射的最大下降幅度（斜率）发生在郑州，说明中国中部地区中吸收型气溶胶的含量较高（Yang et al.，2016c）。

该研究中我们考虑使用含有地面下行短波辐射观测的气象站点，共有 14 个站点，其站点信息如表 5-1 所示。需要注意的是，在 1993 年，中国气象站点的仪器进行了一次更新，这使得仪器观测结果更为可靠和统一。因此，本研究的时间段选择为 1993～2014 年。所用观测数据包括大气能见度、相对湿度、云量、下行短波辐射、地面最高温度、近地面 $PM_{2.5}$，以及 MODIS 观测的 AOD 数据。

表 5-1　每日地面直接太阳辐射的气象站的地理信息

站点	纬度	经度	海拔/m
哈尔滨	45°45′N	126°46′E	1423
乌鲁木齐	43°47′N	87°39′E	935
额济纳旗	41°57′N	101°04′E	940.5
沈阳	41°44′N	123°31′E	490
北极	39°48′N	116°28′E	313
喀什	39°28′N	75°59′E	1289.4
格尔木	36°25′N	94°54′E	2807.6
榆中	35°52′N	104°09′E	1874.4
郑州	34°43′N	113°39′E	110.4
上海	31°24′N	121°27′E	5.5
武汉	30°37′N	114°08′E	23.1
漠河	52°58′N	122°31′E	433
拉萨	29°40′N	91°08′E	3648.9
三亚	18°14′N	109°31′E	6

在中国不同的地区，使用地面直接辐射和能见度数据，通过相关性和拟合直线斜率的分析，发现不同区域不同的气溶胶类型影响并不一样。最大斜率值发生在郑州，表明吸收型气溶胶在中国中部地区是最高的。

5.2.2　气溶胶的间接辐射增温效应

云通过辐射强迫效应对北极气候变化起着至关重要的作用，而从中纬度传输来的气溶胶可以通过改变云宏观、微观物理特征进而影响北极辐射能量平衡和气候变化。早期研究中已经量化了气溶胶对北极冬春季节的增温效应，通过改变云滴大小（气溶胶第一间接作用）影响地面辐射能量平衡。然而更进一步理解气溶胶对北极快速增温效应的贡献，需要分析气溶胶对地面云辐射强迫效应的整体影响和季节变化。以前个别研究对短波辐射部分曾有所涉及，但是用气溶胶数浓度来代表气溶胶含量。考虑到气溶胶数浓度更多反映的是细粒子气溶胶的数目，我们需要使用更为合理的气溶胶代表量来开展研究，并将研究拓展到长波、短波和净辐射效应。这些研究对于理解纬度气溶胶传输到北极以后对其辐射能量平衡和气候变化的影响，从而有针对性地诊断和改进气候模式预报具有重要意义，尤其是在气候模式普遍不能很好预报北极地区气候变化的背景下。

利用 1999～2003 年美国能源部大气辐射观测计划（Atmospheric Radiation Measurement，ARM）阿拉斯加站点的气溶胶、云和辐射观测数据，利用统计分析方法，将有云状况分为清洁和污染情景，分析清洁和污染情景下云辐射强迫效应差别的月变化，并研究气溶胶第一间接作用和其他反馈作用的相对贡献，讨论这种季节变化对北极冰雪融化的促进作用（图 5-10）。

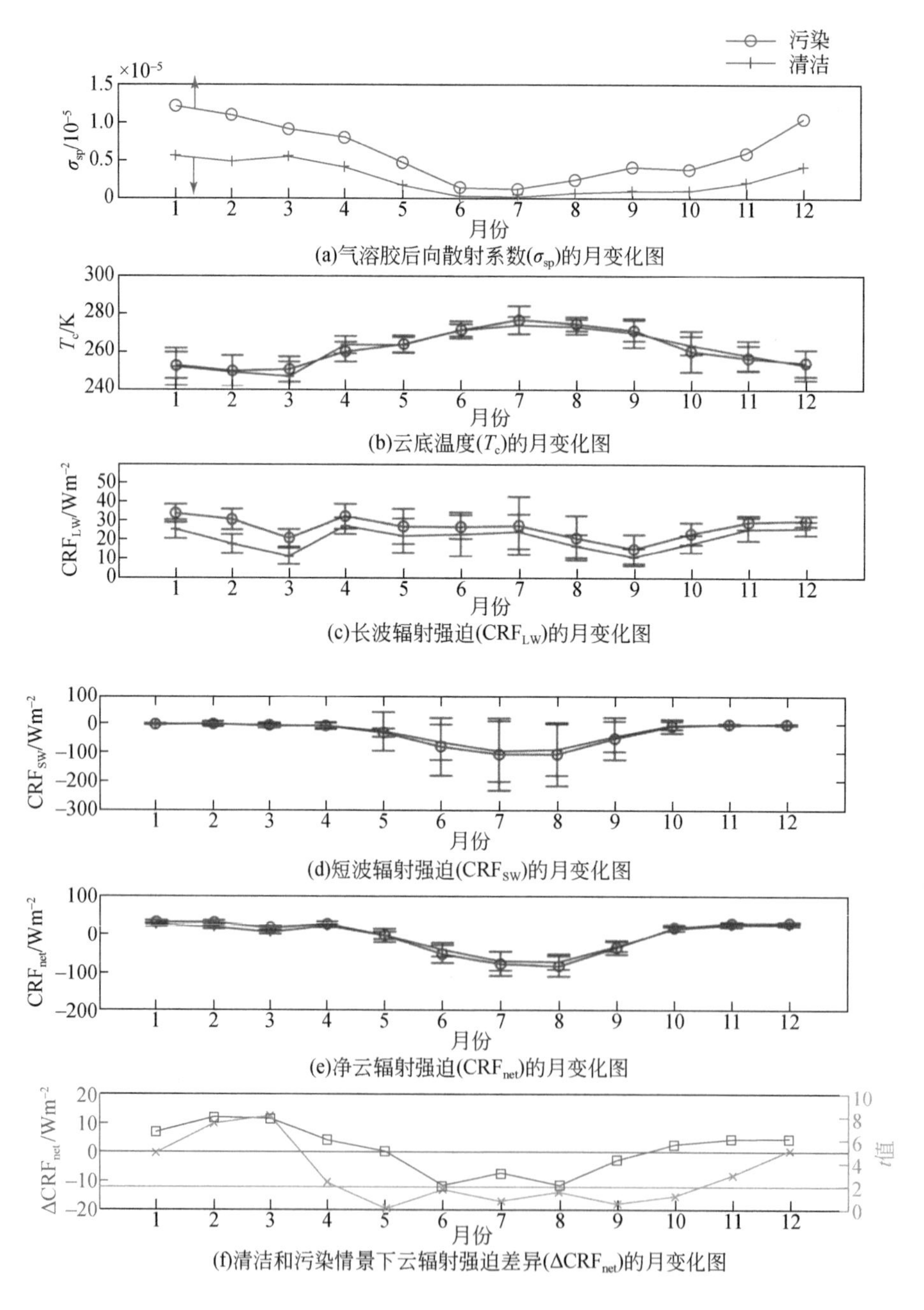

图 5-10　中纬度气溶胶传输到北极后对其地面云辐射强迫

蓝色代表清洁情景，红色代表污染情景

研究表明，从中纬度传输而来的气溶胶通过改变该地区的云辐射强迫作用，在夏季起冷却效应，其他季节起增暖效应，其中只有冬春季节通过了显著性检验。相对于清洁情景，污染情景下的云辐射强迫效应更强，数值范围从 2 月的 12. 2W/m^{2}下降到 8 月的-11. 8W/m^2。对于水云来说，气溶胶的整体间接辐射效应 50% ~70% 是气溶胶第一间接效应引起的，剩余效应是反馈作用引起的。尽管气溶胶对于云净辐射强迫效应的年均值接近于零，但是其季节分布，尤其是冬春季节的强增暖效应，极大地促进了北极冰雪的快速融化（Zhao and Garrett，2015）。

5. 2. 2. 1　气溶胶间接辐射效应对北极的增温效应

中纬度气溶胶传输到北极后可以改变北极云特征，Garrett 和 Zhao（2006）、Zhao 和 Garrett（2015）利用 2000 ~2003 年美国能源部 ARM 计划在阿拉斯加站点的气溶胶、云和辐射观测从统计上研究了气溶胶的间接辐射效应。

众所周知，几乎所有模式都表明北极地区对人类温室气体排放尤为敏感，预测未来百年北极表面升温是全球升温速率的 2 倍。当然，北极地表温度对温室气体的响应也会受到天气尺度气象条件和局地辐射过程的调节。而气溶胶就有可能通过改变云辐射特性产生重要贡献。本研究利用地基观测数据评估了气溶胶通过改变云微观特征对云长波辐射系数、地面温度的贡献。

前人关于气溶胶对云辐射强迫改变的研究强调其对行星的冷却贡献：气溶胶作为云凝结核，可以增加云滴数浓度，增强云反照率，从而反射更多短波辐射回太空。著名的气溶胶第一间接效应就定义为，在云水含量一定的条件下，气溶胶通过作为云凝结核可以增加云滴数浓度，导致更大的云散射截面，从而提高云反照率，其强弱可以用式（5-1）量化：

$$S_{sw} = (d\alpha/dN)_W \tag{5-1}$$

式中，S_{sw}为短波辐射通量；α 为云短波反照率；N 为云滴数浓度；W 为云水含量。对清洁层云来说，S_{sw}可以高达 0. 01cm^{-3}，足够部分中和温室气体的增温效应。

然而，在北极地区，尤其是冬春季节，太阳辐射非常微弱，长波辐射变化主导地表温度变化。本研究对从中纬度输送到北极地区的气溶胶的云长波辐射效应进行了研究。云长波辐射通量可以表征如下：

$$F_{LW} = \varepsilon\sigma T^4 \tag{5-2}$$

式中，ε 为云长波辐射系数；σ 为玻尔兹曼常数；T 为温度。而云长波辐射系数与云特征通过如下关系紧密联系在一起：

$$\begin{aligned} \varepsilon &= 1 - \exp(-kW) \\ W &= 4/3\pi\rho r^3 Nh \end{aligned} \tag{5-3}$$

式中，ρ 为水密度；r 为云滴平均半径；h 为云厚；k 为与波长和云滴大小相关的参量。传统研究并没有关注云凝结核与云长波辐射系数 ε 之间的关系，主要是因为过去研究中基本上都假设了云在长波上为黑体，因为云水含量基本都大于 50g/m²。然而，近年我们在北极地区的研究发现，北极存在着大量薄云，使得云的长波辐射系数对云凝结核比较敏感，我们可以很简单地定义该参数为 S_{LW}：

$$S_{LW} = (d\varepsilon / dN)_W \tag{5-4}$$

研究发现，该值在越干净、云水含量越低的情况下越高，说明云长波辐射系数在相对清洁环境中对气溶胶的敏感度最高。例如，该值在 $N<10cm^{-3}$ 和 $W<25g/m^2$ 时可以超过 $0.01cm^3$。

在北极冬春季节，也就是众多文献发现的北极霾发生频繁的季节，云长波辐射是近地面能量的一个重要来源。较为明显的东西压强梯度使得欧亚大陆和北美的气溶胶可以传输到北极地区，尤其是研究的阿拉斯加站点地区。同时，因为冬季降水较少，气溶胶可以在空中存在较长时间而聚集在整个对流边界层造成较高的气溶胶污染。对于太阳辐射来说，由于辐射量太低，气溶胶的影响可以忽略不计。但是对于长波辐射来说，由于北极地区较多薄云的存在，气溶胶通过改变云长波辐射系数可能引起较强的长波辐射效应。

我们利用自己所开发方法在阿拉斯加站点反演的云产品数据（Garrett and Zhao，2013），采用 2000～2003 年 9440 个 5 分钟云样本数据开展了气溶胶和云特征的研究，并着重探讨了气溶胶对云长波辐射系数影响的统计研究。我们发现北极冬春季节气溶胶在大气中的生命周期较长，可以达到 39 天；北极冬春季节薄云的云滴数浓度（$56cm^{-3}$）明显大于夏秋季节（$27cm^{-3}$）。

气溶胶对云辐射影响的结果如图 5-11（a）所示。我们基于气溶胶后向散射系数将所有观测数据分为清洁和污染两种情景，分别对应从低到高序列的下 25% 和上 25% 数据。为了分离云水含量本身造成的云长波辐射系数变化，将云水含量分成 4 个区间，分别为 5～10g/m²、10～20g/m²、20～40g/m² 和 40～80g/m²，并分析不同云水含量区间内清洁和污染情景对应的云长波辐射系数的统计差异。研究发现，与理论预期一致，当云水含量>40g/m²，云长波辐射系数几乎不随气溶胶浓度变化，这是因为这种情景云比较厚，已经接近黑体。但是对于薄云来说，污染情景云长波辐射系数相对于清洁情景具有显著的升高，升高幅度为 0.05～0.08。另外，对于所有情景和污染清洁数据的统计分析表明，在云水含量相近的情况下，相对于清洁情景，污染情景云滴有效半径要小 3μm，云滴数浓度要大 $100cm^{-3}$。

北冰洋地表热收支（Surface Heat Budget of the Arctic Ocean，SHEBA）实验已经表明北极地区厚云地表长波辐射强迫的数值为 65±10W/m²。而基于浮冰的长期观测也表明，北极地区的冬春季节云辐射强迫为 20～30W/m²，而从晴空转向有云天空时的 1～2 天内地表升温通常在 6～9K。基于这些观测或者理论计算，云辐射系数增加 0.05～0.08 对应的地面辐射增强 3.3～5.2W/m²，或者地面升温 1～1.6K。这对于北极增温具有重要贡献。

需要注意的是，气溶胶-云相互作用对北极增温要产生贡献，需要污染和薄云同时存在，我们进一步对同时段的北极地区薄云云量开展了研究［图 5-11（b）］。研究发现，在冬春季节，北极地区 4km 以下的单层云以薄云为主，薄云在北极冬春季节的云量约在 50%。而且当薄云存在时，污染也多较为严重。通过这项研究，我们发现气溶胶通过影响薄云微物理特征，可以提高薄云长波辐射系数，从而对于地面增暖产生贡献，这对于理解北极增温放大效应具有重要科学支撑意义。

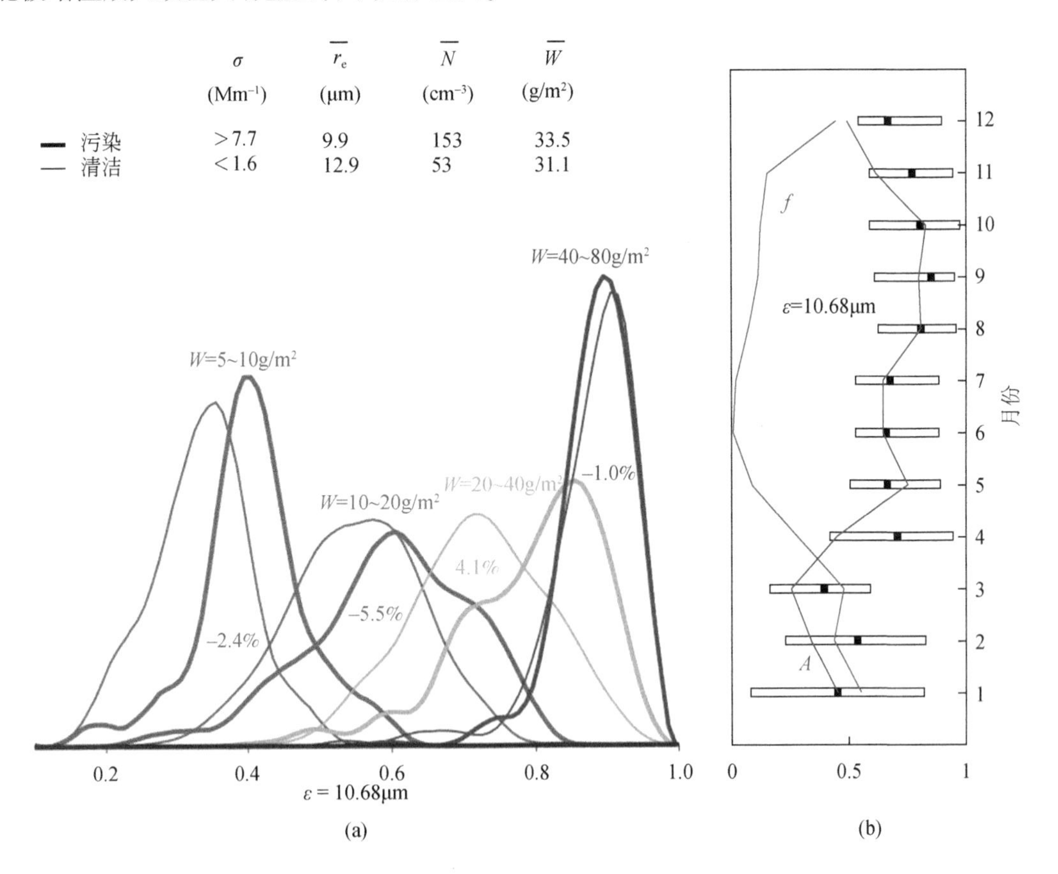

图 5-11　不同云水含量下清洁和污染情景中云长波辐射系数的差异

基于气溶胶后向散射系数将所有观测数据分为清洁（细线）和污染（粗线）两种情景，W 为云水含量；并分析不同云水含量区间内清洁和污染情景对应的云长波辐射系数的统计差异，如（a）图所示。（b）图给出了不同月份云长波辐射系数统计结果（柱状图）、薄云云量（蓝色线）在所有云量中的占比、污染情景（红色线）在所有时间的占比

5. 2. 2. 2　北极增暖对中纬度气溶胶的影响

气溶胶通过作为云凝结核可以增加云滴数浓度，影响云滴有效半径、光学厚度，进而

影响云短波反照率和薄云长波辐射系数，对大气层顶或近地面辐射能量平衡产生影响。

以往的大量研究主要是从一次排放和二次气溶胶形成的角度探究东亚和南亚的重度霾事件。虽然有许多研究讨论了包括行星边界层高度和风在内的气象条件的影响，但很少有研究分析气候变化对大气污染的影响。近年来，许多研究表明，北半球的空气质量、海洋和大气环流以及北极气候之间存在内在联系。在全球变暖的大背景下，北极气候变暖对北半球中纬度气溶胶的影响特征及物理机制值得细究。本研究采用与经验正交函数（Empirical Orthogoal Function，EOF）结合的典型相关分析（Canonical Correlation Analysis，CCA）方法获得北极近地面气温与北半球中纬度冬季 AOD 的统计关系，研究二者在长时间尺度中的遥相关性，并从物理机制的角度分析了潜在影响的原因，需要强调的是本研究在进行 CCA 之前，采用 Barnett 和 Preisendorfer（1987）提出的方法对双向量场进行 EOF 分析，即 BP-CCA。

（1）数据

本研究重点分析 1980 年 3 月至 2017 年 2 月北半球中纬度季节与年均 AOD 的时空变化，使用了美国国家航空航天局现代研究与应用第二版（MERRA-2）产品的 3 小时 AOD 数据集。由于 Randles 等（2017）对多种 AOD 数据集综合评估后指出 MERRA-2 的 AOD 数据具有高精度性，其精度基本都小于 0.01，所以本研究选取了 1980 年 3 月至 2017 年 2 月北半球中纬度地区（30°N ~ 60°N）水平分辨率为 0.625°×0.5°（经度×纬度）的 MERRA-2 AOD 数据，其时间分辨率为 3h。

本研究选取了美国国家环境预报中心/美国国家大气研究中心（NCEP/NCAR）1980 年 3 月至 2017 年 2 月北极地区（67.5°N 以北）水平分辨率为 2.5°× 2.5°（经度×纬度）的月均近地面气温数据。利用该数据，本研究探究冬季 AOD 与北极近地面气温的关系。

（2）方法

1）EOF 分解

EOF 分解又称自然正交函数分解或特征向量分析，是变量场的一种时空分析方法。EOF 分析通常被用来提取数据集内不同的时空变化模态，其基本原理是通过矩阵线性变换将多元数据矩阵分解为一组独立的正交特征向量，即将先前多组原变量的绝大多数内容基本全部存放到只有极少变量的主分量中，然后将主分量分解成具有空间特征向量和对应时间权重系数的一种线性组合结构（Petoukhov et al.，2013；Li et al.，2013b）。得到的一组特征向量中，对应最大解释方差的第一特征向量场能反映原变量场绝大多数的时空变化特征，对应第二大解释方差的第二特征向量场能反映原变量场次多的时空变化特征。依次往后，特征向量场能反映的原变量场时空变化信息逐渐减少（Petoukhov et al.，2013；Li et al.，2013b）。该方法描述如下。对于由 m 个观测站点和 n 个观测时间组成的二维变量 $\boldsymbol{X}_{mn}$，通过矩阵线性变换可以将其分解成式（5-5）这种线性组合结构（Zhai et al.，2015）：

$$\boldsymbol{X}_{mn}=\boldsymbol{V}_{mm}\cdot\boldsymbol{Z}_{mn} \tag{5-5}$$

式中，矩阵 $\boldsymbol{V}_{mm}$ 和 $\boldsymbol{Z}_{mn}$ 分别为空间特征向量和对应的时间权重系数。因此，二者可被用来研究变量场的时空变化特征。

为确定通过 EOF 得到的正交特征向量是否具有物理意义，需对分解后的结果进行显著性检验，尤其当观测站点 m 显著大于观测时间 n 时，此检验尤为必要。North 等（1982）提出的特征值误差范围方法可对分解后的结果进行显著性检验。

通过 North 特征值误差范围方法检验后得到的前几个正交特征向量在最大限度上代表了该研究地区变量场的时空变化特征的分布结构：空间特征向量所表征的空间分布型基本为该变量场显著的分布结构，若空间特征向量的每个分量的数值均为相同符号，则说明该区域内变量变化趋势大体相同，且空间特征向量中分量绝对值较大处为此变化趋势的中心；若空间特征向量场存在不同符号的两种分量分布，则说明该区域的变量存在两种变化趋势的分布类型；前几个正交特征向量对应的时间权重系数表示了该研究地区变量场的典型分布结构随时间变化的特点，若某时（年、月、日等）的时间系数绝对值越大，则该区域的变量在此时的空间分布结构越显著（Petoukhov et al.，2013；Li et al.，2013b）。

此外，通过 EOF 计算得到的特征值方差贡献和累计方差贡献可以反映分解得到的前几个正交特征向量的方差与总方差的比值，从而说明该分析结果能表征变量场多少的时空变化特征。由于 EOF 方法的收敛速度非常快，利用通过显著性检验的前几个特征值较大的正交特征向量即可充分描述变量场的主要特征，所以 EOF 分析方法既能保留原始变量场蕴含的绝大部分信息，又能充分浓缩并提炼变量场的信息。

胡婷等（2008）将该方法应用于 1980～2001 年美国国家航空航天局臭氧总量绘图系统（TOMS）月均 AOD 的时空变化分析中。Shrestha 和 Barros（2010）利用 EOF 分析卫星数据研究了喜马拉雅地区气溶胶的空间变化特征。Li 等（2013b）也提出，该方法可以用于气溶胶数据的研究。本研究采用 EOF 方法分析了 1980～2016 年北半球中纬度地区季节和年均 AOD 的时空变化特征。

2）Morlet 小波分析

AOD 的时间变化往往受到多种因素的影响，且其中大部分 AOD 属于非平稳时间序列。非平稳序列往往具有趋势性、周期性、随机性、突变性等特点，还存在多时间尺度、多层次演变等结构和规律。毫无疑问，时域和频域分析方法对上述这种非平稳时间序列无能为力。不过，由 Morlet 提出的一种可进行时-频多尺度分辨的小波分析——Morlet 小波分析（Morlet Wavelet Analysis，MWA）方法使得研究此类非平稳时间序列数据成为可能。它不仅可以清楚展现各种蕴含在原非平稳时间序列中的周期性特征及其已有的变化趋势，还可以定性预测原非平稳时间序列未来的变化。现今，许多研究非平稳时间序列的科学领域均或多或少地使用了小波分析方法。当分析非平稳时间序列时，小波分析方法主要具有去噪和滤波，以及揭示周期变化特征和寻找主周期等功能。因此，利用 Morlet 小波分析方法可以对主要受气候和人为排放共同影响的 AOD 长期观测数据进行周期和趋势变化诊断。

小波变换实际上是将一个一维信号在时间和频率两个方向上展开，这样就可以对气候系统的时间-频率结构进行细致的分析，提取有价值的信息。该技术将时间序列分解为时间-频率空间，以确定变量的主要变化模态及其如何随时间变化，而不是像傅里叶分析等其他更经典的方法通常转换为只有唯一维数的频率。根据 Torrence 和 Compo（1998）的描述，Morlet 小波分析引入了一个小波函数 $\varphi(t)$，它随小波周期 t 变化，且可被定义为一个平面可积函数。连续小波 $\varphi_{\alpha,,\tau}(t)$ 则是通过对 $\varphi(t)$ 进行拉伸和平移的处理而得到的：

$$\varphi_{\alpha,\tau}(t)=\frac{1}{\sqrt{\alpha}}\varphi\left(\frac{t-\tau}{\alpha}\right)\quad \tau\in R,\alpha>0 \tag{5-6}$$

式中，α 为一个时间尺度因子；τ 为一个位移因子。对于给定的任意一个小波函数，连续小波变换可表示为

$$W_f(\alpha,\tau)=\langle f(t),\varphi_{\alpha,\tau}(t)\rangle=\frac{1}{\sqrt{\alpha}}\int f(t)\varphi\left(\frac{t-\tau}{\alpha}\right)\mathrm{d}(t) \tag{5-7}$$

式中，$W_f(\alpha,\ \tau)$ 为小波系数；$f(t)$ 为基于小波周期 t 的小波函数 $\varphi_{\alpha,,\tau}(t)$ 强度，其中 t 为连续的。母小波函数的选取对于时间序列的小波变换是非常重要的。Morlet 小波不仅具有非正交性，而且还具有高斯调节的指数复值小波，可以很好地表达相位。其小波函数如下：

$$\varphi(t)=\pi^{-1/4}\mathrm{e}^{-i\omega t}\mathrm{e}^{-t^2/2} \tag{5-8}$$

式中，ω 为无量纲频率。当 $\omega=6$ 时，小波时间尺度基本上等同于傅里叶周期。将小波系数进行平方，然后将其在平移因子的范围上累加即可得到如式（5-9）所示的小波方差：

$$\overline{W}^2(\alpha)=\frac{1}{N}\sum_{n=0}^{N-1}|W_n|(\alpha)^2 \tag{5-9}$$

式中，N 为一个离散数。小波方差图可以用来确定被测变量时间序列中不同扰动的相对强度和主时间尺度，即主周期。

对北半球中纬度冬季 AOD 进行 Morlet 小波分析，得到的小波系数实部等值线图基本上可以揭示冬季 AOD 的时-域变化情况，即各种时间尺度的周期性和此类周期变化在所分析时间段的分布特点，由此可以定性预估各种时间尺度的周期变化中 AOD 未来的变化状态。同时，Morlet 小波分析还可以得到小波系数模的等值线图，其数值越大，则说明此时间域冬季 AOD 对应的周期变化特征越显著。此外，到小波系数模方与模值类似，也可以揭示出各种周期变化的相对强弱。而小波方差图则可以通过数值大小直观地反映出北半球中纬度冬季 AOD 所有的主周期。本研究采用 Morlet 小波分析方法对北半球中纬度冬季 AOD 的周期性变化进行诊断。

3）BP-CCA 方法

CCA 是一种统计分析方法，用于研究两组变量中原变量的线性组合关系，其主要特点

在于着重研究两组多变量线性组合中最佳的线性关系。它能识别两个多元数据集中的一组模式，并将原始数据投影到这些模式上，构建转换后的变量集。然后将两个多元数据集之间的相关性最大化，以确定新的变量（Qian et al.，2009b）。其基本思想是，对两组变量进行奇异值分解，从而获得特征值及与之对应的典型荷载特征向量，对特征值最大的典型荷载特征向量作线性组合构成具有最大相关系数 R_1（第一对典型变量的典型相关系数）的一对新变量 u_1、v_1（第一对典型变量），次大相关系数 R_2（第二对典型变量的典型相关系数）的一对新变量 u_2、v_2（第二对典型变量），以此类推。

典型相关系数基本可以表征两个典型变量场相关关系的强弱，但对于典型变量的相关性是否显著，则需要进行关于大样本的卡方检验（Barnett and Preisendorfer，1987）。通过卡方检验后，若典型相关系数越大，则说明两个典型变量场相关性越强。此外，标准化变量场的典型荷载特征向量值即为权重系数。具体来说，标准化变量场的典型荷载特征向量的大小和正负可以反映所分析的两个典型场的时间先后顺序关系。同时，前几对典型变量与原变量场的相关系数基本可以反映出两变量场空间相关的分布特征。此特征基本可以揭示两个原变量场的遥相关性，由此可以找出两个原变量场互相影响的主要区域，即遥相关的显著区域。

CCA 目前已广泛应用于具有时空变化特征的地球物理数据的研究中。本章的北极近地面气温（T）和北半球中纬度冬季 AOD 为两个观测得到时间序列。当观测得到的向量场 T 和冬季 AOD 为同期数据时，CCA 则是诊断这两个向量场耦合变化特征的有效工具（Nicholls，1987）。当观测数据 T 的时间先于冬季 AOD 时，CCA 可以将 T 场作为预测因子对冬季 AOD 场进行统计方法上的预测（Barnston and Ropelewski，1992）。

当观测量小于数据向量的维数时，Barnett 和 Preisendorfer（1987）提出解决此问题的一种方法是在进行 CCA 之前对原始数据的两个向量场进行 EOF 分析，此方法即为 BP-CCA。关于 BP-CCA 方法的详细描述可在 Wilks（2011）的著作中看到。本研究采用 BP-CCA 方法获得 T 与冬季 AOD 的统计关系，并研究二者在长时间尺度中的遥相关性。具体来说，首先通过 EOF 分析 T 和 AOD 向量场，然后确定主要的空间特征向量及其对应的时间系数，从而利用 BP-CCA 将 T 和 AOD 向量场转化为典型相关因子。简而言之，利用 BP-CCA 方法，可以将 EOF 分析得到的二维变量场 T 和 AOD 转化为一维的典型相关因子，再进行进一步的统计研究。

5.2.2.3 北半球中纬度地区冬季 AOD 的周期性变化

已有研究表明，利用 Morlet 小波分析气候数据的时间序列时，小波系数与气候信号的时间变化相似，因此小波系数值可用于判断各时间尺度上气候信号的周期及其分布（周晓兰和邓自旺，1996）。为了研究冬季 AOD 的周期性变化，本研究首先确定了冬季 AOD 指数。基于1980～2016年北半球中纬度冬季AOD异常场的EOF分解，研究发现AOD第一特征向量场的方差贡献为81.3%，基本能表征冬季AOD异常场。因此，本研究选择第一特征向量场对应的时间系数作为冬季AOD指数，即I_{WA}。为了分析I_{WA}的变化特征，本研究利用Morlet小波分析其时间序列。值得注意的是，使用Morlet小波分析方法时已对小波去噪，所以Morlet小波分析的结果不受火山爆发的影响。

图5-12（a）为Morlet小波系数实部的等值线图，该等值线图能够反映不同时间尺度下I_{WA}序列的周期及其在时域内的分布情况。如图5-12（a）所示，I_{WA}有11～13年和7～9年的周期性变化，这意味着它存在两个气候学时间尺度的周期。此外，从图5-12（a）还可中找到18～21年的周期变化。然而，考虑到本研究只有37年的观测数据，大于观测周期的一半的18～21年周期变化可能是一个具有较大不确定性的伪周期。因此，这里只考虑和分析11～13年和7～9年的周期变化。11～13年的周期变化有4个准周期振荡，但这种振荡仅在2010年之前明显。同样，7～9年的准周期振荡也只在早期才明显，即20世纪90年代中期之前。

图5-12（b）为Morlet小波系数模，为小波能谱，它可以展示不同周期I_{WA}的相对振荡能量。因为18～21年的周期变化可能是一个伪周期，因此本研究不做考虑。由图5-12（b）可知，11～13年周期变化的振荡能量远大于7～9年周期变化的振荡能量。由图5-12可知，I_{WA}在21世纪前周期性变化较强，21世纪后周期性变化较弱，这可能与人为排放等自然变率以外的影响因素有关。例如，在21世纪后，政府已做出巨大努力和措施来改善空气质量。因此，过去30来，北半球部分地区的人为源气溶胶及其前体的排放急剧减少，这可能会降低气候对污染影响的敏感性。

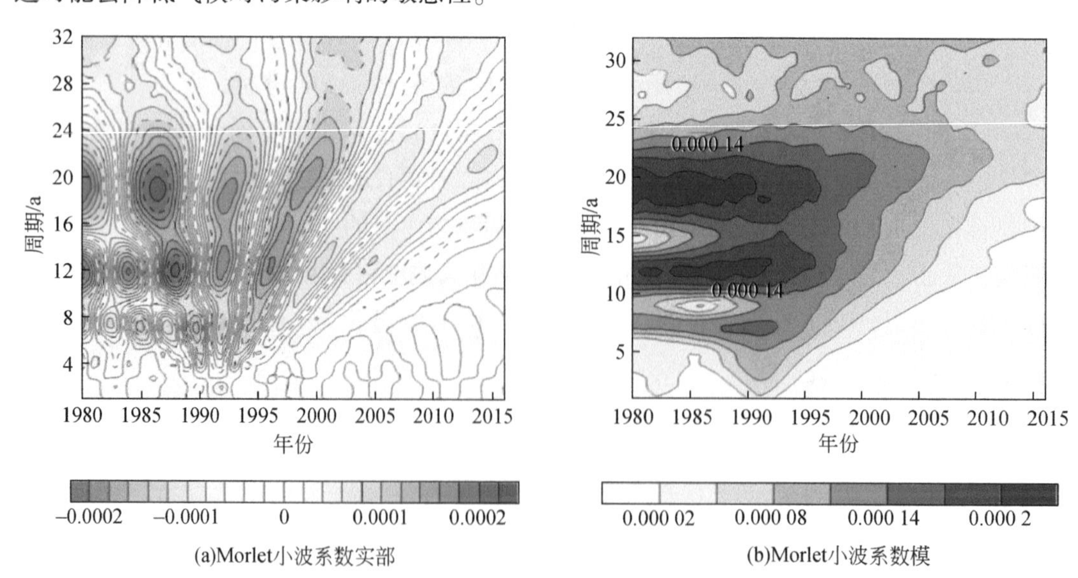

图5-12　1980～2016年北半球冬季中纬度地区冬季AOD指数Morlet小波系数的实部和模的等值线图

本研究利用 Morlet 小波分析研究了北极 5 月、6 月平均近地面气温（T_{56}）的周期性变化，看它们是否与北半球中纬度冬季 AOD 的周期变化一致。从图 5-13（a）可以看出，平均近地面气温在 21 世纪之前有 11 ~ 13 年和 7 ~ 9 年的周期变化，而在 2000 年前后，这个周期似乎随着时间的推移而减小。同样，这里还可以找到另一个 21 ~ 23 年的周期变化，这可能是一个伪周期，故不考虑。图 5-13（b）为北极 5 月、6 月平均近地面气温的 11 ~ 13 年和 7 ~ 9 年时间变化的振荡能量。考虑到北半球中纬度冬季 AOD 与北极 5 月、6 月平均近地面气温具有两个相似的主周期变化以及它们之间良好的相关性，夏季（5 月、6 月）北极变暖很可能对北半球中纬度冬季 AOD 产生重大影响。已有的研究也有类似的发现（Wang et al.，2015a），不过他们是将中纬度冬季 AOD 与北极秋季海冰减少联系起来。实际上，图 5-14 也显示了北极秋季变暖与中纬度冬季 AOD 的相关系数有一个较小的峰值。

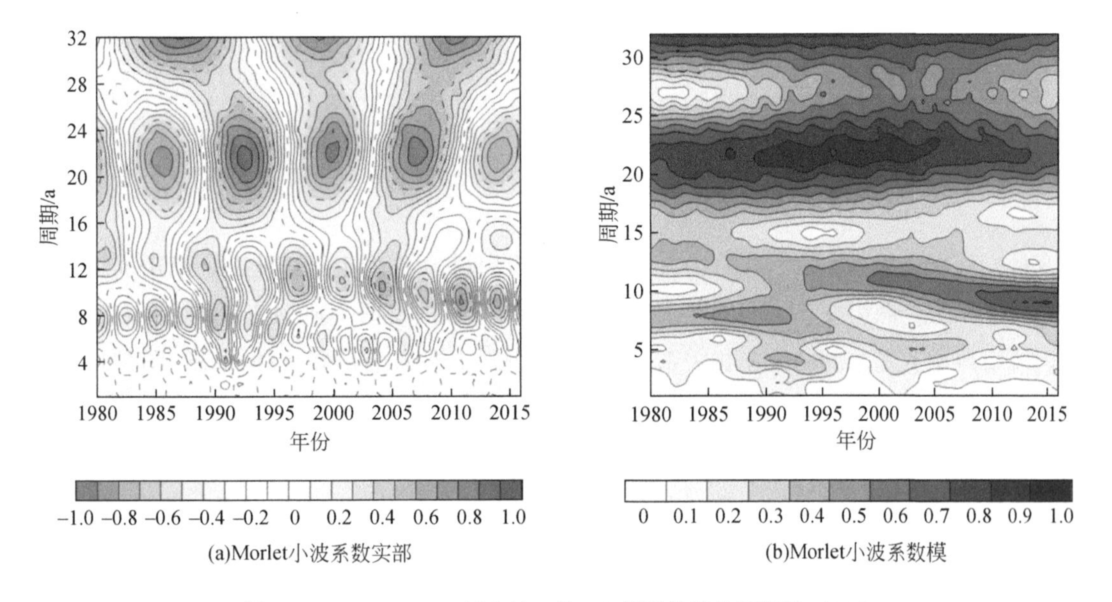

图 5-13　1980 ~ 2016 年北极 5 月、6 月平均近地面气温（T_{56}）

以北极近地面气温为自变量（预测因子），北半球中纬度冬季 AOD 为因变量（预测量）进行 BP-CCA 分析。基于 EOF 分析，发现北半球中纬度地区冬季 AOD 的前两种主要模态累计贡献了总 AOD 变化的 92%。因此，本研究使用冬季 AOD 的前两种主要模态作为预测量。同样利用 EOF 分析，本研究发现近地面气温的前 10 种主要模态（此处未显示）在 3 ~ 11 月累计贡献了北极近地面气温总变化的 85.9% ~89.6%。因此，本研究将北极近地面气温的前 10 种主要模态作为预测因子。考虑到本研究使用北极近地面气温来预测北半球中纬度地区冬季 AOD，因此选择了同一年中除冬季外的 3 ~ 11 月的北极近地面气温作为预测因子。

通过 BP-CCA 分析，可以得到第一个典型相关系数，以及 T 和冬季 AOD 的第一对典

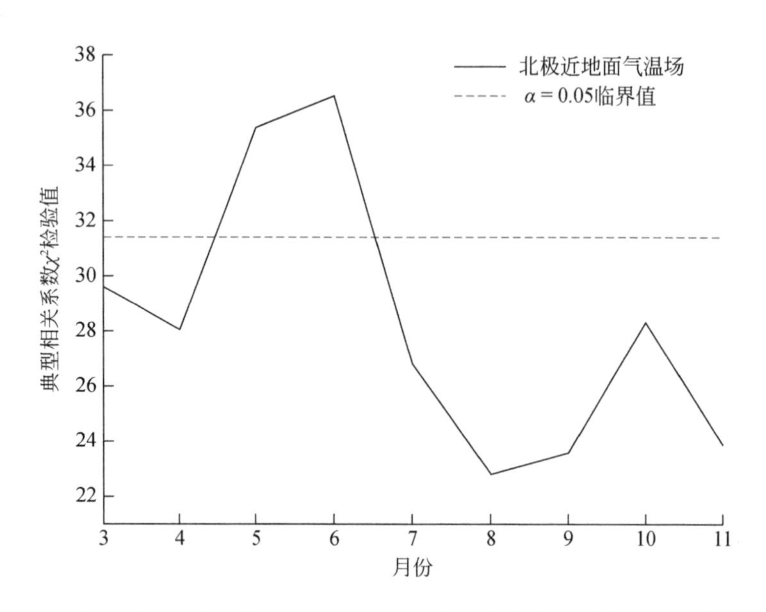

图 5-14　北半球中纬度冬季 AOD 与 3～11 月每个月的北极近地面气温的第一个典型相关系数的卡方检验（χ^2检验）

型变量，分别记为<T>和<WA>。利用第一对典型变量，可以建立表征冬季 AOD 异常前兆信号的遥相关。两组变量之间的典型相关系数（R）反映了两个典型变量场之间的相关程度。两组典型变量之间的典型相关系数（R）越大，说明二者的相关性越高。图 5-14 为北半球中纬度冬季 AOD 和 3～11 月每个月的北极 T 的第一个典型相关系数的卡方检验（χ^2检验）。结果表明，通过 $\alpha=0.05$ 的χ^2检验的 5 月和 6 月的北极近地面气温与冬季 AOD 的第一个典型相关系数均约为 0.78。这反映 5 月和 6 月北极平均近地面气温与北半球中纬度地区冬季 AOD 有较好的遥相关性。随后，本节选取了北极地区的平均近地面气温作为预测因子，估测北半球中纬度地区的冬季 AOD。

图 5-15 为三个北极地区$\overline{T}_{56}$与三个中纬度地区$\overline{\mathrm{WA}}$的散点图。结果表明，北极圈内三个区域的$\overline{T}_{56}$与中纬度亚洲$\overline{\mathrm{WA}}$变化趋势相似，呈正相关；与中纬度欧洲和北美洲$\overline{\mathrm{WA}}$变化趋势相反，呈负相关。除了人为排放等多种因素影响三个北极地区$\overline{T}_{56}$和三个中纬度地区$\overline{\mathrm{WA}}$的时间变化趋势外，亚洲、欧洲和北美洲冬季 AOD 对夏季北极变暖的响应也可能存在差异。通过剔除三个北极地区$\overline{T}_{56}$和三个中纬度地区$\overline{\mathrm{WA}}$的时间趋势，即$\widehat{T}_{56}$和$\widehat{\mathrm{WA}}$，图 5-16 进一步显示了三个北极地区$\widehat{T}_{56}$和三个中纬度地区$\widehat{\mathrm{WA}}$之间的散点图。结果表明，除北美洲外，北极圈的亚洲和欧洲$\widehat{T}_{56}$与三个中纬度地区$\widehat{\mathrm{WA}}$具有相似或部分相似的时间变化特征。然而，只有中纬度的亚洲$\widehat{\mathrm{WA}}$与北极圈的亚欧$\widehat{T}_{56}$相关性通过 $\alpha=0.1$ 的显著性检验，由此它

们为显著正相关。其中，北极圈的欧洲$\widehat{T}_{56}$与中纬度的亚洲$\widehat{\mathrm{WA}}$的相关性最强。北极圈的欧洲为新地岛以西的海洋，即巴伦支海。因此，新地岛以西洋面的$\widehat{T}_{56}$对北半球中纬度亚洲（中国东部）冬季 AOD 的潜在影响最大。这说明中国东部冬季 AOD 最可能受新地岛以西洋面 T_{56}的影响。新地岛以西洋面是东亚寒潮的三个源地之一，其余两个分别是新地岛以东洋面（喀拉海）和冰岛以南洋面（Zhao et al., 2004）。值得注意的是，新地岛以西洋面的冷空气出现的次数最多，达到寒潮强度的次数也最多（Zhao et al., 2004）。而冰岛以南洋面的冷空气一般达不到寒潮强度（Zhao et al., 2004）。在图 5-17 所示的相关系数空间分布中，该区域因相关系数不高而未被选取进行区域相关分析。此外，本节选取的北极圈的亚洲即为新地岛以东洋面，它与东亚冬季 AOD 也具有较高的相关性。新地岛以西和以东洋面的变暖可能会减弱东亚寒潮，使气溶胶难以运输，从而在当地积累。这与其他研究结果一致。例如，Niu 等（2010）发现近年来伴随着风速和寒潮的减小，雾霾和静风频率随之增加。Cai 等（2017）认为东亚寒潮减弱是中国北京冬季雾霾频发的原因之一。

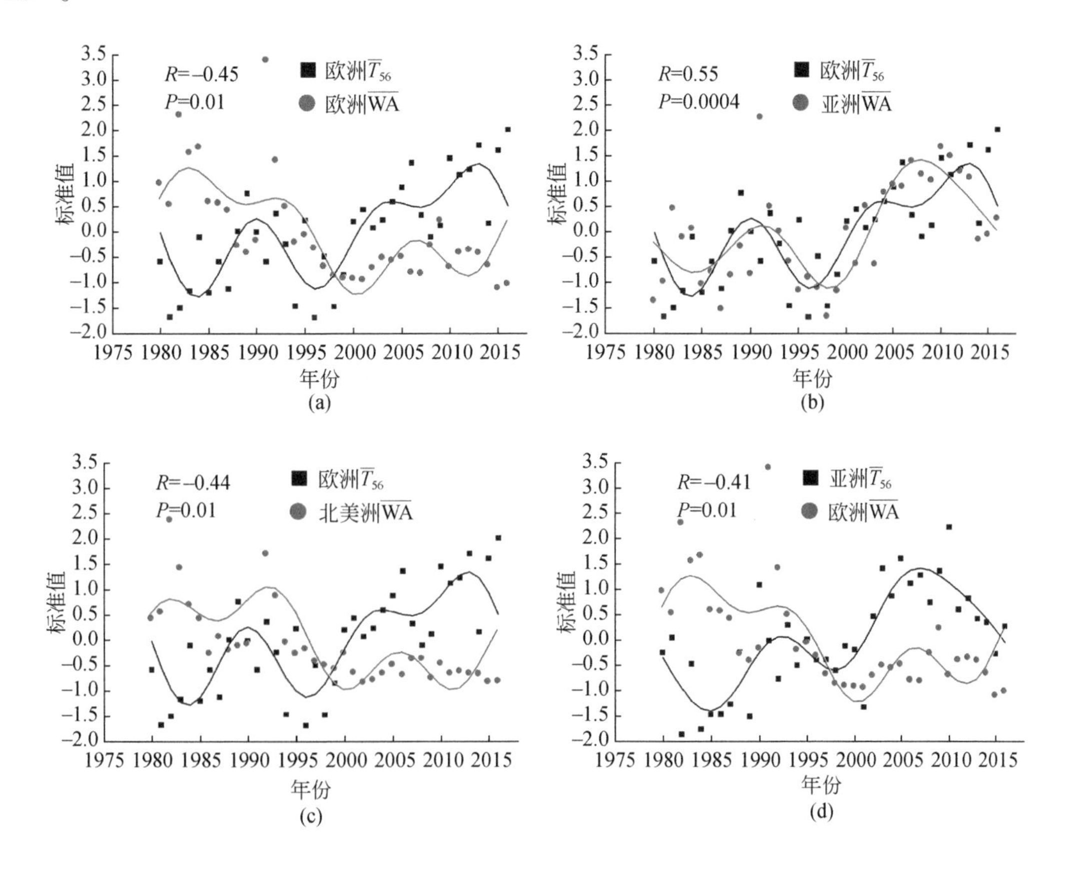

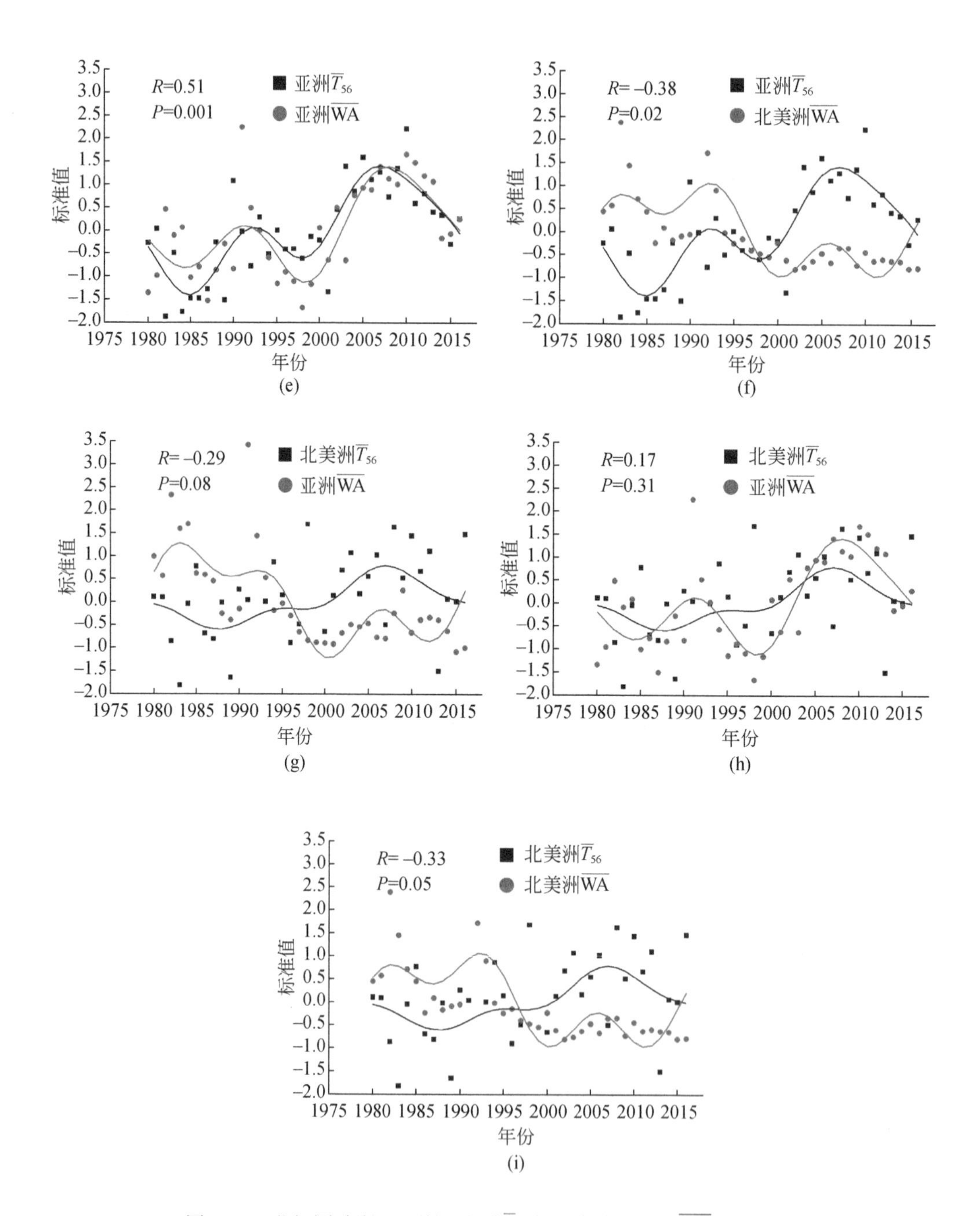

图 5-15　北极圈欧洲、亚洲和北美$\overline{T}_{56}$与北半球中纬度$\overline{WA}$的散点图

每个子图中还列出了两个变量之间的相关系数（R）和显著性检验值（P）

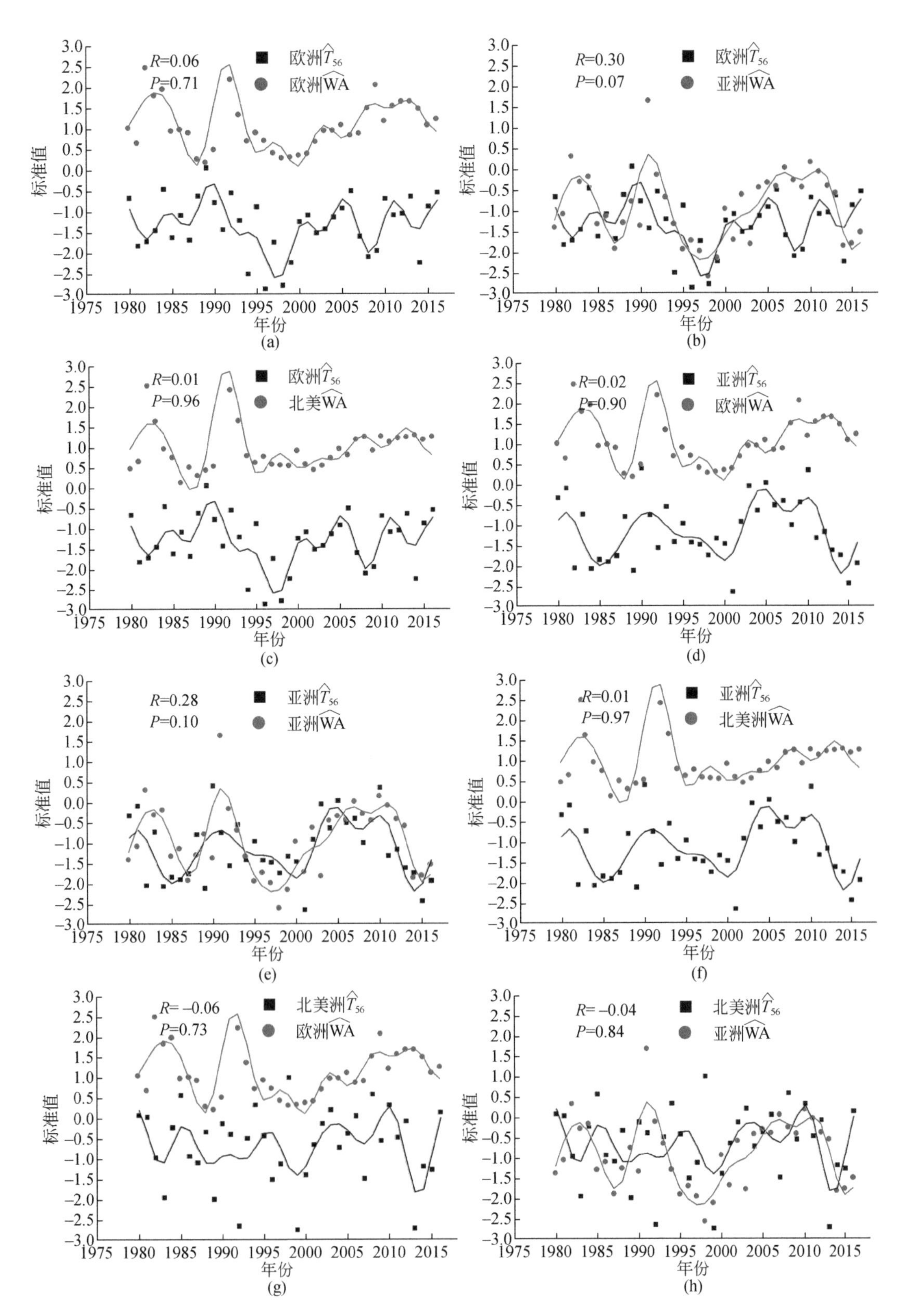

R=0.06
P=0.71
欧洲$\widehat{T}_{56}$
欧洲$\widehat{WA}$
R=0.30
P=0.07
欧洲$\widehat{T}_{56}$
亚洲$\widehat{WA}$
R=0.01
P=0.96
欧洲$\widehat{T}_{56}$
北美$\widehat{WA}$
R=0.02
P=0.90
亚洲$\widehat{T}_{56}$
欧洲$\widehat{WA}$
R=0.28
P=0.10
亚洲$\widehat{T}_{56}$
亚洲$\widehat{WA}$
R=0.01
P=0.97
亚洲$\widehat{T}_{56}$
北美洲$\widehat{WA}$
R=−0.06
P=0.73
北美洲$\widehat{T}_{56}$
欧洲$\widehat{WA}$
R=−0.04
P=0.84
北美洲$\widehat{T}_{56}$
亚洲$\widehat{WA}$
标准值
年份
(a)
(b)
(c)
(d)
(e)
(f)
(g)
(h)

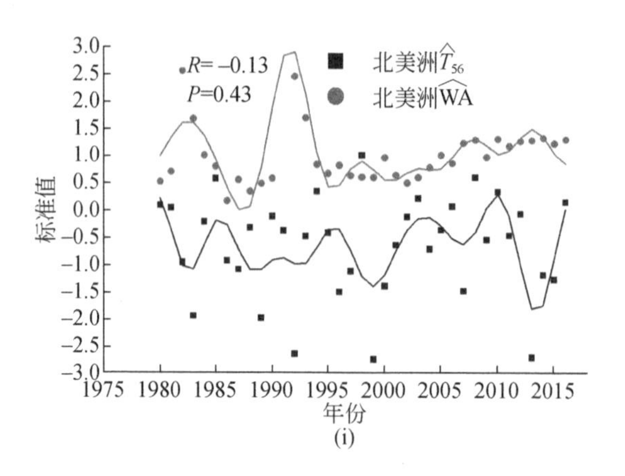

图 5-16　北极圈欧洲、亚洲和北美$\widehat{T}_{56}$与北半球中纬度$\widehat{WA}$的散点图

温度和 AOD 的时间趋势已经被去除，每个子图中还列出了两个变量之间的相关系数（R）和显著性检验值（P）

$\widehat{T}_{56}$和$\widehat{WA}$之间的遥相关可以用气候动力学理论来部分解释。北极地区夏季变暖的能量可能储存在北冰洋内（Serreze et al.，2007），进而影响大气能量的季节性循环。Bintanja 和 van der Linden（2013）指出，北极冬季变暖与冬季海冰消退密切相关，其原因是海冰反照率和红外辐射反馈作用导致夏季海洋释放多余热量。因此，通过在北冰洋内储存能量，夏季北极变暖可有助于冬季北极变暖。冬季变暖可通过大尺度的大气环流进一步影响中低纬度气候。值得注意的是，图 5-14 中北极夏季近地面气温与中纬度冬季 AOD 的相关性要优于北极冬季近地面气温与中纬度冬季 AOD 的相关性。其他本研究尚未探究的机制也可能对这种观察到的现象起作用。

越来越多的观测、模式和理论研究表明，高纬度地区通过地表加热增加了上层大气重力势能的高度，从而影响北极以外的大气环流（Cohen et al.，2014）。如图 5-17 所示，北极和中纬度之间的经向温度梯度是极地急流的基本驱动因素。北极变暖会使北半球高纬度地区经向温度梯度减弱，从而使高纬度西风急流北偏。随着经向温差的减小，纬向急流可能会加大弯曲且减弱强度。此外，北极变暖会导致大气层厚度增加，大气波动的脊向北延伸，南北幅度增大（Francis and Vavrus，2012；Barnes，2013）。在稳定的大气环流模式下，强经向风分量使得极端天气事件更加频繁发生（Petoukhov et al.，2013；Screen and Simmonds，2014）。例如，强经向风分量可以很容易地诱导冷空气向赤道方向流动（Cohen et al.，2014）。已有研究表明，北极变暖，特别是巴伦支海和喀拉海的变暖，与北冰洋上空较强的反气旋环流异常有关，而反气旋环流异常往往会导致北欧上空出现冷平流（Petoukhov and Semenov，2010；Inoue et al.，2012；Tang et al.，2013）。因此，北极变暖会导致中高纬度的欧洲、北美和亚洲部分地区天气变冷，降雪增多。

北极变暖也会影响中纬度地区，造成冬季欧亚大陆海平面气压正异常，中国气旋活动

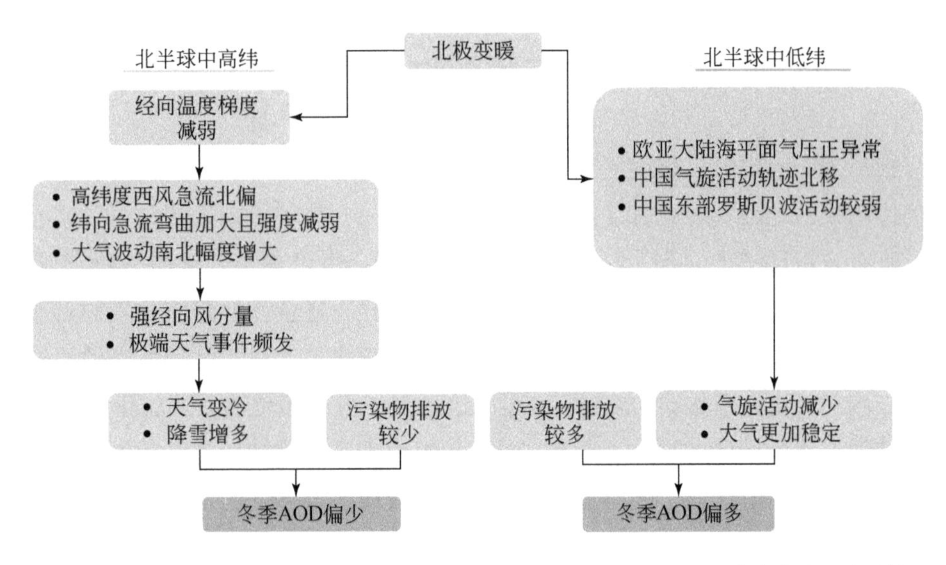

图 5-17　基于气候动力学理论研究的北半球中纬度冬季 AOD 与北极气候间的遥相关性

轨迹北移，中国东部罗斯贝波活动强度减弱（Wang et al.，2014a；Garrett et al.，2010）。这些变化进一步导致中国东部气旋活动减少，大气更加稳定，霾日数增加（Wang et al.，2014c；Garrett et al.，2010）。除了有利于霾生成和维持的天气和气候条件外，污染物排放到大气中也是形成霾事件必不可少的因素。即使气候条件有利于污染物的积累，但在没有污染物排放的情况下，也不可能形成严重的污染。然而，恰恰有两个地区的污染物排放较强，那就是中国和印度（Chin et al.，2014）。由于未来北极气候变暖，海冰进一步减少，造成我国东部冬季霾事件的气候状态可能会持续较长时间，这需要引起重视。此外，未来十年的自然波动可能处于暖期，这将增强人类活动释放的温室气体的温室效应，使全球变暖更加显著（Cai et al.，2017）。

5.3　气溶胶-云相互作用

气溶胶可以通过吸收和散射太阳辐射直接影响近地面和大气层顶辐射能量平衡，也能通过充当凝结核改变云物理特征从而影响云的长波和短波辐射强迫，对辐射能量平衡造成间接影响。

气溶胶-云相互作用研究是国际关注的热点和难点，在近几十年获得了蓬勃发展，然而其也是目前国际认知中可信度较低的一个研究方向，存在着大量的不确定性。与国际其他地区相比，针对中国地区的气溶胶-云相互作用研究相对稀少，这主要受限于有限的观测数据。本节充分利用我国飞机观测数据和地基观测数据，开展了城市亲水性气溶胶对云特征影响的研究，并探讨了不同类型气溶胶对云特征影响的差异及其辐射强迫。

5.3.1 气溶胶对云微物理特征的影响

气溶胶-云相互作用是气候变化中最大的不确定性因子，人们对于气溶胶-云相互作用的机理仍然认识不足。气溶胶可以作为云凝结核或冰核，使得云内云滴数目、冰晶数目增多以及云滴有效半径减小，此为气溶胶第一间接作用，也可称作云反照率效应或 Twomey 效应。气溶胶通过增加云滴数浓度和减小云滴有效半径，还会降低降水发生的可能或者使得降水减小，从而增加云生命周期，此为云生命周期效应。而对于强降水来说，气溶胶使得增多的云滴在对流上升运动中经过0℃层冻结放热，进一步促进对流，可能会造成降水的进一步增强，此为云促进效应。当然，对于辐射而言，气溶胶还可以通过改变云微物理特征使得薄云长波辐射增强，此为云长波辐射增强效应。

相对于国外对气溶胶-云相互作用的大量研究，国内对气溶胶-云相互作用的研究相对薄弱。有限的研究利用卫星观测数据发现在中国东部和南部地区经常出现 AOD 与云滴有效半径的正相关现象，有悖于气溶胶增多使得云滴有效半径减小的 Twomey 效应，经常被称为反 Twomey 效应。然而卫星观测的 AOD 代表的是整个大气柱的气溶胶信息，而卫星观测的云特征经常反映云上层微物理特征，两者之间的关系是否会因为观测手段的限制出现较大误差？为此，我们基于飞机观测和地基观测在中国地区，尤其是京津冀地区开展了大量研究，探索气溶胶对云微物理的影响。

5.3.1.1 华北地区气溶胶对层云云滴有效半径的减小作用

Zhao 等（2019b）利用飞机观测的个例数据研究了华北沿海地区（黄骅）气溶胶对层云微物理特征的影响。采用的数据是河北人工影响天气运-12 飞机所载云观测仪器的观测数据，飞行时间为 2014 年 4 月 26 日，观测期间边界层高度为 1150 m，云底高度在边界层内，保证了地面气溶胶对云特征影响的可能。在云特征上，层云云滴有效半径和云水含量均表现出随高度增加的现象。

我们利用 PCASP 所测气溶胶数浓度对观测数据进行等样本划分，分为 5 个区间，基于 5 个区间的气溶胶浓度和云滴有效半径统计结果，分析两者之间的相关性。研究结果如图 5-18 所示，当利用云底气溶胶浓度与云滴有效半径开展相关性研究时，如果云水含量不足（$LWC<0.05g/m^3$），则两者存在非常好的负相关关系，即符合 Twomey 效应；如果云水含量相对充足（$LWC \geq 0.05g/m^3$），则云滴有效半径随气溶胶浓度增加，即符合反 Twomey 效应。

研究结果表明，气溶胶对云微物理特征的影响与云水含量紧密相关。当云水含量或者水汽供应量不足时，气溶胶增加导致的云凝结核在凝结增长过程中，就会彼此竞争水分，即所谓争食效应，导致云滴有效半径减小。而与之相反，当云水含量较高或水汽供应充分时，气溶胶增加导致的云凝结核在凝结增长过程中对水汽的竞争效应弱，而云滴之间的碰并效应凸显，反而使得云滴增大。这项研究从物理机理上提出了对气溶胶的云微物理效应的一种潜在机理，对于理解气溶胶-云相互作用具有重要科学意义。

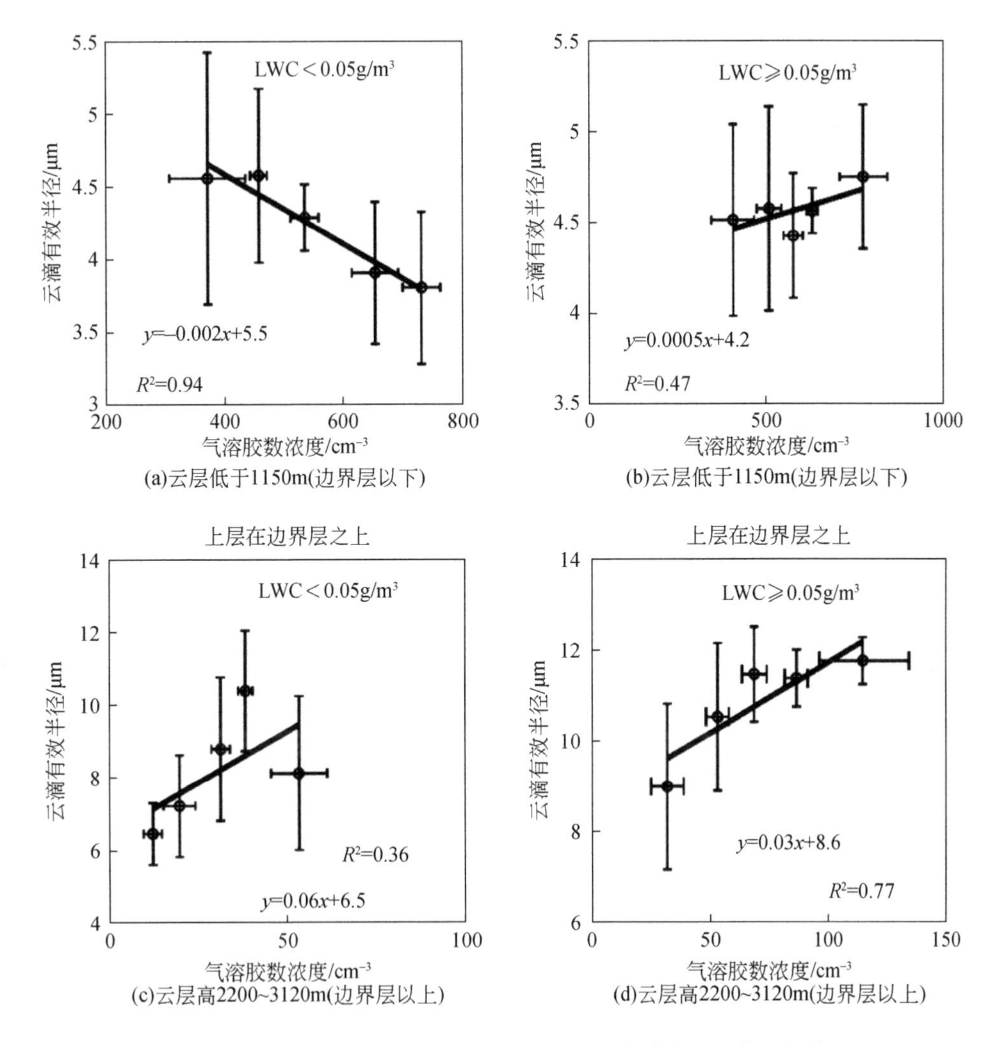

图 5-18　河北黄骅地区飞机观测发现的云-气溶胶相互作用规律

在单个架次个例研究的基础上，我们还进一步利用 2015 年 9 月河北石家庄的 7 个架次飞机观测，进一步研究了气溶胶对云微物理的影响。使用的数据来自夏延 IIIA 飞机搭载的新一代粒子测量系统（Particle Measuring Systems，PMS），该系统主要包括：①前向滴谱探头（FSSP-100-ER），用于探测粒径 1 ~ 95μm 的云粒子；②二维灰度云粒子探头（OAP-2D-GA2），用于探测粒径 25 ~ 1550μm 的云粒子的二维图像和大小；③二维灰度雨粒子探头（OAP-2D-GB2），用于探测粒径 100 ~ 6200μm 的降水粒子的二维图像、大小和其他信息；④被动腔式气溶胶粒子谱探头（PCASP-100X），用于探测粒径 0.1 ~ 3.0μm 的气溶胶粒子；⑤云凝结核计数器（CCN-100），主要用于测量粒径 0.7 ~ 10μm 的气溶胶粒子；⑥热线含水量仪（King LWC），用于探测含水量的大小；⑦GPS 定位仪，可以实时获取经纬度、高度信息。在华北地区飞机观测的研究中，我们使用的资料分别来自前向滴谱探头、被动腔式气溶胶粒子谱探头和 GPS 定位仪。

前向滴谱探头是测量云滴谱分布的仪器，该传感器的设置是为了研究云的微物理过程，尤其是云滴核化以及云滴凝结和碰并增长过程。FSSP-100-ER 的探测原理是：He-Ne 激光器发射的光束在面向气流时被聚焦为直径 0.2mm 的光束，该激光束对面的入口被阻挡，防止光束直接进入对面的光学收集器。当激光束照射在采样空间的粒子上时，粒子在前向方向的散射光可以被光学收集器由直角棱镜通过聚光透镜引导到分束器上，通过测量散射光的强度并利用米散射理论来确定粒子的尺寸。

被动腔式气溶胶粒子谱探头是利用米散射原理测量大气中气溶胶粒子的谱分布。该探头自带的气泵可以从外界环境中抽气，然后将气体分两部分。其中一部分空气作为样气，另一部分空气经过滤后成为干净的鞘气。鞘气重新被送至取样口后，将样气包裹在鞘气中心，使得样气可以全部通过粒子计数器的焦点而被计数器记录下来。因为鞘气是完全干净的空气，而样气则是外界环境大气的一部分，所以计数器记录的粒子大小和数浓度即外界环境粒子的大小和数浓度。PCASP-100X 可以测量的范围是 0.1 ~ 3.0μm，该探头共有 30 个通道，不同通道之间的间隔各不相同，其中 0.1 ~ 0.18μm 的间隔为 0.01，0.18 ~ 0.30μm 的间隔为 0.02，0.30 ~ 0.60μm 的间隔为 0.1，0.6 ~ 3.0μm 的间隔为 0.2，该探头的采样频率是 1Hz。

本次飞机探测研究使用的资料分别是 PCASP-100X 测量得到的气溶胶数浓度，FSSP-100-ER 探测得到的云微观特征数据，GPS 测量的经纬度和高度信息。在处理气溶胶、云微观特征数据过程中，需要对云的微观特征数据进行订正。气溶胶和云微观参数的计算方法如下：

$$N_i = \frac{n_i}{V_a} \tag{5-10}$$

$$N_a = \sum N_i \tag{5-11}$$

式中，n_i为第 i 档测量的气溶胶粒子个数；N_i为单位体积内第 i 档气溶胶数浓度（cm^{-3}）；V_a为气溶胶探头的采样体积；N_a 为总气溶胶数浓度。

每档云滴数浓度（单位，cm^{-3}）：

$$N_j = \frac{n_j}{V_c} \tag{5-12}$$

云滴总数浓度（单位，cm^{-3}）：

$$N_c = \sum N_j \tag{5-13}$$

云滴液态水含量（单位，g/m^3）：

$$LWC = \sum N_j D_j^3 \rho_w \pi/6 \tag{5-14}$$

云滴有效半径（单位，cm）：

$$r_e = \int_0^\infty r^3 n(r) dr / \int_0^\infty r^2 n(r) dr \tag{5-15}$$

式中，n_j为第 j 档测量的云滴粒子个数；N_j为单位体积内第 j 档云滴数浓度（cm^{-3}）；V_c 为前向滴谱散射头的采样体积；N_c 为总云滴数浓度（cm^{-3}）；LWC 为云滴液态水含量（g/m^3）；D_j为第 j 档粒子的直径；ρ_w为水的密度；n（r）为半径 r 所在的某一档的云滴粒子数浓度；r_e 为云滴有效半径（cm）。

这部分研究选取了华北地区 2015 年 9 月的 7 次飞机探测资料，由于国内气溶胶与云的飞机探测常与人工增雨作业结合在一起，因此为了更好地研究气溶胶与云微物理特征的相互作用，需要选取人工增雨作业之前的观测资料。关于云内和云外的界定，不同的文献给出的判断条件各有差异，如 Rangno 和 Hobbs（2005）将前向滴谱散射头单独测量的云滴数浓度 N_c>10cm^{-3}时作为云区，Liu 等（2009）则利用云滴数浓度 N_c>10cm^{-3}与相对湿度 RH>70% 相结合作为判断云区的条件，Zhang 等（2011）将满足云滴数浓度 N_c>10cm^{-3}且液态水含量 LWC>0.001g/m^3的区域作为云区。本研究根据实际需要，选择云滴数浓度 N_c>10cm^{-3}，LWC>0.001g/m^3，且温度大于 0℃ 的水云作为研究对象，同时选择云下 190～210m 的气溶胶数浓度来表征云下气溶胶。为了更好地分析气溶胶对云的垂直结构的影响，本研究选取了飞机垂直探测速度大于 3m/s 且穿云时间大于等于 10s 的数据进行研究，保证所选择的云具有一定的垂直尺度。本研究对气溶胶的垂直分布特征进行分析时，同样选择人工增雨作业前的探测资料。

不同于个例研究的两种不同发现，该次统计研究从多个方面发现了河北石家庄气溶胶对云滴有效半径的显著减小效应。本研究利用 PCASP 所观测气溶胶浓度（0.1～3μm）将观测数据分为 3 个等样本，分别对应清洁、正常和污染三种情景，然后利用统计分析方法研究了清洁和污染两种情景下云微观特征的差异，从而揭示气溶胶对云微物理特征的影响。

首先，分析了清洁和污染两种情景的云滴粒径谱分布差异，结果如图 5-19 所示。清洁和污染两种情景下的气溶胶数浓度分别为 169cm^{-3}和 1196cm^{-3}。从图 5-19 中可以明显看到，相对于清洁情景，污染情景下的云滴粒径谱分布更为聚集，向左（即向小云滴）偏移。具体来说，污染情景下更多的云滴集中在小的直径范围，尤其是 3～18μm，而在 18μm 以上，则是明显小于清洁情景的云滴数浓度。值得注意的是，在小云滴部分，污染情景的云滴数浓度明显大于清洁情景。我们的分析使用了观测期间的各个高度数据，其粒径谱分布的差异给出了最为直接的结论，即气溶胶的增多会使得云滴谱分布严重向小粒子倾斜，从而导致云滴数浓度增加，云滴有效半径显著减小。

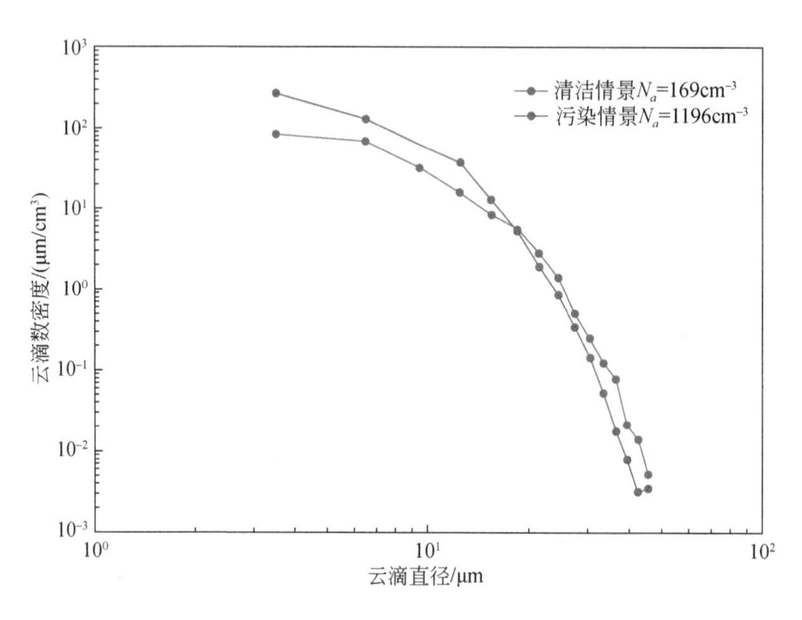

图 5-19　河北 2015 年 9 月 7 个架次飞机观测的清洁和污染两种情景的云滴粒径谱分布差异

其次，分析了清洁和污染两种情景的云水含量和云滴有效半径的垂直分布差异，结果如图 5-20 所示。在该分析中，我们将所有 7 个架次飞机观测到的 27 块云的云底定义为 0，云顶定义为 1，从而分别对情景和污染两种情景统计云的垂直廓线，图中实线为均值，阴影部分为方差，蓝色代表清洁，红色代表污染。从图 5-20 可以看到，与前面发现的京津冀地区云特征一致，云水含量和云滴有效半径均随着高度呈现增加的规律，在云顶附近，受到夹卷的影响，云水含量和云滴有效半径都有不同程度地随高度减小的现象。比较清洁和污染两种情景发现，在云底和云顶处，清洁和污染两种情景的云水含量比较接近，然而从云底向上，污染情景云内云水含量比清洁情景表现出更大的数值。而即使污染情景云水含量较高，污染情景的云滴有效半径在所有高度上都表现出小于清洁情景的规律。这说明，即使给污染情景下的云提供了更多的云水含量，气溶胶的增多仍然导致云水竞争效应显著，导致云滴有效半径的减小，进一步确认了云滴粒径谱分布分析所发现的气溶胶使得云滴有效半径减小的结论。从图 5-20 可以看到，相对于清洁情景云滴有效半径多介于 4.5 ~5.5μm，污染情景下云滴有效半径要普遍小 1 ~2μm，从数值上来看是一个非常显著的减小。当然，值得注意的是，该观测显示的云滴有效半径相对于全球其他区域偏小，这可能与我们的观测误差以及河北地区相对较高的污染有关。

最后，考虑到污染情景下云滴有效半径的显著减小，我们进一步基于观测数据量化了气溶胶对云滴有效半径的影响。量化方法如下：

$$\mathrm{FIE} = -\left(\frac{\Delta \ln r_e}{\Delta \ln \alpha}\right)_{\mathrm{LWC}} \tag{5-16}$$

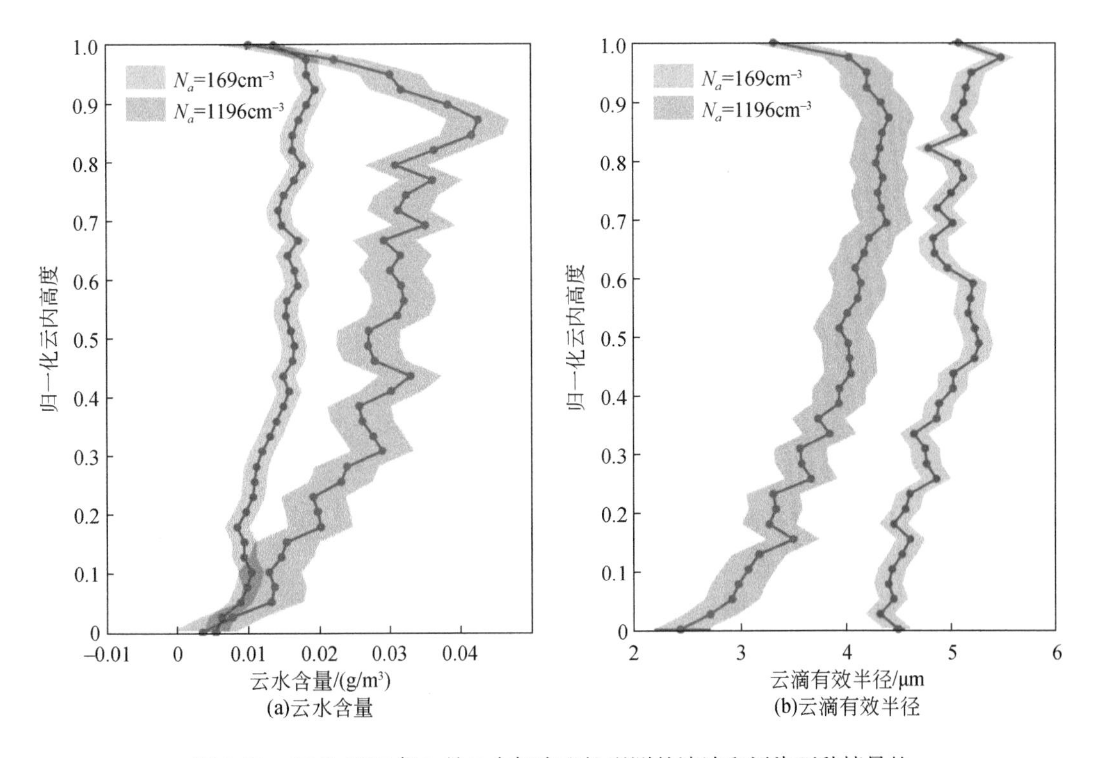

图 5-20　河北 2015 年 9 月 7 个架次飞机观测的清洁和污染两种情景的云水含量和云滴有效半径的垂直分布差异

式中，FIE 为气溶胶第一间接作用，代表气溶胶对云滴有效半径的影响；r_e 为云滴有效半径；α 为气溶胶量，这里用气溶胶数浓度来代表。基于此方法，分析获得了不同云水含量区间的云滴有效半径与 PCASP 所测气溶胶数浓度之间的相互关系，结果如图 5-21 所示。从图 5-21 可以看到，在不同的云水含量区间，云滴有效半径与气溶胶数浓度表现出非常好的负相关关系，与前面分析结果一致。计算获得的气溶胶第一间接作用数值 FIE 介于 0.10～0.19，平均值为 0.14。该数值表明河北地区云滴有效半径表现出对气溶胶的高敏感性，该数值可以为京津冀地区天气和气候模式中云相关参数化方案提供参考，服务于京津冀地区模式模拟能力的改进。

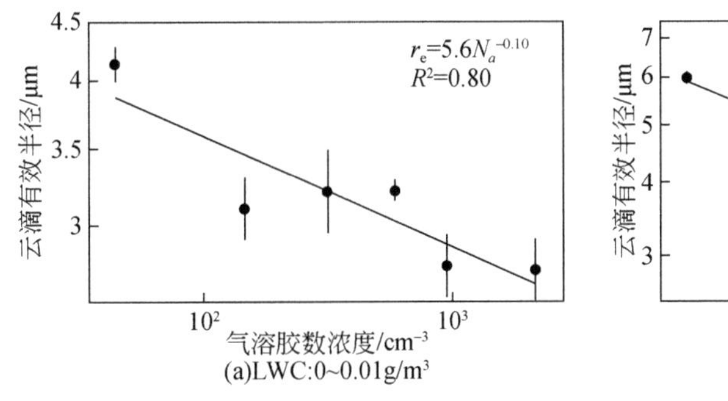

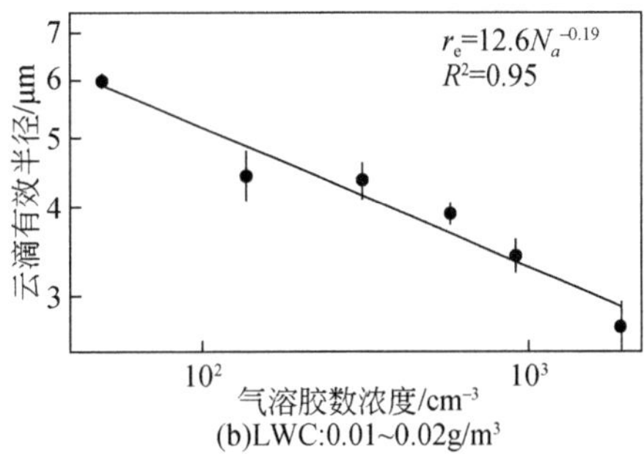

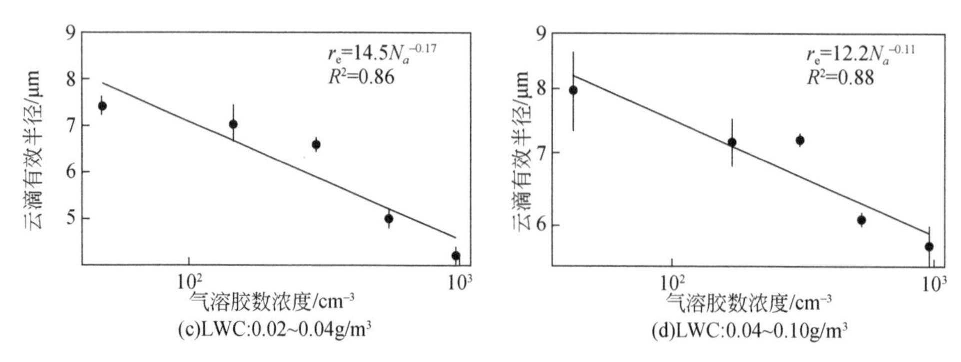

图 5-21　基于河北 2015 年 9 月 7 个架次飞机观测的云滴有效半径与 PCASP 所测气溶胶数浓度在不同云水含量区间的关系

5.3.1.2　河北地区气溶胶对浅对流云发展过程中微物理特征的影响

气溶胶对局地对流云微物理特征的影响多基于卫星观测，由于安全问题，飞机观测相对稀少，这导致我们对气溶胶对局地对流云微观特征认识的不足。利用河北人工影响天气办公室新配备的空中国王飞机观测数据，Yang 等（2019c）揭示了不同大气垂直速度和云水含量下气溶胶对云滴有效半径影响的规律，并探讨了其形成机制。研究所使用的观测数据来自飞机所携带的 PCASP（测量气溶胶），DMT 公司生产的云集成探测头（CCP，包含了 CDP、CIPgs 和 Hotwire），以及飞机集成气象探测系统（AIMMS-20）。观测时间和地点为 2018 年 5 月 16 日河北邢台上空。

图 5-22 给出了观测期间河北邢台浅对流云特征的观测结果。从图 5-22 可以看到，在该浅对流云中，垂直运动在−8 ~ 6m/s 振荡，说明云内垂直运动显著。云滴数浓度主要介于 300 ~ 1200cm^{-3}，略大于前面发现的层云云内云滴数浓度。重要的是，我们可以看到，云内云水含量高达 1 ~ 3g/m^3，表明该对流云内云水供应丰富，这为我们进一步探讨气溶胶对局地对流云影响提供了非常好的条件。

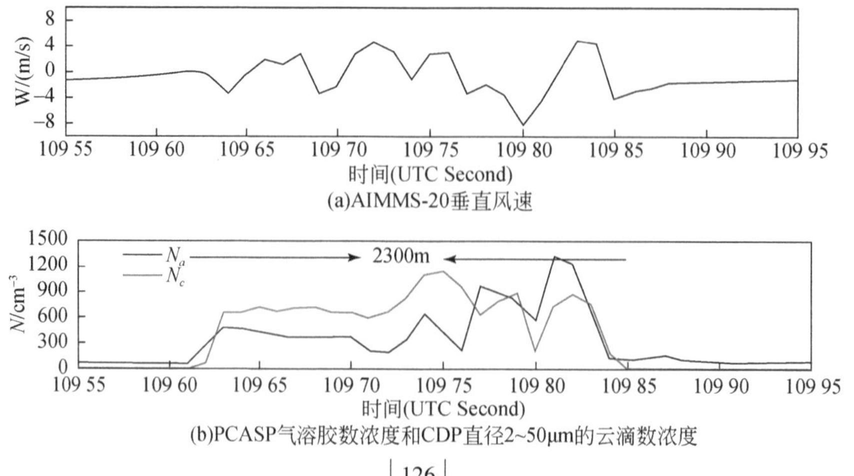

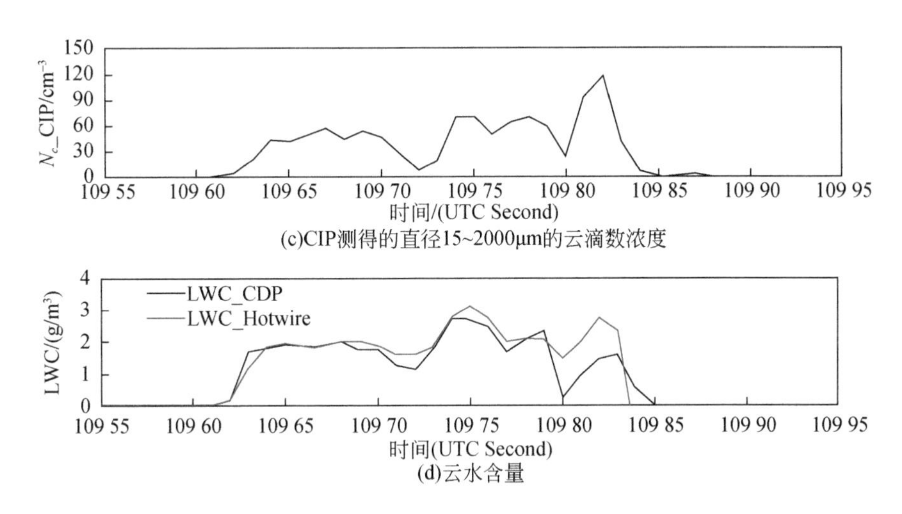

(c)CIP测得的直径15~2000μm的云滴数浓度

(d)云水含量

图 5-22　2018 年 5 月 16 日河北邢台浅对流云特征的观测结果

图 5-23 为研究结果，图中横坐标为垂直速度，纵坐标为 PCASP 气溶胶数浓度，颜色曲线代表云滴有效半径。从图 5-23 可以看到，浅对流云云滴有效半径随气溶胶数浓度和垂直速度有着显著变化。由于云水丰富，当气溶胶浓度小于 400cm^{-3}，气溶胶增多使得云滴有效半径缓慢增大；气溶胶数浓度介于 400～900cm^{-3}，云滴有效半径随气溶胶变化较小；只有当气溶胶浓度大于 900cm^{-3}时，气溶胶作为云凝结核对水分的竞争效应才开始凸显出来，即气溶胶增多使得云滴有效半径减小。云滴有效半径随气溶胶也展现出明显的变化，当垂直速度不大但水汽浓度充分时，云滴有效半径随垂直速度增大而略有增大，这主

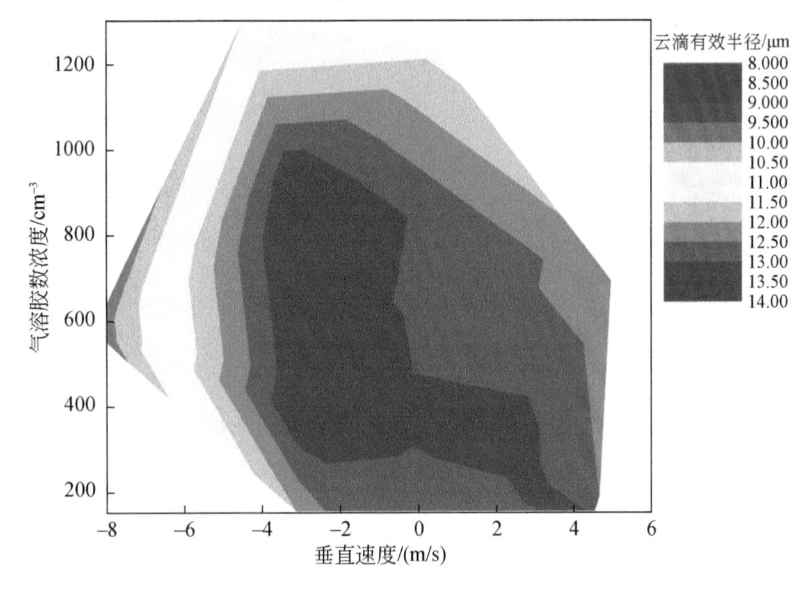

图 5-23　浅对流云云滴有效半径随气溶胶数浓度和垂直速度的变化

要是由于略微增大的垂直速度带入了更多气溶胶；但当垂直速度较大时，云滴有效半径随垂直速度增大而减小，这主要是干空气的带入导致云滴蒸发。

为了解释图 5-23 所观测到的气溶胶对局地对流云微物理特征改变的发现，我们提出了一种机理上的解释，如图 5-24 所示。云水含量充分、气溶胶数浓度非常小（大气非常清洁）情景下，气溶胶增多，云滴有效半径由于凝结增长作用而增加；云水含量充分、气溶胶浓度适中时，云滴凝结增长作用与云滴之间水分竞争作用相互抵消，云滴有效半径随气溶胶数浓度变化不明显；云水含量充分，气溶胶数浓度较高时，云滴水分竞争作用明显，云滴半径随气溶胶增多而减小；云水含量不充分，气溶胶数浓度不是太高时，云水竞争作用占主导，云滴半径随气溶胶增多而减小；云水含量充分但垂直速度不大时，云滴有效半径随垂直速度增大而增加，这可以归因于碰并增长效应；云水含量充分但垂直速度较大时，云滴有效半径随垂直速度增大而减小，这可以归因于夹卷效应。本研究对于理解对流云中气溶胶-云相互作用随气象条件、气溶胶数浓度的变化具有重要参考价值，有利于我们改进天气和气候模式对流云中气溶胶-云相互作用参数化方案。

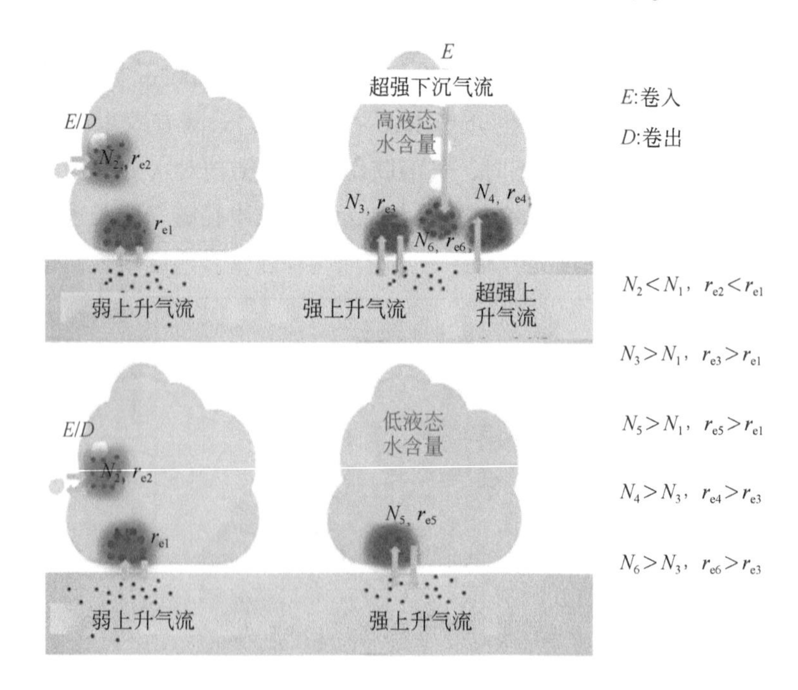

图 5-24　不同垂直速度和云水含量下对流云中气溶胶-云相互作用的结构示意图

$N_1 \sim N_6$ 和 $r_{e1} \sim r_{e6}$ 分别代表不同状态下的云滴数浓度和云滴有效半径

5.3.1.3　基于遥感观测的气溶胶对云滴有效半径影响的统计分析

考虑到气溶胶间接气候效应的重要性和不确定性，尤其是与气溶胶第一间接效应不同甚至相反的观测结果。我们基于美国南部大平原（SGP）地面站点的长期观测，用气溶胶和云微观特征的观测资料来分析清洁与污染情况下，气溶胶对云微观特征作用的季节性差异及其影响因素。与卫星观测较广的覆盖范围和较低的时间分辨率不同，基于地面遥感观测数据的分析可以获得更为精细准确的研究结果。尽管已经有很多关于 SGP 站点气溶胶第一间接作用的量化研究（Feingold et al.，2003），但大部分研究多是基于有限的样本开展，个例分析较多，且研究时间多在春秋季节，缺乏对气溶胶第一间接效应季节变化的认识和研究。考虑到这些因素，本研究重点分析不同季节气溶胶对云微观特征的影响以及季节性差异的影响因素。

（1）SGP 观测站和数据简介

SGP 站点是 ARM 计划设立的第一个现场观测站，该观测站位于俄克拉何马的拉蒙特地区，经纬度分别为 97°29′6.0″W，36°36′18.0″N。SGP 站点可以提供长时间序列的高质量数据，且数据类型齐全。这些数据既可以用来进行独立的观测分析，也可以同化到地球系统模式中用于模式研究。

本次研究所使用的气溶胶、云微物理特征均来自地面观测数据，风速风向来自探空融合数据集，而气象数据则使用欧洲中期天气预报中心的模式和观测同化数据，相关数据的详细情况如表 5-2 所示。

表 5-2 气溶胶、云微物理特征及气象数据的详细情况

变量	变量描述	数据集	仪器	时间分辨率	观测时间
AOD	500nm 的气溶胶光学厚度	AEROSOLBE	MFRSR & NIMFR	10min	2001 ~ 2008 年
AOD_{comp}	不同化学组分的气溶胶光学厚度	MACC reanalysis	Model & observation	24h	2003 ~ 2008 年
r_e	云滴有效半径	ACRED	MWR、MPL、MMCR	5min	2001 ~ 2008 年
GPT	700hPa 位势高度	ECWMF	Model & observation	6h	2001 ~ 2008 年
LTS	大气稳定度	ECWMF	Model & observation	6h	2001 ~ 2008 年
PWV	可降水量	ACRED	MWR	5min	2001 ~ 2008 年
WS	风速	INTERPSONDE	Sounding	1s	2001 ~ 2008 年

气溶胶数据共包含两部分，分别是 AOD 和 AOD_{comp}。AOD 来自气溶胶最优评估数据集（Aerosol Best Estimate Value-added Product，AEROSOLBE），该数据集由旋转多光谱遮蔽影带仪器（multifilter rotating shadowband radiometer，MFRSR）以及直接辐射表（normal incidence multifilter radiometer，NIMFR）联合反演得到。本研究用 AOD 来表征气溶胶含量（Hegg and Kaufman，1998），且 AOD 数据均经过质量控制。不同类型气溶胶的活化特性各不相同，因而对云微物理过程的影响也不相同，因此本研究选取了以欧洲中期天气预报中心的中尺度预报模式为基础，由大气成分和气候监测（Monitoring Atmospheric Composition and Climate，MACC）项目提供的气溶胶模式产品（Simmons，2010），该产品共包含五种

气溶胶类型，分别是海盐气溶胶、硫酸盐气溶胶、沙尘气溶胶、有机气溶胶和黑碳气溶胶，而且该产品具有较高的空间分辨率。

云微物理特征数据来自美国 ARM 计划的云反演集成数据集（ARM Cloud Retrieval Ensemble Dataset，ACRED）（Zhao et al.，2012），该数据集共包含 5 个站点的 9 种云反演产品。SGP 站点共有 4 种云反演产品，包括冰云、水云和混合云的产品，数据的时间跨度为 1997～2009 年。根据研究内容和研究对象，本研究选择了 Mace 云产品，该产品由美国犹他大学的 Mace 利用微波辐射计、微脉冲激光雷达以及毫米波云雷达和地面宽波段辐射数据综合反演得到。白天观测的具体反演方法（Dong and Mace，2003）和公式如下：

$$r_{em} = -2.07 + 2.49\text{LWP} + 10.25\gamma - 0.25\mu_0 + 20.28\text{LWP}\gamma - 3.14\text{LWP}\mu_0 \tag{5-17}$$

$$r_e(h) = r_{em}\left[\frac{\Delta H}{\Delta h}\frac{Z^{1/2}(h)}{\sum_{\text{base}}^{\text{top}} Z^{1/2}(h)}\right]^{1/3} \tag{5-18}$$

式中，ΔH 为云雷达探测的云顶高度与激光雷达探测的云底高度之差（云厚）；r_{em}为每层高度的云滴有效半径平均值（μm）；LWP 为液态水路径（100g/m^2）。夜晚，基于雷达反射率和云滴有效半径经验公式的反演方法如下：

$$r_e(h) = \frac{\exp(3.912 - 0.5\sigma_x^2)}{N^{0.167}}\exp[0.0384\text{dBZ}(h)] \tag{5-19}$$

式中，σ_x和 N 分别为云滴谱分布的谱宽和云滴数浓度；dBZ 为雷达反射率。

气象要素数据共包含 4 种，分别是可降水量（PWV）、大气稳定度（LTS）、风速（WS）和位势高度（GPT）。时间分辨率为 5 分钟的可降水量数据来自 SGP 地面观测站的微波辐射计产品，而时间分辨率为 1 分钟的风速风向数据则来自探空融合数据集（Interpolated Sounding Value-Added Product，INTERPSONDE）（Troyan，2013）。再分析数据是由欧洲中期天气预报中心提供的 ERA-Interim 数据集，时间分辨率为 6h，空间分辨率为 0.125°×0.125°。再分析数据包含按气压分层的温度和位势高度数据，其中利用温度和气压可以计算出低层大气稳定度（LTS），公式如下：

$$\theta = T \times \left(\frac{P_0}{P}\right)^k \tag{5-20}$$

式中，k 为 0.286；P_0为标准气压；P 为大气压；θ 为位温。

$$\text{LTS} = \theta_{700} - \theta_{1000} \tag{5-21}$$

式中，θ_{700}和 θ_{1000}分别为 700hPa 和 1000hPa 处位温。

（2）SGP 地区气溶胶间接效应季节变化

在研究气溶胶与云微观特征的相互作用时，需要根据研究目的选择合适的云个例。本研究中，云的筛选条件如下：为保证云尽可能大地受到边界层内气溶胶的影响，云底高度应低于 1km（Li et al.，2011b）；考虑到云微观特征的反演条件是云顶高度低于 3km 的低层水云（Dong et al.，1998），本研究中的云顶高度应与之保持一致；为排除多层云的影响，本研究中只选择单层云；考虑到云微观特征垂直分布的归一化处理，云的厚度应大于 500m；考虑到降水时反演数据的不确定性，应选择无降水情况下的数据。

气溶胶第一间接效应（first aerosol indirect effect，FIE）被定义为在液态水路径保持不变的情况下，云滴有效半径与气溶胶的相对变化（Feingold et al.，2003），可用式（5-22）表示气溶胶第一间接效应：

$$\mathrm{FIE} = -(\mathrm{d}\ln r_e)/(\mathrm{d}\ln\tau) \tag{5-22}$$

式中，r_e为云滴有效半径；τ 为气溶胶消光系数或者光学厚度。

利用 SGP 站点长期观测的云和气溶胶资料计算气溶胶间接效应，并分析污染和清洁情景下云微物理特征的季节变化。图 5-25 是在清洁和污染情景下，不同季节的云滴有效半

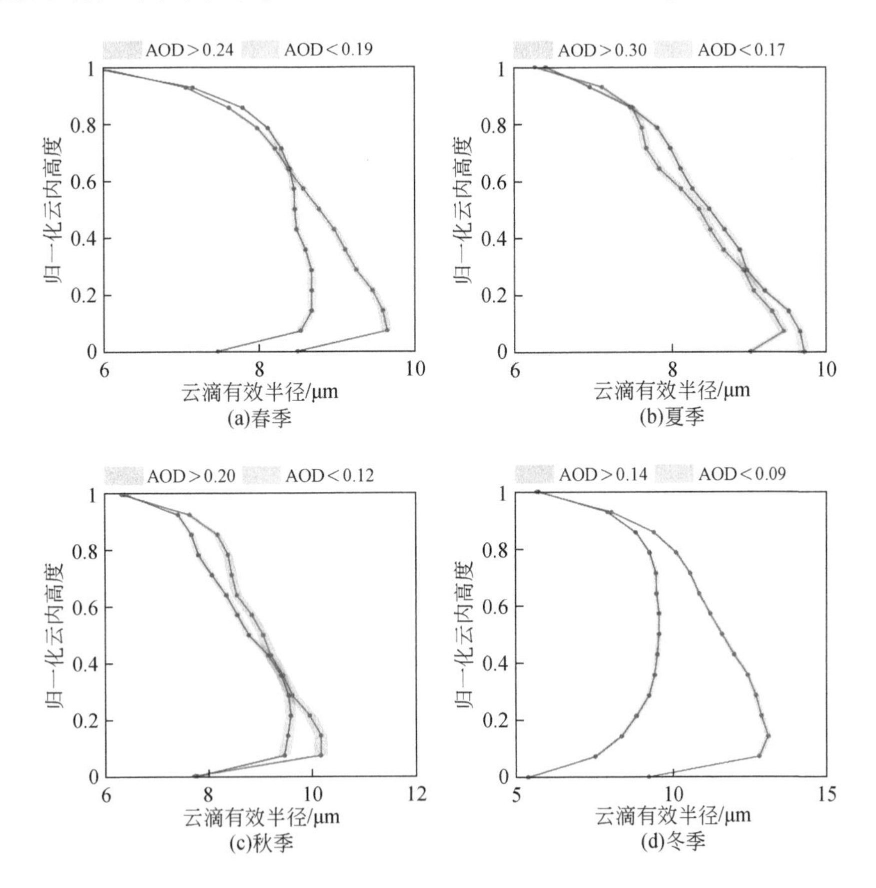

图 5-25　清洁和污染情景下，不同季节的云滴有效半径廓线变化

横轴表示云滴有效半径，纵轴是归一化云内高度，0 代表云底，1 代表云顶，

蓝色表示清洁，红色表示污染，阴影代表标准误差

径廓线变化，这里将各个季节内 AOD 的最低 30% 设为清洁情景（蓝线），最高 30% 设为污染情景（红线），横轴表示云滴有效半径，纵轴是归一化云内高度，0 代表云底，1 代表云顶。从图 5-25 可以看出，清洁情景下春、夏、秋和冬季的 AOD 分别低于 0.19、0.17、0.12 和 0.09；污染情景下的 AOD 分别高于 0.24、0.30、0.20 和 0.14。不论在清洁还是污染情景下，各个季节的云滴有效半径垂直分布都是随高度先增加后减小的趋势，这与 SGP 地区相关的研究结果一致（Zhao et al., 2012）。整体来看，尽管冬季的云滴有效半径略大，但各个季节的云滴有效半径廓线并没有明显的差异，云滴有效半径均在 6 ~ 14μm。清洁与污染情景下云滴有效半径廓线的最大差值通常出现在靠近云底的地方（距离云底的高度约为云厚的十分之一）。从图 5-25 可以看出，夏季污染情景下，云滴有效半径小于清洁情景，与 Twomey 效应的结果一致；但是在春、秋和冬季、污染情景下，云滴有效半径比清洁情景大，这与 Twomey 效应的结果相反。春、夏、秋和冬季的 FIE 分别为 -0.01、0.02、-0.05 和 -0.11，这与清洁和污染情景下云滴有效半径廓线的季节变化一致，这种情况可能与气象条件或者气溶胶类型有关。相关的一些研究中也出现过类似的情况，但是这些研究给出的原因不完全相同，因此我们按照气溶胶类型、可降水量以及一些气象因素来具体分析 SGP 地区气溶胶与云滴有效半径关系的影响因素。

（3）SGP 地区气溶胶间接效应影响因素

关于气溶胶第一间接效应的研究曾发现气溶胶与云滴有效半径的正相关关系（反 Twomey 效应），而这些研究所给出的影响因素有很多，包括气溶胶来源、可降水量、大气稳定度、风速、上升气流、相对湿度以及垂直风切变等。本研究针对 SGP 地区反 Twomey 效应现象以及相关的文献，选择对气溶胶类型、可降水量、大气稳定度、云底风速和位势高度分别进行分析，研究 SGP 地区春、秋和冬季出现 AOD-r_e正相关关系的主要影响因素。

1）气溶胶类型

图 5-26 是利用气溶胶再分析资料得到的 2003 ~ 2008 年 5 种气溶胶类型 AOD 的月平均变化。从图 5-26 可知，AOD 的全年变化趋势为先增加后减小，在 8 月份达到最大值，约 0.40，12 月份达到最小值，约 0.11。春、夏、秋和冬季的 AOD 平均值分别为 0.25、0.37、0.17 和 0.14，其中夏季气溶胶含量最高，这主要是因为与其他季节相比，夏季的光照比较强，有利于二次有机气溶胶的生成，增加了大气中气溶胶含量。从气溶胶类型来看，海盐气溶胶的月变化比较小，硫酸盐气溶胶、有机气溶胶和沙尘气溶胶的月变化比较大。AOD 占比最大的是硫酸盐气溶胶、有机气溶胶和沙尘气溶胶，其中硫酸盐气溶胶和有机气溶胶的来源主要是局地排放，沙尘气溶胶多是区域传输，因此气溶胶含量主要还是受人类生产和生活活动的影响。

图 5-27 是不同气溶胶类型所占比例的季节变化，不同颜色对应的气溶胶类型与图 5-28 相同。从图 5-27 可知，在春、夏、秋和冬季，硫酸盐气溶胶所占比例分别为 60%、

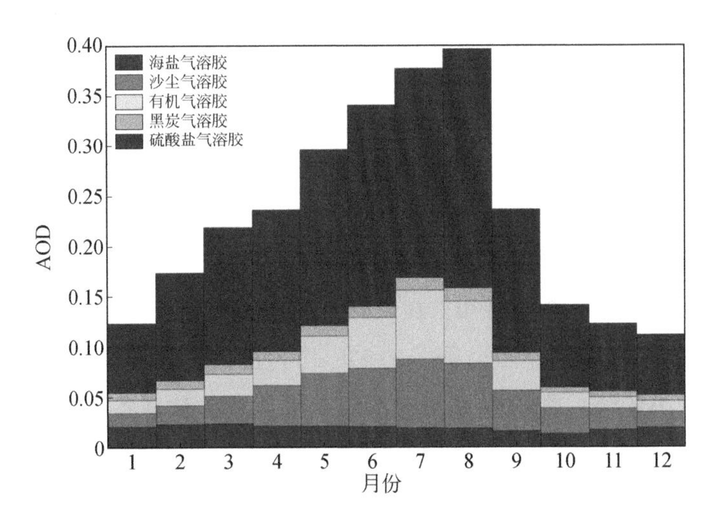

图 5-26　2001 ~ 2008 年 SGP 观测站气溶胶类型的月变化

59%、58%和57%，沙尘气溶胶所占比例分别为16%、17%、17%和12%，有机气溶胶所占比例分别为11%、16%、11%和10%，海盐气溶胶所占比例分别为9%、5%、10%和16%，黑碳气溶胶所占比例分别为4%、3%、4%和5%。各个季节的硫酸盐气溶胶、沙尘气溶胶、有机气溶胶、海盐气溶胶和黑碳气溶胶的变化范围分别是57% ~60%、12% ~17%、10% ~16%、5% ~16%和3% ~5%，也就是说除海盐气溶胶的相对含量在冬季比其他季节高一些之外，其他气溶胶类型的相对含量在各季节的变化均较小。整体来

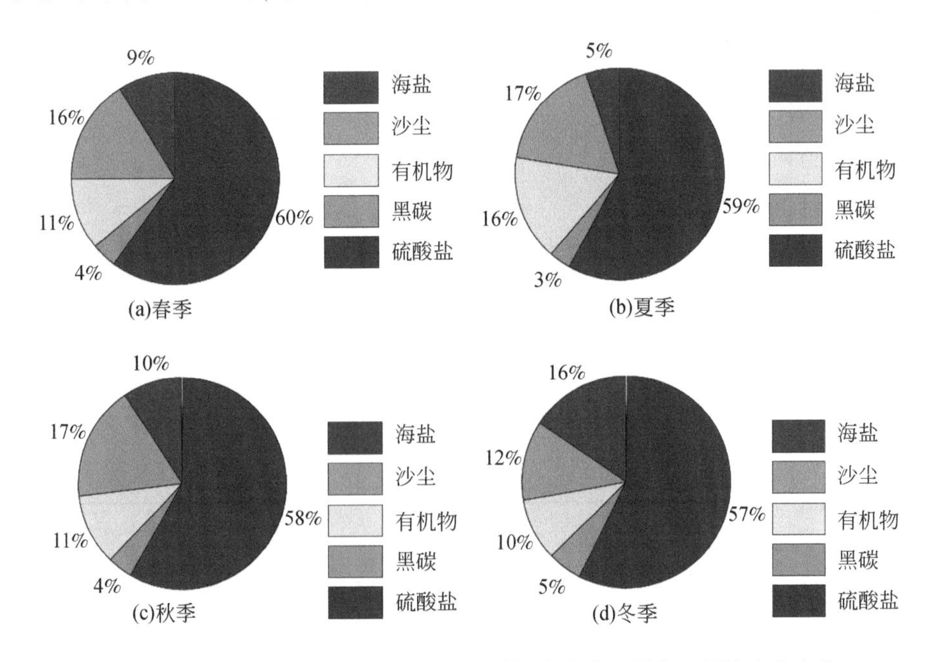

图 5-27　2001 ~ 2008 年 SGP 观测站不同气溶胶类型所占比例的季节变化

看，虽然 AOD 的变化比较大，但各种气溶胶类型的相对比例在不同月份或季节的差异均不是很大，因此可以表明气溶胶类型并不是引起春、秋和冬季出现反 Twomey 效应的原因。

2）可降水量

Yuan 等（2008）关于美国地区气溶胶间接效应的研究表明，AOD 与云滴有效半径的正负关系与可降水量有关，因此本节研究主要集中在可降水量对 AOD-r_e关系的影响。图 5-30 给出了在不同可降水量情况下，气溶胶第一间接效应（FIE）的季节变化，FIE 由式（5-22）计算得到。从图 5-28 中可知，在可降水量较低时，春、夏、秋和冬季的 FIE 分别为 0.12、0.02、0.06 和 0.26。四个季节的 FIE 均为正值，表明随着气溶胶含量的增加，云滴有效半径呈减小趋势；在可降水量较高时，春、夏、秋和冬季的 FIE 分别为 −0.07、0.08、−0.05 和 −0.46，除夏季之外，其他季节的 FIE 均为负值，表明在春、秋和冬季，云滴有效半径随着气溶胶含量的增加而增大。整体而言，当可降水量从低值增加到高值时，夏季的 FIE 一直为正值，这可能是因为夏季气溶胶浓度过高，云滴粒子之间的水汽竞争效应使得粒径减小；而春、秋和冬季的 FIE 均由正值转为负值，这可能是因为在充足的水汽条件下，增加适量的气溶胶有利于增加云滴数浓度，促进云滴之间的碰并增长。

由于气象条件也会影响 AOD-r_e关系，因此在研究可降水量对 AOD-r_e关系的影响时，应该尽可能降低其他因素的影响，接下来的工作主要是利用位势高度、大气稳定度和云底风速数据作进一步的分析。另外，考虑到 AOD-r_e的正相关关系主要出现在春、秋和冬季，而且 SGP 地区夏季对流云较多（Zhao et al.，2014a），因此之后的研究需要剔除夏季的数据。

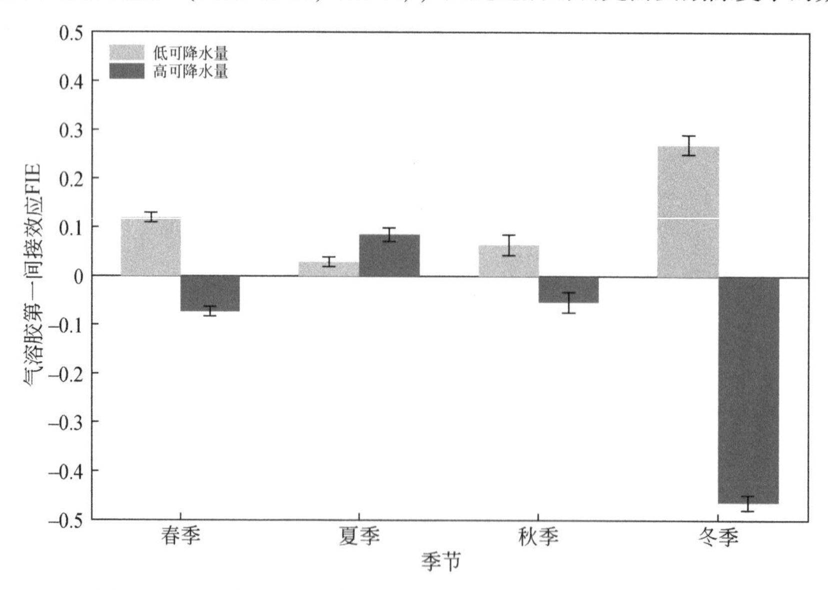

图 5-28　不同可降水量情况下气溶胶第一间接效应的季节变化

误差棒为 std/ $\sqrt{n-2}$

3）位势高度

Koren（2014）指出在研究气溶胶与云相互作用时，将气象条件控制在相对较小的范围内可以降低其对气溶胶－云相互作用的影响。这里我们选择包含SGP观测站及其周围200km^{2}的区域，并将该区域700hPa位势高度的变化限制在较小的范围内，以确保观测站与周围地区具有相似的气象条件，使得SGP站受周围地区气象要素变化的影响较小。表5-3为两种位势高度变化条件下，FIE以及AOD-r_e的相关系数（R）在不同可降水量下的变化。当周围地区的气象条件对SGP站的影响较小时（低位势高度），随着可降水量的增加，FIE从0.24降低到0.20，AOD-r_e的相关系数（R）从-0.29增加到-0.23，表明可降水量的变化对AOD-r_e关系的影响较弱，这可能与位势高度数据的时间分辨率较低有关。当周围地区的气象条件对SGP站的影响较大时（高位势高度），随着可降水量的增加，FIE从0.43降低到-0.21，AOD-r_e的相关系数从-0.42增加到0.34，表明在气象因素和可降水量共同作用下，AOD-r_e关系也从负相关转为正相关。整体来说，在位势高度变化较小时，可降水量对AOD-r_e关系的影响不明显，这可能与位势高度数据较低的时间分辨率有关；在位势高度变化较大时，即在气象条件和可降水量共同作用下，可降水量对AOD-r_e关系的影响比较大。

表5-3　两种位势高度变化条件下气溶胶第一间接效应在不同可降水量（PWV）下的变化

GPT	PWV	FIE	R	P
低位势高度	PWV（低）	0.24	-0.29	0.02
	PWV（高）	0.20	-0.23	0.05
高位势高度	PWV（低）	0.43	-0.42	0.00
	PWV（高）	-0.21	0.34	0.00

注：R为AOD与r_e相关系数，P为显著性检验水平。

4）低层大气稳定度（LTS）

Stevens和Feingold（2009）的研究指出气象因素对云的影响常与气溶胶对云的作用混在一起，因此低层大气稳定度（LTS）参数常用来表征典型的热力学条件，以更好地研究气溶胶－云相互作用。低层大气稳定度参数是700hPa的位温与1000hPa（近地面）的位温之差，本研究的LTS是利用ECMWF提供的按气压分层的温度数据计算得到，LTS数值越大，表示大气越稳定，LTS越小则表示大气越不稳定。

图5-29是大气处于相对不稳定（LTS最小的30%）或相对稳定（LTS最大的30%）状态时不同可降水量对AOD-r_e关系的影响。如图5-29（a）所示，当大气处于相对不稳定的状态（$4.9<LTS<9.9$），在可降水量较低的条件下云滴有效半径随着气溶胶的增加而减小，说明LTS对AOD-r_e关系影响较弱。但是当可降水量增加后，云滴有效半径却随着气溶胶的增加而增大，这表明可降水量增加对于AOD-r_e关系的促进作用。如图5-29（b）所

示，当大气处于相对稳定的状态（12.2<LTS<26.1），随着可降水量的增加，AOD-r_e的相关系数从0.06增加到0.32，FIE数值从-0.02降低到-0.21，这表明在气象因素影响较小的情况下，可降水量的增加对AOD-r_e关系有促进作用，即在水汽相对充足的条件下，气溶胶的增加有利于云滴粒子的增长。综合图5-29（a）和图5-30（b）来看，在大气相对稳定的条件下，充足的水汽对AOD-r_e之间的正相关关系有促进作用。在LTS较高时，可降水量在0～1.5cm/m^{2}的样本量较少，同样在LTS较低时，可降水量在3.0～4.5 cm/m^{2}的样本量也较少，导致图5-29（a）和图5-29（b）中可降水量的分档不一致。

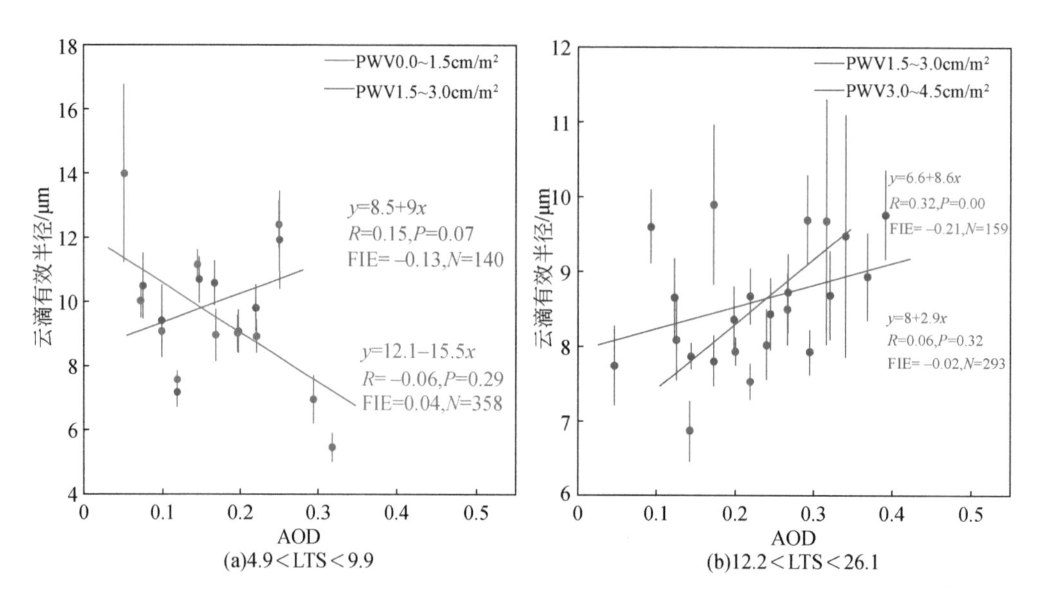

图5-29　大气稳定度较低（a）或者较高（b）时不同可降水量（PWV）下的气溶胶第一间接效应

FIE为气溶胶第一间接效应，R为AOD-r_e相关系数，P为显著性检验水平，N为样本数量，误差棒为std/$\sqrt{n-2}$

5）云下风速

水平风速会对海盐粒子的输送产生影响（Mulcahy et al.，2008），研究表明少量但巨大的来自海洋的云凝结核会导致AOD-r_e的正相关关系（Yuan et al.，2008），因此可以通过限制水平风速的大小来降低区域传输的影响。与6h分辨率的大气稳定度参数相比，高时间分辨率的探空风速可以与AOD-r_e数据进行更好地匹配。由于探空融合数据集本身的局限性，本研究中只能用318m的风速来代替云下风速。当云下风速较低时，该站点观测的气溶胶受区域传输的影响较小。

图5-30给出了当风速低于3m/s时，AOD-r_e关系和FIE在不同可降水量下的变化，从图5-30可以看出，随可降水量的增加，AOD-r_e关系以及FIE均有明显变化。当可降水量较低时，AOD-r_e的相关系数R为0.57（P<0.05），FIE的数值为0.07，说明云滴有效半径随着气溶胶的增加而减小，这是因为水分较少时，云凝结核大量增加产生水汽竞争效应导

致云滴粒径减小。当可降水量较高时，AOD-r_e相关系数 R 为 0.74（P<0.05），FIE 的数值为-0.32，说明云滴有效半径随着气溶胶的增加而增大，这可能是因为大量的水汽使得增多的云凝结核能够获得充足的水分而增长，增加了粒子间的碰并效率，从而使得云滴粒径增加。当可降水量介于二者之间时，AOD-r_e 关系相对较弱，FIE 的数值也较小，为-0.07。整体来说，当大量的气溶胶活化成为云凝结核时，充足的水汽供应可以减弱云粒子间的水汽竞争效应，使得云滴能够长大，导致 AOD-r_e之间出现正相关关系。

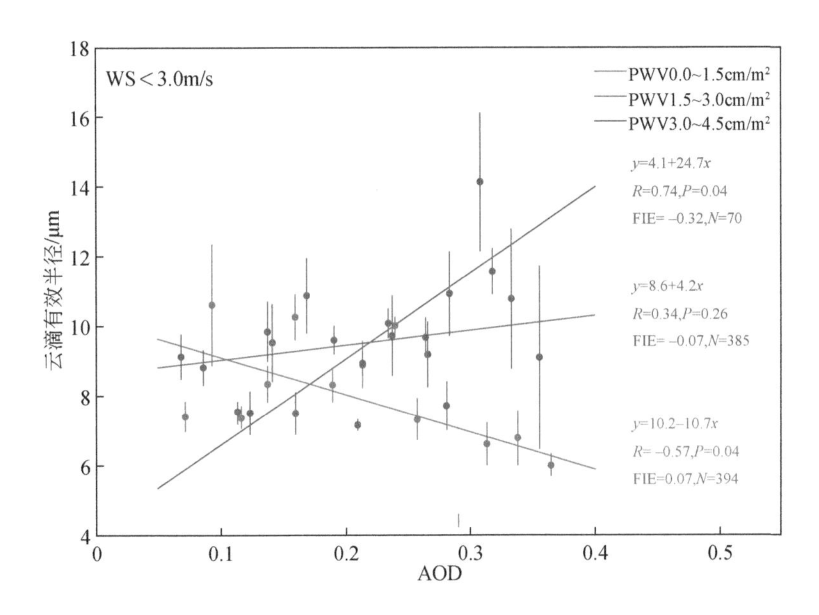

图 5-30　当风速低于 3m/s 时，AOD-r_e关系和 FIE 在不同可降水量下的变化

气溶胶可以通过影响云滴粒径的大小，进而影响云顶高度和云的厚度。图 5-31 是当风速小于 3m/s 时，不同可降水量下 AOD 与云顶高度的关系，该结果表明当可降水量从 0~1.5cm/m^{2}增加到 1.5~3.0cm/m^2，云顶高度虽然有增加，但是并不明显。在可降水量较高且 AOD 大于0.25 时，云顶高度随气溶胶的增加有显著的抬升。图 5-32 给出了当风速低于 3.0m/s 时，不同可降水量下云顶高度和云厚的概率分布，从图 5-31 可知，除了在可降水量从 0~1.5cm/m^{2}增加到 1.5~3.0cm/m^{2}时云厚的变化较小之外，其他情况下云厚、云顶高度的分布随着可降水量的增加均出现最大值右移现象，说明云顶高度抬升、云的厚度增加的概率变大。整体来看，低可降水量对于云顶高度的影响较小，而可降水量较高时，大量增加的气溶胶使得更多的小云滴进入云中，充足的水汽使得云滴增长较快，促进云的发展，进而引起云顶高度和云厚的增加。

5.3.1.4　结论

本节利用 2001~2008 年 SGP 地面观测站的气溶胶和云微物理特征数据，结合探空数

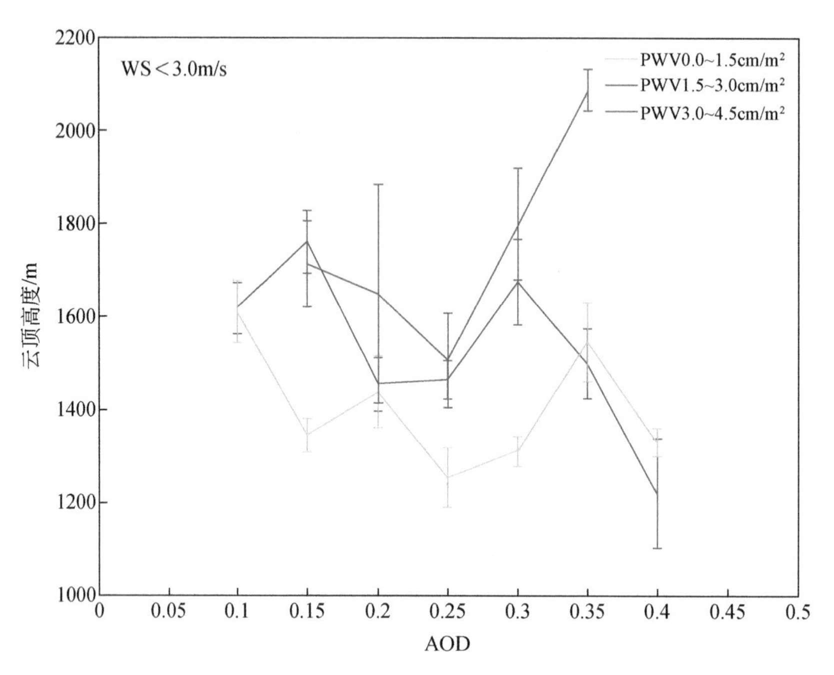

图 5-31　当风速低于 3m/s 时，不同可降水量下 AOD 与云顶高度的关系

误差棒为 std/ $\sqrt{n-2}$

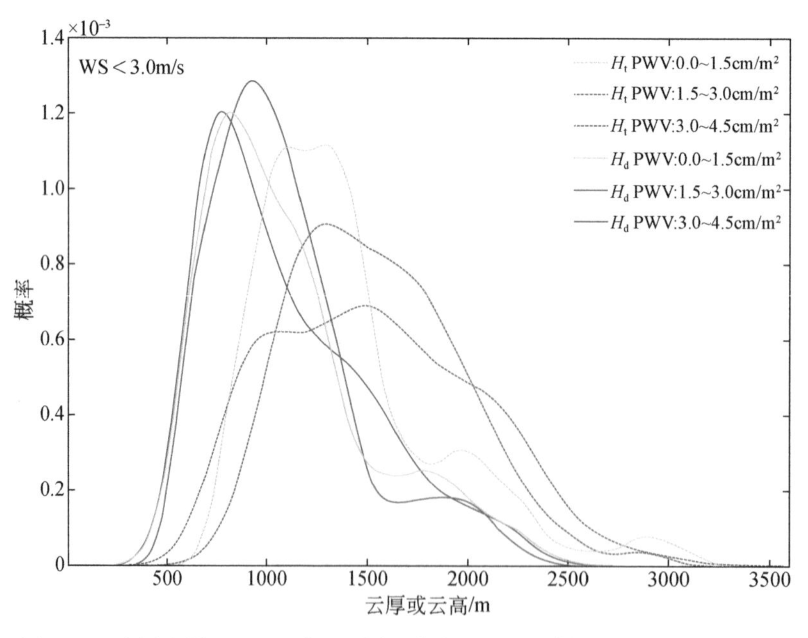

图 5-32　当风速低于 3m/s 时，不同可降水量下云顶高度和云厚的概率分布

实线代表云顶高度 H_t，虚线代表云厚 H_d

据集以及 ECMWF 的再分析资料，分析气溶胶的时间变化特征，对比清洁和污染情景下云滴有效半径垂直分布的季节变化，分析 AOD-r_e关系季节性差异的主要影响因素，得到的结论如下。

1）2001～2008 年，SGP 地区 AOD 月平均值的变化较大，在 6 月（12 月）达到最大（小）值，其中污染情景 AOD 平均值比清洁情景高约 0.15；AOD 的年平均值在 0.07～0.15，说明这段时间内气溶胶含量的年变化较小。

2）清洁与污染情景下 r_e廓线的差值在靠近云底处达到最大，只有在夏季时，污染情景下云滴有效半径比清洁情景小，其他季节则与夏季相反，这与春（0.01）、夏（0.02）、秋（-0.05）和冬季（-0.11）的气溶胶第一间接效应结果一致。

3）对气溶胶化学组分的月变化、季节变化进行分析，结果表明虽然 AOD 的变化比较大，但是不同气溶胶类型所占比例变化并不是很大，因此气溶胶类型并不是引起春、秋和冬季的 AOD-r_e正相关关系的原因。

4）将可降水量分为高低两种情况，发现可降水量较低时，FIE 均为正值，而可降水量较高时，除夏季以外的其他季节 FIE 均为负值，这表明丰富的可降水量可能是导致 AOD-r_e正相关关系的原因。最后对可能影响 AOD-r_e正相关关系的因素如位势高度、大气稳定度和云下风速分别进行分析，发现在大气相对稳定时，可降水量的增加会促进云滴增长和云的发展，使得 AOD-r_e关系从负相关转为正相关，引起反 Twomey 效应。

5.3.2 气溶胶对对流云发展的影响

气溶胶作为影响对流云发生和发展的重要因素之一，在地气系统的水循环和辐射平衡中扮演着重要的角色。以往对气溶胶第一间接效应的研究多以极轨卫星的瞬时资料为基础，鲜有研究利用静止卫星追踪云在气溶胶影响下不同时刻的变化特征。同样地，也少有研究讨论地形与气溶胶-对流云相互作用的关系。因此，本节试图初步讨论不同气溶胶对对流云宏观特征日变化的影响。

5.3.2.1 清洁与污染条件划分

本节选择 1 小时时间分辨率的 $PM_{2.5}$观测作为环境气溶胶浓度的指征，$PM_{2.5}$观测时刻往往为整点观测，其能够近似代表该小时中对流云发生及发展时环境气溶胶的初始浓度，因此，将每小时的 $PM_{2.5}$浓度与 10 分钟时间分辨率的 TCT-CID 算法识别结果进行匹配。假设在同一小时内观测的对流云，其环境 $PM_{2.5}$浓度不变。

另外，尽管 $PM_{2.5}$站点在研究区域中广泛分布，但由于观测条件及地形等因素限制，许多地区并不具备 $PM_{2.5}$观测。因而在对对流云日变化受气溶胶影响所产生的差异研究中，利用三角自然临近插值将地面 $PM_{2.5}$浓度插值到 0.4°×0.4°格点中。对中心落入插值格点的对流云，将该格点的插值 $PM_{2.5}$浓度定义为该云块所处环境的气溶胶浓度。以往的研究表明，插值过程可能使得 PM 观测较少的地区的 PM 真值出现误差。尤其是地面海拔较高的山地上的粒子浓度明显低于平原地区时，插值可能带来 PM 值的虚高。因此，为了验证插值是否会带来更高误差，本研究对不同地面高程条件下地面观测的 $PM_{2.5}$浓度与三角自然临近插值后的 $PM_{2.5}$浓度进行了比较，如图 5-33 所示。从图 5-33 可以看出，插值后的 $PM_{2.5}$浓度与站点直接观测的 $PM_{2.5}$浓度随地面高程的变化趋势具有极高的一致性。这表明，此插值方法不会为不同高程条件下的 $PM_{2.5}$浓度带来太大的系统误差。因此，插值得到的 $PM_{2.5}$浓度能够适用于该区域内气溶胶对对流云的影响研究。

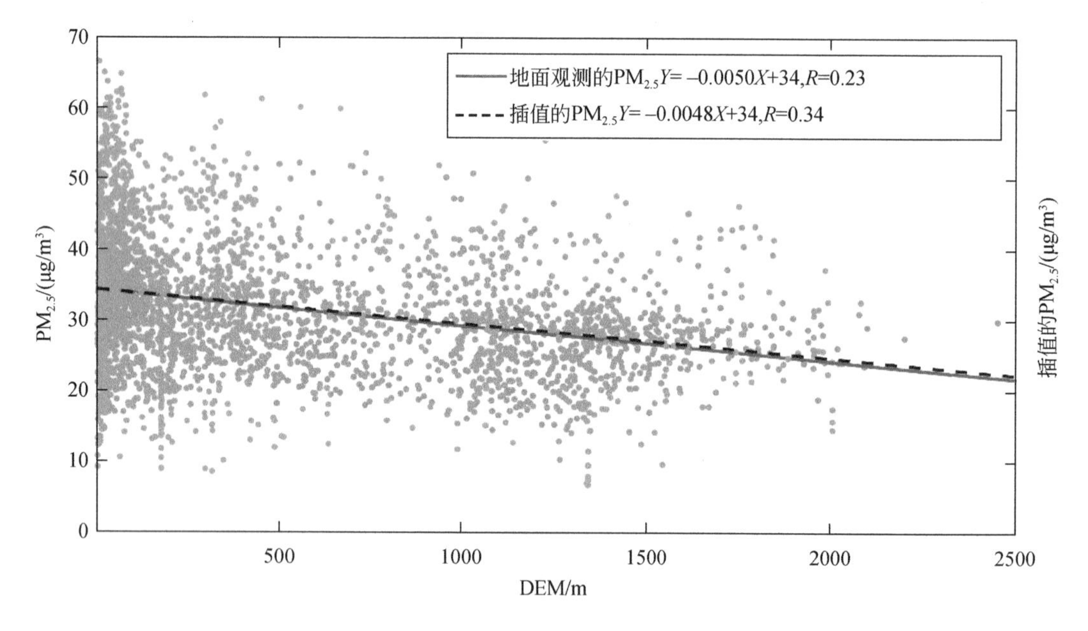

图 5-33 地面观测 $PM_{2.5}$浓度与插值的 $PM_{2.5}$浓度随地面高程的变化

浅红色点为地面观测的 $PM_{2.5}$浓度，灰色点为插值得到的 $PM_{2.5}$浓度。红实线与黑虚线分别为地面观测的 $PM_{2.5}$浓度与插值的 $PM_{2.5}$浓度的一元线性回归函数

在此，定义“清洁”及“污染”两种环境条件，以便分别对对流云的发生频率进行统计分析。为了保证两种条件下空气中 $PM_{2.5}$浓度的差异足够大，选择将每个站点的 $PM_{2.5}$浓度观测从小到大排列，并找出各站点 $PM_{2.5}$观测的上 25%、下 25% 作为该站点 $PM_{2.5}$污染与清洁条件的临界值。分别对临界值进行三角自然临近插值，得到污染与清洁条件的临界值矩阵。当插值后的 $PM_{2.5}$浓度大于污染条件的临界值时，定义该点为污染条件；反之，当插值后的 $PM_{2.5}$浓度小于清洁条件临界值时，定义该点为清洁条件。图 5-34 为 2016 ~ 2017 年 5 ~ 6 月白天（8:00 ~ 17:00）研究区域中 $PM_{2.5}$浓度的统计分布特征，可以看出在

白天 $PM_{2.5}$浓度主要呈现单峰分布，观测频率最大值出现在 18μg/m³ 左右。图中红色及紫色虚线分别标注各站点 $PM_{2.5}$观测分布的上、下 25% 临界值的平均值。图 5-34 显示，总体而言清洁、污染情景具有十分显著的 $PM_{2.5}$浓度差异。另外，研究还发现 $PM_{2.5}$浓度的绝对值在一天中的变化较为缓慢，且差异并不明显，因此，本节利用的每个站点 2016～2017 年 5～9 月的所有 $PM_{2.5}$观测设定的清洁与污染阈值，也适用于气溶胶影响对流云的日变化的研究中。

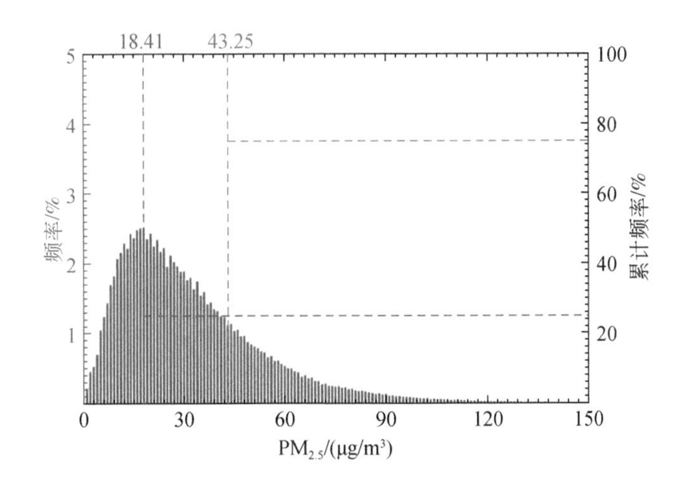

图 5-34　2016～2017 年 5～9 月白天（8:00～17:00）研究区域中 $PM_{2.5}$浓度的统计分布特征

红色虚线取整体分布的最低 25%，紫色虚线取整体分布的上 25%。各站点均按照此分布取值并计算出整个区域阈值的平均值分别标注于红色及紫色虚线上方

5.3.2.2　不同气溶胶条件下对流云日变化的差异

本节将所有的 TCT-CID 算法识别的对流云根据 $PM_{2.5}$浓度划分为清洁和污染两个子集。分别用落于清洁与污染两个子集中的对流云样本量除以对流云总样本量得到其各自的发生频率，并利用污染情景对流云的发生频率减去清洁情景对流云的发生频率得到气溶胶对对流云发生频率的可能影响。如图 5-35 所示，总体而言，气溶胶浓度较高的情况下，对流云发生频率在 8:00～11:00 呈现较明显的增强，而在 15:00～17:00 则出现较一致的减弱，12:00～14:00 中对流云发生频率则处于从增强到抑制的过渡阶段。为了验证云发生频率的变化是否与云块的面积变化有关，在此，对比了清洁与污染情景下对流云的面积分布，如图 5-36 所示。研究发现无论在清洁还是污染情景下，随着对流云面积增加，其数量均呈现指数递减趋势。但在污染与清洁情景下云的面积和数量均有明显的差异，8:00～12:00 污染情景下的对流云面积明显大于清洁情景，且对流云块数量更多，而12:00开始其差距逐渐缩小，直至 14:00 清洁情景下的对流云块更多。15:00 以后，清洁情景下的云块面积

逐渐大于污染情景，其数量则逐渐多于污染情景。这一现象进一步说明了对流云的面积及数量均存在上午增加、下午减少的效应。

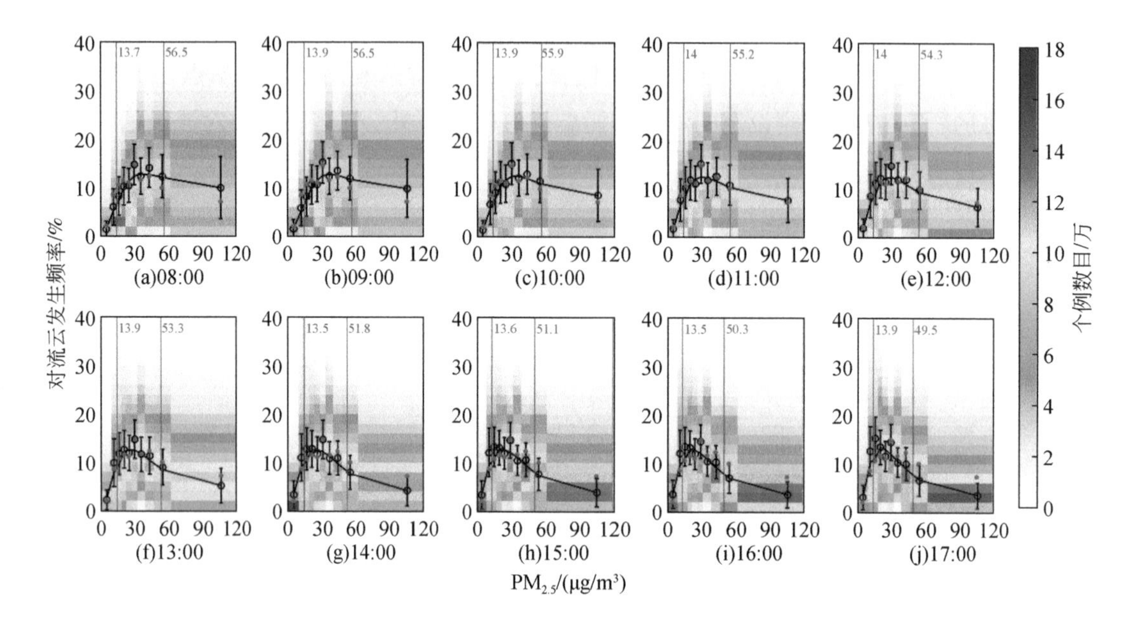

图 5-35　2016～2017 年 5～9 月利用 TCT-CID 算法识别的对流云发生频率随 $PM_{2.5}$ 浓度的变化特征及其日变化规律

黑色圆圈为该 $PM_{2.5}$ 区间内对流云发生频率的平均值，误差棒显示为标准差大小。黑色实线为对流云发生频率三点滑动平均值。紫色点表示整个区域内对流云发生频率随 $PM_{2.5}$ 浓度变化的平均值。红色实线分别标注该小时内污染与清洁情景下满足阈值的 $PM_{2.5}$ 观测平均值，较小值为清洁阈值平均值，较大值则为污染阈值平均值

Koren 等（2008）利用理论推导论证了吸收型气溶胶微物理效应及辐射效应对云量的两种相反的作用，并利用亚马孙地区的观测数据验证了这一理论。研究发现，随着 AOD 的逐渐增大，云量的变化存在先增后减的趋势，其转折点在 AOD=0.3 左右。当 AOD<0.3 时，气溶胶的微物理效应占主导，气溶胶粒子增加可能导致更多的粒子活化，从而产生更多的云滴粒子，使云量增加。然而当足够多的粒子活化后，空间中的水汽含量降低，活化达到饱和，因而云量可能不再增加。当 AOD>0.3 时，一方面微物理效应产生的云量达到饱和，另一方面气溶胶的辐射效应开始占主导，具有弱吸收性的气溶胶吸收太阳辐射，使得大气增温、地面降温，改变了大气的稳定度，从而抑制了地面水汽通量，进而减小了云量。这一过程与初始云量、气溶胶浓度和气溶胶的吸收效率均有关系。当气溶胶的吸热效率一定时，云量的变化仅与气溶胶浓度和初始云量有关。然而研究发现，随着气溶胶浓度的升高，不同气溶胶类型均可能带来地面温度的下降（Gu et al.，2006；Jiang et al.，2013），从而改变大气温度廓线。因而可以推断，气溶胶浓度的升高本身就可能影响垂直水汽通量，最终影响云的形成和发展。在对流云的日变化中，太阳辐射强度可能影响地面

加热，从而影响不同时段内的初始云量。所以，讨论气溶胶在对流云日变化中的作用可以尽可能地解析气溶胶在不同时段内所带来的影响。

因此，本节进一步构建了对流云发生频率随 $PM_{2.5}$浓度的变化关系，如图 5-35 所示。本研究将 $PM_{2.5}$质量浓度的观测分为等样本的 10 份，并探究地图上每个网格点中每个 $PM_{2.5}$区间内对流云发生频率，将其样本量分布显示为图中填色部分，每个 $PM_{2.5}$区间中对流云发生频率的平均值及标准差则显示为图中黑色圆圈及误差棒。为了更好地体现图中各圆圈表示的数值的变化趋势，将各 $PM_{2.5}$区间中对流云发生频率的平均值进行了三点滑动平均处理，显示为黑色实线。图 5-35 中紫色点则统计了整个研究区域中对流云发生频率随 $PM_{2.5}$浓度的变化的平均值。从图 5-35 中可以看出，对流云发生频率在各时段、各网格点上均具有较一致的变化趋势，即随 $PM_{2.5}$质量浓度的增加，对流云发生频率先增加后减少，其转折点均在 20 ~ 30μg/m^3。这一变化趋势同 Koren 理论相似，且也有观测研究发现了这种现象的存在（Jiang et al.，2018；Wang et al.，2018a），这可能是气溶胶的微物理效应与辐射效应共同作用的结果。

从图 5-36 中标记的清洁与污染情景的平均阈值来看，污染情景的 $PM_{2.5}$浓度阈值随时间逐渐递减，而在清洁情景下的则没有太明显的变化。而样本分布情况则表明，11:00 以前样本多分布于 50μg/m^{3}以下，而 14:00 以后，样本则多分布于 40μg/m^{3}以上。这表明在早晨对流云初生时，其更倾向于在较清洁的条件下形成，而随着时间推移，对流云可以在气溶胶浓度更高的条件下发生和发展。这可能是由于在生成时对流云内部以微物理过程为主导，随着气溶胶粒子增多，更多的粒子活化产生了云滴，对流云云量因而增加；而从中午到下午，由于太阳辐射较强，大气中累积了一定的不稳定能量，因此在较污染的地区也可以产生对流云，或使已经存在的对流云发展得更加深厚。

根据各 $PM_{2.5}$平均阈值所对应的对流云发生频率可以明显看出，8:00 ~ 11:00 污染情景下对流云的发生频率高于清洁情景，而 12:00 ~ 14:00，清洁情景下对应的对流云发生频率高于污染情景。黑色实线与紫色平均值点的差异也可以清晰地反映这一变化：在12:00以前，随 $PM_{2.5}$增加，对流云发生频率的增长速率低于平均值，而在 $PM_{2.5}$值大于 30μg/m^3（转折点）以后，其发生频率又高于平均值；但在 12:00 以后则相反，随 $PM_{2.5}$浓度增加，对流云发生频率高于平均值，而在转折点后发生频率则低于平均值。由于对流云发生频率随 $PM_{2.5}$浓度的变化曲线在不同时间段中发生了形状上的变化，因而产生了如图 5-36 所示的规律，这可能说明气溶胶的微物理效应与辐射效应在上午和下午发挥作用的强度不同。

通过研究不同时间内对流云发生频率与不同地面海拔地区低层相对湿度的关系，发现在上午（8:00 ~ 11:00）低层相对湿度较高，因而气溶胶粒子的活化率可能较高，因此转折点可能发生在气溶胶浓度较高的区域。转折点前，随气溶胶浓度的增加，粒子争抢水汽导致对流云发生频率低于平均值，且由于地面加热较弱，低层大气也相对稳定，不易产生对流运动。而在转折点之后，由于微物理效应已经达到饱和，气溶胶粒子较多的情况下，地面增温较慢，因此不易产生新的对流云。而在 12:00 以后，由于地面水汽条件不如早晨充足，因而在较清洁的情况下微物理过程被减弱，转折点提前。但由于地面加热增强，所以有更多的粒子因为热力和水汽因素而活化，从而增加了对流云云量。因此，此时段内的转折点前对流云发生频率高于平均值。在转折点之后，辐射效应抑制了对流云的新生。随着时间推移，太阳辐射逐渐减弱，在气溶胶粒子较多时，其对地面的辐射冷却效应可能随着太阳辐射的减弱而增强，因此，在此时段内对流云的发生频率低于平均值，且其与平均值的差异随时间增大。辐射效应增强的原因可能为：$PM_{2.5}$在一天之中浓度变化的绝对值并没有太大改变，因此，从早上到下午气溶胶浓度的变化可能不大，在早上，因为气溶胶对地面的辐射冷却作用，对流云未产生或发展，由于对流云面积较小，无云区域面积较大，在下午时，更多的粒子吸收或散射了太阳辐射，从而使得地面降温更多，对流云更加难以产生。已产生的对流云也可能因为气溶胶浓度较高导致云滴粒子较小，更易蒸发，减小了对流云的面积，抑制其发展，这一现象也与图 5-35 一致。另外，对于已经发展较深厚的对流云，微物理效应的增强可能使得云滴粒子变小，从而延长了云的生命周期，在下午可能增加了云的垂直发展，导致污染情景下探测到的对流云面积较小。

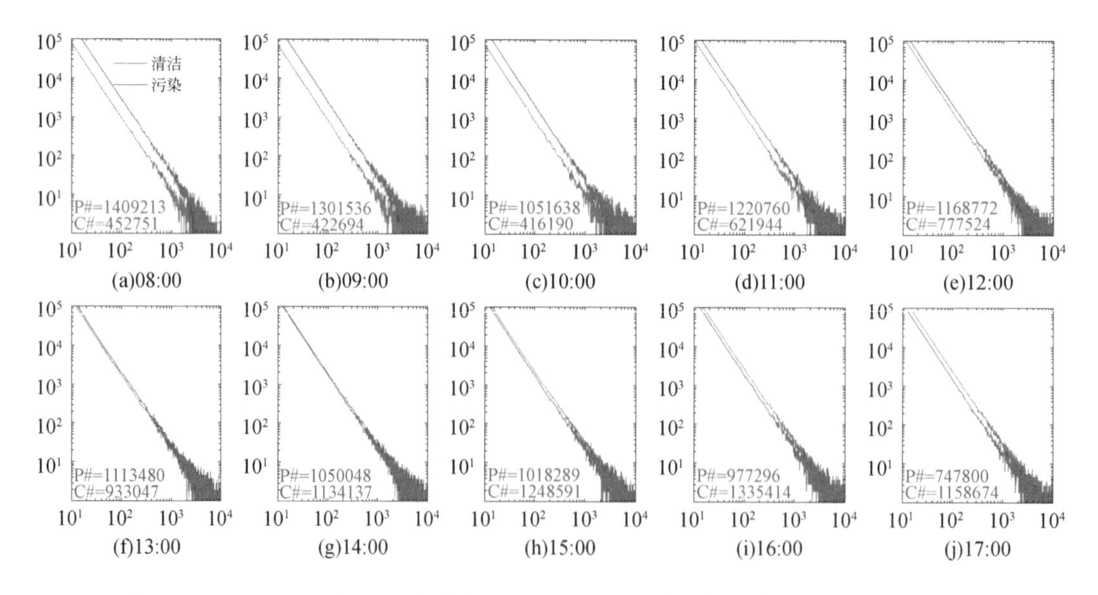

图 5-36　2016～2017 年 5～9 月利用 TCT-CID 算法识别出的对流云面积在污染与清洁情景下的统计分布差异及其日变化特征

图中红色线代表污染状况下对流云面积分布，蓝色线则为清洁条件下的对流云面积分布。横坐标为对流云面积（像元数目）；纵坐标为对流云块数；P#代表污染条件下的云块总数；C#代表清洁条件下的云块总数然而，上述这些可能的过程中有大量的气象因子共同参与，仍需要结合气象因素进一步探索其与气溶胶对对流云的联合影响过程。同时，地形也可能在对流云的形成过程中起到一定的推动作用，因此还需要讨论地形能够在气溶胶-对流云的相互作用中带来何种影响。

第6章　城市化的气候效应

6.1　中国东部城市群城市扩展的气候效应

自20世纪80年代以来，中国经历了史无前例的城市化进程，造成了从局地城市到广大地区的巨大气候影响。本节采用WRF模型和城市冠层模型耦合模拟量化了中国发展最快的京津冀城市群、长三角城市群和珠三角城市群扩张对夏季气候的影响。模拟使用了1988年、2000年和2010年每个城市群的高分辨率景观数据。研究结果表明，京津冀城市群、长三角城市群、珠三角城市群夏季增温分别为0.85℃、0.78℃、0.57℃，大大高于先前的估计。京津冀城市群、长三角城市群、珠三角城市群的夏季气温峰值增温分别为1.5℃、1℃、0.8℃。相反，珠三角城市群的水分流失最大，近地表2m水蒸气最大减少量接近1g/kg，其次是长三角城市群和京津冀城市群，局地湿度峰值亏缺分别达到0.8g/kg和0.6g/kg。由于使用了高分辨率的景观数据，并且包含了关键的陆-气相互作用过程，气候要素模拟值与观测值吻合程度比以前的研究更高。研究结果进一步表明，多中心城市形式的增温效应强度较小，但在空间上影响更为广泛，而大型集中城市集聚产生的增温效应更强，但限于局部地区。本章研究可增进对城市与大气相互作用的理解，对城市景观管理和减轻城市热岛的负面影响具有借鉴意义。

6.1.1　引言

城市化是人类对地球表面改造的极端案例，被认为是局地和区域尺度上气候变化的重要驱动因素（Bornstein，1968；Oke，1973；Portman，1993；Wu，2014）。城市热岛（UHI）被公认为是城市化引起的气候变化的重要表现，即城市区域内的温度相对于其周围环境的升高（Brazel et al.，2007；Stewart and Oke，2012；Myint et al.，2013）。除了城市环境中过多的人为热量释放（Feng et al.，2012，2013；Sailor et al.，2015；Salamanca et al.，2014），土地表面性质的改变（包括高蓄热能力、不透水表面增加和植被减少等）影响了地表能量收支，引起近地表增温，改变了大气热力结构（Benson-Lira et al.，2016；Georgescu et al.，2011；Wu，2008，2014）。因此，应考虑用地表强迫来准确评估城市扩张对环境的影响，特别是对于那些经历快速城市化的国家和地区（Creutzig，2015；Georgescu et al.，2015a；Lazzarini et al.，2015）。

改革开放以来，中国见证了前所未有的社会经济发展（Wu et al.，2014；Ma et al.，2016），预计到 2050 年将有 77.5% 的人口居住在城市（Chen et al.，2013b；Bai et al.，2014；Wu et al.，2014）。根据对观测和再分析数据产品的检验分析，已有研究表明，1979 ~ 1998 年，中国东南部城市扩张导致的增温幅度为 0.05℃/10a（Zhou et al.，2004）；1961 ~ 2000 年，中国北部地区城市扩张引起的增温幅度为 0.11℃/10a（Ren et al.，2008）。1951 ~ 2004 年，中国东部地区出现 0.1℃/10a 的升温（Jones et al.，2008）。毫无疑问，先前的工作突显了城市化对气温升高的重要性，并为基于过程的建模方法铺平了道路，以表征与城市化相关的地表变化的时空格局和物理驱动力。

越来越多的研究使用数值模拟来估算中国主要城市地区城市化对气候的影响，包括北京、南京、武汉和杭州（Miao et al.，2009；Wang et al.，2013；Yang et al.，2012；Ke et al.，2013；Chen et al.，2014）、长三角地区（Zhang et al.，2010；Liao et al.，2014）、珠三角地区（Lin et al.，2009；Wang et al.，2014b）以及整个中国（Feng et al.，2012，2013；Wang et al.，2012；Chen and Frauenfeld，2016）。这些研究的模拟工作通常着重于通过调查城市冠层与上层大气之间的相互作用来捕获城市化引起的影响（即全球变暖之外的影响）。但是，先前的研究主要是通过将两种截然不同的土地利用/覆盖模式纳入气候模型来进行的，即城市化前和城市化后的景观，而这些端点之间（即表征城市化趋势的过渡期）的城市化景观复杂性基本上被省略了。Lin 等（2016）通过将多个历史城市快照纳入一个独立的地表模型，研究了城市增长及其对区域气候的影响，发现城市扩张分别使京津冀、长三角和珠三角地区夏季增温达 0.1℃/30a、0.11℃/30a 和 0.05℃/30a。这些研究尽管向前迈进了一步，但由于缺乏双向的陆-气耦合和较粗糙的空间分辨率（如 0.2°×0.2°的水平网格间距），可能导致对城市化增温效果的严重低估。

20 世纪 80 年代后期，中国城市经济复兴，2000 年开始进入最迅速的发展阶段（Chen et al.，2013b；Wu et al.，2014）。因此，本节选择了与国家城市化发展相对应的 1988 年、2000 年和 2010 年的三个时间快照，并利用耦合的城市大气模型进行高分辨率模拟，评估中国三个典型的城市化地区（京津冀、长三角、珠三角）的建筑环境扩张对气候变化的影响（图 6-1）。具体的研究目标是：①量化三个地区 1980 ~ 2010 年的城市扩张规模；②研究城市范围和城市形态对这三个地区气候要素的影响，特别关注近地表温度和湿度；③比较评估处在不同气候区的三个城市化地区的气候效应之间的差异。

6.1.2 研究区

京津冀、长三角和珠三角是中国城市化程度最高和工业化程度最高的地区。它们仅占我国陆地面积的3.7%，但人口占全国的比例高达18.2%，同时贡献了GDP的36.8%[①]。尽管这三个地区都位于沿海地区，但它们之间的气候特征却有很大不同。长三角和珠三角受夏季炎热潮湿的东亚季风的强烈影响，长三角地区的夏季平均温度（27～28℃）低于珠三角的夏季平均温度（30～31℃）。相比之下，京津冀处于夏季风足迹的边缘区域，因此夏季相对干燥。尽管京津冀的夏季平均温度范围为25～26℃，但其平均气温日较差接近10℃，比其他两个城市群的平均气温日较差高2～3℃[②]。

6.1.3 材料与方法

6.1.3.1 模拟系统和配置

采用WRF模型3.6.1版本进行模拟（Skamarock et al.，2008）。WRF模型可以在陆地表面和大气之间进行双向耦合，并在其模拟网格单元之间实现额外的交互作用。为了表示城市地表过程（如城市环境与大气之间的能量和动量交换），将Noah地表模型（Chen and Dudhia，2001）与单层城市冠层模型（Kusaka et al.，2001；Kusaka and Kimura，2004）耦合。此外，使用高密度住宅类型（90%的建筑材料与10%的可渗透表面覆盖物）来表征所有三个城市化集聚区的建筑环境。Wang等（2012）的研究表征了高强度城市土地利用的主要物理参数，其中指定此类高密度建设用地的人为热量排放为50W/m^2。

配置WRF模型用于高分辨率模拟，其中D01、D02和D03-05三层模型域的网格分辨率分别为27km、9km和3km。空间分辨率最粗糙的区域D01几乎覆盖了整个中国，并延伸到东海和南海，以捕获东亚季风对这三个地区气候的影响，覆盖面积为3500km×3000km。中间区域D02覆盖中国东部，覆盖面积为2700km×1500km。最里面的区域D03、D04和D05以三个城市群为中心，覆盖面积为444km×417km。模型的水平坐标使用Lambert正形圆锥投影，在垂直方向上选择地形追随坐标，从地表到50hPa共30层（eta）。

美国气象环境预预中心（NCEP）全球最终分析（FNL）数据库提供了大尺度大气场的初始和侧边界条件，其水平分辨率为1°×1°，时间间隔为6h。表6-1列出了用于所有模拟的主要物理参数。应注意的是，最里面的区域都在沿海附近，这意味着陆海相互作用对城市化引起的气候变化的影响不可忽略。但是，WRF模型不能预测海表温度（SST），这是一个重要参数，其可以改变距海岸短距离内的空气质量。因此，我们在模拟过程中通过将NCEP实时和全局SST分析存档（RTG_SST；ftp：//polar.ncep.noaa.gov/）中的数据合

---

① 国家统计局，http：//www.stats.gov.cn/.

② 中国气象局，http：//www.cma.gov.cn/.

并到 WRF 模型中来及时更新 SST。以每日间隔和两个水平方向上的 0.5°网格间隔生成数据。为了使 SST 的更新频率达到 6h，在执行 WRF 运行之前，将每日数据插值到 6h 的时间间隔。

表 6-1　模拟所用的生物物理参数

生物物理参数	备注
模拟版本	3.6.1
水平格网（最里层）	ΔX 和 ΔY=3km
格点数量	148（X 方向），139（Y 方向）
垂直层数	30 层
时间步长（最里层）	15s
辐射方案	RRTM[a]（长波）；RRTMG[b]（短波）
陆地表面模型	Noah
城市表面模型	单层城市冠层模型
积云对流方案	K-F[c]（仅对两个外层模拟域打开）
微物理方案	WSM-3[d]
地球系统边界层方案	YSU[e]
表层	Eta similarity
初始和侧向边界条件	NCEP FNL/RTG_SST

a RRTM，快速辐射传输模型；b RRTMG，新版 RRTM；c K-F，新版 Kain-Fritsch 积云对流方案；d WSM-3，WRF 微物理方案；e YSU，延世大学地球系统边界层（PBL）方案。

6.1.3.2　土地利用/覆盖数据

我们从国家地球系统科学数据中心（http://www.geodata.cn/）获得了土地利用/覆盖数据。这些数据是根据 Landsat TM 遥感图像以 1km×1km 的空间分辨率生成的，以便监测全国范围内的土地利用/覆盖变化。为了将土地利用/覆盖数据整合到气候模型中以提高模型模拟的准确性，根据国际地圈-生物圈计划土地利用分类方案对数据进行了重分类，总体准确性为 83.14%（Liu et al.，2014a）。本研究将与 1988 年、2000 年和 2010 年相对应的土地利用/覆盖数据用作地表边界条件。总体而言，这三个地区的城市范围在 1988～2000 年稳定增长，随后在 2000～2010 年快速扩张（图 6-1）。城市化很大限度上是以占用耕地为代价的（图 6-1）。需要指出的是，本研究最新开发的土地利用/覆盖数据仅用于最内部的模拟域（D03、D04、D05），而对于外部的两个模拟域（D01、D02），则使用 WRF 建模系统提供的默认地表条件。

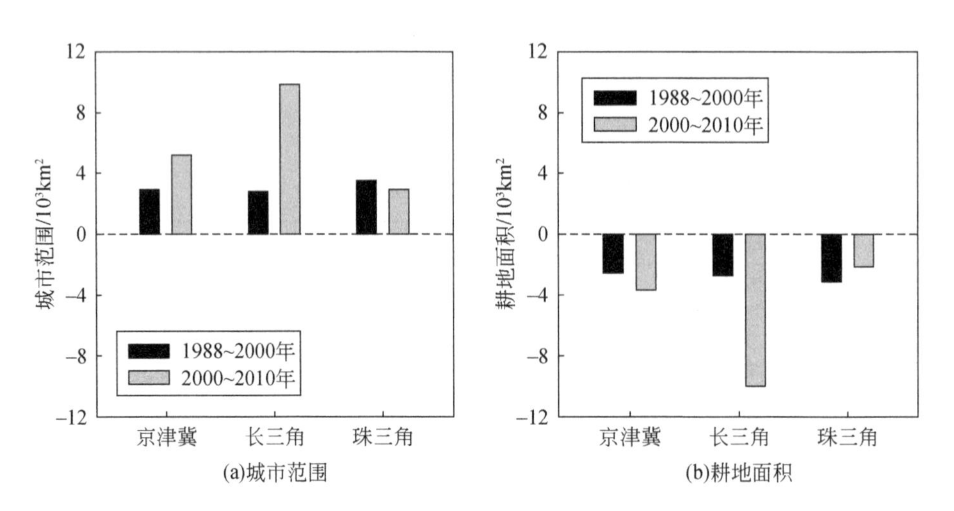

图 6-1　1988 ~ 2000 年和 2000 ~ 2010 年京津冀、长三角和珠三角的城市范围和耕地面积的变化

6.1.3.3　数值模拟设计

分别使用 1988 年（Urb1988）、2000 年（Urb2000）和 2010 年（Urb2010）的城市地表条件设计了三个数值实验。在执行高分辨率模拟之前，我们选择了三个正常的夏季（6 ~ 8月）进行模拟。选择代表性的夏季是基于对华东地区 2000 ~ 2010 年观测记录的考察（Sun et al., 2014）。选择 2001 年、2003 年和 2005 年夏季是因为以下原因。首先，与前十年（即 2000 年、2007 年和 2010 年）的三个炎热夏季相比，这三年的夏季温度距平值相对较低（Sun et al., 2014）。其次，考虑到不同夏季之间的潜在差异，没有模拟连续的夏季（Georgescu, 2015）。模拟实验初始于 5 月 25 日世界时间（UTC）00：00，并持续到当年 8 月 31 日世界时间（UTC）18：00。所有模拟的最初一周都被视为加速期，因此不包括在结果分析中。本研究共进行了九次模拟（表 6-2）。

表 6-2　WRF 模拟实验描述

模拟实验	加速期	结果分析期
Urb1988	2001 年 5 月 25 ~ 31 日	2001 年 6 月 1 日 ~ 8 月 31 日
	2003 年 5 月 25 ~ 31 日	2003 年 6 月 1 日 ~ 8 月 31 日
	2005 年 5 月 25 ~ 31 日	2005 年 6 月 1 日 ~ 8 月 31 日
Urb2000	2001 年 5 月 25 ~ 31 日	2001 年 6 月 1 日 ~ 8 月 31 日
	2003 年 5 月 25 ~ 31 日	2003 年 6 月 1 日 ~ 8 月 31 日
	2005 年 5 月 25 ~ 31 日	2005 年 6 月 1 日 ~ 8 月 31 日

续表

模拟实验	加速期	结果分析期
Urb2010	2001 年 5 月 25 ~ 31 日	2001 年 6 月 1 日 ~ 8 月 31 日
	2003 年 5 月 25 ~ 31 日	2003 年 6 月 1 日 ~ 8 月 31 日
	2005 年 5 月 25 ~ 31 日	2005 年 6 月 1 日 ~ 8 月 31 日

6.1.3.4 模型评估数据

为了评估模型时间和空间的模拟性能，本研究利用基于站点和网络的观测数据对模拟结果的精度进行验证。站点观测资料来自“SURF_CLI_CHN_MUL_DAY”，这是国家气象科学数据中心（http://data.cma.cn/）提供的数据集。该数据集包含中国大陆各观测站的每日气象信息。总体而言，模拟域 D03、D04 和 D05 内分别有 19 个、20 个和 14 个站点。为了进行模型评估，使用了 2001 年、2003 年和 2005 年夏季的每日最高、最低和平均温度。相对于占地 $1m^2$ 的基于位置的观测站点数据，本模拟使用相对较粗的网格间距（3km），因此，将每个模拟域内所有站点的观测值进一步平均，并与距离站点最近的模拟网格单元的模拟平均值进行比较。中国气象局国家气候中心提供了用于评估空间显式模型性能的网格化观测数据。该数据集是基于中国大陆 751 个观测站的数据插值而生成的，目的是进行气候模型验证（Xu et al., 2009b），它提供了 1961 ~ 2012 年的每月平均气温，空间分辨率为 0.25°×0.25°。为了验证模拟系统性能，将 WRF 模型模拟的所有三个夏季的平均近地表 2m 气温与从网格观测得到的相应夏季平均温度进行比较。

6.1.4 结果

6.1.4.1 WRF 模型评估

为了评估 WRF 模型的性能，我们将 Urb2000 模拟的近地表 2m 气温与基于站点和网格的观测值进行了比较。模拟的夜间最低温度与三个地区所有三个夏季的观测值非常吻合，绝对误差不超过 0.2℃（表 6-3）。WRF 模拟的珠三角地区的每日平均和白天最高温度表明，所有三个夏季的绝对误差均小于 1℃，而其他两个地区的绝对误差均不高于 1.6℃。在所有地区三个夏季期间，WRF 模拟的每日平均温度也与每个城市地区的观测值基本吻合（图 6-2）。当观测结果显示温度急剧上升时，模拟值也如此变化；当观测结果显示温度急剧下降时，该模型也适当地再现了这种变化。

表 6-3 夏季（2001 年、2003 年和 2005 年）京津冀、长三角和珠三角地区气象站点观测值与 WRF 模拟值对比 （单位：℃）

地区	气温	2001 年		2003 年		2005 年	
		观测值	模拟值	观测值	模拟值	观测值	模拟值
京津冀	平均值	25.8	27.3（+1.5）	24.7	25.7（+1.0）	25.7	27.0（+1.3）
	最大值	31.2	32.8（+1.6）	29.9	30.7（+0.8）	31.1	32.0（+0.9）
	最小值	21.2	21.2（+0.0）	20.2	20.1（−0.1）	21.1	21.3（+0.2）
长三角	平均值	26.2	27.4（+1.2）	26.8	28.1（+1.3）	27.1	28.1（+1.0）
	最大值	30.0	31.4（+1.4）	31.1	32.4（+1.3）	31.3	32.4（+1.1）
	最小值	23.2	23.4（+0.2）	23.5	23.4（−0.1）	23.8	23.7（−0.1）
珠三角	平均值	27.8	28.7（+0.9）	28.6	29.1（+0.5）	28.1	28.9（+0.8）
	最大值	31.9	32.3（+0.4）	32.9	32.8（−0.1）	32.2	32.4（+0.2）
	最小值	25.1	25.2（+0.1）	25.4	25.5（+0.1）	25.4	25.4（+0.0）

注：对每个模拟域内所有气象站点的观测值取平均值，然后与最靠近站点位置的模拟网格单元的相应平均值进行比较，模型偏差在括号中给出。

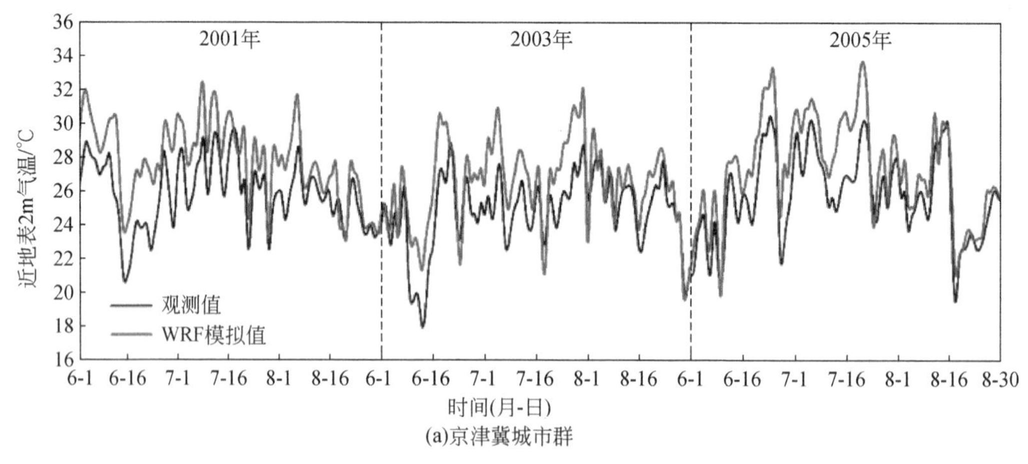

(a)京津冀城市群

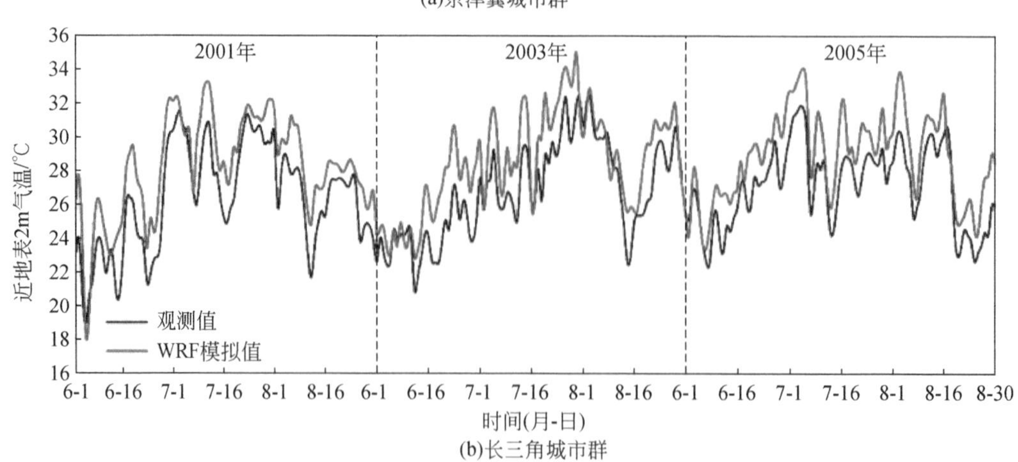

(b)长三角城市群

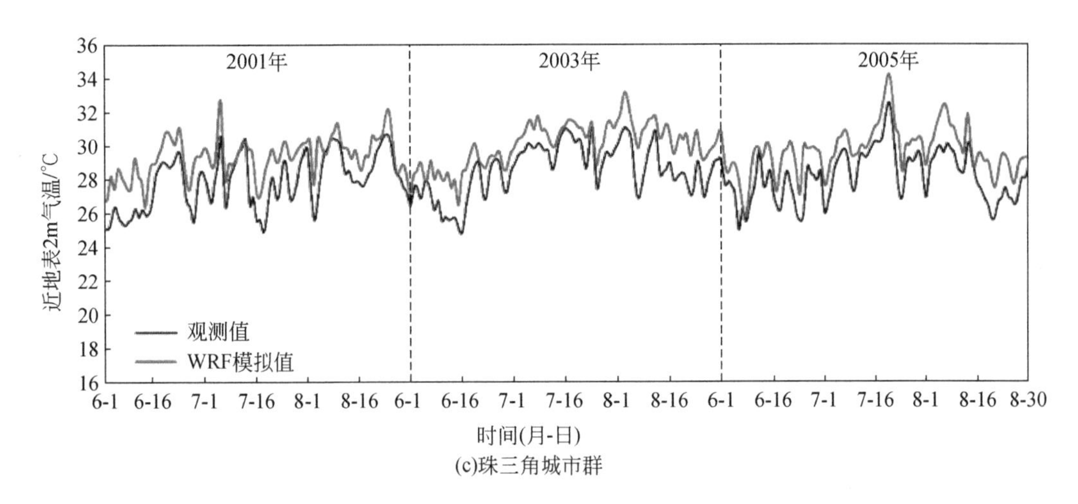

(c)珠三角城市群

图 6-2　2001 年、2003 年和 2005 年夏季观测（黑色曲线）和 WRF 模拟的（红色曲线）近地表 2m 气温

将三个夏季的平均温度与相应的网格观测数据进行比较，结果表明 WRF 模型能够合理地模拟温度的空间格局。例如，WRF 模型成功捕获了华北平原、长江下游平原和珠江三角洲平原的高温区域，以及京津冀西北、长三角最南端和珠三角北部的山脉与丘陵的低温区域。然而，WRF 模拟值和观测最高温度的位置有所不同，特别是对于长三角和珠三角地区，这主要是由于网格观测结果的局限性，因为基于台站记录数据的插值未能准确表征陆地-海洋相互作用对近地表温度的影响，对于受到夏季风强烈影响的地区来说尤其如此，因为夏季风为沿海地区带来了凉爽的空气。

本研究模拟结果偏差相比先前研究（Miao et al., 2009；Wang et al., 2012b；2014a）更小，模拟结果精度较好可归因于实时海表温度（SST）的使用，因为珠三角城市群和长三角城市群夏季受东亚季风的强烈影响。此外，本研究模拟使用的参数化方案也可能发挥了重要作用（Yang et al., 2015）。模拟和观测结果之间的系统差异可能是由初始和侧边界条件的误差或 WRF 的固有局限性引起的。但是，由于 WRF 模型模拟结果的时间和空间格局与观测数据吻合性优于先前研究，因此 WRF 模拟系统是检验历史城市扩张对气候影响的合适工具。

6.1.4.2　城市扩张的气候影响评估

本研究使用 Urb1988 和 Urb2000（Urb2000 - Urb1988）与 Urb1988 和 Urb2010（Urb2010-Urb1988）之间近地表 2m 气温的整体差异来评估城市扩张对这三个城市群夏季气候的影响。结果表明，三个区域城市增温的幅度和空间格局差异很大（图 6-3）。在 2010 年城市范围内，城市化对京津冀城市群的局地增温效应最强，大多数城市地区的最大增温幅度为1.2~1.5℃。长三角城市群增温幅度较低，约为1℃，珠三角城市群增温幅度小于0.8℃。总体而言，相对1988年，2010年三个区域城市像元平均增温0.85℃、0.78℃和0.57℃。值得注意的是，在所有城市化地区，沿海地区的近地表温度升高幅度通常不超过0.6℃。

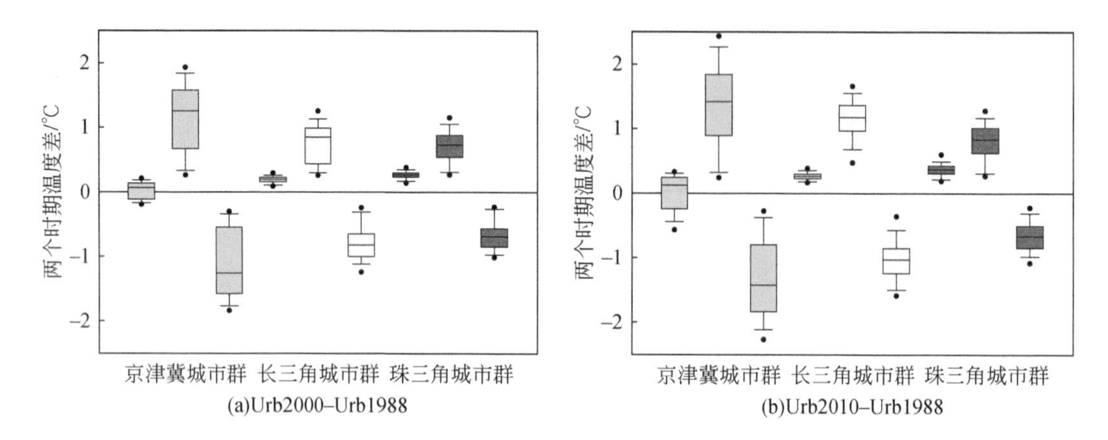

图6-3 WRF模拟的2000年和1988年、2010年和1988年京津冀、长三角、珠三角城市群夏季近地表2m气温白天最高温度（三色组合的左侧）、夜间最低温度（三色组合的中心）和昼夜温度范围（三色组合的右侧）

仅对2010年的城市网格单元进行计算

城市增温影响范围用EI指数表示，EI(x)=[A_change（x）]/A_urban，其中x为任何气象参数，A_change（x）为x发生变化的区域，A_urban为城市范围。EI为1表示仅城市位置受到影响，EI<1表示仅部分城市位置受到影响，而EI>1表示影响范围超出了构建环境。长三角地区城市化引起的增温影响超出了建筑环境范围，在城市化的早期阶段（即到2000年），区域增温的影响是明显的，而在另外10年（2000~2010年）的城市扩张之后，区域增温的影响进一步加强。对于京津冀城市群而言，城市化的增温影响并非如此，近地表增温影响在一定程度上仅限于建筑物区域。到2000年，京津冀、长三角、珠三角城市群的EI值分别为1.4、4.1、2.5，到2010年，EI值分别增加到2.7、5.0、3.6。

2010年城市网格单元在1988~2010年的白天最高温度（T_{max}）、夜间最低温度（T_{min}）和昼夜温差（DTR=T_{max}−T_{min}）的差异表明，城市扩张通过增加夜间最低温度显著降低了昼夜温差（图6-3）。昼夜温差减少最大的区域是京津冀城市群，其次是长三角城市群，然后是珠三角城市群。珠三角城市群在大约三十年（1980~2010年）的城市化过程中产生了最大的白天最高温度增幅，到2010年，整个温度增幅变化范围在0.2~0.5℃。长三角地区的白天最高温度升幅较小，最大温度则没有明显变化。到2010年，京津冀城市群最低温度和最高温度变化的净影响使昼夜温度差降低了0.8~1.8℃，长三角城市群昼夜温度差降低了0.9

~1.3℃。2000~2010 年，珠三角城市群最高温度和最低温度均有所增加，导致昼夜温度差的变化相对减少（0.2~1℃）。

WRF 模拟的最低温度和最高温度变化与观测值吻合程度较好，表明三个城市群夏季气候变化具有较高的可信度。三个城市群地区的气象站 1980~2010 年观测到的夏季平均最高温度和最低温度的时间序列表明，夜间温度的受影响程度强于白天（图 6-4）。此外，在京津冀城市群地区未观察到显著的最大温度线性变化趋势（$P>0.05$），但是在长三角和珠三角城市群地区则记录到显著的最高温度增加趋势（$P<0.01$）。这些观测结果与本研究的模拟结果相符，后者也显示长三角和珠三角城市群地区的最高温度呈增加趋势，但京津冀城市群地区则没有这种趋势（图 6-3）。

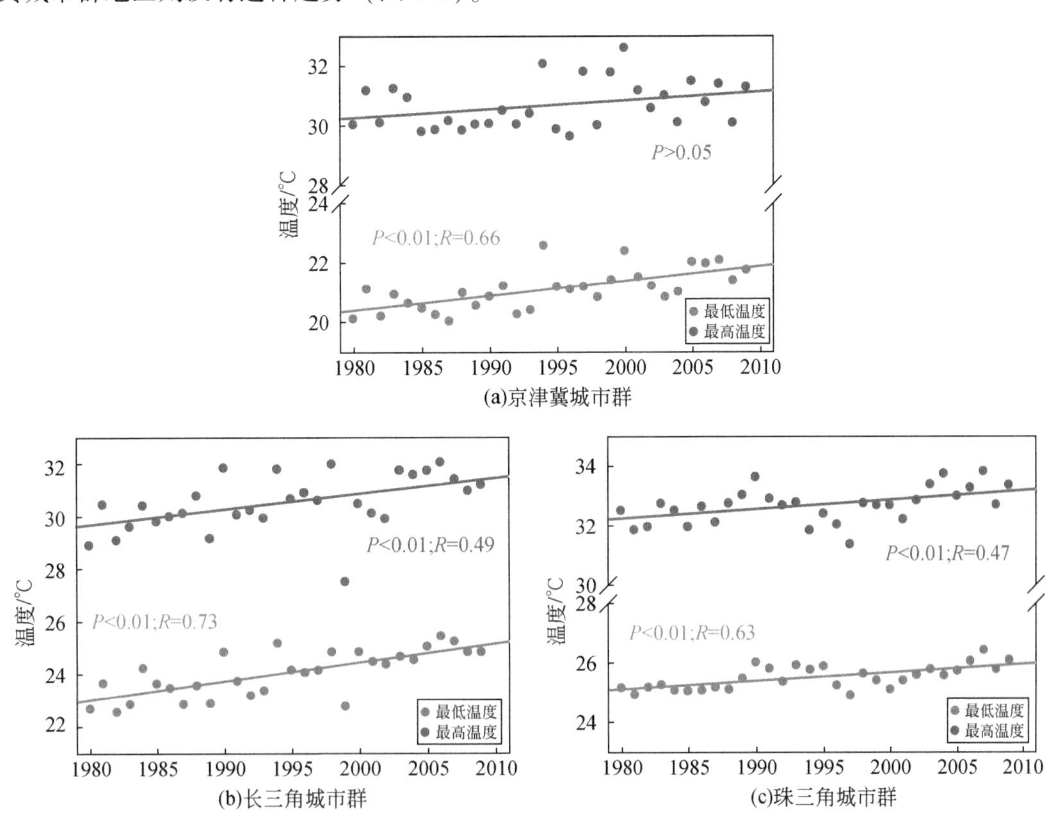

图 6-4　1980~2010 年京津冀、长三角和珠三角城市群气象站点的夏季平均最高温度（T_{max}）和最低温度（T_{min}）的时间序列

直线表示采用线性最小二乘法拟合得到的气温变化趋势。八个气象站点分别为：①北京（39.79°N，116.46°E）；②石家庄（38.03°N，114.41°E）；③天津（39.08°N，117.06°E）；④上海（32.16°N，122.21°E）；⑤南京（32.00°N，118.80°E）；⑥杭州（30.23°N，120.16°E）；⑦深圳（22.53°N，114.00°E）；⑧广州（23.16°N，113.33°E）

根据图 6-5，夏季近地表 2m 每日平均温度（T_{avg}）差异的时间序列表明城市化显著提高了京津冀城市群地区 8 月、长三角城市群地区 7~8 月的平均温度。但是，珠三角城市

群地区6～8 月的增温效应趋于减弱，并且整个夏季平均温度的上升幅度相似，约为0. 25℃（Urb2010-Urb2000）。总体而言，夏季京津冀城市群地区平均温度变化的幅度和日变化均相对较强，其次是长三角城市群，而珠三角城市群平均温度变化的幅度和日变化则相对较小。

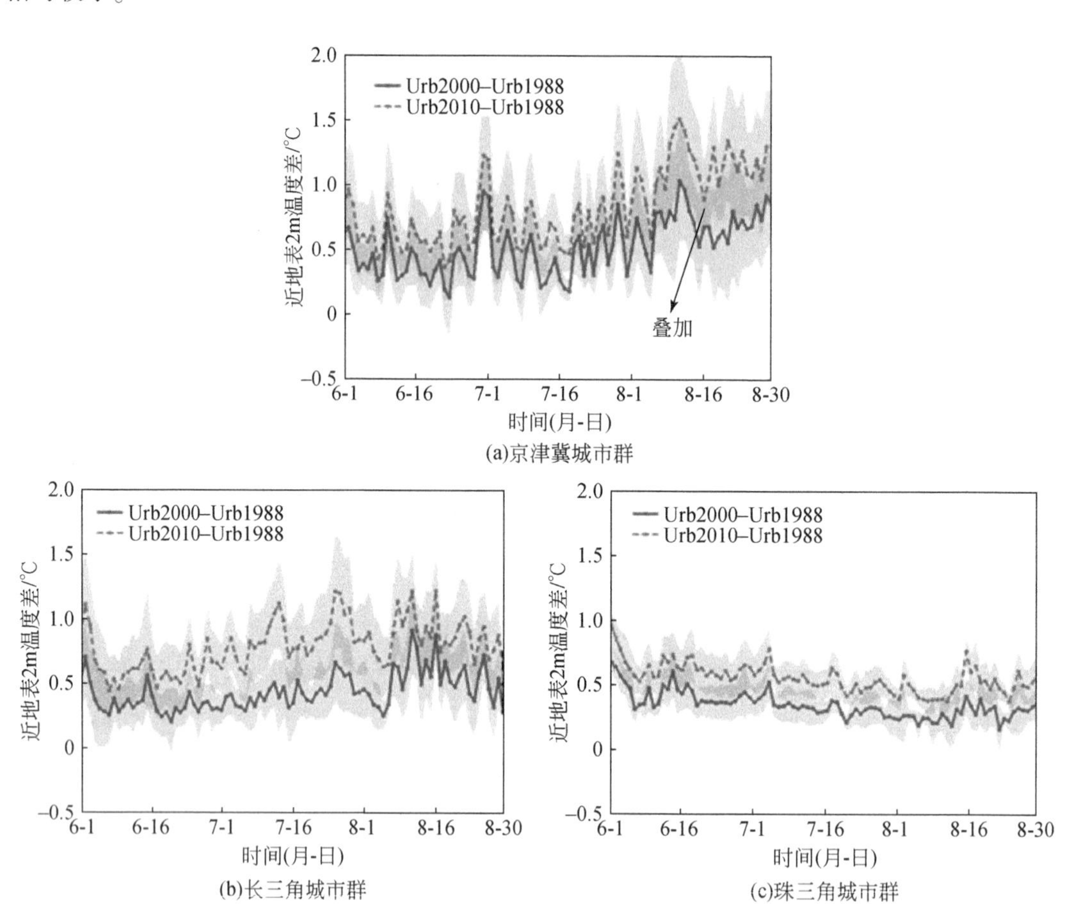

图 6-5 京津冀城市群、长三角城市群和珠三角城市群 1988～2010 年（Urb2010-Urb1988）、1988～2000 年（Urb2000-Urb1988）WRF 模拟的近地表 2m 平均温度差的时间序列

仅对 2010 年的城市网格单元进行了计算，阴影区域代表一倍标准差

我们进一步研究了 1988～2010 年地表能量收支的变化（图 6-6），以增进对近地表气温变化的物理驱动力的理解。结果表明，三个城市群区域全天的净辐射均略有下降，这主要是由于较高的地表温度，因此建筑环境向上的长波辐射较大。建筑环境的发展进一步导致了显热的增加，白天潜热的减少，而且白天对潜热的影响显著大于夜间。地表热通量白天减少（即向下的太阳能存储在城市基础设施中），但在夜间增加（即从城市环境中释放出来）。根据减少的净辐射，白天地表热通量的变化幅度要小于显热通量和潜热通量的组

合变化幅度，而夜间则更大。发生这种情况的原因是城市地区较少的水分供应，白天的蒸散量大大减少了，而夜间的建筑环境却损失了很多能量。

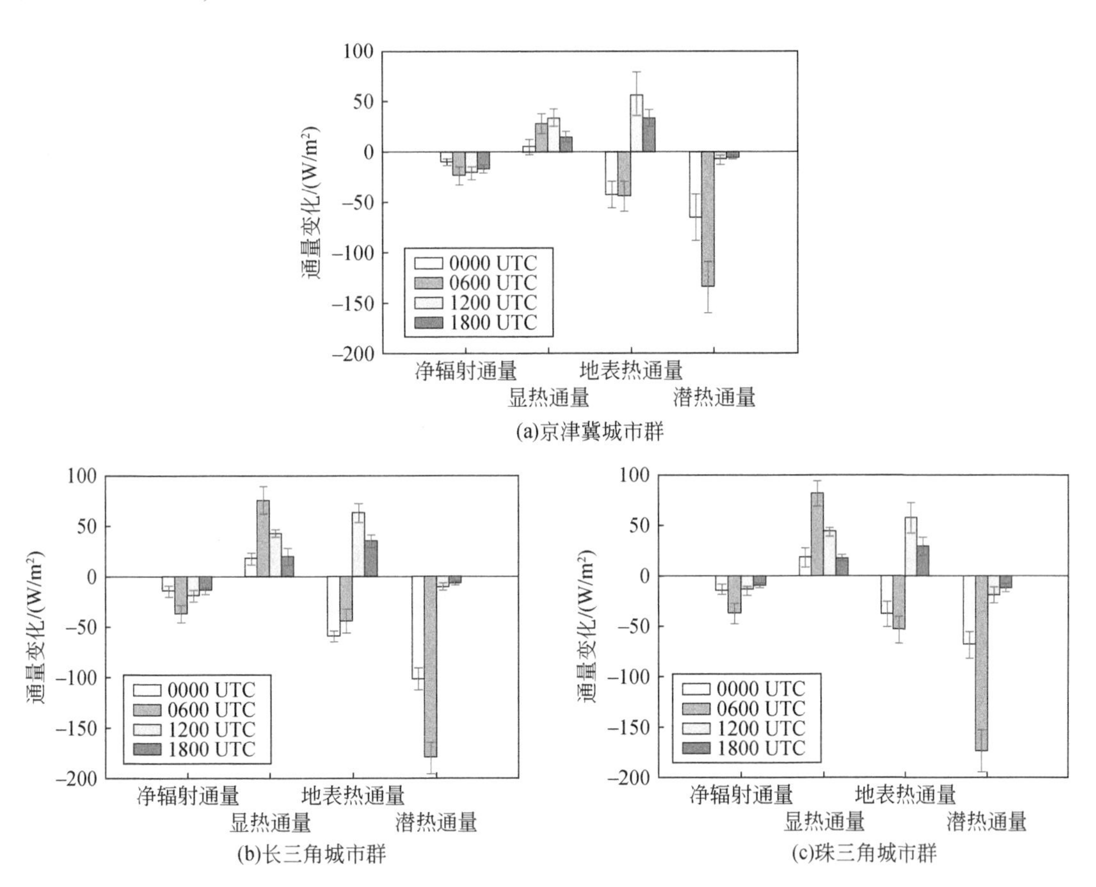

图6-6　1988～2010年（Urb2010-Urb1988）京津冀、长三角和珠三角城市群夏季平均净辐射通量、显热通量，地表热通量和潜热通量之间的差值

0000UTC、0600UTC、1200UTC和1800UTC分别表示世界时间（UTC）00：00、6：00、12：00和18：00，地表热通量负值表示能量存储，误差棒代表一倍标准差，以上数值仅对2010年的城市网格单元进行了计算

1988～2010年近地表2m水蒸气混合比差值（Urb2010-Urb1988）表明，珠三角城市群湿度下降幅度最大，达1g/kg。对于长三角城市群大多数地区，水分含量略有降低，最高为0.8g/kg，而京津冀城市群地区近地表水分降低幅度最小，城市网格单元的平均水分含量为0.6g/kg。长三角和珠三角地区受到东亚季风的强烈影响，夏季水分含量高，而京津冀城市群位于中国北方，受到季风气候的影响有限，夏季更加干燥。因此，水分越多，因城市扩张而损失的水分就越多，反之亦然。值得注意的是也有例外，与附近的内陆城市相比，部分沿海地区湿度有所降低。再次，城市扩展造成的干燥效应影响广泛，远远超出了长三角城市群地区，其影响指数EI接近4，其次是珠三角城市群地区（EI=3.2），而在

京津冀城市群地区，这种影响限于建筑环境，EI 值等于 1.6。

6.1.5 讨论

6.1.5.1 历史城市扩张的气候影响

通过评估近地表气候指标（如温度和湿度）的变化，本研究探索了中国三个最大的城市群城市化的气候影响。模拟显示，1988～2010 年，京津冀城市群、长三角城市群和珠三角城市群的城市扩张引起的增温幅度分别为 0.85℃、0.78℃和 0.57℃，局部增温峰值分别达 1.5℃、1℃和 0.8℃。类似的研究表明，三个高度城市化地区的夏季温度分别升高了 2.18℃、3.17℃和 2.3℃（Wang et al.，2012）。但是，本研究与 Lin 等（2016）的研究不同，Lin 等（2016）的模拟结果显示京津冀城市群、长三角城市群和珠三角城市群夏季平均增温分别为 0.11℃/30a、0.11℃/30a 和 0.05℃/30a，三个地区的局部最大增温为 0.2℃。显然，Lin 等（2016）的模拟值大大低于观测到的现实记录，结合本研究发现，中国城市化导致的地表增温至少超过 0.15℃/30a（Zhou et al.，2004；Jones et al.，2008；Ren et al.，2008）。

本研究与 Lin 等（2016）的研究之间的差异可能是由于以下两点。首先，在 Lin 等（2016）利用的独立地表模型中，地表与大气之间缺乏双向耦合，这可能是低估模拟增温的一个因素，而本研究使用了城市-大气耦合模型，该模型使得模拟网格单元之间的相互作用成为可能。其次，本研究采用的景观格局来自相应年份的高分辨率遥感影像。相反，Lin 等（2016）使用的是 0.2°×0.2°网格框中城市面积的百分数，因此既不能描述具体的城市范围，也不能描述城市形态，从而限制了准确量化不断演变的城市景观格局如何影响区域气候的能力。

观测数据表明，城市扩张对长三角城市群的增温效应最强烈。发生这种情况的原因是，观测到的证据综合了土地表面条件和人为热排放，以及长生命周期温室气体的排放（本研究没有考虑此因素）的变化。而本研究在 WRF 模型中保持恒定的人为热排放。换句话说，城市冠层模型的参数化方案为每个城市子类别分配了相同数量的人为热排放，而没有考虑区域间差异。据 Feng 等（2012，2013）的研究，长三角地区主要大都市的实际人为热量释放量超过了 WRF 模型中定义的默认值（即高强度住宅类为 $50W/m^2$）。此外，全面的区域气候分析应考虑人为热排放量的时间演变和温室气体排放的性质变化。

显然，具有独特热特性的城市环境在白天吸收和存储能量，并在夜间释放能量，从而导致相当大幅度的夜间增温（Grimmond and Oke，1999）。然而，白天温度的变化在很大程度上取决于气候变化格局。根据先前针对干旱地区城市化的研究（Georgescu et al.，

2011，2015)，城市扩张可以降低白天的温度，这是因为相对于先前的土地用途，建筑环境增加了能量存储（即能量存储增强，导致白天显热通量减少）。长三角和珠三角的情况似乎并非如此，这些地区的气候条件较为凉爽和潮湿，因此与干旱地区相比，限制了建筑环境的热容量效应。结果，一天中吸收的太阳辐射的一部分被分配为显热，从而加热近地表温度。先前在相应区域开展的研究工作（Zhang et al.，2010；Wang et al.，2014b）与我们关于城市扩张导致白天最高温度升高的研究结果一致。

尽管将可得到的能量划分为显热和潜热在很大程度上决定了所有三个城市群地区建筑环境中的增温效果（Wang et al.，2012；Chen and Frauenfeld，2016；Lin et al.，2016），但是太阳辐射的入射量的差异也会带来不同。例如，珠三角地区位于亚热带，白天吸收的太阳能更多，因此白天的升温程度最高。相比之下，京津冀城市群由于其南部城市分布稀疏，因此其白天温度无明显变化。但是，京津冀城市群夜间温度表现出最大的上升幅度。发生这种情况的原因是，京津冀城市群背依高耸的燕山山脉，海洋暴露度有限。因此，京津冀城市群垂直热对流更为盛行。相比之下，长三角城市群和珠三角城市群地区因受陆地-海洋相互作用的强烈影响而更为盛行水平热对流。因此对流的差异不仅影响了近地表增温的程度，而且还影响了近地表增温的空间范围。Chen 和 Frauenfeld（2016）的发现与本研究一致，即白天最低温度从北向南降低，而夜间最高温度从南向北升高。

除了气候背景外，城市景观形态在塑造城市化导致的增温的空间异质性方面也起着不可忽视的作用（Yang et al.，2016a）。在过去的几十年中，京津冀地区和长三角地区经历了不同的城市扩张模式，前者经历了集中扩张，而后者则经历了多中心扩张。因此，在京津冀地区，建筑环境引起的增温和干燥效应在局部地区更大，而在城市化进程的早期阶段，长三角地区经历了明显的区域性效应。珠三角北部地区虽然远离市区，但由于其建筑环境区域性配置阻碍了来自附近海域的冷湿空气的运输，因此近地表温度和湿度也受到城市化的影响。因此，要在中国构建资源节约型和环境友好型的城市景观，就要在城市形态和城市规模之间进行权衡。

6.1.5.2 对未来研究的启示

本研究强调城市景观管理和规划是缓解城市化引起的气候变暖的有效方法。先前研究得出的结论是，人类通过基础设施策略适应气候变化的程度和速度将在很大程度上决定未来与热相关的死亡率和发病率（Hondula et al.，2015）。对于年轻人和老年人而言尤其如此，他们可能无法在极端高温下很好地调节身体，必须依靠他人来提供热舒适性环境。本研究表明，多中心城市形态的热影响强度较小但较广泛，而集中城市形态的热影响强度较大但限于局部地区，这与之前的工作一致（Yang et al.，2016a）。但是，目前尚不清楚城市景观格局（即总量和形态）如何在促进经济增长的同时最大限度地减少其对气候的不利影响。此外，随着这三个城市群地区留给城市化的空间越来越受到限制，城市扩张模式从蔓延式到填充式的转变很可能在中国未来的城市发展中盛行。因此，一个关键问题应该引起我们的注意，即如果在城市范围随时间推移保持不变的情况下，建筑强度（如不透水表面的比例、建筑物的高度、道路密度等）将如何影响气候（Yang et al., 2016a）？解决这一问题除了需要详细的城市冠层参数外，还将挑战区域气候模型将未来气候降低尺度到与人类活动相关的局地尺度的能力。

6.2 中国东部地区未来城市扩张情景对夏季气候的影响

中国正经历世界上规模最大和发展最快的城市化，尽管迅速的城市化将导致建成区的大规模扩张，但可能的气候影响和相关的人类健康影响仍然知之甚少。本节使用城市大气耦合模型研究了到2030年的三种城市扩张情景对中国东部夏季气候的潜在影响。模拟表明：与当前相比，低概率（>0%）、高概率（>75%）和100%概率的城市扩张情景下，温度分别升高了5℃、3℃和2℃。地表太阳辐射能量的分配在很大程度上解释了近地表2m空气温度的变化，而显热通量的增加以及下层城市表面粗糙度的升高，则导致夜间地球系统边界层高度的增加。在极端情况下（低概率城市扩张情景），不透水表面的聚集会大大减少大气湿度，从而导致大规模的降水减少。但是，近地表增温的影响远远超过了减少水分的影响，并给城市居民带来了不可忽略的热负荷。本研究采用基于情景的模拟方法，有助于更好地评估中国快速城市化地区的区域气候影响和热相关的群体健康风险，对促进能够抵抗平均和极端气候条件变化的城市地区的合理布局具有借鉴意义。

6.2.1 引言

城市扩张是土地利用/覆盖变化的最直接表现，被认为是局地气候和区域气候的主要调节器（Mills, 2007）。城市化引起的能够观测到的最直接的气候变化表现是城市热岛（Portman, 1993; Brazel et al., 2007; Myint et al., 2013），而城市化对降水的影响仍然是一个复杂的议题（Shepherd and Barros, 2010; Niyogi et al., 2011; Wang et al., 2015b）。除了建成区的人为热量排放外（Salamanca et al., 2014; González et al., 2015; Gutérrez et al., 2015; Sailor et al., 2015），城市土地在微尺度和中尺度气候系统的作用越来越受到关注（Georgescu et al., 2009; Grossman-Clarke et al., 2010; Cao et al., 2016a; Sun et al., 2016）。在非沙漠环境中，城市的增长减少了植被覆盖，不透水表面的连续增加，伴随着建筑材料的高蓄热能力以及对下层表面大气运动的阻碍，相应地修改了地球系统边界层的结构、水文循环和地表能量收支，对温度、空气循环和降水变化产生了重要影响

(Grimmond, 2007)。联合国2012年的预测显示(United Nations, 2012),到2030年,世界城市人口将增加13.5亿,显然,城市化对气候的影响将继续增加(Grimm et al., 2008)。

虽然城市人口增长是一种全球现象,但大部分城市化和相关的土地利用变化将集中在少数地区(Georgescu, 2015)。在这些地区中,预计到2030年亚洲将是城市人口增长最快的地区,中国将在这一地区居于领先地位(Georgescu, 2015)。20世纪60年代以来,大都市扩张导致的地表增温对中国区域观测到的0.5℃升温贡献达1/3(Sun et al., 2016b)。城市化率的提高将不可避免地体现在建成区的面积扩张上。反过来,这将进一步加剧人类面临的气候变暖压力。已有研究预计全国范围内的城市增长将继续,但全国城市增长格局并不均衡,西部地区主要是高原无人居住区和沙漠环境,1992~2012年,东部地区的建成区面积是西部地区的4~20倍(Gao et al., 2015)。因此,未来的城市扩张将继续集中在东部地区进行,其气候影响需要进一步评估以更好地辅助城市规划和管理。

已有观测结果(Zhou et al., 2004; Ren et al., 2008; Li et al., 2011a; Sun et al., 2016)和基于建模的方法(Zhang et al., 2010; Feng et al., 2012; Wang et al., 2013; Wang et al., 2014a; Cao et al., 2016a)均充分证明了历史城市扩张对中国区域气候的影响。但是,目前很少有研究探讨未来城市扩张对气候的影响,这限制了人们减轻城市地表变化所带来的可能负面气候影响的能力。不过,最近的研究工作越来越意识到这一局限性(Wang et al., 2016; Yang et al., 2016)。目前的模拟工作通过调查城市冠层与上层大气的相互作用,主要聚焦于未来城市扩张对中国主要大都市区,如北京的热影响。Chen 和 Frauenfeld(2016)在该领域的研究前进了一大步,他们利用全球城市扩张的高概率情景,发现在区域尺度上中国整体未来城市扩张增温将超过3℃。尽管预测的GDP和人口等在内的潜在驱动因素的不确定性对城市扩张的预测也具有较大程度的不确定性,但是,将这些不确定性纳入全面的气候变化评估中仍然是必要的。

通过对GDP和人口估计带来的不确定性进行整合,有学者对2030年全球城市扩张进行了预测(Seto et al., 2012),该空间显式的数据集不仅提供了中国未来三种潜在的城市扩张类型:100%城市增长情景、高概率城市增长情景(>75%)和低概率城市增长情景(>0%),还提供了建成区的数量和建成区的具体位置。本研究将上述三种情景结合到基于过程的耦合城市大气模型中,评估全国最快速的城市化地区可能发生的土地利用变化对区域气候的影响。本研究将影响研究的重点放在夏季,因为在每年的这个时候,中国东部地区的亿万居民承受着高强度的热压力。本研究旨在调查土地表面变化对重点地区的气候影响。本研究聚焦三个研究目标:①根据三种不同的城市扩张情景量化2030年城市扩张的数量和空间分布;②估算未来城市扩张对中国东部地区夏季气候的影响;③评估不同城市扩张情景可能引起的气候变化如何转化为对人体热舒适性的影响。

6.2.2 材料和方法

6.2.2.1 模型配置和参数化

本研究采用 WRF 模型（3.6.1 版本）进行模拟（Skamarock et al., 2008）。该模型配置一个网格间距均为 20km 的单个模拟域。该区域以 31°N 和 117°E 为中心，东西方向有 120 个网格单元，南北方向有 200 个网格单元，涵盖华北、中部、东南部和太平洋部分地区，总面积为 2400km×4000km。该区域覆盖了京津冀、长三角和珠三角三个城市化速度最快的地区，并且具有足够的扩展性，可以捕捉到东亚季风对重点地区夏季气候的影响（Cao et al., 2016a）。模型的水平坐标使用 Lambert 正形圆锥投影，模型的纵坐标采用从地面到 50hPa 的 30 个垂直单位（era）组成。

表 6-4 列出了所有模拟所用的主要物理参数。为了表示城市陆地表面过程，将 Noah 陆地表面模型（LSM）（Chen and Dudhia, 2001; Ek et al., 2003）与单层城市冠层模型（UCM）（Kusaka et al., 2001; Kusaka and Kimura, 2004）耦合来模拟城市冠层与大气之间的热量、动量和水分交换。城市冠层模型具有简化的城市几何形状，并为每个城市子类别指定了建筑物高度、道路宽度等。在这里，我们使用了城市冠层模型定义的高密度住宅类别（即 90% 的建筑材料与 10% 的植被空间）来表征中国的建成区。我们基于以下两个原因来证明此假设的合理性。首先，在过去的三十年中，城市扩张主要由高强度的城市增长所主导。其次，为了促进经济繁荣，中国的城市化进程有望继续高速发展（Wu et al., 2014）。

表 6-4 WRF 模拟所用的主要物理参数

物理参数	备注
模型版本	3.6.1
水平格网（最里层）	ΔX 和 ΔY=20km
格点数量（最里层）	120（X 方向），200（Y 方向）
垂直层数	30 层
时间步长（最里层）	100s
辐射方案	RRTM[a]（长波），RRTMG[b]（短波）
陆地表面模型	Noah LSM
城市表面模型	间层城市冠层模型
积云对流方案	K-F[c]

续表

物理参数	备注
微物理学方案	WSM-3[d]
地球系统边界方案	YSU[e]
表层	MM5 相似性[f]
初始和侧向边界条件	NCEP FNL/RTG_SST

a RRTM，快速辐射传输模型；b RRTMG，新版 RRTM；c K-F，新版 Kain-Fritsch 积云对流方案；d WSM-3，WRF 微物理方案；e YSU，延世大学地球系统边界层（PBL）方案；f MM5，相似性，修订后的 MM5 Monin-Obukhov 方案。

大尺度大气场的初始和侧边界条件来自 NCEP 全球最终分析（FNL）数据库，空间分辨率为 1°×1°，时间间隔为 6 小时。由于中国东部地区的夏季气候可能会受到东亚季风的强烈影响，因此我们在所有模拟过程中都通过结合 NCEP 实时和全球海表温度（SST）分析数据档案（RTG_SST；ftp://polar.ncep.noaa.gov/）更新 WRF 模型，以提高模型模拟陆海相互作用的能力。与使用模型默认的海表温度相比，结合实时更新数据可以提高模型性能（Cao et al.，2016a）。为了使检索到的海洋表面温度每 6 小时更新一次，在执行 WRF 模拟之前，将每日数据插值到 6 小时的时间间隔。此外，我们在所有模拟过程中将海表温度处理成了昼夜循环周期。

6.2.2.2 城市土地覆盖数据

当前（2010 年）城市土地覆盖数据（以下称 Urb2010）由资源环境科学与数据中心（http://www.resdc.cn/）提供。有关数据的详细说明及其在 WRF 模拟系统中的使用请参见 Cao 等（2016a）。2030 年的城市扩张情景数据集由 Seto 等（2012）基于现有的人口密度、建成区和未来人口和 GDP 预测生成。该数据集提供了空间分辨率为 5km×5km 的网格单元在 2030 年变为城市的概率估计，其中 101 个城市类别的概率分布范围在 0～100%，表示像元经历城市化的可能性。这些预测展示了中国未来特定位置城市扩张的三种潜在途径：①100% 的城市扩张，即空间像元 100% 将转化为城市用地；②高概率的城市扩张，即空间像元转化成城市用地的概率>75%；③低概率的城市扩张，即空间像元转化成城市用地的概率>0，其中转化为城市用地概率在 25%～75% 之间的像元仅占城市用地网格总数的 4%。本研究选择具有 100% 城市化概率的像元来保守估计 2030 年的城市用地（以下称 Urb2030），概率>75% 的城市像元表示适度的城市扩张（以下称 Urb2030_High），概率>0 的城市像元表示极端的城市扩张（以下称 Urb2030_Low）。为了能够在 WRF 模拟系统中应用，使用多数重采样技术（即在每个 20km 的网格单元中计算主要的土地覆盖类型）将 5km 的城市情景数据插值到 WRF 模拟域中。需要指出的是，由于缺乏未来非城市景观变化的信息，本研究只有城市用地被更新，其他土地覆盖类型仍然采用 WRF 模拟系统提供的基于 MODIS 的默认 20 类土地覆盖数据。

如图 6-7 所示，预计未来的城市扩张将继续侵蚀中国东部的大量耕地。对于 100% 概率的城市扩张情景，城市地区的增长几乎等同于耕地的减少。但是，对于低概率情景 (>0%) 而言似乎并非如此，在这种情况下，开垦的农田数量无法弥补建筑环境的大规模扩张，结果，必须砍伐分布在中国中部和东南部的其他森林才能满足城市发展用地的需求。

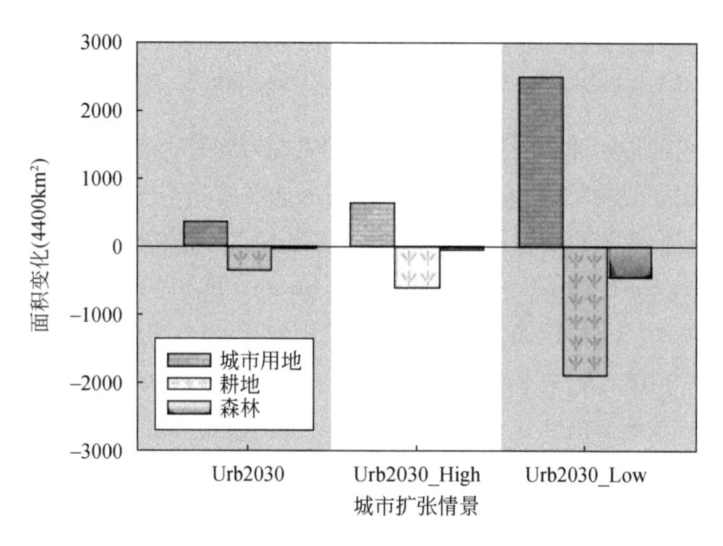

图 6-7　2010 ~ 2030 年不同城市扩张情景下（Urb2030、Urb2030_ High 和 Urb2030_ Low）研究区城市用地、耕地和森林面积的变化

6.2.2.3　数值模拟实验设计

我们设计了四个数值实验（表 6-5），通过将分别对应于 Urb2010、Urb2030、Urb2030_ High 和 Urb2030_ Low 城市扩张情景的地表边界条件纳入 WRF 模拟系统，研究中国东部地区未来城市扩张造成的气候影响。用于所有模拟的初始气象条件是相同的，以便捕获城市扩展引起的气候变化信号。具体而言，每个实验连续运行三年，于 2009 年 1 月 1 日世界标准时间 00:00 初始化，并于 2012 年 3 月 1 日终止。2009 年 2 月 28 日之前的输出结果被认为是模拟加速时间，因此不包括在后续分析结果中。在表征未来城市扩张引起的夏季气候影响时，将从 2009 年、2010 年和 2011 年得出的所有三个夏季模拟实验的气候要素平均值再平均，然后再与 2010 年基准情景相减进行区分（如 Urb2030−Urb2010）。此外，还计算了模拟输出结果指标的标准偏差，以便对模拟结果的变异性有定量的认识（Georgescu, 2015；Cao et al., 2016a）。本研究总共进行了 12 次模拟。

表 6-5 模拟实验说明

城市扩张情景	加速时间	结果分析时间
Urb2010	2009 年 1 月 1 日 ~2 月 28 日	2009 年 3 月 1 日 ~2012 年 3 月 1 日
Urb2030	2009 年 1 月 1 日 ~2 月 28 日	2009 年 3 月 1 日 ~2012 年 3 月 1 日
Urb2030_High	2009 年 1 月 1 日 ~2 月 28 日	2009 年 3 月 1 日 ~2012 年 3 月 1 日
Urb2030_Low	2009 年 1 月 1 日 ~2 月 28 日	2009 年 3 月 1 日 ~2012 年 3 月 1 日

6.2.2.4 模型验证数据

为了评估模型输出结果的时间和空间模拟性能，使用基于站点的观测和网格观测气候要素结果对模型进行验证。具体而言，基于站点的观测资料是通过国家气象科学数据中心（http://data.cma.cn/）获得的，194 个观测站记录着 1951 年至今的中国大陆每日气象信息。本研究利用观测到的 2009 年、2010 年和 2011 年的日平均气温和降水来评估模型输出结果的时间模拟性能。相对于占地 $1m^2$ 的基于站点的观测结果，空间网格观测结果间距相对较粗（即 20km），因此将北部、中部和东南部子区域内所有站点的观测值进一步平均，并与最接近站点位置的模拟网格单元的相应平均值进行对比。考虑到观测站和数值模拟网格单元之间的分辨率差距，该方法通常用于中尺度模拟结果的验证（Salamanca et al.，2014；Georgescu，2015；Cao et al.，2016a）。

WRF 模型空间模拟性能的评估是根据 CN05.1 数据集进行的，CN05.1 数据集是通过国家气候中心获得的网格化的每月气温和降水量产品。CN05.1 数据集是基于对中国大陆 751 个气象站的插值而产生的，目的是进行气候模型验证（Xu et al.，2009b），其时间跨度为 1961 年至当前时期，水平分辨率为 0.25°。为了便于模型检查，将所有三年（2009 年、2010 年和 2011 年）Urb2010 模拟的平均近地表 2m 气温和降水与相应的网格观测值进行比较。

6.2.3 结果

6.2.3.1 WRF 模型模拟结果评估

将 Urb2010 模拟的夏季近地表 2m 气温和降水与网格观测结果进行比较，结果表明，WRF 能够很好地捕获模拟时间段内观测值的空间变异性。总体上，该模型成功地再现了华北、中部和东南部平原地区的高温值，以及中国西北部山区的低温值。尽管在华北平原发现了约 2℃ 的温度偏差，但观测和模拟结果之间的整体空间相关系数达 0.87。同样，WRF 模拟的降水空间分布与观测值匹配度较好，在中部和东南部合理模拟了高降水值，而在华北和内蒙古则模拟了低降水值，观测值与模拟值的空间相关系数达 0.73。

夏季每个子区域的模拟日平均近地表 2m 气温和降水空间格局也与基于测站的观测结果非常吻合（图 6-8）。当观测结果显示温度或降水量急剧增加时，模型结果也相应地遵循此趋势。相反，当观测结果表明温度或降水量急剧下降时，模型也可以恰当地捕获这种变化。值得注意的是，与相同地区的先前研究相比（Cao et al.，2016a），此版本及配置的 WRF 模型对中国三个最大的城市群（即京津冀、长三角和珠三角）近地表 2m 气温和降水的模拟均较好。

6.2.3.2 未来城市扩张对区域气候的影响

本研究采用气候指标的集合差值来估算 2030 年城市扩张对区域气候的影响。各城市化情景对加剧城市化导致的变暖的潜力大不相同。通过完全消除耕地（即 Urb2030_ Low），城市扩张导致局部升温的峰值超过 5℃。这些影响在中国中部尤为明显，而对于大多数当

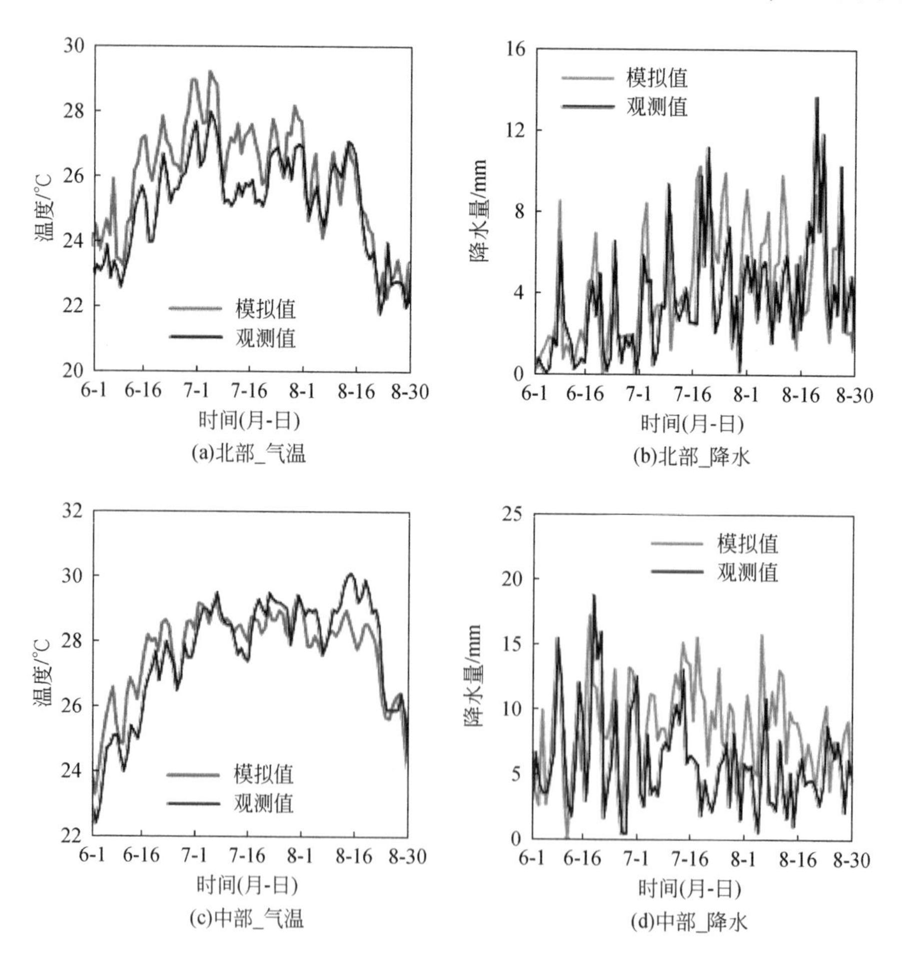

(a)北部_气温
(b)北部_降水
(c)中部_气温
(d)中部_降水

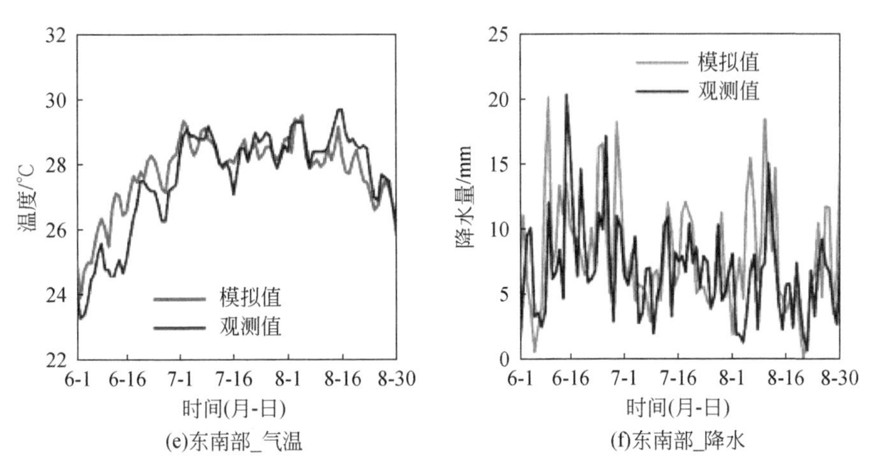

(e)东南部_气温 (f)东南部_降水

图 6-8 华北地区、中部地区、东南部地区夏季观测和 WRF 模拟的近地表 2m 气温和降水量

对每个子区域中所有站点和三个夏季（2009 年、2010 年和 2011 年）的观测值进行平均，并将其与最接近站点位置的模拟网格单元的相应平均值进行比较

前和预测的城市地区，WRF 模拟的升温范围在 3 ~ 4℃。在高概率城市扩张情景下（即 Urb2030_High），城市扩张导致的升温通常不超过 3℃。对于 Urb2030 情景（即城市扩张仅限于那些可能性最大的区域），在空间和数量上，城市扩张导致的气温升高进一步减小，近地表 2m 气温升高一般在 1 ~ 2℃。在所有情况下，与内陆地区相比，沿海地区近地表变暖是有限的，这在很大程度上是由于陆海相互作用的影响。此外，城市扩张导致了区域热岛的出现，其升温影响远远超出了建筑环境。

根据中国北部、中部和东南部的城市化网格计算的近地表 2m 白天最高温度（T_{max}）、夜间最低温度（T_{min}）和日较差（$T_{rng}=T_{max}-T_{min}$）的差值，城市扩张具有显著的夜间升温影响（图 6-9）。但是，无论城市增长的幅度大小如何，对日较差的模拟影响范围都显示

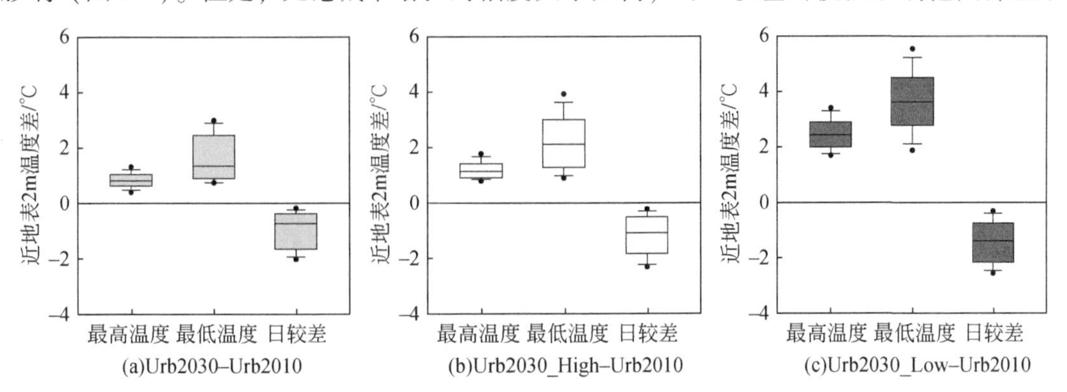

(a)Urb2030–Urb2010 (b)Urb2030_High–Urb2010 (c)Urb2030_Low–Urb2010

图 6-9 WRF 模拟的夏季近地表 2m 气温（℃）白天最高温度（T_{max}）、夜间最低温度（T_{min}）和日较差（$T_{rng}=T_{max}-T_{min}$）

仅对中国北部、中部和东南部的城市化网格单元进行了计算

出相似的范围（即气温平均降低幅度在 0.4 ~ 2.3℃）。这是因为潮湿和半潮湿地区城市基础设施的物理扩张导致夜间最低温度的上升不可忽略，在极端情况下温度升高幅度可达 2 ~ 3℃。

根据城市化地区计算的近地表 2m 日平均气温（T_{avg}）差值的时间序列，整个夏季的变暖幅度在增加，且变暖率显著提高（$P<0.01$），图 6-10 中的嵌入小图对应三种城市扩张的可能情况，平均每 10 天升温分别为 0.10℃、0.15℃ 和 0.20℃。此外，7 月中旬到 8 月底是全国最热的时期，城市扩张明显造成了 T_{avg} 的升高。相对于其他两个城市增长情景，Urb2030 情景 T_{avg} 增加幅度不超过 2℃，并且平均温度日变幅（ΔT_{avg}）最小。相比之下，

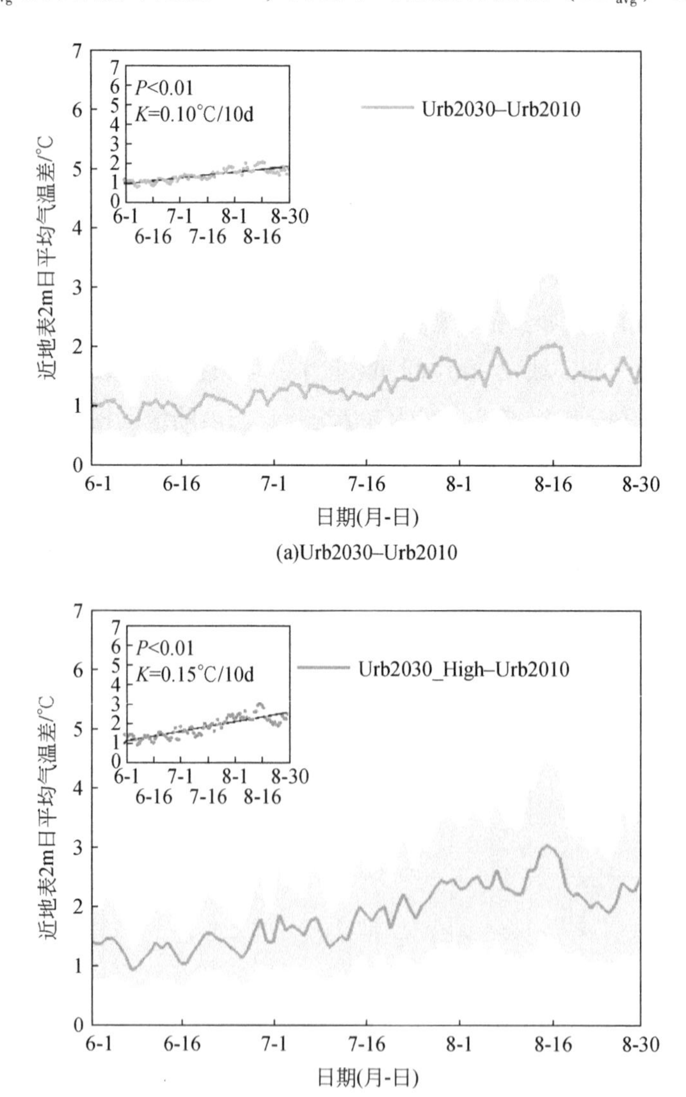

(a)Urb2030–Urb2010

(b)Urb2030_High–Urb2010

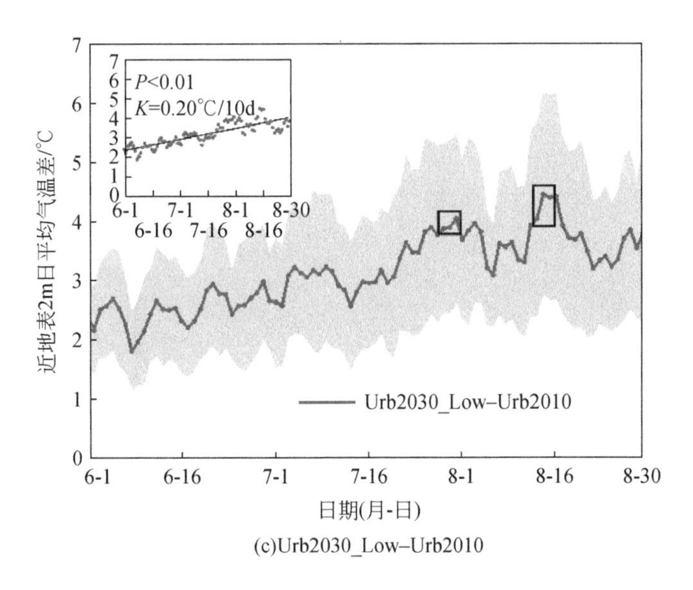

(c)Urb2030_Low–Urb2010

图 6-10 WRF 模拟的各城市扩张情景 2010 ~ 2030 年的近地表 2m 日平均气温差

每个面板中的插图表示夏季的变暖趋势。阴影区域表示高于和低于平均值的一倍标准差。图 6-10（c）中标记的黑色矩形表示两次热浪事件。此图仅对中国北部、中部和东南部的城市化网格单元进行了计算

Urb2030_ Low 城市扩张情景带来的近地表 2m 日平均气温升高超过 2℃。在 7 月下旬（即 7 月 28 ~ 30 日）和 8 月中旬（即 8 月 13 ~ 15 日）两个时期内，中国东部大部分城市网格单元的近地表 2m 气温上升至 35℃以上（7 月超过此温度的网格单元约占 72%，8 月约占 63%）。根据连续三天每天最高温度超过 35℃这一标准（中国气象局，http：//www. cma. gov. cn），对这两个热浪事件进行特征描述（即 7 月 28 ~ 30 日，8 月 13 ~ 15 日），进一步评估其可能带来的群体热健康风险。

我们进一步研究了 Urb2030_ Low 和 Urb2010 情景之间的地表能量收支各部分（即地表吸收的太阳能、显热通量、潜热通量和地表热通量）的变化，以理解近地表 2m 气温差的物理驱动力。如图 6-11 所示，城市物理基础设施的扩展减少了白天地表净辐射通量。这是因为，城市冠层的反照率较高，在一天中减少了地表吸收的向下的短波辐射。白天和晚上，显热通量增加，而潜热通量减少，相对于夜间影响，后者白天减少量要大得多。原因是，不透水表面连续增加，从而使建筑区域内植被减少，大大减少了白天的蒸散量。因此，地表热通量在白天减少（即向下的太阳能存储在城市冠层中），但在夜间增加（即从城市的冠层释放能量）。

显热通量的增加，以及下层表面粗糙度的增加，使建筑环境中的地球系统边界层高度进一步升高，夜间的影响大于白天的影响。尤其是，三种城市扩张情景模拟结果表明夜间系统边界层高度增加幅度分别达 450m、620m 和 730m，而白天分别为 230m、320m 和

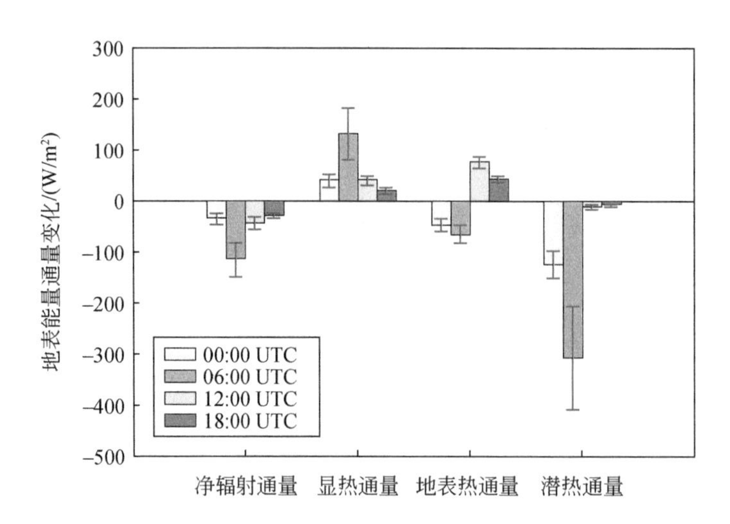

图 6-11　WRF 模拟的夏季地表净辐射通量、显热通量、地表热通量和潜热通量的变化（Urb2030_ Low-Urb2010）

00:00UTC、06:00UTC、12:00UTC 和 18:00UTC 分别对应当地标准时间 08:00、14:00、20:00 和 02:00。地表能量通量负值表示能量存储（即能量从大气传递到地面），误差线表示高于和低于平均值的一倍标准差，仅对中国北部、中部和东南部的城市化网格单元进行了计算

570m。白天系统边界层高度的相对较小变化通常与城市基础设施的物理扩展对最高温度（T_{max}）的影响相对减小有关。受地形和陆地-海洋相互作用的影响，系统边界层高度的变化在内陆和沿海地区之间也表现出明显的梯度。例如，在 Urb2030_ Low 情景下，沿海地区的系统边界层高度总体上小于 300m，而内陆地区则为 600 ~ 700m。

除了与周围环境相比更高的近地表 2m 气温外，城市扩张还降低了低层大气湿度。对于 Urb2030 和 Urb2030_ High 城市扩张情景，近地表 2m 水蒸气混合比的降低值一般少于 2g/kg。但是，对于 Urb2030_ Low 情景，大多数城市地区近地表 2m 水蒸气混合比降低超过 2g/kg，部分城市化区域中最高甚至降低了 4g/kg（在标准海平面压力和 25℃ 情况下，50% 相对湿度的空气中的水蒸气含量为 10g/kg）。由于陆地与海洋的相互作用，沿海地区白天的水分损失大于夜间的水分损失，而内陆地区白天和晚上的水分减少量相似。在极端情况下，近地表 2m 水汽混合比降低幅度最大的地区位于中国中部。这些地区位于中国夏季湿润地区（年降水量>1000mm）。伴随着对农田的侵占，城市扩张对那里的近地层水分产生了最大影响。由于与水体的距离较远，这些中部地区不能像沿海地区那样弥补近地表水蒸气的损失。

最后，我们使用夏季降水的总体差异来说明城市化如何影响区域的水文气象条件。模拟结果表明，当建筑环境的扩张概率在 100% 和较高（即>75%）时，夏季的降水量变化和降水百分数变化很小，可以忽略不计。换句话说，建成区的适度增长不会改变中国快速城市化地区的降水模式。但是，对 Urb2010 和 Urb2030_ Low 之间夏季降水差异的评估显示了相反的影响。华北、中部和东南部几乎整个地区的模拟结果都显示降水普遍减少，从北到南的减少幅度普遍增加。但降水减少的比例在整个区域中表现出相似的数量级。

6.2.3.3 高温压力对群体健康的潜在影响

城市扩张引起的温度上升会进一步增加人类健康风险（即与热有关的发病率和死亡率）。鉴于此，我们对城市居民的热负荷进行了量化，以评估温度的大幅上升将如何影响群体健康风险。迄今为止，研究人员基于温度和湿度已经设计了许多热应力指数来评估人体的热舒适度（Willett and Sherwood，2012）。本研究选择湿球黑球温度指数（WBGT），因为它是用于量化热舒适性的 ISO 标准，并且是与热风险水平相关的特定阈值的热压力指数（Willett and Sherwood，2012）。WBGT 值小于等于 26 表示低热风险，介于 26 ~ 28 表示中等热风险，介于 28 ~ 32 表示高热风险，大于 32 表示极高热风险。简化的 WBGT 指标（W）定义为：$W=0.567t+0.393e+3.94$，其中 t 为以℃为单位的气温，e 为以 hPa 为单位的水蒸气压。

如图 6-12 所示，随着城市建筑环境的扩展，2030 年三种城市扩张情景下夏季日平均热压力指数的时间序列（仅根据城市化网格单元计算）显示出热风险幅度的增加。7 月中旬至 8 月中旬，近地表 2m 气温最高，热应力的增加最为明显。对于 Urb2030 和 Urb2030_ High 城市扩张情景，热应力值小于 25，而进一步的城市扩张（即 Urb2030_ Low）中热应力

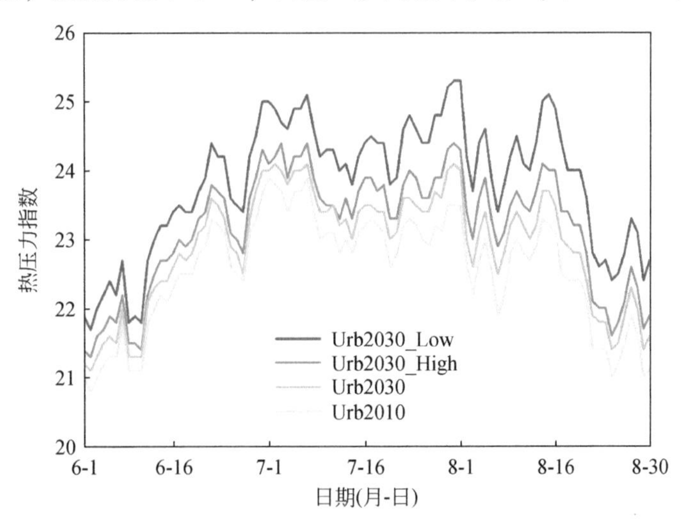

图 6-12　Urb2010、Urb2030、Urb2030_ High 和 Urb2030_ Low 情景下夏季日平均热压力指数的时间序列

使用简化的 WBGT 计算热压力，仅对中国北部、中部和东南部的城市网格单元进行了计算

值将在某些时期提高到25以上。在这种情况下，特定位置的热风险可能超过阈值（即W=26）。因此，本研究进一步量化了两次热浪事件（即7月28～30日，8月13～15日）的影响，以了解在城市扩张极端情况下城市居民将受到怎样的影响。

进一步的研究表明，城市居民遭受热压力健康风险最大的区域主要位于华东中部的三角形部分。7月28～30日，相当多区域的W值明显超过27，最大值达到29。尽管中国东南部北部地区的热压力通常小于26（即～25.5），但未来的气候背景变暖以及城市化导致的变暖可能会把这些值提高到中等阈值以上。8月13～15日，热压力与前次热浪事件的空间格局相似，但幅度有所降低。在这几天中，任何位置的热压力值均不超过28。此外，华北居民潜在的热风险有所减弱，而中部地区的居民仍面临中等程度的热压力健康风险。

由于城市环境中人口密度高，因此评估有多少人将受到热浪影响非常重要。在这里，根据共享社会经济途径（SSPS）估算了2030年的人口。这种途径最有可能在不久的将来在中国发生，本研究使用它来保守估计到2030年底的城市人口（He et al.，2017）。在这种情况下，本研究估计仅由于城市扩张（不包括还可能受到温室气体排放和自然气候多变性的影响），大约有4亿人将会遭受热风险。全球其他地区预测城市热压力变化的相关研究也得出了类似的结果（Wouters et al.，2017）。

6.2.4 讨论

6.2.4.1 未来城市扩张对区域气候的影响

通过评估适当气候指标（如近地表2m气温、降水、地球系统边界层高度和地表能量收支组成部分）的夏季变异性，本研究探讨了中国发展最快的城市化区域（即华北、中部和东南部）到2030年城市扩张对区域气候的影响。本研究估计，东部地区城市扩张低概率情景（>0）、高概率情景（>75%）和100%概率城市增长情景导致的近地表增温分别高达5℃、3℃和2℃。中国中部地区近地表2m气温升高幅度最大。本研究模拟结果与Chen和Frauenfeld（2016）的研究结果相符，该研究指出，采用高概率城市增长情景作为下边界条件，近地表2m气温升高接近3℃。众所周知，全球平均气温升高2℃已成为国际社会共同认可的缓解目标（UNFCCC，2015）。但是，本研究表明，仅靠城市扩张，而没有叠加长周期温室气体排放的综合影响，将使区域气候变暖超出这一阈值。因此，在实现减少温室气体排放的目标的同时，下层城市表面对上层大气的重要性应引起人们的注意。

尽管城市化对温度的影响已有充分文献记载，但其对降水的影响及其相关的物理机制仍然难以捉摸。先前的研究表明，城市化可能通过增强对流来增加降水（Chen et al.，2007b；Shepherd et al.，2010；Miao et al.，2011；Niyogi et al.，2011），而最近的研究又产生了这方面的新观点（Wang et al.，2015b；Benson-Lira et al.，2016；Zhang et al.，2017）。例如，Wang 等（2015b）发现，城市扩张对降水的热力学影响在城市化的早期阶段起着重要作用，而当建筑面积持续扩大时（如城市群），地表蒸散量的减少和由此产生的水分亏缺将在建筑面积持续扩大时开始发挥作用。后者的负面影响可能抵消前者的正面影响，因此导致城市环境中的降水减少。这在本研究介绍的极端城市化情景（即 Urb2030_Low）中尤为明显，在这种情况下，不透水表面大规模替代了植被，大大抑制了蒸散作用并相应地减少了低层大气湿度。对于水分含量不足的地区，如华北地区（年降水量通常少于 800mm），城市化对降水的影响和相应的供水影响需要引起人们的注意。

尽管城市扩张对太阳辐射、相对湿度、风速等过程可能产生不利影响，但系统边界层高度增加有利于空气中污染物的稀释和扩散。然而，本研究与 Georgescu（2015）的研究不一致，他的模拟研究显示，城市扩张对系统边界层高度变化的影响白天大于夜晚，这与白天显热通量的大幅降低是一致的。这两类研究结果之间的差异可以归因于当地背景气候对热岛现象的贡献不同（Zhao et al.，2014b）。在干旱和半干旱地区，城市扩张可以通过物理基础设施增强能量的存储，从而导致白天显热通量和最高温度降低（Lazzarini et al.，2015）。但是，与干旱和半干旱地区相比，气候凉爽和潮湿地区城市冠层的热容量受到限制。因此，白天吸收的部分日照辐射将被分配给使空气升温和提高系统边界层高度的显热通量（Li et al.，2013a）。

除了背景气候条件之外，地形和陆地-海洋相互作用也有助于塑造所考察的气候指标变化的幅度和空间格局。对于中国北部和中部，其地理位置毗邻一系列高山（如太行山），与沿海地区相比，垂直的热/水通量在这些地区占主导地位，致使城市扩张具有更大的气候影响。对于华北和中部的内陆地区尤其如此，夏季季风对其的影响减弱了。相反，在整个夏季，中国东南部受到陆海相互作用的强烈影响，从而促进了水平的热/水通量。随着来自附近海域的凉爽和潮湿空气的运输，那里的近地表暖化和干燥效应相对较弱。因此，可以很容易找到城市化对内陆和沿海地区气候影响的不同梯度。因此，有必要将实时海表温度（SST）纳入长期模拟实验中，特别是对于华东这样受季风强烈影响的地区。相反，不考虑实时海表温度可能无法捕捉到气候影响的空间差异性（Cao et al.，2016a）。

6.2.4.2 对未来城市景观规划的启示

本研究表明，建成区的物理扩张将极大地使区域环境增温并增加热压力，这是与天气相关的发病率和死亡率的主要原因。在 7 月中旬至 8 月底（这是三个城市化地区一年中最热的时期）城市扩张明显升高近地表 2m 气温时，情况变得更糟。据估计，热浪事件发生频率的上升已经大大增加了中国人口的死亡风险（Ma et al.，2015）。这对年轻人和老年人尤其不利，他们无法在极端高温下调节自己的身体，必须依靠他人提供凉爽的环境

(Aubrecht and Özceylan, 2013)。即使对于一般人群,热岛效应最强的夜间导致睡眠不足也会给健康带来不利影响。在局地和区域尺度上,地表环境改变对人类健康起着举足轻重的影响作用(Patz et al., 2005)。如本研究所示,即使不考虑温室气体增加的负面环境影响,仅城市扩张就能导致夏季炎热。因此,城市适应策略如建造高反照率屋顶(Susca et al., 2011; Georgescu et al., 2013, 2014, 2015; Sun et al., 2016)、铺设可渗透混凝土或沥青表面(Stempihar et al., 2012)、增加植被空间(Kong et al., 2017; Sun and Chen, 2017)等有助于减轻热岛效应对群体健康的不利影响。这对于华中地区的居民尤为重要,因为华中地区的热压力预期会大大增加。

此外,中国未来的城市扩张将继续侵占大量的耕地。尽管将来可能不会出现本研究所提到的极端城市扩张情景,但它提醒我们,为实现快速城市化而造成无法控制的耕地流失是一条不可持续的道路。目前中国城市土地的增长率远高于城市人口的增长率(Gao et al., 2015),一种可行的解决方案是将城市扩张模式从蔓延式转换到内部填充式来限制建成区。尽管当前可持续城市概念支持高密度模式,但是还要考虑生活方式选择、住房能源和交通燃料废物排放等,要构建资源节约型和环境友好型的城市景观并没有简单单一的方法(Heinonen et al., 2013a, 2013b; Georgescu et al., 2015)。因此,未来的研究工作还应阐明城市基础设施的强度(如建筑物高度、道路密度、绿地率等)和能源利用将如何影响建筑环境。

影　响　篇

第7章 气溶胶和城市化的群体健康效应

7.1 中国城市雾霾岛的识别及其驱动因素分析

7.1.1 引言

$PM_{2.5}$指环境空气中空气动力学当量直径小于等于2.5μm的颗粒物。$PM_{2.5}$浓度的上升对人类的健康有巨大的威胁。研究表明$PM_{2.5}$可以引起慢性呼吸道疾病（Guan et al., 2016）、肺癌（Guo et al., 2016b）、心力衰竭（Shah et al., 2013）甚至一些精神疾病（Lee et al., 2019）。2015年，$PM_{2.5}$是全球排名第五的死亡风险因素，由$PM_{2.5}$导致的死亡人数占全球总死亡人数的7.6%（Cohen et al., 2017）。此外，高浓度的$PM_{2.5}$也会对经济的发展产生负面影响，据估计，2016年，$PM_{2.5}$造成的中国经济损失约为1013.9亿美元，占中国GDP总量的0.91%（Maji et al., 2018）。因此，分析中国$PM_{2.5}$的时空格局对于社会和经济的可持续发展具有重要意义。

中国快速的城市化进程使得$PM_{2.5}$污染成为一个严峻的问题。2014年中国有70%的城市未达到中国$PM_{2.5}$浓度的二级标准（35μg/m^3）（Wang et al., 2018b），2016年约79%的人口暴露在年均$PM_{2.5}$浓度大于35μg/m^{3}的环境中（Maji et al., 2018）。此外研究证明1988～2012年，中国73%的城市$PM_{2.5}$浓度呈现出显著的上升趋势（Han et al., 2015）。空气污染物排放、人口密度、大气环流和土地利用方式在城乡之间差异巨大，因此城乡$PM_{2.5}$浓度也存在差异。这种$PM_{2.5}$浓度在城乡梯度上表现出的岛状现象，可以被称为城市雾霾岛现象。理解城市雾霾岛现象可以为减缓$PM_{2.5}$污染和保障城乡居民的健康提供重要的参考。

目前关于$PM_{2.5}$浓度时空动态的研究大多关注区域$PM_{2.5}$浓度的均值，研究的尺度包括国家、区域或个别城市（Du et al., 2019b; Lin et al., 2018; Wang et al., 2017b）。然而研究发现，$PM_{2.5}$浓度在城乡梯度存在很大的差异，城市雾霾岛现象也很突出，仅仅关注$PM_{2.5}$平均浓度无法全面和准确地认识区域$PM_{2.5}$污染的时空分布特征及其健康影响。Han等（2014）通过遥感数据研究表明，中国大多数地级市城市地区的$PM_{2.5}$浓度比农村地区高出 0 ~ 10μg/m^3，并且约有一半的地级市的城乡 $PM_{2.5}$浓度差异呈现出上升的趋势（Han et al.，2015）。Xu 等（2017）通过站点数据对比发现城市站点的 $PM_{2.5}$平均浓度比邻近非城市站点高 14μg/m^3。然而已有研究对于如何识别城乡 $PM_{2.5}$浓度差异这种雾霾岛现象，以及如何量化雾霾岛的特征，目前还没有提出一个有效的方法。

因此，本节介绍一种有效识别和量化城市雾霾岛特征的方法，并分析不同的自然和社会经济因素如何影响雾霾岛的背景值、强度和范围。首先，基于中国 335 个城市，提出了一种结合圈层统计法和修正的 S 形曲线拟合的雾霾岛识别方法。然后，在此基础上，分别提取雾霾岛背景值、雾霾岛强度和雾霾岛范围三个特征，并采用分级方法和空间自相关刻画三个特征的空间格局。最后，采用逐步回归对影响雾霾岛特征的驱动因素进行分析。本节内容为研究城市化对 $PM_{2.5}$浓度的影响提供了新的角度，为决策者制定有效的政策以减少 $PM_{2.5}$污染、保障城乡居民健康和城市可持续发展提供重要参考。

7.1.2 研究区和数据

7.1.2.1 研究区

为了在城市尺度分析中国城市雾霾岛现象，并考虑到数据的可获取性，研究对象选择中国 291 个地级市、40 个省辖市以及 4 个直辖市，共计 335 个城市。考虑到中国地域辽阔，不同区域内差异巨大，参考 Fan 等（2018）的研究，将中国分为四大区——北方地区、南方地区、西北地区和青藏地区。由于西北和青藏地区城市样本较少，实际分析中将西北地区和青藏地区合并称为西部地区。

7.1.2.2 数据

研究主要使用了 $PM_{2.5}$浓度、自然因素数据和社会经济因素数据。首先，$PM_{2.5}$浓度数据使用了 van Donkelaar 研究团队发布的 2016 年的 $PM_{2.5}$栅格数据，其分辨率为 1km（Van Donkelaar et al.，2015，2019）。Van Donkelaar 研究团队发布的这套数据结合了卫星数据和地面观测数据，利用地球化学-化学输运模型和地理加权回归模型估算 $PM_{2.5}$浓度。最新版本的数据在精度上有较大幅度提升，在北美地区，与地面实测数据的回归结果显示，方差解释率在 57%~96%（Van Donkelaar et al.，2016）。

自然因素数据包括坡度、温度、NDVI、降水、DEM 和风速。温度、NDVI、降水数据来自资源环境科学与数据中心，分辨率为 1km，DEM 数据从地理空间数据云获取，分辨率为 90m。2011 ~ 2013 年的风速数据来自国家气象科学数据中心，本研究参考刘海猛等（2018）的研究，利用普通克里金插值生成分辨率为 1km 的风速栅格数据。

社会经济因素数据包括 GDP、人口、第二产业增加值和城市土地面积。GDP 和人口网格数据来自资源环境科学与数据中心，分辨率为 1km。第二产业增加值数据来自中国城市统计年鉴。城市土地面积数据来自 He 等（2019）提取的 2016 年中国城市土地利用栅格数据，空间分辨率为 1km，整体精度为 90.9%，平均 Kappa 系数为 0.5。

7.1.3 研究方法

采用以下四个步骤识别和量化了雾霾岛特征，并分析了其空间格局和驱动因素（图 7-1）。

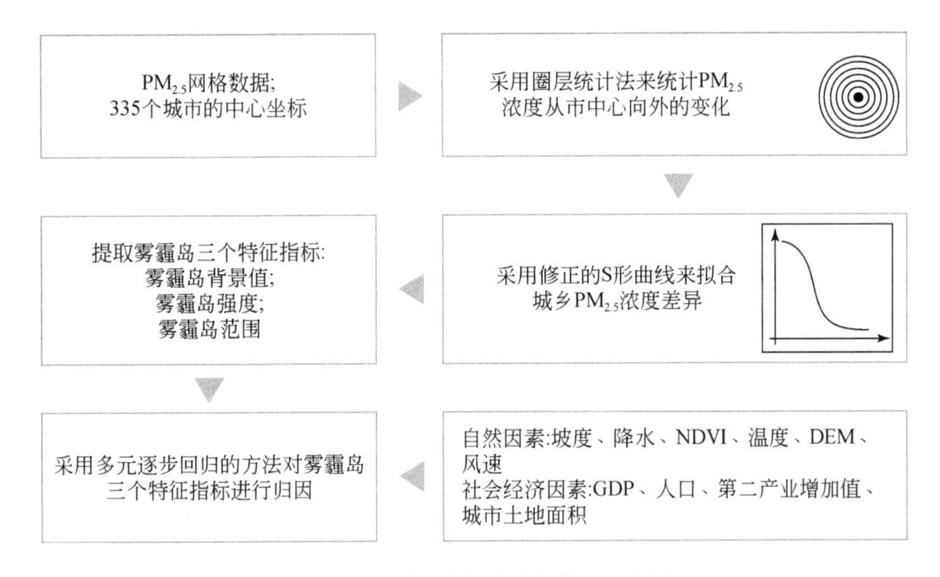

图 7-1　识别及量化雾霾岛特征流程图

7.1.3.1 识别城市雾霾岛

首先，采用圈层统计法来统计城乡 $PM_{2.5}$浓度变化。圈层统计法是目前一个被广泛应用于城乡梯度研究的方法（Jiao，2015；Zhou et al.，2016；Ma et al.，2018；Schneider and Woodcock，2008）。例如，Jiao（2015）通过圈层统计法识别了不透水层面积随着距市中心距离的增大而产生的变化，并由此定义了城市的边界。因此，本研究也采用圈层统计法来识别 $PM_{2.5}$浓度随着距市中心距离增减的变化特征，并找出城市雾霾岛的边界。

具体而言，本研究选择城市政府所在地作为城市的中心，采用圈层统计法对城市中心向外 50km 每 1km 做一个圆环形缓冲区，分别统计 50 个圆环形缓冲区内的 $PM_{2.5}$浓度，由此得到 $PM_{2.5}$浓度从城市中心向外围的浓度-距离散点图。以 50km 统计 $PM_{2.5}$浓度主要出于以下两个考虑，首先，为了避免两个城市之间的最远圈层在空间上重叠，本研究计算了平均城市距离。中国 335 个城市的平均距离约为 88km，其一半约为 44km。其次，本研究考虑了形成二次 $PM_{2.5}$ 污染的前体物质——氮氧化合物的城乡梯度分布。已有研究（Du et al.，2015）表明，城市氮氧化合物排放造成的酸岛边界在 60km 左右，因此本研究最终选择 50km 作为最大圈层。研究使用 Python 2.7.0 中的“arcpy”工具包完成所有上述分析。

为了更好地量化雾霾岛现象，本研究将 335 个地级市划分为两类：有雾霾岛的城市和没有雾霾岛的城市。根据本研究结果，中国大多数城市的 $PM_{2.5}$浓度在距离城市中心 30km 内会从下降变为稳定，因此本研究根据距离城市中心 1km 和 30km 处的 $PM_{2.5}$浓度差，将浓度差小于 $2\mu g/m^3$ 的城市划分为没有雾霾岛的城市，而大于等于 $2\mu g/m^3$ 的城市划分为有雾霾岛的城市。需要说明的是，少数有雾霾岛现象的城市的 $PM_{2.5}$浓度随着距离的增加持续降低，且超过 50km 后仍未停止下降，故本研究未将其纳入分析。

7.1.3.2 量化雾霾岛的特征

采用修正的 S 形曲线拟合有雾霾岛的城市的 $PM_{2.5}$浓度随距离的变化，并提出雾霾岛背景值、雾霾岛强度和雾霾岛范围三个指标刻画雾霾岛的特征。首先，参考 Jiao（2015）研究，利用 S 形曲线拟合 $PM_{2.5}$浓度的城乡差异曲线。S 形曲线分布是城乡梯度量化中的常见方法，被广泛用于识别城市边缘和城市物候的研究（Jiao，2015；Zhang et al.，2003）。具体公式如下：

$$f(r)=a-\frac{a-b}{1+e^{\frac{d-r}{c}}} \tag{7-1}$$

式中，$f(r)$ 为距市中心距离为 r 处的 $PM_{2.5}$浓度；r 为距城市中心的距离；a 和 b 为曲线的上渐近线和下渐近线；c 和 d 为刻画曲线形态的参数；e 为自然对数（图 7-2）。

采用非线性最小二乘法——高斯-牛顿算法拟合 $PM_{2.5}$浓度-距离散点图（每个城市有 50 个样本点）。由于每个城市的 $PM_{2.5}$浓度不一定呈单调递减的趋势，特别是当距离城市中心较远之后，可能由于进入邻近城市的污染影响范围，$PM_{2.5}$浓度会不降反升，这会造成拟合结果不收敛。因此，我们采用循环的思路，在 1～50km 找出可以拟合的最大的距离。一方面尽可能多地使用样本点的数据，另一方面也可以有效排除距离较大且不满足拟合函数的点。拟合的过程在 R 语言（3.5.3）中完成，使用的工具包是“stats”。

在拟合的基础上，分别提取了雾霾岛背景浓度（BUHI）、雾霾岛强度（IUHI）和雾霾岛范围（EUHI）三个特征。其中，BUHI 表征的是区域的平均 $PM_{2.5}$背景浓度，IUHI 表征的是城市 $PM_{2.5}$浓度的最大值和背景值之间的差值。它们计算公式如下：

$$\text{BUHI}=b \tag{7-2}$$

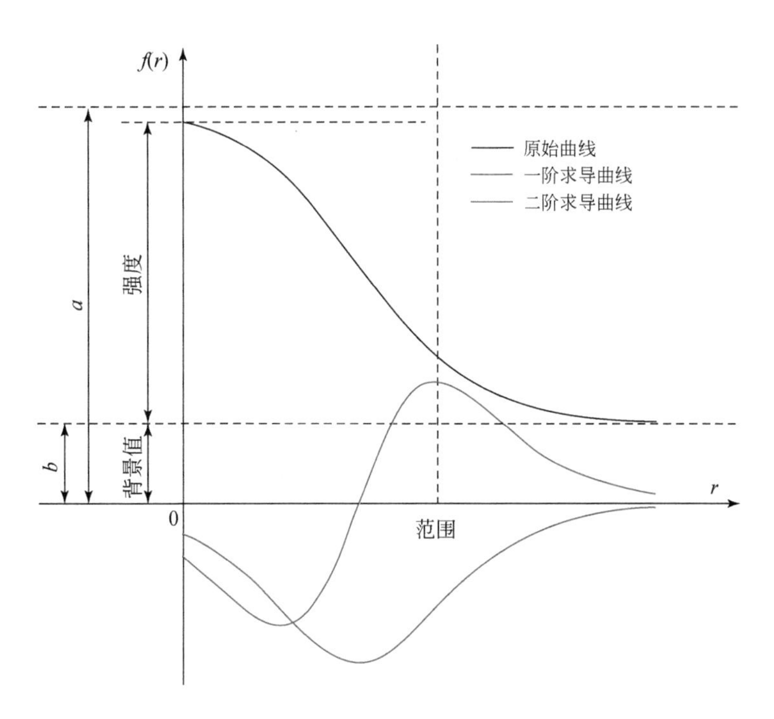

图 7-2 修正的 S 形曲线及其参数意义

$$\mathrm{IUHI} = \max_{1 \leqslant r \leqslant 30} y(r) - b \tag{7-3}$$

式中，$\max\limits_{1 \leqslant r \leqslant 30} y(r)$ 为距市中心 50km 内 $PM_{2.5}$浓度的最大值。

EUHI 通过对修正的 S 形曲线进行求导得到。参考 Zhang 等（2003）和 Jiao（2015）的研究，利用修正的 S 形曲线的二阶导数的最大值表征城乡 $PM_{2.5}$浓度差异的最大下降加速度，以此划定雾霾岛范围。经过此距离后，$PM_{2.5}$浓度下降放缓（图 7-2）。

7.1.3.3 分析雾霾岛的时空格局

为了刻画雾霾岛这三个特征的时空格局，我们参考 He 等（2012）的方法，根据这些数据的均值和标准差将这三个特征分成了 5 个等级（表 7-1）。

表 7-1 雾霾岛三个特征指标的分类

类型	低	较低	中	较高	高
分类依据	$<\bar{x}-1.5s$	$\bar{x}-1.5s \sim \bar{x}-0.5s$	$\bar{x}-0.5s \sim \bar{x}+0.5s$	$\bar{x}+0.5s \sim \bar{x}+1.5s$	$\geqslant\bar{x}+1.5s$
雾霾岛背景值/（μg/m³）	<11.22	11.22 ~ 28.76	28.76 ~ 46.31	46.31 ~ 63.85	≥63.85
雾霾岛强度/（μg/m³）	<2.91	2.91 ~ 8.59	8.59 ~ 14.26	14.26 ~ 19.94	≥19.94
分类依据	$<\bar{x}-0.75s$	$\bar{x}-0.75s \sim \bar{x}-0.25s$	$\bar{x}-0.25s \sim \bar{x}+0.25s$	$\bar{x}+0.25s \sim \bar{x}+0.75s$	$\geqslant\bar{x}+0.75s$
雾霾岛范围/km	<4.48	4.48 ~ 5.74	5.74 ~ 6.93	6.93 ~ 9.56	≥9.56

进一步采用全局空间自相关的方法来分析雾霾岛特征的聚集情况。全局空间自相关反映空间邻接或邻近的区域单元属性值的相似程度，可以用全局空间自相关指数——全局莫兰指数（Global Moran's I）作为测度（Moran，1950）。该指数介于-1～1，小于0表示负相关，等于0表示不相关，大于0表示正相关，公式如下：

$$I = \frac{n\sum_{i=1}^{n}\sum_{j=1}^{n} W_{ij}(x_i - \bar{x})}{\sum_{i=1}^{n}\sum_{j=1}^{n} W_{ij}(x_i - \bar{x})^2} = \frac{\sum_{i=1}^{n}\sum_{j\neq 1}^{n} W_{ij}(x_i - \bar{x})(x_j - \bar{x})}{S^2\sum_{i=1}^{n}\sum_{j=1}^{n} W_{ij}} \tag{7-4}$$

式中，I 为全局莫兰指数；x_i 或 x_j 为要素 i 或 j 的属性值与平均值的偏差；W_{ij}为要素 i 和 j 之间的空间权重；n 为要素总数；S 为所有空间权重的聚合。

7.1.3.4 量化雾霾岛的影响因素

以往研究表明自然因素和人为因素会影响区域 $PM_{2.5}$浓度。其中，自然因素包括海拔、植被、降水和气温等因素，人为因素包括 GDP、人口密度、工业排放和城市形态等因素（Liu et al.，2017a；Wu et al.，2016；Yang et al.，2017；She et al.，2017）。为了探究影响城市雾霾岛特征的因素，本研究参考这些研究，采用多元回归的方法进行分析。多元回归方程如下：

$$y = \beta_0 + \sum_{i=1}^{n}\beta_i x_i + \varepsilon \tag{7-5}$$

式中，y 为因变量；x_i 为第 i 个自变量；β_0 和 β_i 分别为斜率和第 i 个系数；n 为自变量的个数；ε 为残差。

为了避免共线性，采取逐步回归的方法进行分析，最终模型参数的方差膨胀因子均不超过8。此外，还计算了标准化回归系数来比较各自变量的重要性。统计的过程在 SPSS 25.0 中完成。参考已有研究（Liu et al.，2017a；Wu et al.，2016；Yang et al.，2017；She et al.，2017）和数据的可获得性，最终选取了5个自然因素和4个社会经济因素，其中自然因素包括温度、NDVI、降水、DEM 和风速，社会经济因素包括 GDP、人口、第二产业增加值和城市土地面积。

7.1.4 结果

7.1.4.1 雾霾岛的识别

中国三分之二的城市有明显的雾霾岛现象。2016 年，中国 279 个城市有雾霾岛现象，占中国城市数量的80.9%。其中，236 个城市在50km 内有明显雾霾岛边界。通过本研究提出的方法，对这 236 个城市进行拟合，最终模拟结果较好，RMSE 仅为 0.47μg/m³，即每个样本点 $PM_{2.5}$ 浓度的平均拟合误差为 0.47μg/m³。在这 236 个城市中，北方地区、南方地区和西部地区分别有 82 个、121 个和 33 个城市，分别占三个区域城市总数的 66.7%、70.3% 和 66.0%。

有 33 个城市 $PM_{2.5}$ 浓度在 50km 内呈持续下降趋势，但是未在 50km 内出现明显的台地，雾霾岛范围可能大于 50km。这些城市主要是中国的省会城市，如郑州、西安和乌鲁木齐。此外，还有 76 个无明显雾霾岛现象的城市。它们主要分布在东部平原区域和西部青藏高原地区，如商丘、十堰、日喀则。本研究暂时不研究这两类城市。

7.1.4.2 雾霾岛的空间格局

（1）雾霾岛背景值

整体来说，中国 2016 年 $PM_{2.5}$ 浓度的平均背景值为 37.5μg/m³，已经超过了世界卫生组织制定的第一阶段目标值（35μg/m³），其中雾霾岛背景值最高的三个城市分别为新疆的和田、阿克苏和河南的新乡，浓度分别为 119.0μg/m³、87.2μg/m³ 和 78.8μg/m³，是全国平均背景值的 2.1 ~ 3.2 倍。

$PM_{2.5}$ 背景值呈现明显的空间集聚现象，全局莫兰指数达到 0.4（$P<0.01$）。$PM_{2.5}$ 背景值最高的区域集中在北京、天津、河北、河南、山东和新疆西南部。其中，北京、河北、天津、河南、山东的 $PM_{2.5}$ 背景值约 70μg/m³，新疆南部可以高达 100μg/m³ 以上。此外，四川东部、湖北和安徽也是 $PM_{2.5}$ 背景值的高值聚集区，浓度在 40 ~ 60μg/m³。而云南、贵州、福建、浙江，以及东北部的黑龙江、内蒙古北部的 $PM_{2.5}$ 背景值在 30μg/m³ 以下，均为低或相对低。

（2）雾霾岛强度

2016 年中国城市的雾霾岛强度为 11.4μg/m³，即城市中心的 $PM_{2.5}$ 浓度比农村地区的背景浓度高 11.4μg/m³。雾霾岛强度最强的三个城市均位于新疆，分别是阿图什、吐鲁番和喀什，浓度分别为 32.8μg/m³、31.5μg/m³ 和 28.0μg/m³，是全国平均强度值的 2.4 ~ 2.9 倍。

空间自相关的结果表明，雾霾岛强度呈现较弱的空间集聚现象，全局莫兰指数为 0.14（$P<0.01$）。雾霾岛强度高的区域主要分布在新疆、北京、河北中部以及山西北部，雾霾岛强度均大于 20μg/m³，约是全国平均的 2 倍。此外，空气质量相对较好的云南，多个城市的雾霾岛强度也较高。例如，昆明、景洪和芒市，其雾霾岛强度分别为 14.92μg/m³、18.38μg/m³ 和 14.58μg/m³。这是由于它们的雾霾岛背景值相对低，但是城市内 $PM_{2.5}$ 浓度较高，形成较大反差。

（3）雾霾岛范围

2016 年，中国城市的雾霾岛平均范围为 7.8km。大部分城市的雾霾岛范围在 9km 以内。雾霾岛范围在9km以内的城市数量占总城市的75%。雾霾岛范围最大的三个城市分别是天津、武汉和厦门，范围分别为34.1km、30.2km和28.4km，是全国平均雾霾岛范围的3.6~4.4倍。

雾霾岛范围在空间上的集聚现象很弱，全局莫兰指数仅为0.05（$P<0.05$）。雾霾岛范围较大的区域在北京、天津、河北和山西北部，大多达到了较高或高的级别。而雾霾岛背景值和强度都较大的新疆，其雾霾岛范围却普遍较小，均在较低或低的级别。

7.1.4.3 雾霾岛的空间格局

(1) 雾霾岛背景值的影响因素

总的来看，自然因素对雾霾岛背景值的影响比社会经济因素更强（表7-2）。在全国尺度上，所有自然因素除NDVI外都对雾霾岛背景值呈现出显著的影响作用。其中，降水的影响最大，标准化回归系数达到了-0.744（$P<0.01$），即随着降水的增加，雾霾岛背景值降低。此外，坡度、降水、DEM和风速与雾霾岛背景值呈现出负相关（$P<0.05$），标准化回归系数分别达到了-0.335、-0.744、-0.178和-0.331，说明随着这些因素的增加，雾霾岛背景值下降。而温度和雾霾岛背景值呈现出正相关（$P<0.01$），即随着温度的增加，雾霾岛背景值增大。在社会经济因素中，只有人口对雾霾岛背景值有显著的影响作用，标准化回归系数达到了0.231（$P<0.01$），即随着人口的增加，雾霾岛背景值上升。

在区域尺度上，影响因素存在区域差异性。自然因素在北方和南方区域大都显著，但是在西部区域仅NDVI和风速显著。其中，风速在三个区域都呈现出显著的影响作用（$P<0.01$），标准化回归系数分别为-0.214、-0.368和-0.387，说明随着风速的增加，雾霾岛背景值下降。不同区域显著影响的社会经济因素不同。在北方和西部均是第二产业增加值，且均为正相关，标准化回归系数分别为0.180和0.382。此外，影响因素在北方区域解释程度最高，达到了85.8%，全国尺度的解释程度最低，仅为50.5%。这主要是因为在大尺度上区域之间的差异性大，因此全国尺度上的拟合效果比区域尺度低（Wang et al., 2018b）。

表7-2 影响雾霾岛背景值的多元回归分析结果

因素		全国	北方	南方	西部
自然因素	坡度	-0.335***	-0.121**	-0.282***	/
	降水	-0.744***	-0.220***	-0.423***	/
	NDVI	/	0.184***	/	-0.826***
	温度	0.479***	0.851***	-0.275***	/
	DEM	-0.178**	/	-0.807***	/
	风速	-0.331***	-0.214***	-0.368***	-0.387***

续表

因素		全国	北方	南方	西部
社会经济因素	GDP	/	/	/	/
	人口	0.231***	/	/	0.382***
	第二产业增加值	/	0.180***	/	/
	城市面积	/	/	/	/
n		218	75	111	32
R^2		0.505	0.858	0.766	0.661
F		35.81***	68.62***	68.86***	18.16***

、*分别表示5%、1%的显著性水平；表中均为标准化回归系数。

（2）雾霾岛强度的影响因素

大部分自然因素对雾霾岛强度的影响超过社会经济因素（表 7-3）。在全国尺度上，自然因素中坡度的影响最大，标准化回归系数达到了 0.795（$P<0.01$），即随着坡度的增加，雾霾更难以扩散，城乡 $PM_{2.5}$浓度的差异随之升高。此外，DEM、降水、NDVI 和雾霾岛强度呈现出负相关（$P<0.01$），标准化回归系数分别达到了-0.503、-0.492、-0.465 和-0.138，说明随着这些因素的增加，雾霾岛强度下降。在社会经济因素中，影响最大的因素是人口，标准化回归系数达到了-0.320（$P<0.01$）。城市第二产业增加值对雾霾岛的强度的影响也通过了显著性检验（$P<0.01$），它与雾霾岛强度呈现出负相关，标准化回归系数为-0.317。

在区域尺度上，影响因素在西北区域解释程度最高，达到了 71.4%，在南方区域的解释程度最低，仅为 37.6%。其中，坡度在三个区域都呈现出显著的影响且回归系数很高。坡度因素在北方、南方和西部的标准化回归系数分别为 0.741、0.450 和 1.069。NDVI 在南方呈现显著影响，其标准化回归系数为 0.259（$P<0.01$），事实上，NDVI 越高，雾霾岛背景值越低，城乡差异越大。北方地区社会经济因素中仅有第二产业增加值对雾霾岛强度有显著的影响。

表 7-3　影响雾霾岛强度的多元回归分析结果

因素		全国	北方	南方	西部
自然因素	坡度	0.795***	0.741***	0.450***	1.069***
	降水	-0.533***	-0.444***	/	-0.598***
	NDVI	-0.451***	/	0.259***	/
	温度	/	/	/	/
	DEM	-0.528***	-0.621***	/	-0.761***
	风速	/	-0.364***	/	/

续表

因素		全国	北方	南方	西部
社会经济因素	GDP	/	/	/	0.506 *
	人口	0.320 ***	/	0.172 **	/
	第二产业增加值	-0.317 ***	-0.384 *	/	-0.535 *
	城市土地面积	/	0.448	/	/
n		218	75	111	32
R^2		0.399	0.433	0.376	0.714
F		23.25 ***	8.65 ***	22.26 ***	12.98 ***

*、**、*** 分别表示 10%、5%、1% 的显著性水平；表中均为标准化回归系数。

(3) 雾霾岛范围的影响因素

总的来看，社会经济因素对雾霾岛范围的影响超过自然因素（表 7-4）。在全国尺度上，自然因素包括坡度、NDVI 和 DEM 对雾霾岛范围有显著的影响作用，其中影响最大的因素为坡度，标准化回归系数达到了-0.230（$P<0.01$），说明在地形崎岖的地区雾霾岛的范围会受到地形的限制。社会经济因素中，GDP 和城市土地面积对雾霾岛范围有显著的影响作用，其中影响最大的因素为城市土地面积，其标准化回归系数达到了 0.379（$P<0.01$），表明随着城市的扩张，雾霾岛的范围也会随之变大。

表 7-4　影响雾霾岛范围的多元回归分析结果

因素		全国	北方	南方	西部
自然因素	坡度	-0.230 ***	/	/	-0.528 **
	降水	/	/	/	/
	NDVI	0.127 *	/	/	0.442 ***
	温度	/	/	0.181 ***	/
	DEM	0.170 **	/	/	0.508 **
	风速	/	/	/	-0.295 *
社会经济因素	GDP	0.291 **	/	0.688 ***	0.597 ***
	人口	/	/	/	/
	第二产业增加值	/	/	/	/
	城市土地面积	0.379 ***	0.695 ***	/	-0.354 *
n		218	75	111	32
R^2		0.458	0.483	0.525	0.565
F		35.78 ***	68.06 ***	59.75 ***	5.41 ***

*、**、*** 分别表示 10%、5%、1% 的显著性水平；表中均为标准化回归系数。

在区域尺度上，影响因素在西部地区的解释程度最高，达到了 56.5%，而在北方地区的解释程度最低，仅有 48.3%。与此同时，不同地区的影响因素不同。在北方地区，仅有一个社会经济因素——城市土地面积的影响显著。在南方地区，GDP 和温度均有显著的影响，但是 GDP 的标准化回归系数（0.688）远大于温度的标准化回归系数（0.181）。而在西部地区，有显著影响的因素最多，其中影响最大的自然因素为坡度，标准化回归系数达到了-0.528，这说明在经济发展程度较低的西部地区，自然因素也不能忽视。

7.1.5 讨论

7.1.5.1 刻画城市雾霾岛新方法的优点

本节发展了一种简单有效的识别和提取雾霾岛特征的方法。该方法有以下三大特点。

第一，该方法简单、高效。只需要使用 $PM_{2.5}$浓度的栅格数据和城市中心数据，就可以自动识别出每个城市的雾霾岛及其特征值。同时，该方法直接根据 $PM_{2.5}$浓度的城乡梯度数据自动提取雾霾岛信息，无须人工目视解译和主观判断。在全国尺度上的验证表明该方法的效果较好，模拟值和原始浓度的 RMSE 均方根误差为 0.47μg/m^3。

第二，该方法更加详细地刻画了雾霾岛的特征。之前的研究大多采用了行政区域平均雾霾浓度代表城市雾霾浓度（Du et al., 2019b; Lin et al., 2018; Wang et al., 2017b）。这样的处理无法表征城乡 $PM_{2.5}$浓度的巨大差异，也会造成对 $PM_{2.5}$污染的健康影响评估的误差。以昆明为例，其行政边界内平均 $PM_{2.5}$浓度为 12.18μg/m^3。利用该方法，昆明的 $PM_{2.5}$背景浓度为 13.64μg/m^3，与行政边界内 $PM_{2.5}$平均浓度接近。但是，昆明的雾霾岛强度，即其 $PM_{2.5}$浓度城乡差异达到 14.92μg/m^3，说明城市中 $PM_{2.5}$浓度最大值可以高达 28.56μg/m^3，该浓度是用行政边界计算出的平均浓度的 2.1 倍。换句话说，居住在昆明城市区域内的居民暴露在明显更高的 $PM_{2.5}$污染之下。此外，该方法还能计算出雾霾岛范围大约是 13.12km。这为有效控制污染区的范围，以及识别区域内主要的污染源奠定了基础。

第三，本研究的方法具有较好的普适性。城乡之间不仅存在 $PM_{2.5}$浓度的差异，还广泛存在自然要素和社会经济要素的梯度变化，如温度差异（Oke, 1973）、物候差异（Ren et al., 2018）、臭氧差异（Zhao et al., 2019c）、降雨差异（Zhu et al., 2019）、收入差异（Su et al., 2015），因此该方法还适用于提取和分析这些要素的城乡梯度变化特征。

7.1.5.2 政策启示

北京、河北、河南、山西和四川的部分城市是雾霾岛的热点城市。通过叠加雾霾岛背景值、雾霾岛强度和雾霾岛范围的高值区，可以发现共有 8 个城市的雾霾岛背景值、雾霾岛强度和雾霾岛范围都达到了高或相对高的级别，分别是北京、保定、唐山、邢台、邯郸、长治、安阳和成都。这些城市的雾霾岛背景值、雾霾岛强度和雾霾岛范围分别是63.68μg/m³、19.38μg/m³和14.77km，分别是全国平均值的1.7倍、1.7倍和1.9倍。本研究结果与前人研究发现具有较好的一致性，如Han等（2014）的研究也表明这些城市雾霾浓度城乡差异大且雾霾污染严重。值得注意的是，除了成都，另外7个城市都呈空间集聚形式位于中国北方的华北平原。这些热点区城市的雾霾岛现象不仅是单单一个城市问题，而是区域整体污染物排放的问题。Du等（2019b）的研究也表明京津冀地区城市污染具有溢出效应。因此，针对这块热点区域，需要采用系统手段，一方面区域内的每个城市都应积极采取大气污染的治理措施，另一方面不同城市之间要加强协作共同治理大气污染。

不同雾霾岛特征在不同区域的影响因素不尽相同，因此不同区域和类型的城市应该采取不同的措施减缓雾霾的影响。本研究发现自然因素对于雾霾岛背景值或雾霾岛强度的影响更加明显。在西部地区，如和田、阿克苏，NDVI与雾霾岛背景值和雾霾岛强度均为显著的负相关，所以应该加强这些地区城市的植被保护。同时，坡度对雾霾岛强度的影响很大，特别是在位于盆地内的城市，如成都、太原，这表明这些地区需要增加城市通风廊道，以降低雾霾岛强度。此外，本研究发现，社会经济是雾霾岛范围的重要影响因素。对于雾霾岛范围较大的城市，如厦门和武汉，应该在发展经济的同时，避免过多的空气污染物排放，形成合理的产业结构，减少城市扩张对雾霾增长的贡献。

7.1.5.3 未来展望

本研究发展了一种新的识别雾霾岛并提取其特征的方法，该方法具有简单、高效、信息丰富和普适性强的特点，然而本研究仍有一些不足。首先，在方法上，本研究采用圈层统计法是基于城市单一中心的假设，并没有考虑城市多中心造成的城市形态的不同。其次，本研究的拟合还不能有效地刻画无背景值或无雾霾岛现象的城市。在数据上，$PM_{2.5}$数据的精度会影响本研究结论的准确性。目前$PM_{2.5}$数据均是基于AOD数据得来的，而本研究中使用的$PM_{2.5}$数据集中融合的AOD数据最高精度为10km，因此1km分辨率的$PM_{2.5}$数据必须采用空间模型得到，这可能会影响雾霾岛特征值的量化。最后，在雾霾岛特征影响因素的模型中，决定系数R^2的值在31%~85%，说明可能还有更加复杂的因素对雾霾岛特征存在影响。

在未来，首先可以采用更高分辨率$PM_{2.5}$数据进行比较，从而增加结论的可靠性。其次，本研究仅针对2016年的数据进行了分析，分析更长时间序列的数据可能可以得到更充分的结论。最后，可以探索更多影响雾霾岛特征的因素，更加全面认识城市雾霾岛。

7.1.6 小结

本节发展了一种新的识别和提取城市雾霾岛特征的方法。该方法具有简单、高效、信息丰富和普适性强的特点。首先，该方法结合圈层统计和 S 形曲线拟合，可以有效模拟城乡 $PM_{2.5}$浓度差异，模拟值和原始数值之间的 RMSE 为 0.47μg/m^3。其次，该方法提供了除城市 $PM_{2.5}$平均浓度之外的三个指标——雾霾岛背景值、雾霾岛强度和雾霾岛范围，更全面地刻画了城市雾霾岛特征。最后，该方法还可以用于其他城乡梯度的拟合和分析，具有较好的应用性。

2016 年，中国 335 个城市中有 236 个有显著的雾霾岛现象。它们的雾霾岛平均背景值为 37.5μg/m^3，平均强度为 11.4μg/m^3，平均范围为 7.8km。自然因素对于雾霾岛背景值和强度影响更大，而社会经济因素对雾霾岛范围影响更大。在区域尺度上，西部地区城市雾霾岛与 NDVI 关系更显著，而在北方和南方地区，城市雾霾岛与社会经济因素关系更密切。

对于不同地区，应该采取因地制宜的方式治理雾霾岛现象，如北京、河北和山西这种雾霾岛背景值、雾霾岛强度和雾霾岛范围均高的热点区域，未来应该加强区域合作，共同治理雾霾污染；对于西部干旱区的城市，应该加强植被保护；而对于南方的城市，需要注意减少和控制污染物的排放，降低雾霾岛范围。

7.2 中国 2000 ~2017 年 $PM_{2.5}$ 污染导致的人口死亡动态

7.2.1 引言

$PM_{2.5}$污染是指环境空气中空气动力学当量直径小于 2.5μm 的细颗粒物散布在空气中，进而影响人类福祉与健康的一种环境污染。$PM_{2.5}$污染可以导致多种呼吸道和循环系统疾病，是当前对人类健康影响最大的环境风险因素之一。在某一年中，由于暴露于室外 $PM_{2.5}$污染导致的死亡可以称为 $PM_{2.5}$污染导致的死亡（deaths attributable to $PM_{2.5}$ pollution，DAPP）。DAPP 的多少直接受 $PM_{2.5}$浓度、人口学因素（包括年龄结构和人口数量）和疾病死亡率（主要反映医疗保健水平）等多种因素共同影响。根据全球疾病负担研究的测算结果，全球的 DAPP 总量在 2017 年达到了近 300 万，大约是同年艾滋病致死人数的 3 倍。此外，DAPP 还是联合国可持续发展目标（Sustainable Development Goals，SDG）中的关键指标。SDG 3.9 明确指出，到 2030 年，要大幅减少危险化学品以及空气、水和土壤污染导致的死亡和患病人数。

作为最大的发展中国家，中国在快速城市化和工业化的过程中也不可避免地受到了 $PM_{2.5}$污染的影响。为了减少 $PM_{2.5}$污染，国务院于 2013 年施行了《大气污染防治行动计划》（简称《大气十条》），旨在控制空气污染，计划到 2017 年将城市中的 $PM_{2.5}$浓度降低 10%~25%。该计划的整体投入约 1.7 万亿元（约合 2700 亿美元），覆盖了中国三百多个地级行政区，横跨能源、工业、交通、法律和法规等多个部门，是一项前所未有的空气污染防治行动。2018 年，中国生态环境部宣布该计划设定的 $PM_{2.5}$浓度控制目标顺利达成。然而，《大气十条》相关的 $PM_{2.5}$污染防控所带来的健康效益依然不够明确，更加准确地量化这项政策对公共健康的影响对于指导未来的环境政策制定、助力中国实现 SDG 3.9 的目标具有重要的意义。

目前已经有大量的研究尝试分析《大气十条》带来的与 $PM_{2.5}$相关的健康效益，但是这些研究的结果往往存在一定差异，部分结论甚至相互冲突，施行《大气十条》究竟产生了多少健康效益依然没有定论。首先，DAPP 的变化受多个因素的共同影响，但是已有研究并没有很好地区分各个因素的相对贡献。例如，Huang 等（2018）和 Lu 等（2019）直接使用 DAPP 的变化量来近似表示《大气十条》带来的健康效益，而 Zhang 等（2019）则尝试通过假设其他因素不变来量化 $PM_{2.5}$浓度变化的影响。其次，已有研究中得到的 DAPP 的变化趋势也并不一致。例如，Huang 等（2018）、Lu 等（2019）和 Zou 等（2019）发现 DAPP 在 2013 年以后存在一定程度的下降，但是 2017 全球疾病负担研究指出，中国的 DAPP 在2000~2013 年依然保持增加趋势。这些结果的不一致往往来自输入数据、疾病选择和暴露-响应函数（量化 $PM_{2.5}$浓度和各类疾病相对风险的关系）等因素的差异。因此，目前仍然需要更加全面地理解 DAPP 的时空格局和各个驱动因素的相对贡献，从而厘清《大气十条》带来的与 $PM_{2.5}$相关的健康效益，为中国未来空气污染防治提供一定的参考。

本研究分析了实施《大气十条》前后（2000~2013 年和 2013~2017 年）$PM_{2.5}$浓度变化对于 DAPP 年际动态的影响。首先，结合 2017 全球疾病负担研究公布的流行病学模型和长期的 $PM_{2.5}$数据，量化了 2000~2017 年中国 DAPP 的时空动态。然后，使用解构的方法，评估了 $PM_{2.5}$浓度、人口、年龄结构和疾病死亡率四项因素对 DAPP 变化的相对贡献。最后，结合未来人口和医疗保健水平的预测结果，进一步探索了 2030 年 DAPP 在两种不同的 $PM_{2.5}$控制政策情景（趋势情景和强力政策情景）下的变化趋势。本研究的发现对于中国和全球的环境政策与公共健康管理均具有重要的参考价值。

7.2.2 方法

7.2.2.1 数据

本研究中的 $PM_{2.5}$浓度主要通过结合 $PM_{2.5}$格网数据和中国 $PM_{2.5}$站点监测数据共同得出。此外，人口的年龄结构和 $PM_{2.5}$相关疾病的死亡率下载自 2017 全球疾病负担研究数据集，人口的空间分布数据主要来自全球环境历史数据集，并基于中国城市统计年鉴的统计数据进行了进一步的校正。

7.2.2.2 量化 DAPP

使用 2017 全球疾病负担研究中的流行病学模型来计算 2000 ~ 2017 年的 DAPP。DAPP 的具体计算流程如图 7-3 所示。其核心思路是，通过暴露-响应函数估测不同 $PM_{2.5}$浓度下各类疾病的患病风险，进而求出某类疾病造成的死亡总数中可以归因于 $PM_{2.5}$污染的比例，最终得到来自该类疾病的 DAPP 的数量。此外，由于疾病死亡率和暴露-响应函数在不同年龄段差异较大，本研究使用了分年龄段的数据对 DAPP 进行了计算。最终 DAPP 的总量等于来自不同年龄段和不同疾病的 DAPP 的总和。

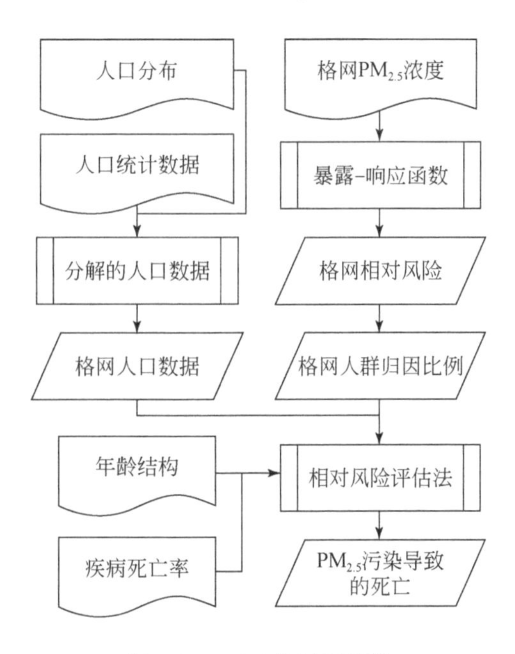

图 7-3 DAPP 的计算流程

7.2.2.3 解构分析

使用解构分析量化 $PM_{2.5}$浓度、人口、年龄结构和疾病死亡率对于 DAPP 变化的相对贡献。具体的计算流程如图 7-4 所示。解构分析的核心思路是，通过在计算中逐步引入不同的影响因素，来确定各个因素对 DAPP 变化的贡献。此外，由于各个影响因素的引入顺序会影响计算结果，因此本研究对所有 24 种可能的引入顺序都进行了计算，最终各个影响因素对 DAPP 变化的贡献是 24 种计算结果的平均值。

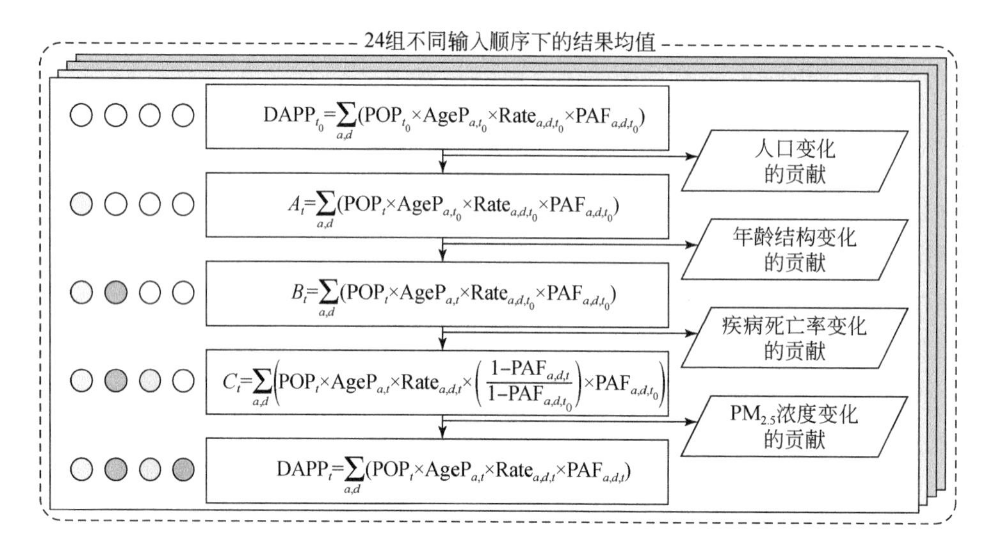

图 7-4 解构不同影响因素对 DAPP 变化的贡献

图中左侧不同颜色的圆环代表逐步引入各个影响因素的过程

7.2.2.4 趋势预测

探索 2030 年 DAPP 在两种不同的 $PM_{2.5}$控制政策情景（趋势情景和强力政策情景）下的变化趋势。假设在趋势情景中，中国会延续现有的空气质量控制力度，人口加权的 $PM_{2.5}$浓度会在 2030 年逐渐降低到 35μg/m³（中国现行的空气质量标准）；而在强力政策情景中，中国会采取更加严格的空气污染控制政策，人口加权的 $PM_{2.5}$浓度会在 2030 年大幅度降低至 10μg/m³（世界卫生组织公布的空气质量标准）。由于人口数量和年龄结构一般不会因为政策而发生大幅度的变化，因此假设 2030 年人口和年龄结构按照一切如常的情景变化。与此同时，根据《“健康中国 2030”规划纲要》，假定医疗条件的改善使得疾病死亡率充分降低，较 2015 年下降 30%（表 7-5）。

表 7-5 未来情景描述

2030 年政策情景	描述	人口加权的 $PM_{2.5}$ 浓度	疾病死亡率	人口和年龄结构
趋势情景	延续现行的空气质量控制政策以进一步降低 $PM_{2.5}$ 浓度	35μg/m³	根据《"健康中国 2030"规划纲要》，相关疾病死亡率在 2030 年比 2015 年降低 30%	基于联合国一切如常情景下的预测
强力政策情景	采取更加严格的空气污染控制政策，$PM_{2.5}$ 浓度大幅度下降	10μg/m³		

7.2.3 结果

7.2.3.1 不同驱动因素的变化趋势

2000 ~ 2017 年，中国影响 DAPP 的各个驱动因素发生了明显的变化（图 7-5）。人口加权的 $PM_{2.5}$ 浓度在 2000 ~ 2007 年逐渐增加，然后呈现波动下降的趋势。尤其是在《大气十条》开始实施以后，人口加权的 $PM_{2.5}$ 浓度从 2013 年的 52.5μg/m³ 线性降低至 2017 年的 42.2μg/m³。同时，人口在数量上稳定上升，而在年龄结构上呈现明显的老龄化趋势。此外，$PM_{2.5}$ 污染相关疾病的年龄标准化死亡率也呈现不同的变化趋势，其中，缺血性心脏病、肺癌、2 型糖尿病的年龄标准化死亡率总体呈现增加趋势，而慢性阻塞性肺疾病、脑卒中和下呼吸道感染总体呈现下降趋势。

7.2.3.2 中国 DAPP 的时空变化

2000 ~ 2017 年，中国整体的 DAPP 从 2000 年的 71.4 万人增加到了 2017 年的 97.1 万人，增加了 36.0%，年均增长率为 1.8%。与此同时，年龄标准化的 $PM_{2.5}$ 归因死亡率总体呈现下降趋势，从 2000 年的每十万人 83 例下降到 2017 年的每十万人 65 例。空间上看，新增的 DAPP 主要集中在华北地区，该地区 DAPP 的增长量约占同一时间全国总增长量的 30%，其他地区 2000 ~ 2017 年 DAPP 的增长量从 1.3 万人到 5.7 万人不等。

虽然中国的 DAPP 在施行《大气十条》以后依然呈现增加趋势，但是增长率在 2013 年以后有所下降。2000 ~ 2013 年，中国的 DAPP 新增了 22.1 万人，并在 2013 年达到 93.5 万人。这段时间 DAPP 的年均增长率为 2.1%。而在 2013 ~ 2017 年，中国 DAPP 的总量增加了 3.6 万人，其年均增长率为 1.0%，明显低于实施《大气十条》之前的水平。与此同时，年龄标准化的 $PM_{2.5}$ 归因死亡率的下降趋势也在实施《大气十条》后进一步降低，其年均变化率从 2000 ~ 2013 年的 −1.1% 下降至 2013 ~ 2017 年的 −2.7%。此外，Mann-

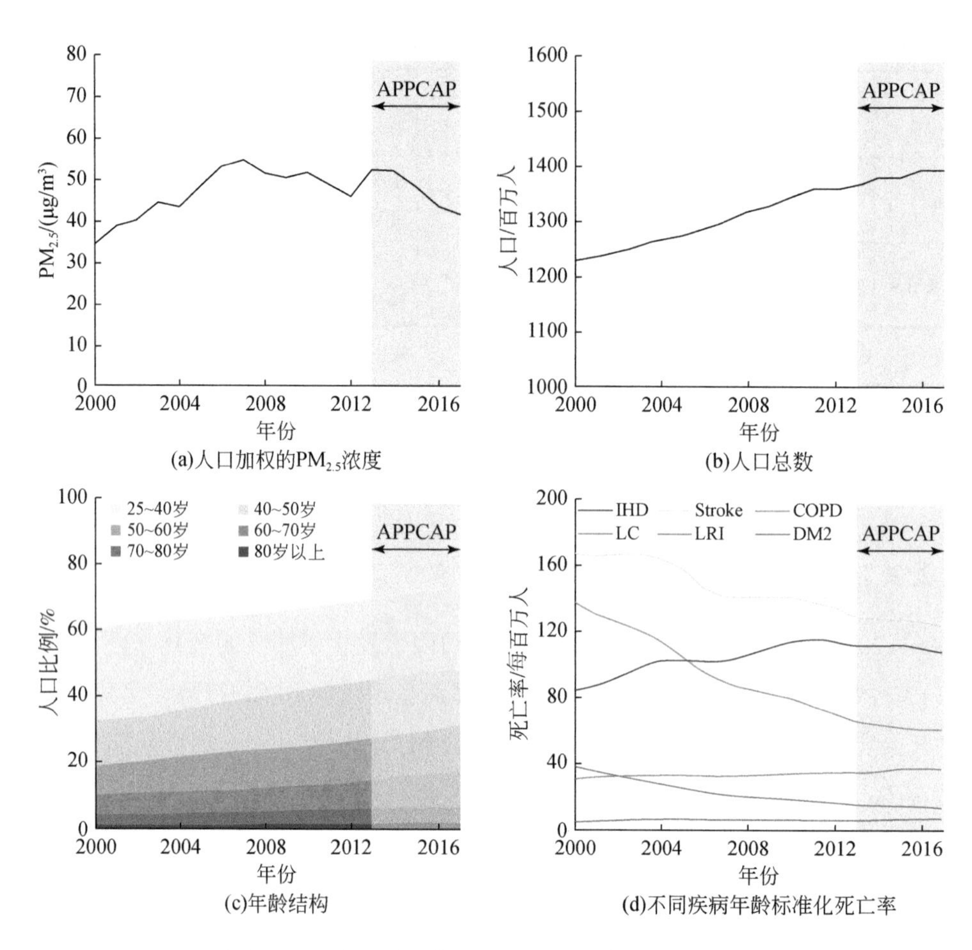

(a)人口加权的$PM_{2.5}$浓度　(b)人口总数

(c)年龄结构　(d)不同疾病年龄标准化死亡率

图 7-5　各个驱动因素在 2000 ~ 2017 年的变化趋势

IHD、Stroke、COPD、LC、LRI 和 DM2 分别指缺血性心脏病、中风、慢性阻塞性肺疾病、肺癌、下呼吸道感染和 2 型糖尿病；APPCAP 指《大气十条》

Kendall 检验也表明中国的 DAPP 与对应的年龄标准化的 $PM_{2.5}$归因死亡率的变化趋势在 2013 年前后存在显著的差异。

7.2.3.3　不同影响因素对 DAPP 变化的贡献

DAPP 的变化可以解构为人口、$PM_{2.5}$浓度、年龄结构和疾病死亡率四项影响因素。如果仅考虑 $PM_{2.5}$浓度变化的作用，2017 年的 DAPP 将比 2000 年高 6.3 万人。此外，人口增长和年龄结构变化分别使得 2017 年的 DAPP 相比于 2000 年增加了 11.0 万人和 42.4 万人。同时，疾病死亡率的下降使得 2017 年的 DAPP 相比于 2000 年降低了 34.0 万人，一定程度上抵消了人口增加和年龄结构变化所造成的增长［图 7-6（a）］。

在《大气十条》实施前后，$PM_{2.5}$浓度对 DAPP 变化的影响呈现明显的差异。2000 ~

2013 年，$PM_{2.5}$浓度的变化使得 DAPP 增加了 12.7 万人。与此相反，2013 ~ 2017 年，$PM_{2.5}$浓度的降低使得 DAPP 下降了 6.4 万人。年均影响的对比进一步揭示了《大气十条》前后 $PM_{2.5}$浓度对于 DAPP 作用效果的差异。2000 ~ 2013 年，$PM_{2.5}$浓度变化使得 DAPP 平均每年增加约 1 万人。而 2013 ~ 2017 年，$PM_{2.5}$浓度的下降使得 DAPP 平均每年减少 1.6 万人［图 7-6（b）］。

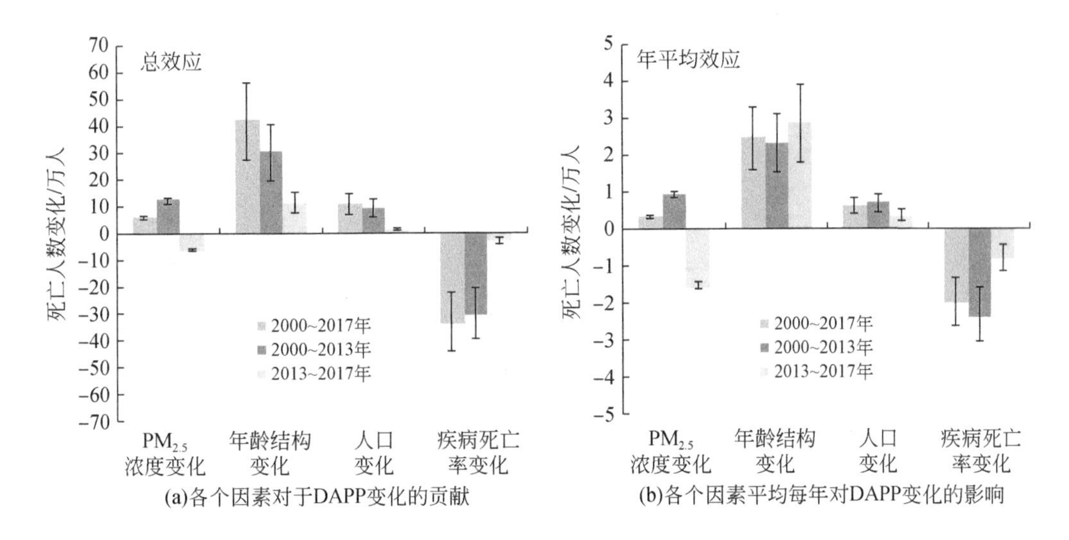

图 7-6　不同因素对 DAPP 变化的影响

误差线代表 90% 的置信区间

7.2.3.4　不同政策情景下未来 DAPP 的变化趋势

本研究估算了两种不同空气质量控制情景（趋势情景和强力政策情景）下 2030 年的 DAPP。在趋势情景中，DAPP 预计在 2030 年达到 95.3 万人，相比于 2017 年减少了 1.8 万人。其中，$PM_{2.5}$浓度变化会使得 DAPP 降低 6.9 万人，与 2017 年相比下降了 7.1%。在强力政策情景中，实行更加严格的空气质量控制政策能够将 DAPP 在 2030 年降低至 55 万人，相比于 2017 年减少了 42.1 万人。其中，$PM_{2.5}$浓度变化会使得 DAPP 降低 51.1 万人，相比于 2017 年下降了 52.6%。除了 $PM_{2.5}$浓度变化以外，疾病死亡率的变化会使得 DAPP 在趋势情景和强力政策情景中分别下降 29.9 万人和 17.7 万人，而人口增长会使得 DAPP 在两种情景中分别增加 1.7 万人和 1000 人，年龄结构变化会使得 DAPP 在两种情景中分别增加 33.3 万人和 26.6 万人（图 7-7）。

7.2.4　讨论

本研究结果表明，2013 ~ 2017 年，《大气十条》的实施使得 $PM_{2.5}$浓度明显下降，进

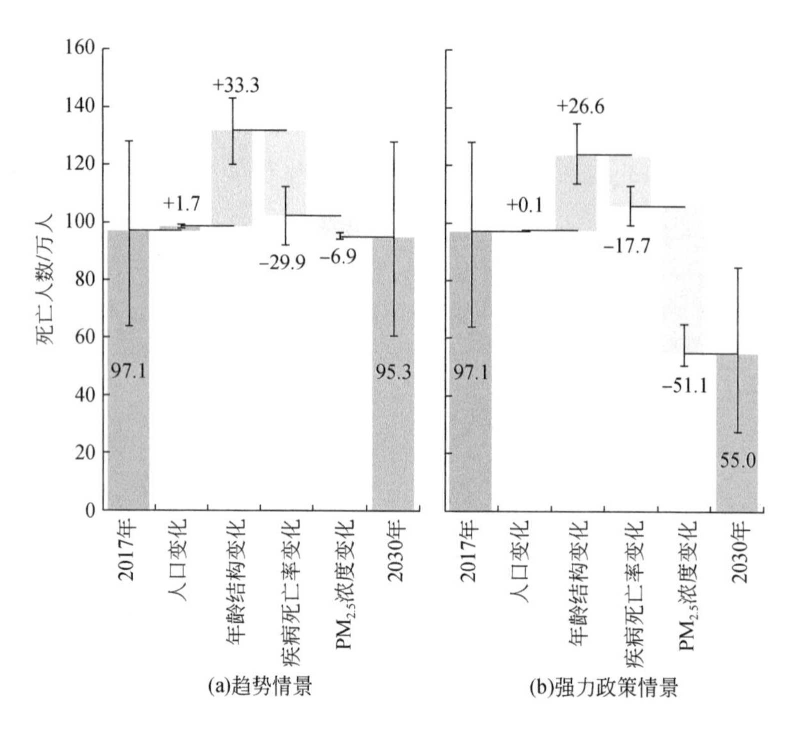

图 7-7　2030 年不同情景下 DAPP 的变化及各个影响因素的贡献

而产生了大量的健康效益。具体而言，$PM_{2.5}$浓度的变化对 DAPP 的作用从《大气十条》施行前（2000～2013 年）的正向作用变为《大气十条》施行后（2013～2017 年）的负向作用。虽然从整体来看，在其他影响因素（例如老龄化和人口增加）的作用下 DAPP 依然在 2013～2017 年呈现上升趋势，但由于空气质量改善，2013～2017 年 DAPP 的年均增长率相对于 2000～2013 年明显降低。

但是，中国要实现 SDG 3.9 设定的“实质性”降低 DAPP 的目标，未来仍然需要更加强有力的空气质量控制政策。本研究预测表明，如果延续当前政策趋势，将人口加权的 $PM_{2.5}$浓度在 2030 年控制到 35μg/m^3，由于老龄化等其他因素的影响，DAPP 的总量与 2017 年相比仅仅降低 2%，很难达到 SDG 3.9 所提到的“实质性”降低的目标。只有采取更加严格的空气质量控制措施，将人口加权的 $PM_{2.5}$浓度在 2030 年控制到 10μg/m^3，才能够一定程度上抵消老龄化等因素的影响，使得 DAPP“实质性”降低。

与已有研究相比，本研究结果指出，中国的 DAPP 在 2013 年实施《大气十条》之后依然呈现增加趋势。这个趋势与权威的 GBD（全球疾病负担）2017 报告的结果一致，但是与其他认为 DAPP 在 2013～2017 年呈现下降趋势的研究相反（图 7-8）。例如，Huang 等（2018）认为中国 74 个主要城市在 2017 年的 DAPP 比 2013 年下降了 5.5 万人（13.1%）。Lu 等（2019）的估算则发现中国的 DAPP 从 2013 年的 107.2 万人下降至 2017 年的

96.3 万人，相比于 2013 年下降了 10.2% （图 7-8）。造成这些差异最主要的原因是，本研究使用了 GBD 2017 中最新的输入数据（包括年龄结构和疾病死亡率）和流行病学模型，因此计算结果也存在一定的更新。与此同时，本研究对《大气十条》健康效益的评估也和已有的研究存在明显的区别。虽然大多数研究都认为实施《大气十条》避免了大量的 DAPP，但是直接使用 DAPP 的变化来近似表示《大气十条》的健康效益而不考虑其他影响因素的变化有时会产生一些令人困惑的结论。例如，这种思路很难解释 2000～2013 年空气质量改善时 DAPP 依然保持增加趋势的现象。而本研究基于解构分析厘清了 $PM_{2.5}$ 浓度、人口、年龄结构和疾病死亡率等因素对 DAPP 的影响，从而得到了一个更加可靠的评估结果。

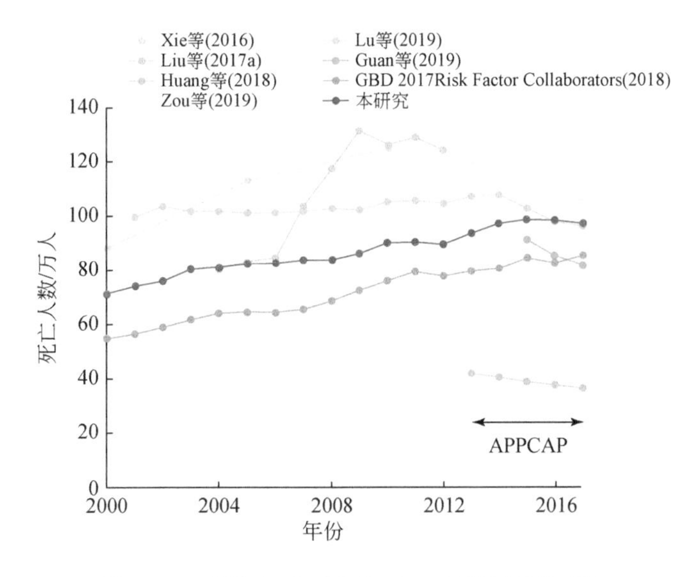

图 7-8　本研究与已有研究 DAPP 估算结果的对比

APPCAP 指《大气十条》

本研究的主要贡献是全面准确地估算了施行《大气十条》所带来的健康效益。本研究采用了解构的方法，分别评估了各个影响因素对于 DAPP 变化的贡献。此外，本研究基于最新的流行病学模型和校正过的输入数据在格网尺度上得到了一套更加准确的 2000～2017 年 DAPP 的估算结果，从而为中国的政策制定和公共健康管理提供更加开阔的视角。此外，本研究对中国之外的发展中国家也有很强的借鉴意义。中国施行《大气十条》的经验表明，随着经济的发展，其他发展中国家在面临 $PM_{2.5}$ 污染问题时也应该尝试采取有效手段以减缓空气污染所带来的健康风险。

本研究在数据、方法和内容上依然存在一定的不确定性。例如，在估算 DAPP 时，由于数据的限制，本研究没有考虑疾病死亡率和年龄结构在全国尺度上的空间异质性。用于量化 $PM_{2.5}$ 浓度和疾病患病风险的暴露–响应函数也主要是基于全球尺度的案例推导得到的，不一定完全适用于中国。此外，本研究在计算中没有考虑个体行为（如室外活动时长、呼吸速率和佩戴口罩的习惯等）对于 $PM_{2.5}$ 暴露的影响。在判断《大气十条》的健康效应时，本研究假设没有《大气十条》的情况下，$PM_{2.5}$ 浓度会维持在 2013 年的水平，而没有考虑更加复杂的实际情况。在原因分析中，本研究仅仅讨论了四项直接影响 DAPP 变化的驱动因素的贡献，缺乏对更深层次因素（如能源结构、制造业发展、城市化过程和经济发展）的分析。在未来情景的设计中，本研究也没有考虑人类活动、气候变化和空气污染之间复杂的反馈关系，仅使用了简单的预期浓度来进行计算。在进一步的研究中，应该尝试结合排放清单、大气化学模型和更新的情景框架，进一步探索防控 $PM_{2.5}$ 污染的可行路径。

7.2.5 小结

本节评估了中国 2000 ~ 2017 年 DAPP 的时空动态。结果表明，DAPP 在 2000 ~ 2017 年呈现增加趋势。其中，新增的 DAPP 四分之一以上集中在华北地区。《大气十条》确实带来了一些健康效益。分时间段来看，中国的 DAPP 在 2000 ~ 2013 年从 71.4 万人增加到 93.5 万人，年均增长率为 2.1%。而在 2013 ~ 2017 年，DAPP 逐渐上升至 97.1 万人，其年均增长率为 1.0%，明显低于施行《大气十条》之前的水平。进一步的解构分析表明，施行《大气十条》后（2013 ~ 2017 年），$PM_{2.5}$ 浓度的降低使得 2017 年的 DAPP 比 2013 年降低了 6.4 万人。但是，如果中国延续当前的空气污染控制政策，在 2030 年将人口加权的 $PM_{2.5}$ 浓度降低至 $35\mu g/m^3$ 的话，由于人口老龄化等因素的作用，届时的 DAPP 依然不会有明显的下降。因此，中国需要实施更强有力的空气污染控制政策，才可以实现联合国 SDG 3.9 的目标，即“实质性”地减少空气污染造成的死亡和疾病。

7.3 城市化和热健康风险

高温热浪是全球气候变化引发的极端天气事件之一，被认为是一种持续性的高温酷热天气，一般可以持续几天甚至几周。大量研究表明未来极端气候事件会变得更频繁、强度更剧烈、持续时间更长，且伴随着城市热岛效应与人口老龄化的加剧，高温热浪的脆弱人群也在不断增加，因此高温热浪导致的健康问题已经成为当今环境与健康领域关注的热点问题。

高温热浪已经给人类造成了极大的生命财产损失，如 2003 年的欧洲热浪和 2010 年的俄罗斯热浪，分别导致了超过 70 000 人和 11 000 人死亡。大量研究表明高温热浪可直接导致中暑、热射病，也会增加人群心血管疾病的死亡风险，也有研究证实了高温热浪会导致精神健康发病率增加。例如，宋全全（2019）研究表明心脑血管疾病和呼吸系统疾病是高温热浪诱发的主要死因；在高温热浪天气条件下，冠心病的就诊风险增加，其中高温热浪和臭氧协同暴露会对心脏产生不良影响，它们的交互作用机制可能是通过引发严重的心脏炎症，降低心脏抗氧化能力，破坏血管内皮功能，加速血脂异常和血栓形成，从而使心脑血管疾病病情加重。

目前，国内外关于城市化与热健康风险的研究从三个方面开展：借助气象数据分析高温热浪形成机理和特征；气象观测和遥感多源数据结合反演城市热岛效应带来局地气象的空间分异规律；基于气象、遥感、环境、经济和人口等社会数据开展城市高温热浪的风险评估。风险评估是目前研究的重点和热点，但是科学评估的前提基础是客观地量化高温热浪强度和当地人口死亡的关系，这也是客观进行风险评估的核心技术和内容。与之相关的研究大多基于流行病学，常用的研究方法有分布滞后非线性模型（distributed lag non-linear model，DLNM）、分布滞后模型（distributed lag model，DLM）和广义累加模型（generalized additive model，GAM）。

科学家们最先尝试量化高温热浪风险三大形成因子：致灾因子——温度、暴露度——滞后时间、损失——人口死亡三者间的关系，发现人类死亡风险随着环境温度和滞后时间的改变而变化，三者间形成了各式形态的温度-滞后时间-致死风险三维模型（图 7-9）。为科学确定高温热浪健康风险脆弱性模型的关键参数——滞后时间，先选择 0 ~ 3 天、0 ~ 5 天、0 ~ 7 天、0 ~ 10 天、0 ~ 14 天、0 ~ 21 天六组滞后时间进行敏感性分析，以此来决定 DLNM 模型的滞后时间这一参数。图 7-10 展示了各滞后时间下的温度-死亡关系曲线，结果表明滞后时间为 0 ~ 3 天时死亡对温度响应最为敏感，图 7-11 总结了极端高温死亡风险

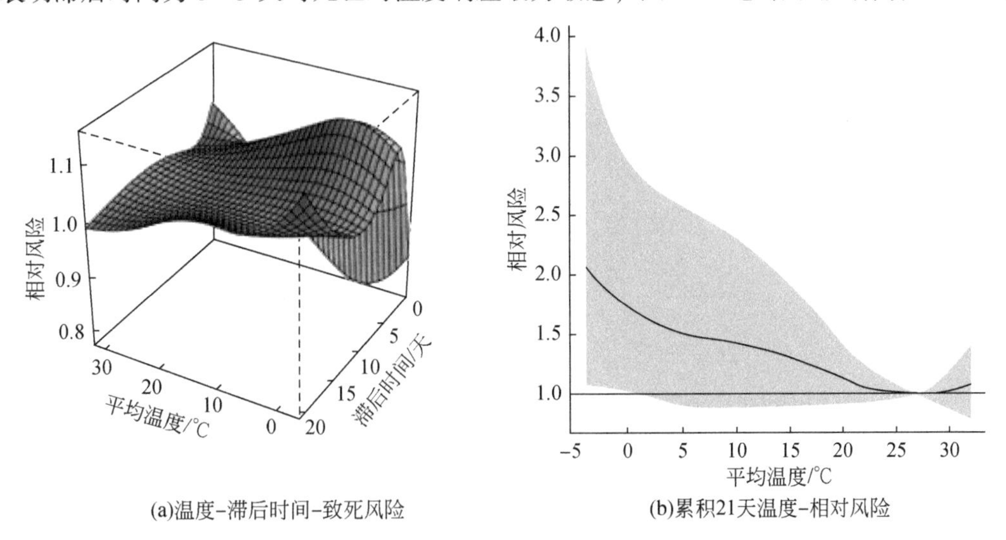

(a)温度-滞后时间-致死风险　　(b)累积21天温度-相对风险

图 7-9　温度-滞后时间-致死风险三维模型

随不同滞后时间的变化情况。

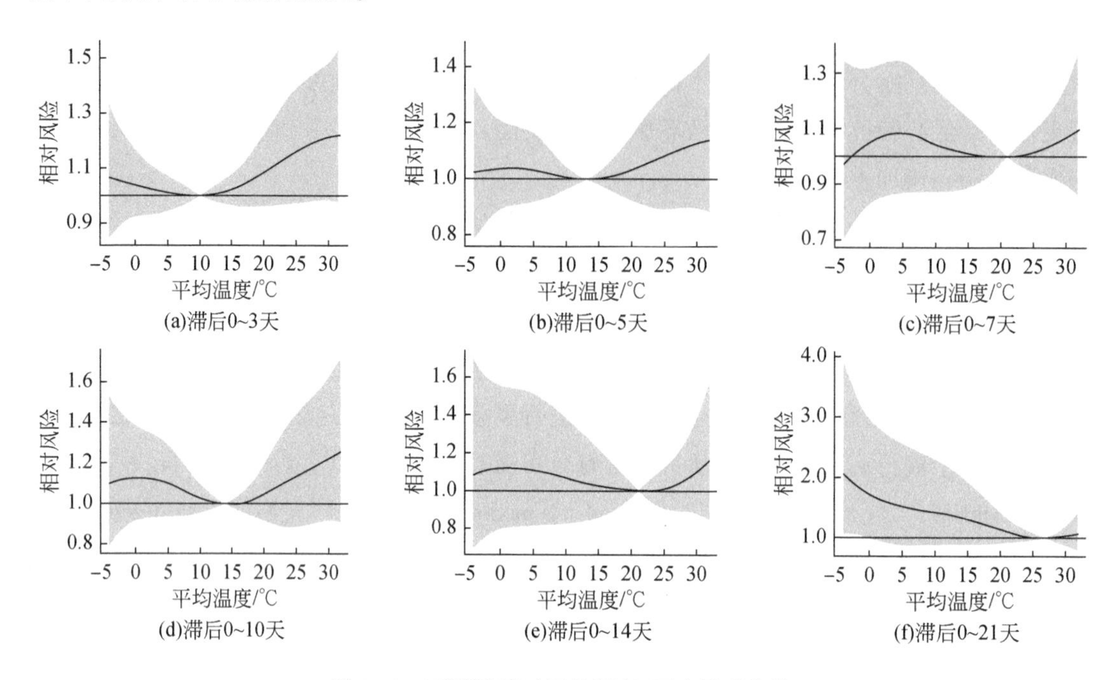

图 7-10　不同滞后时间的温度-死亡关系曲线

阴影部分为 95% 置信区间

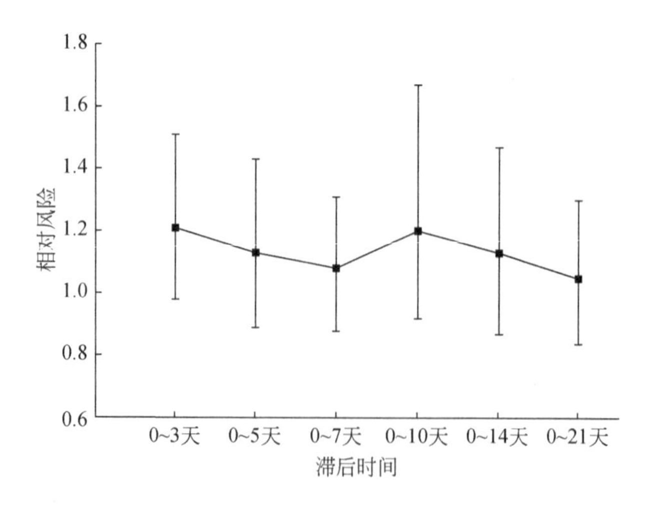

图 7-11　DLNM 模型关键参数——滞后时间的敏感性分析

滞后时间为 0 ~ 3 天的相对风险（$P<0.05$）显著高于其他四组（0 ~ 10 天除外），如果滞后时间延长，相对风险逐渐削弱。在滞后时间为 0 ~ 10 天时相对风险又有所回升，但是相对风险的不确定性高于 0 ~ 3 天。因此，结合前人研究的成果及滞后时间的敏感性分

析结果，确定选择 0 ~ 3 天作为高温热浪风险研究的参数。

一旦确定了滞后时间，即可截取对应的三维模型的截面图，发现温度–死亡关系曲线的形态主要有“L 形”“U 形”“V 形”“J 形”等几种模式（图 7-12）。图 7-12 左列是单个城市社区的温度–死亡关系曲线，右列是同一温度带区所有城市社区合并的温度–死亡关系曲线。不同地区的低温风险、高温风险，以及最适温度都有很大差别。同时发现随纬度升高，高温风险增加而低温风险稍为降低，最适温度随纬度的降低而增加。

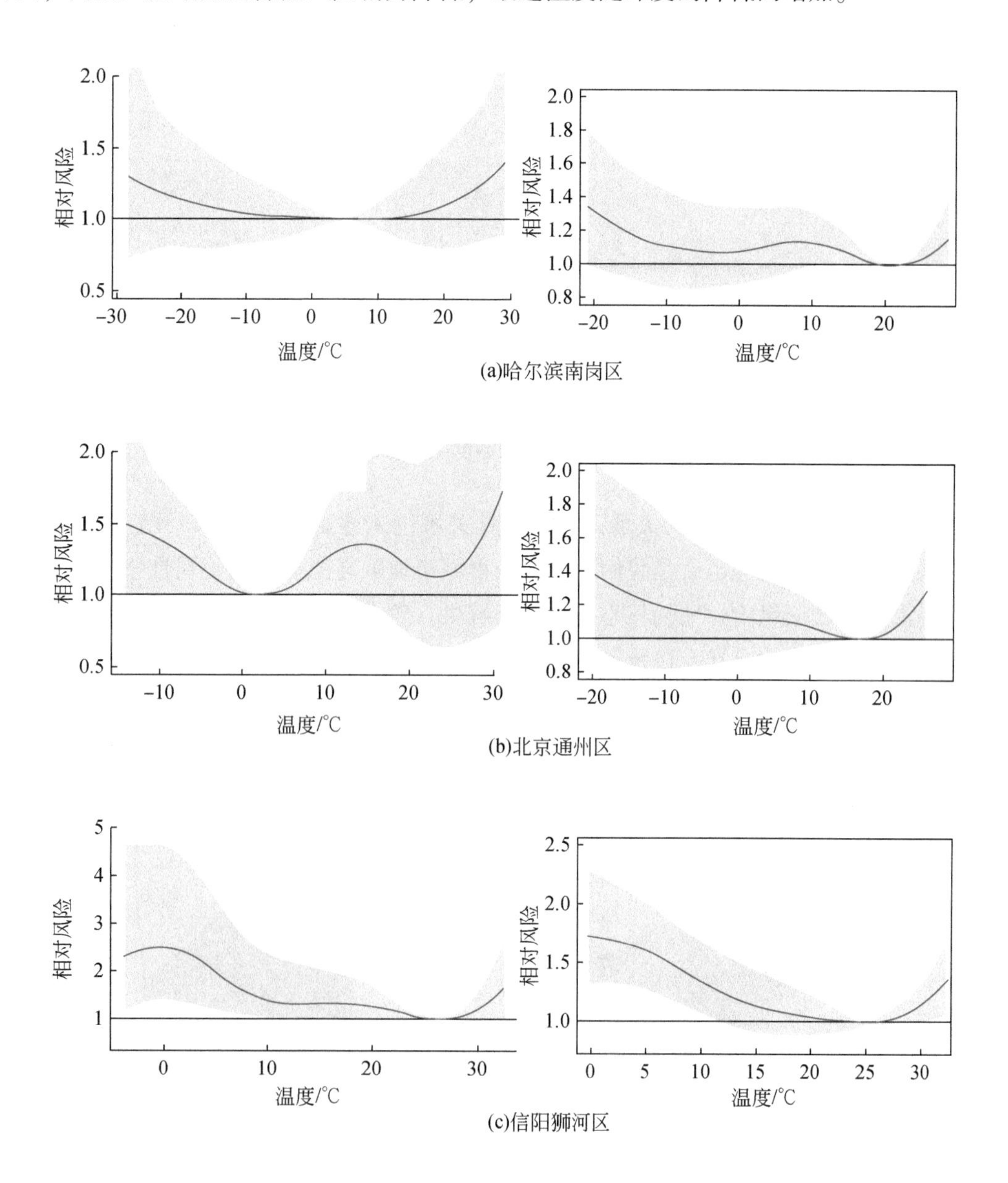

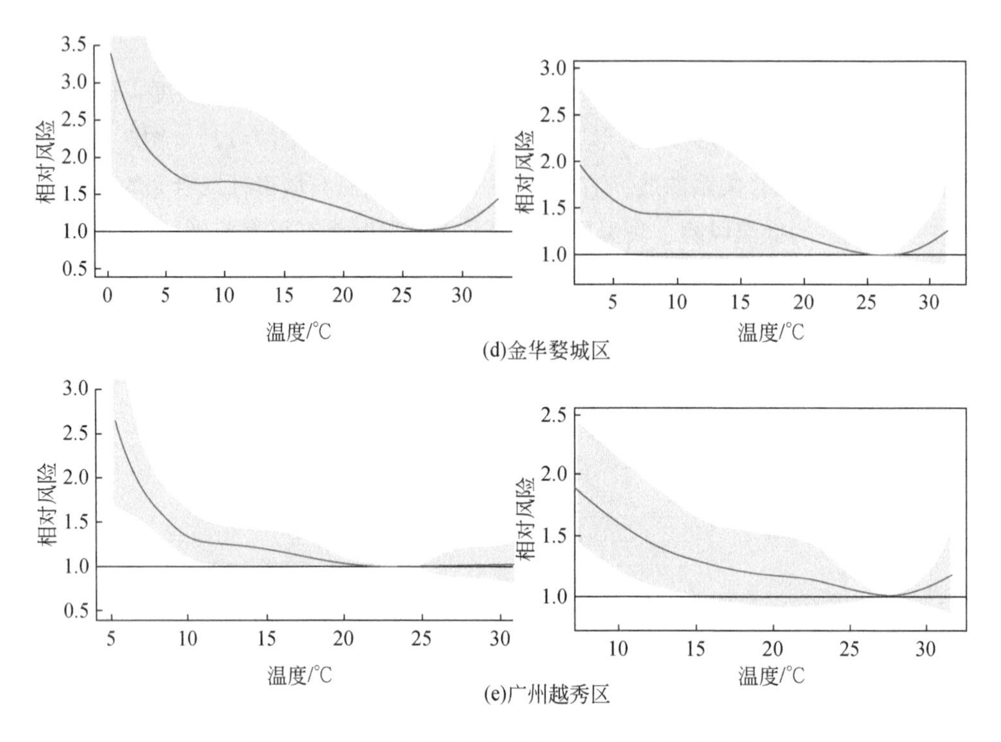

图 7-12　不同地区城市的温度-相对风险关系曲线

虽然初步了解温度-相对风险的关系，但是该种关系仍未客观地量化人口死亡的风险随高温热浪强度的变化情况，也就是我们还无法获得城市地区高温热浪的脆弱性模型，所以城市地区高温热浪健康风险评估的核心技术仍未解决。考虑到许多研究忽视了不同强度高温热浪对公共健康的影响差异，以及不同热浪事件下人群脆弱性的定量分析还相当匮乏，北京师范大学张朝等研究者改进了 DLNM，用热浪强度指数（HWII）替代了模型中的平均温度，对应的 HWII-滞后时间-死亡率三维模型见图 7-13。

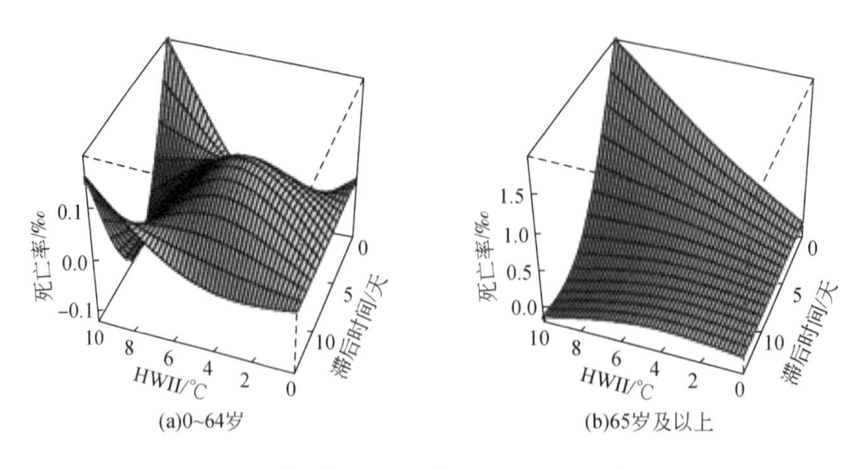

图 7-13　不同年龄组 HWII-滞后时间-致死风险三维模型

基于收集整理的人口死亡数据、气象数据和社会经济数据，在中国几个典型城市（南京、重庆、广州）开展全面的高温热浪健康风险研究（具体方法详见 4.2 节）。其中，2007～2013 年的日非意外死亡数据从中国疾病预防控制中心的死因监测点系统获得（图 7-14）。1951～2015 年的距离各死因监测站点最近的气象站点数据从国家气象科学数据中心获得，选择的气象指标主要包括日平均气温、日最高气温、日最低气温和日相对湿度。

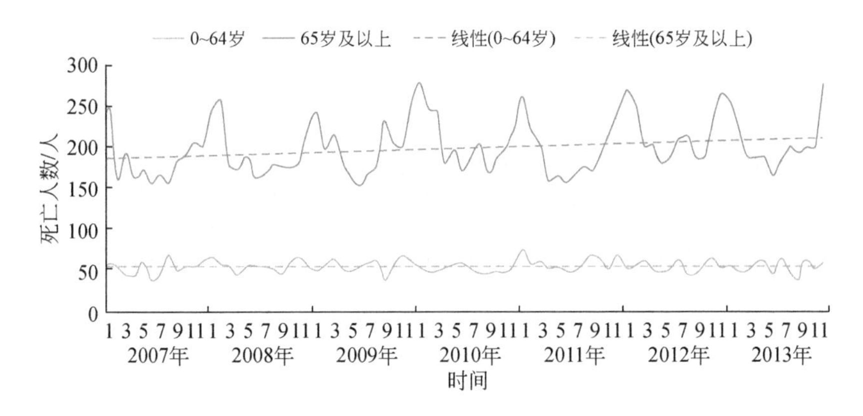

图 7-14　2007～2013 年某社区的人口死亡变化趋势（月）

根据研究区域的本地化热浪定义 HWII，首先识别出了 1951～2015 年高温热浪事件。总体而言，各研究区域每年至少发生一次热浪事件，重庆万州区的年热浪频次和热浪强度都最高（2 次，10.2℃），其次是南京浦口区（1 次，4.7℃）和广州市越秀区（2 次，2.2℃）（图 7-15）。而且 1951～2015 年，研究区域内的年热浪频次和热浪强度都呈波动上升趋势（图 7-16）。

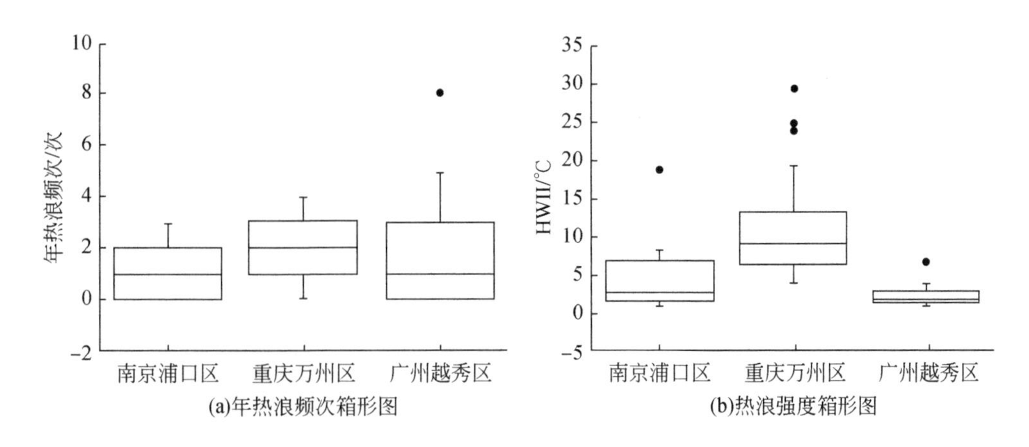

图 7-15　各研究区 1951～2015 年年热浪频次和热浪强度特征

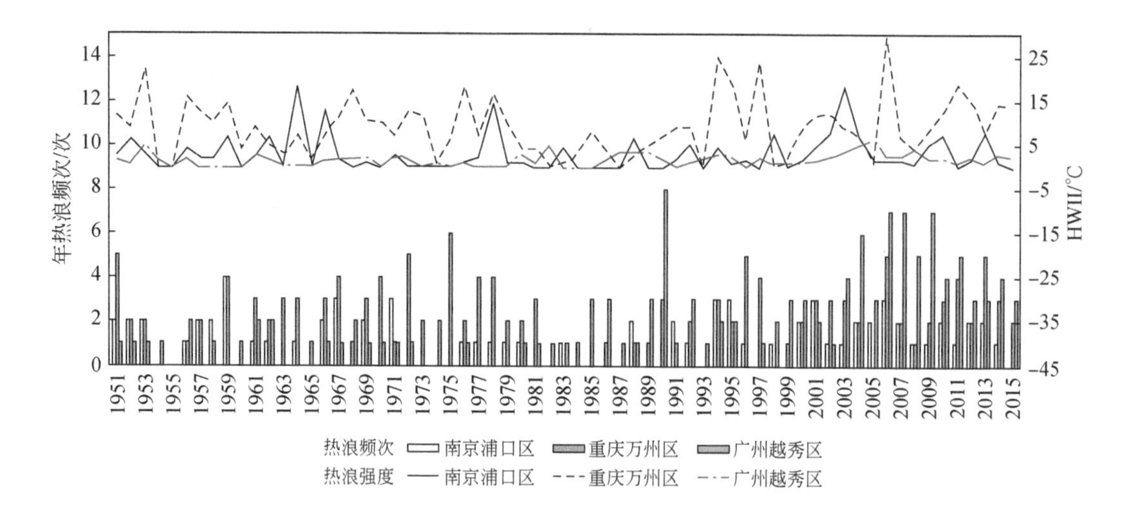

图 7-16　各研究区 1951 ~ 2015 年年热浪频次与年平均热浪强度的时间变化图

基于改进的分布滞后非线性模型（DLNM）构建三个地区不同年龄人群的高温热浪脆弱性模型，见图 7-17。该图描述了分年龄组人群的 HWII-死亡率的定量关系，其反映了人群在不同强度热浪事件下的脆弱性水平。对于 0 ~ 64 岁人群而言，南京浦口区和广州越秀区的脆弱曲线随着 HWII 增加而上升，其中在中等强度热浪前几乎没有响应，高强度热浪后才有缓慢上升；而重庆万州区脆弱性曲线呈现“半 U 形”，对于热浪强度的响应表现得比较剧烈。对于 65 岁及以上人群，南京浦口区和广州越秀区脆弱性曲线开始平缓上升然后幅度增加，而重庆万州区则开始上升幅度较大之后趋于平缓。总体而言，老年人组（65 岁及以上）的脆弱性曲线始终表现得比非老年组（0 ~ 64 岁）更剧烈，说明在高温热浪灾害下老年人要比年轻人更加脆弱。

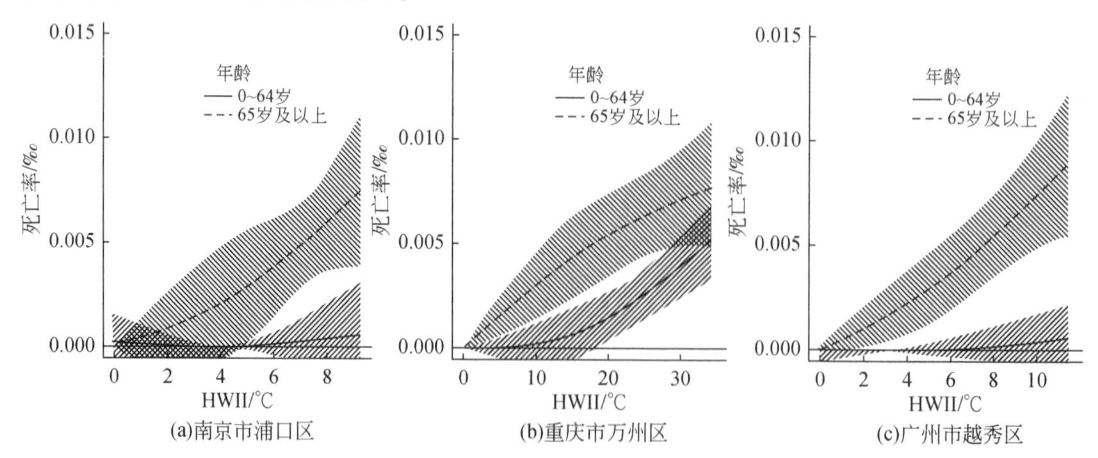

图 7-17　各研究区域分年龄组人群在高温热浪事件下的脆弱性曲线

阴影斜线部分对应 95% 置信区间

为了减少高温热浪损失，需要采取科学的综合风险管理措施，理论上包括防灾、预警（预报）系统、减灾、备灾等策略。其中，保险作为转移风险的有效手段，在综合风险管理中发挥着重要的作用。因此，目前亟须探索高温热浪致死风险的人群和地区差异并设计相应的保险应对措施，这对转移死亡风险、降低人类健康损失具有重大意义。目前，国内外已有许多针对气象灾害的健康保险研究，如洪水、干旱、雪灾等，但少有针对高温热浪的健康保险研究。指数型保险产品作为创新型风险转移工具，因能有效控制道德风险和逆向选择、简化查勘定损流程、降低行政成本等优点，已在农业保险领域得到广泛应用。将指数型保险应用到面向个人的生命健康保险领域，可以为保险产品的研发与气候变化下人类健康风险的转移提供新思路。

高温热浪健康保险费率主要由高温热浪发生概率和高温热浪指数所对应的死亡率来确定，费率厘定具体步骤如下：

1）基于 2007 ~ 2013 年的日死亡和日气象数据，识别对应本地化热浪定义下的热浪事件并计算相应的 HWII 指数，构建不同热浪定义下描述 HWII-死亡关系的 DLNM 脆弱性模型（图 7-17）。采用 AIC 最小的原则将拟合最好的 DLNM 模型作为各地区的人群脆弱性模型，并将其所对应的热浪定义作为各地区的本地化热浪定义。

2）基于各地区的本地化热浪定义，提取 1951 ~ 2015 年高温热浪事件，分析年热浪频次和热浪强度的概率分布。根据高温热浪概率分布，采用蒙特卡洛仿真方法模拟 10 000 年的高温热浪事件。

3）基于人群脆弱性模型，计算各个热浪事件的死亡率损失与每一年的保额损失率。最后，生成 10 000 年保额损失率的超越概率曲线，并计算期望保额损失率以及不同风险水平下的最大可能保额损失率。

最终计算所得结果可为保险公司合理厘定费率或发展再保险业务提供科学依据。

图 7-18 呈现了各研究区域两个年龄组人群蒙特卡洛仿真 10 000 年的年保额损失率的超越概率曲线和对应的 95% 置信区间，两个年龄组从左至右依次是南京市浦口区、重庆市万州区和广州市越秀区，超越概率曲线的右尾处反映了最大的保额损失率。其中，在所有研究区域，老年人组的保额损失率超越概率曲线都位于年轻人组（0 ~ 64 岁）的右侧，说明在高温热浪灾害下老年人的死亡损失更多。

表 7-6 总结出了各研究区分年龄组人群的纯费率和不同重现期的风险附加费率。费率水平最高的是重庆万州区，其次是南京浦口区和广州越秀区，其中老年人的费率水平都要高于年轻人。假设保险公司每一例死亡的赔付金额是 1000 000 元，那么各研究区域年轻人的纯保费（赔付金额×纯费率）从高到低依次是 0.8 元、0.2 元和 0.1 元；老年人的纯保费从高到低依次是 7.0 元、3.0 元和 2.8 元。一般来说，保险公司会征收纯保费以外的风险附加保费用于防范超赔风险，这在一定程度上可以反映保险公司的风险规避程度，如选

择100年一遇的风险附加费率比选择50年一遇的风险规避程度高。

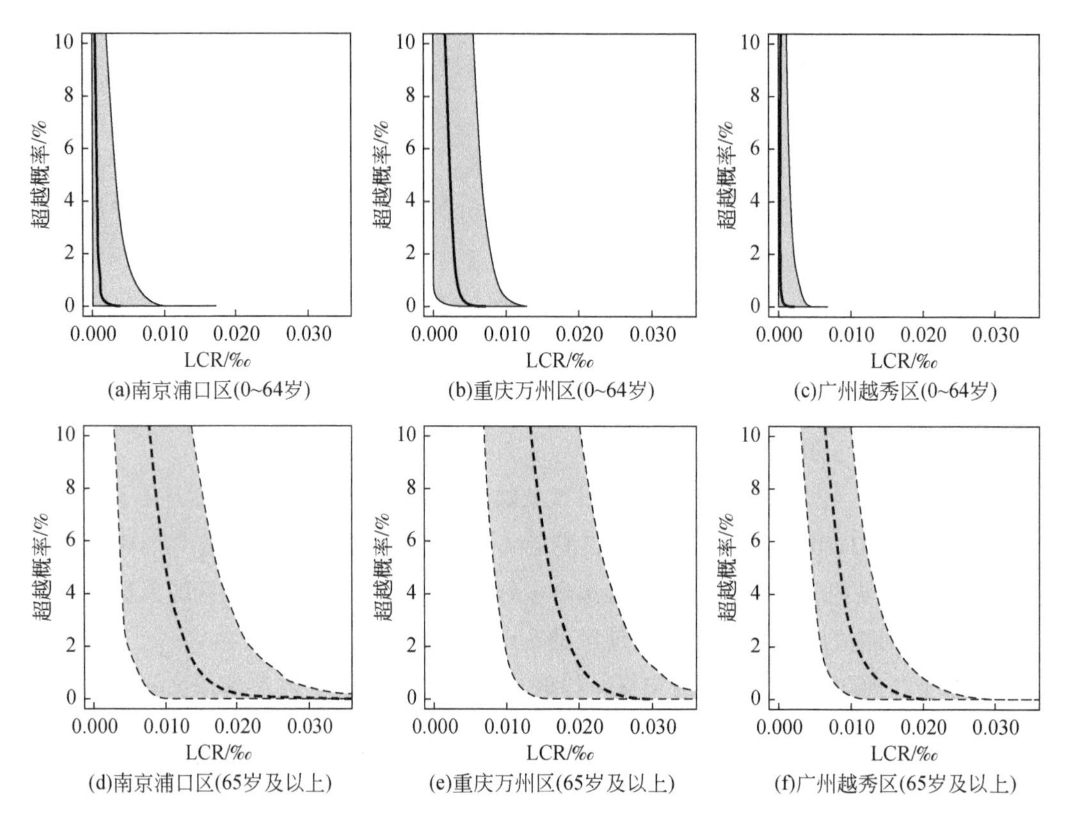

图7-18　各研究区域分年龄组人群随机10 000年保额损失率的超越概率曲线

灰色阴影部分为95%置信区间

表7-6　各研究区域分年龄组人群的纯费率与不同重现期的风险附加费率（95%置信区间）

（单位：元/元）

研究区域	0～64岁			65岁及以上		
	纯费率	风险附加费率		纯费率	风险附加费率	
		50年一遇	100年一遇		50年一遇	100年一遇
南京浦口区	0.2 (0，1.2)	0.6 (0，3.4)	0.8 (0，4.5)	3.0 (0.3，5.7)	9.8 (4.3，15.9)	12.0 (5.7，19.8)
重庆万州区	0.8 (0，2.9)	1.9 (0，5.0)	3.2 (0，5.9)	7.0 (3.5，10.5)	11.7 (6.2，17.4)	14.0 (7.3，20.5)
广州越秀区	0.1 (0，0.6)	0.3 (0，1.6)	0.5 (0，2.1)	2.8 (1.1，4.5)	8.2 (4.7，12.0)	10.1 (5.8，14.6)

随着气候变化下人类健康风险的增加，以及人们对相应的影响规律和医学机理的不断了解，生命健康保险和相关的风险管理产品的需求正在不断增加。不同于以往某些保险公司推出的“重噱头、轻保障”的“高温险”，本节基于指数的高温热浪生命保险措施研究采用了流行病学中广泛使用的 DLNM 模型构建脆弱性模型，并使用概率风险分析的方法进行费率厘定，具有高质量的死亡数据支持与科学的理论方法支撑，脆弱性模型的构建以及保险费率厘定的技术流程都可推广至其他的灾害与险种。当然，如果能获得性别、年龄、工作等其他属性信息将有助于更深入地了解其他属性对健康保险费率的影响。此外，本研究仅仅涉及保险纯费率的厘定，没有考虑保险公司的行政成本和利润率等问题，而这些都需要在未来的研究中加以补充与完善。

综上所述，本节介绍了不同地区的不同人群在高温热浪灾害中的脆弱性模型，探索了热浪强度和死亡率的非线性关系，初步尝试了高温热浪生命险的费率厘定工作，发现老年人群为脆弱性人群，其费率水平是年轻人群的 9 ~ 28 倍。随着未来极端气候事件的增加和人口老龄化程度的加剧，脆弱性人群和相应的死亡损失都可能增加，探索高温热浪死亡风险的人群和地区差异与相应保险措施的纯费率厘定，可以为政府采取综合性风险管理措施以减少公众的健康风险提供参考与帮助。

第8章 城市化与高温热浪的协同效应

8.1 城市热岛

8.1.1 引言

在现代社会高速发展和人口数量不断增长的背景下，城市化进程日益加快，越来越多的人口涌入城市区域。城市虽然只占地球不到0.5%的陆表面积（Schneider et al., 2009），却已经承载了超过54%的全球人口。已有研究预测表明，这个数字到2050年将达到70%（United Nations, 2014）。为了应对城市人口数量持续增加带来的巨大能耗以及空间需求，城市建成区一直在不断扩张。在城市化和城市扩张的过程中，原有的草地、耕地、灌丛、林地、湿地、湖泊等植被和水体覆盖大幅度减少，取而代之的是大量人造地表和建筑物，如沥青路面、混凝土、石材以及各种建筑墙面等（杨帆等，2017）。城市热岛效应是城市化进程中产生的最明显的局地气候变化。

基于观测数据的城市热岛主要分为气温城市热岛和地温城市热岛。气温城市热岛主要基于气象站点观测的气温（T_a）数据计算得到，即城市和郊区气温的差值（Oke, 1973）。地温城市热岛主要基于卫星遥感观测反演的地温（T_s）数据计算得到，即城市和郊区地温的差值（Voogt and Oke, 2003）。虽然城市热岛效应几乎在全球各大城市的气温和地温中都存在，但一直以来，这两种基于不同数据分析得到的城市热岛结果都有着明显的差异（Arnfield, 2003）。在时间上，地温城市热岛往往在夏季白天最强（Imhoff et al., 2010），而气温城市热岛则一般在冬季晚上最强（Oke and Cleugh, 1987）。这两种城市热岛的特征表现及其影响因素仍有待进一步研究。

由于城市环境十分复杂且不均一，因此，单一的城市站点观测并不能够准确表达城市热岛在城市内部的变化特征（Oke, 2008）。密集的城市观测网络可以帮助提高对城市环境的认识（Chapman et al., 2013; Muller et al., 2013）。由于数据时空分辨率的限制，在本研究之前，仍没有对气温城市热岛和地温城市热岛在精细时空尺度上的特征进行对比研究，并进行较好的解释。这两种不同类型的城市热岛都有着明显的日变化和季节变化特征，这些特征表现及其影响因素可以帮助学者揭示重要的信息。作为中国的首都和超大一线城市，北京的城市化水平、城市人口数量和城市人口密度都位于全国前列。研究北京的城市热岛效应时空特征对城市环境和气候问题的治理具有很好的参考价值。

本研究将基于 2013 ~ 2015 年北京城市密集观测网络的小时气温观测数据、一日四次观测的 MODIS 地温产品及 30m 分辨率的地表分类产品，对北京这个超大城市进行研究。通过选取不同类型的郊区，研究气温城市热岛和地温城市热岛在不同城市站点的日变化和季节变化特征，并从中梳理出两者的共性和差异，得出主控因子。此外，本研究还分析了这两种城市热岛与观测站点周围地表的不透水面覆盖率之间的相关性。

8.1.2 数据与方法

8.1.2.1 北京城市气象观测网络

北京地处华北平原北部，城市区域的海拔为 20 ~ 60m，山区的海拔最高可达 1500m。北京是半湿润季风气候，降雨多集中在夏季，并以东南风为主，而冬季则比较干，主要为西北风，年降水量达 500mm。作为中国的首都，北京既是中国的一线城市，也是国际性大都市，同时还是人口数量最多的城市之一。北京的总面积为 16 410km^2，在 2015 年北京的城市面积已经达到了 1401km^2，人口数量达到了 2171 万人，市中心区域（0 ~ 10km）的人口密度达 2.07 万人/km^2，年平均耗能约为 6.7×10^7t 燃煤的能量。

根据世界气象组织规定，一个标准的气象观测站应该设置在一个开阔的、远离建筑的草地上，面积大小应在 10m×7m 到 25m×25m。然而，城市的实际环境复杂多变，城市自动气象观测站的设置往往难以到达这个要求，因而会给大尺度气候变化的研究带来一定误差（Parker，2010），但却有助于研究区域气候变化，如城市热岛。北京有 200 多个气象观测站，大部分自动气象站都设置在建筑密集区的绿化带里。本研究使用的是小时气温观测数据。数据的过度缺失对气温观测数据的精度会有影响（Liu et al.，2014b）。据统计，北京城市气象观测网络气温数据的总缺失率为 3.8%，大部分站点数据的缺失率都低于 1%（Yang et al.，2011）。为了提高结果的精度和可靠性，本研究中剔除了所有的异常值，数据的总体有效率高于 94%。

8.1.2.2 遥感观测资料

20 世纪 70 年代以来，卫星反演的地温数据广泛应用于城市热岛的研究，尤其是白天的城市热岛（Price，1979；Kidder and Wu，1987）。卫星遥感反演的高空间分辨率地温产品可以更好地表示城市热岛的空间差异（Gluch et al.，2006）。本研究使用 MODIS 卫星遥感观测反演的地温产品来分析北京地温城市热岛的日变化和季节变化差异。MODIS 仪器安装在美国国家航空航天局的对地观测系统（EOS）上，包括 Terra 和 Aqua。MODIS 数据包括 Terra 卫星在白天和晚上的两次观测，以及 Aqua 卫星在白天和晚上的两次观测，所以一天总共有 4 次观测，分别大约是当地时间的 10:30、13:30、22:30 和 1:30。

MODIS 数据产品主要针对陆地、海洋以及大气。本研究使用的 MODIS 数据产品主要有地温数据（MOD11A1 和 MYD11A1）以及 NDVI 产品（MOD13A2）。三种数据的空间分辨率都是 $1km^2$，时间跨度为 2013 ~ 2015 年，MOD 表示的是 Terra 卫星，MYD 表示的是 Aqua 卫星。MOD11A1 和 MYD11A1 是逐日的地温数据产品，MOD13A2 是 16 天的 NDVI 合成产品。NDVI 是植被指数之一，用来表征植被覆盖和生长状况。NDVI 值的范围为 -1 ~ 1：当 NDVI 为负值时，表示地面覆盖为云、水、雪等；当 NDVI 为 0 时，表示地面覆盖为岩石或裸土；当 NDVI 为正值时，表示有植被覆盖，且数值越大，植被覆盖越多。

8.1.2.3 地表分类数据

地表分类数据使用的是 30m 分辨率的地表分类产品（GlobeLand30-2010），来源于清华大学宫鹏教授团队制作的土地覆盖数据集。该数据的土地利用类型主要有农田、森林、草地、水体、果园、不透水地表、裸地等。GlobeLand30-2010 数据研制所基于的基础数据主要有分类影像以及其他辅助数据和参考资料，包括已有的区域和全球地表分类资料、NDVI 产品等。基于空间数据二级抽样检验模型，对 GlobeLand30-2010 进行第三方精度评价，结果表明，其数据总体精度达到 83.51%，Kappa 系数达到 0.78。本研究在衡量各地表覆盖类型的比例时，为了和使用的地温数据分辨率保持一致，计算的是站点周围 $1km^2$ 范围内的不透水地表面积的比例；在计算总体植被比例时，将所有植被类型（包括森林、草地、农田、灌木和果园）的比例进行加和来代表总体植被比例。

8.1.2.4 方法

一般来说，城市热岛强度定量化的方法是计算城市站点和郊区站点气温或地温的差值，计算公式见式（8-1），因此站点的选取对城市热岛的分析极为重要。

$$\text{UHII} = \text{Turban} - \text{Trural} \tag{8-1}$$

式中，UHII 为城市热岛强度（℃）；Turban 为城市温度（℃）；Trural 为郊区温度（℃）。

为了更好地描述周围环境对城市热岛的作用，利用北京 30m 分辨率的地表分类产品计算每一个气象站点周围 $1km^2$ 范围内不透水地表（包括建筑、道路等）、植被和水体的比例（Li et al., 2015）。计算各种地表覆盖类型的比例可以较好地反映各气象站点周围环境及其地表覆盖状况。根据站点的地理位置，本研究选取了 45 个位于城市区域（基本在五环之内）的站点来研究气温城市热岛和地温城市热岛的日变化和季节变化特征及差异。

不透水地表的比例可以较好地表示该站点周围的城市化程度。在站点周围 $1km^2$ 范围内，城市站点的不透水面覆盖率在 15%～100%，其中奥林匹克公园站点的不透水面覆盖率为 15%，天安门站点的不透水面覆盖率为 98%。随着站点周围计算面积范围的增加，城市站点之间的不透水面覆盖率差异也逐渐减小。当计算范围为 $5km^2$ 时，不透水面覆盖率在 50%～90%。由于 MODIS 地温产品的空间分辨率是 1km，为了更好地对气温城市热岛和地温城市热岛的特征及其差异进行对比分析，本研究选用的不透水面覆盖率是站点周围 $1km^2$ 范围内的不透水地表面积的比例。

本研究在 45 个城市站点中选取了 3 个典型城市站点和 1 个城市公园站点，来对比研究气温城市热岛和地温城市热岛的日变化和季节变化差异。之所以选取这 3 个典型城市站点和一个城市公园站点来分析城市热岛的日变化和季节差异，主要是因为它们的周围环境有很大的差别，具有很好的对比性，如它们的植被覆盖以及周围高楼建筑情况的差异。研究表明，选取较少的具有代表性的站点，而不是选取很多没有代表性的站点，不仅能更好地表示城市热岛的时空差异，而且能更好地评估城市热岛的强度（Stewart，2011）。

图 8-1 显示了选取的 4 个站点周围的实景照片和相应的 Google Earth 卫星影像。这四个站点分别是预警塔站点、天安门站点、中国气象局站点和天坛公园站点。其中，预警塔站点的气象观测仪器设置在 16.6m 高的气象预警塔顶上，该气象预警塔位于马路中间的绿化带中，受到交通变化的影响较大，站点周围 $1km^2$ 范围内不透水面覆盖率为 91%。天安门站点位于天安门广场的绿化带中，站点周围 $1km^2$ 范围内不透水面覆盖率为 98%，站点周围比较空旷，距高楼建筑都较远。中国气象局站点位于中国气象局大楼前的草坪上，站点周围 $1km^2$ 范围内不透水面覆盖率为 91%，但是四周都是高楼建筑。天坛公园站点位于城市中心的天坛公园，周围都是树木和植被，站点周围 $1km^2$ 范围内不透水面覆盖率仅为 32%，而植被覆盖比例高达 68%。

(a)预警塔站点

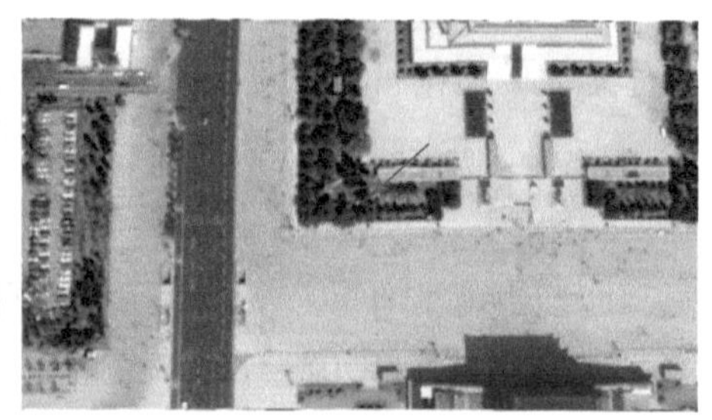

(b)天安门站点

(c)中国气象局站点

(d)天坛公园站点

图 8-1　典型城市站点照片和卫星影像

典型城市和城市公园站点的 NDVI 值显示在图 8-2 中，从图 8-2 可以看出，这 4 个站点的植被覆盖情况有明显的差异。天坛公园站点虽然位于城市中心区域，但是站点周围都是植被覆盖，因此该站点的气温和地温受到城市建筑的影响较小。相反地，天安门站点和中国气象局站点受到城市建筑的影响都较大，但后者被高楼建筑包围，容易受到建筑遮挡效应的影响，而前者主要是不透水面覆盖率较高。选择预警塔站点是为了定性地研究观测高度对气温城市热岛的影响。这四个城市站点有助于更好地研究站点周围城市空间格局以及观测高度对气温城市热岛和地温城市热岛的影响。

已有研究表明，郊区类型的选择对城市热岛强度的估测影响很大（Wang et al., 2007；Hawkins et al., 2004；Sakakibara and Owa, 2005；Schwarz et al., 2011）。因此，本研究选取了两种不同类型的郊区来对城市热岛进行对比研究，分别是农田和山区森林。其中，农

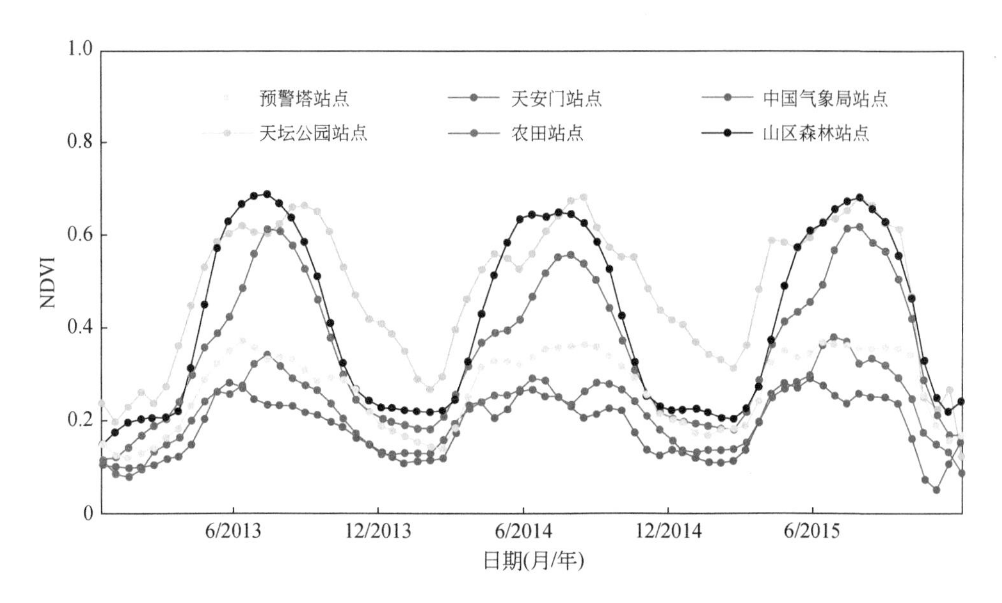

图 8-2　典型城市站点、城市公园和郊区的 NDVI 变化图

典型城市站点分别是预警塔站点、天安门站点、中国气象局站点，城市公园站点是天坛公园站点，两种郊区站点分别是农田站点和山区森林站点

田站点的选取参照以下要求：①站点周围 1km^2 范围内的不透水面覆盖率低于 30%，农田比例大于 65%；②海拔小于 60m，尽量和城市的平均海拔（43.5m）接近，相差小于 30m；③远离城市区域，距离城市边沿超过 20km。最终，本研究选取了 11 个满足上述要求的农田站点，并将这 11 个站点的温度数据进行平均，来代表一个典型的农田郊区站点。在北京地区，大部分农田的农作物都是在夏季生长，在 10 月收割，如小麦和玉米，所以农田在夏季都有农作物覆盖，而在冬季则基本是裸地（图 8-3）。

山区森林站点的选取主要参照以下要求：①站点周围 1km^2 范围内的不透水面覆盖率低于 15%，森林比例高于 70%；②海拔低于 300m，以减少城郊海拔差异对城市热岛的影响；③远离城市区域，距离城市边沿超过 20km。最终，本研究选取了 9 个满足上述要求的山区森林站点。所有选取的山区森林站点都位于山区，海拔都明显高于城市站点，因此，依据海拔增加 100m，气温减少 0.6℃ 的原理，对山区森林站点的气温和地温都进行了海拔订正。因此，当使用山区森林站点作为郊区站点来计算气温城市热岛和地温城市热岛时，本研究更侧重于研究城市热岛的日变化和季节变化特征，而不是城市热岛强度的数值。

本研究使用的地温数据是由 MODIS 热红外波段反演得到的。由于 MODIS 红外探测器不能穿透云层，因此只有在晴空条件下才可以获取 MODIS 地温数据。本研究在对比气温城市热岛和地温城市热岛的差异时，将有 MODIS 地温数据的观测日作为晴空条件下的观

(a)站点周围环境实况照片

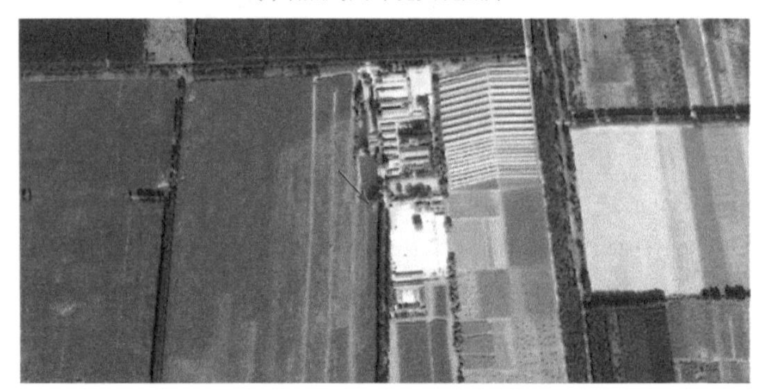

(b)站点周围环境在夏季的卫星影像图片

(c)站点周围环境在冬季的卫星影像图片

图 8-3 典型农田郊区站点高丽营的示例图

测日，将缺失 MODIS 地温数据的观测日作为阴天条件下的观测日。这个定义和以往根据云量定义的阴天稍微有所不同，研究表明，这两种定义在大多数情况下并无差异（An and Wang，2015）。本研究将各个城市站点的地温、晴空条件下对应卫星观测时间的气温以及阴天条件下的气温进行了对比研究。其中，阴天条件下的气温没有对应的精确卫星观测时刻，故直接使用北京时间 10:30、13:30、22:30 和 1:30 时的气温。

8.1.3 结果分析

8.1.3.1 城市站点和郊区站点的气温日变化

图8-4（a）（c）（e）显示了气温在城市和郊区站点的日变化。可以看出，2013～2015年，北京3个典型城市站点（预警塔站点、天安门站点和中国气象局站点）的气温日变化较为接近，它们在白天和晚上的年平均值分别为16.71℃和13.02℃［图8-4（e）］。城市公园站点（天坛公园站点，位于市中心区域的大型绿地公园）的气温在白天是最高的，在晚上则低于典型城市站点、高于郊区站点。城市公园站点在白天和晚上的年平均气温分别为17.88℃和9.96℃［图8-4（e）］。其次，发现两种郊区站点（农田和山区森林）的气温在冬季晚上十分接近［图8-4（c）］，在夏季晚上却差异较大［图8-4（a）］。在冬季晚上，农田比山区森林高0.38℃；在夏季晚上，农田比山区森林高1.37℃。在数据处理的过程中，为了减少海拔差异的影响，对所有山区森林站点的气温数据根据海拔每上升100m气温减少0.6℃的假设进行了海拔订正，所以山区站点的气温数值可能会比实际值略高一些，但这并不影响对其变化特征的研究。

图8-4（b）（d）（f）显示了气温在城市和郊区站点的小时变化率。可以看出，城市和郊区站点的一个显著差异是3个典型城市站点的气温都比城市公园站点和郊区站点的气温要推迟大约1h才开始升高。城市公园站点和郊区站点的升温速率较为接近，并且明显高于典型城市站点。城市公园站点和郊区站点在冬季的升温速率最高可达2.83℃/h，在夏季的升温速率最高可达2.27℃/h。然而，典型城市站点的升温速率最高只有1.30℃/h。同时，发现城市和郊区站点的另一个显著差异是气温小时变化率最高值的出现时间。典型城市站点气温小时变化率的最高值和最低值都比城市公园站点和郊区站点晚1～2h出现。

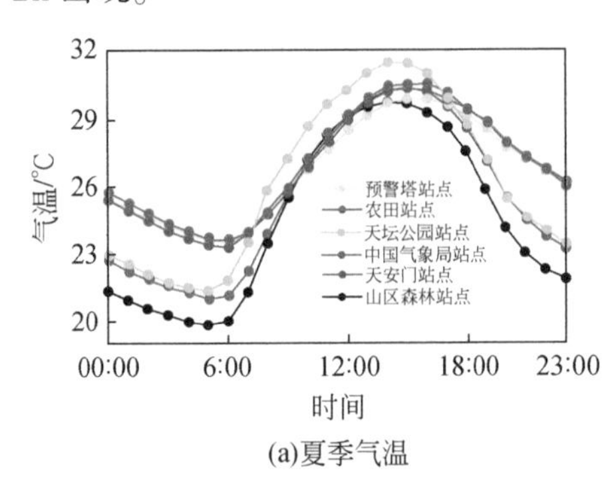

(a)夏季气温

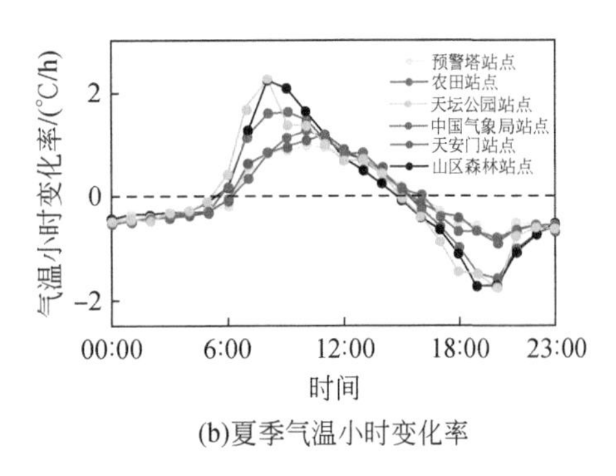

(b)夏季气温小时变化率

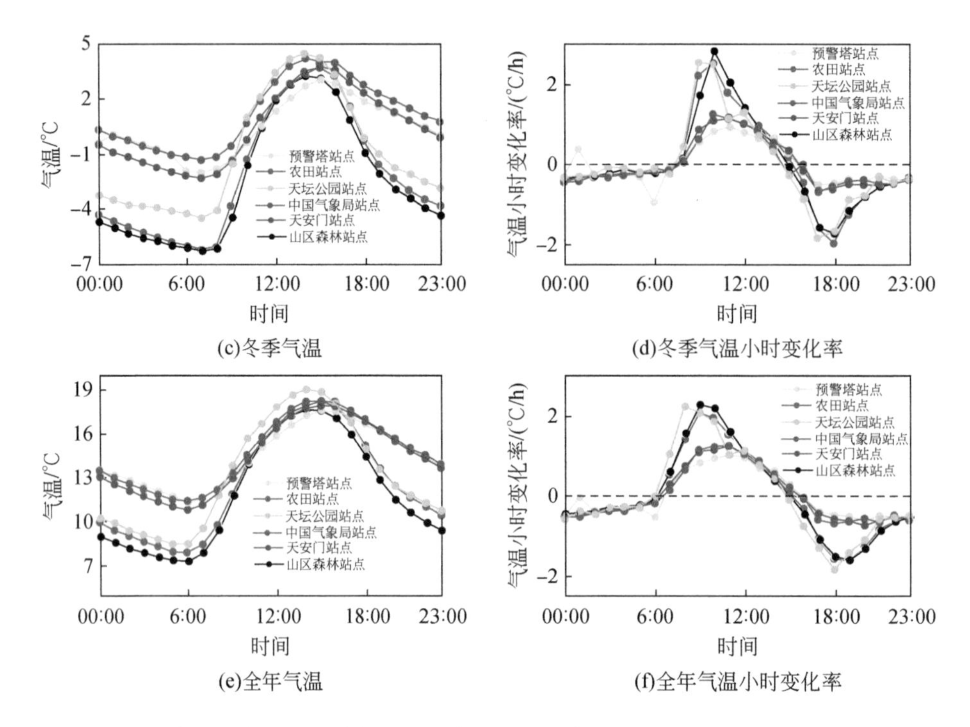

(c)冬季气温　(d)冬季气温小时变化率

(e)全年气温　(f)全年气温小时变化率

图 8-4　典型城市站点、城市公园站点和郊区站点的气温日变化及其小时变化率

夏季为 6～8 月，冬季为 12～2 月，全年为 1～12 月。不同站点用不同颜色的线条表示。这里使用的数据是 2013～2015 年的平均值

8.1.3.2　城市站点气温城市热岛的日变化

图 8-5（a）（c）（e）（g）显示了气温城市热岛在 3 个典型城市站点和 1 个典型城市公园站点的日变化特征，选取的郊区站点是农田。可以看出，典型城市站点的气温城市热岛在晚上比白天更强而且更稳定，在冬季比夏季强。城市公园的气温城市热岛则是在白天强、晚上弱，并且季节差异较小。其中，夜间气温城市热岛在典型城市站点的夏季、冬季和全年平均值分别为 2.78℃、4.26℃和 3.46℃。白天气温城市热岛在城市公园的年平均值为 1.23℃。这一特征与 Yang 等（2013）研究结果一致。同时，在分析城市热岛的小时变化时，发现在典型城市站点，夜间气温城市热岛在夏季比冬季要晚 2～3h 才开始降低。

与已有研究相比，本研究中气温城市热岛强度的计算结果偏高。例如，Yang 等（2013）基于 64 个气象站点分析了北京的气温城市热岛，发现气温城市热岛的强度在夏季和冬季的平均值分别为 0.92℃和 1.65℃。卢俐等（2014）基于北京 2012 年的 20 个气象站点的观测数据，分析了北京的气温城市热岛，得出北京在 2012 年的气温城市热岛强度大约为 1.3℃。这是因为本研究基于 30m 分辨率的地表分类数据，选取了高植被覆盖、低不透水面覆盖率的郊区站点来作为参考（见 8.1.3.1 节）。

图 8-5（b）（d）（f）（h）显示了当选取农田为郊区时，气温城市热岛在典型城市站点和城市公园站点的小时变化率。可以看出，气温城市热岛的小时变化率在典型城市站点高于城市公园站点，在冬季高于夏季。气温城市热岛强度在日出后开始降低，在日出后约

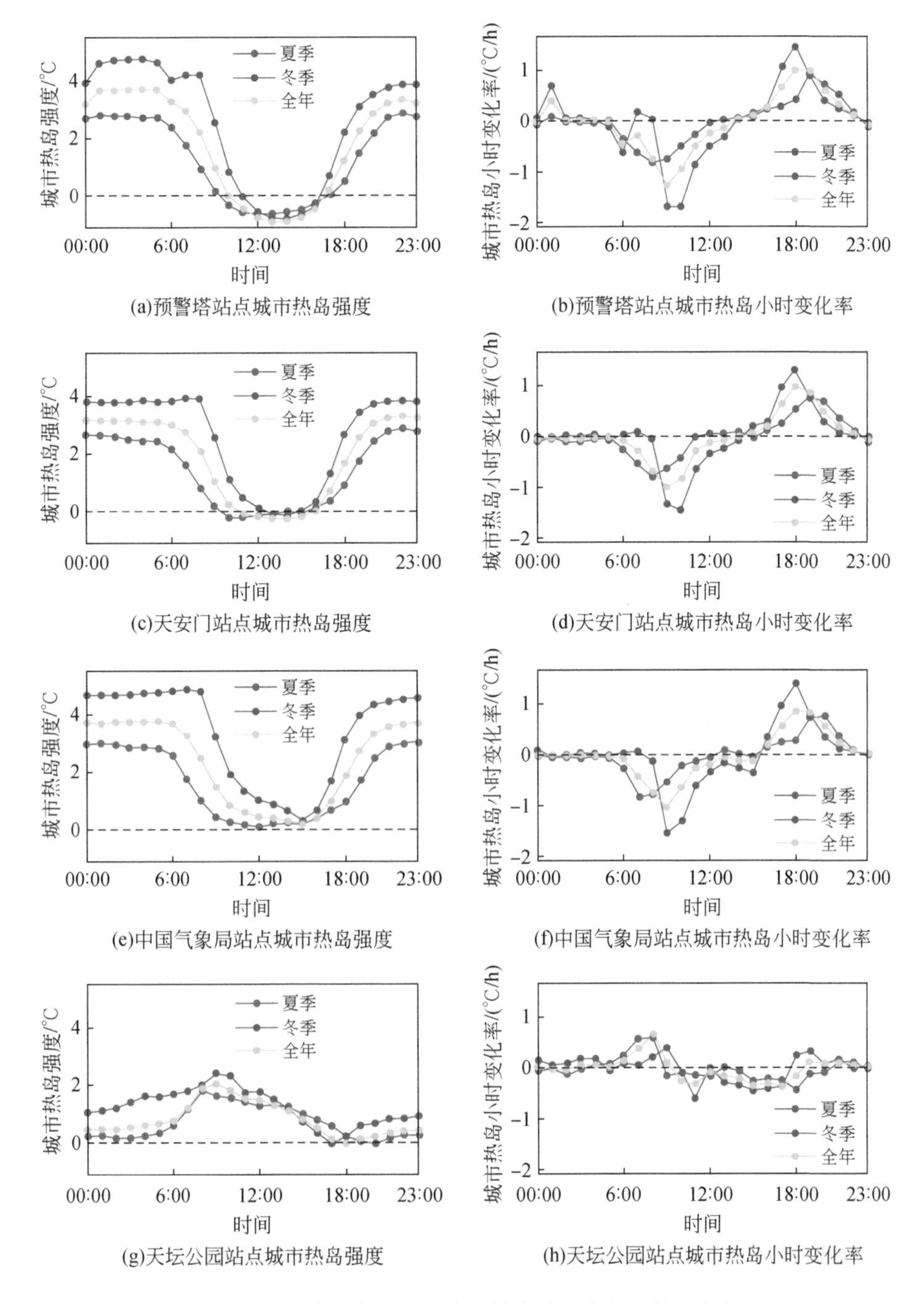

图 8-5　气温城市热岛的日变化及其小时变化率（郊区为农田）

3h，其降低速率达到最大。气温城市热岛在上午持续减弱，而在下午又开始不断增强，在日落时分其增加速率达到最大。其中，气温城市热岛的小时变化率在典型城市站点的夏季、冬季和全年最高分别为0.94℃/h、1.48℃/h和1.02℃/h，在城市公园的夏季、冬季和全年最高分别为0.62℃/h、0.42℃/h和0.69℃/h。

图8-6和图8-7同样显示了气温城市热岛的日变化和小时变化率，但是其选取的郊区为山区森林。可以看出，郊区改为山区森林后，夜间的气温城市热岛增强，并且在夏季增加更多。其中，夜间气温城市热岛在典型城市站点的夏季、冬季和全年平均值分别为4.17℃、4.66℃和4.38℃，比选农田为郊区时分别增强了1.39℃、0.40℃和0.92℃。同时，发现当郊区改为山区森林时，气温城市热岛在城市公园的日变化差异明显减小，白天和晚上的年平均差异由0.72℃（农田为郊区时）缩小到了0.08℃（山区森林为郊区时）。

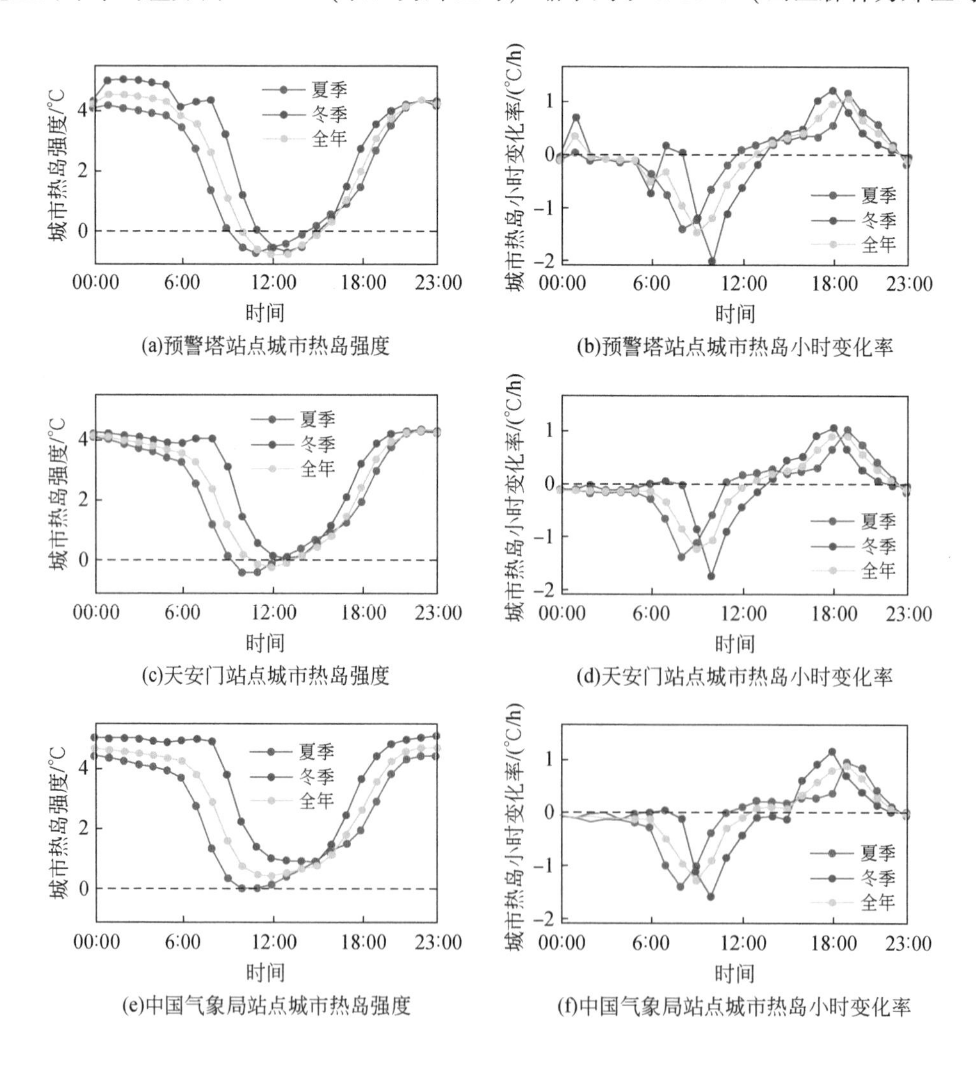

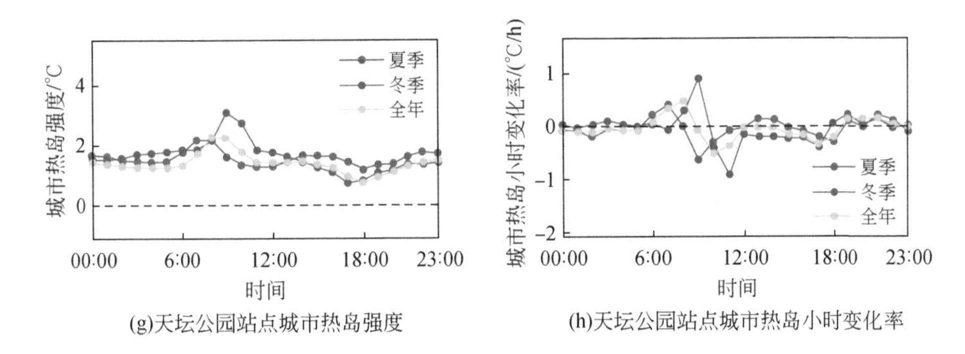

(g)天坛公园站点城市热岛强度　　(h)天坛公园站点城市热岛小时变化率

图 8-6　气温城市热岛的日变化及其小时变化率（郊区为山区森林）

图 8-7 显示了当分别使用农田和山区森林作为郊区时，白天气温城市热岛和晚上气温城市热岛的季节变化。可以看出，当农田为郊区时，夜间气温城市热岛存在着明显的季节差异，但当山区森林为郊区时，这种季节差异却很小。其中，当农田为郊区时，夜间气温

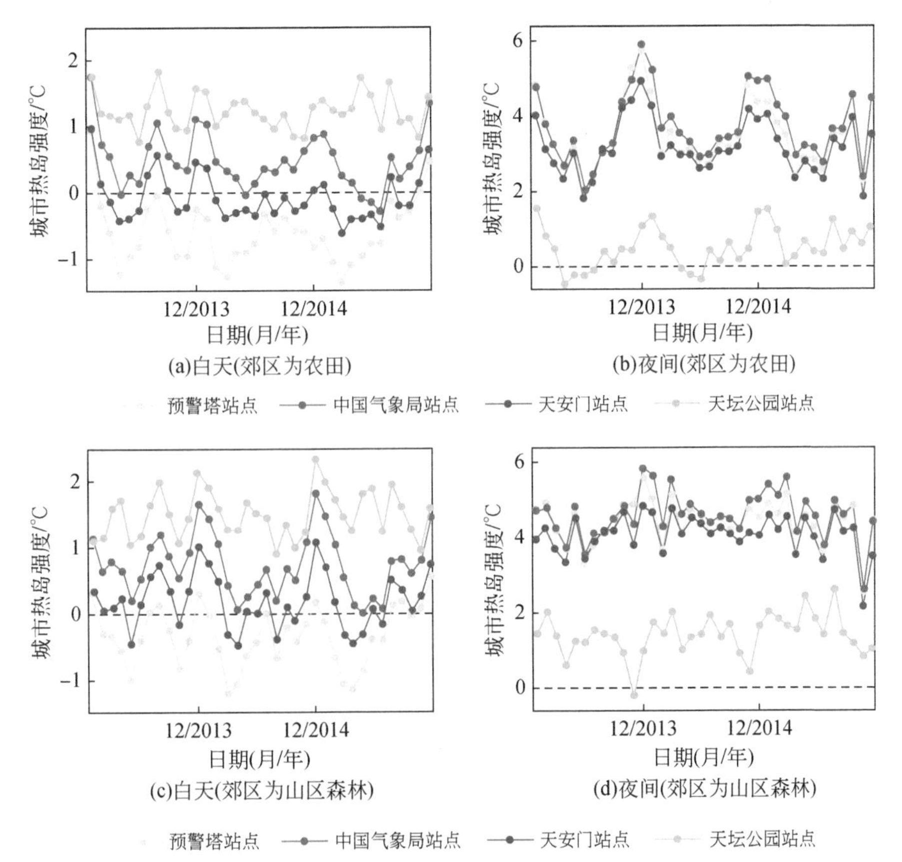

图 8-7　气温城市热岛在典型城市站点和城市公园站点的季节变化

白天平均值计算的时间范围为 10:00～16:00，晚上平均值计算的时间范围为 22:00～4:00

城市热岛在典型城市站点的夏季和冬季平均值分别为 2.78℃ 和 4.26℃，季节差异为 -1.48℃；在城市公园站点的夏季和冬季平均值分别为 0.27℃ 和 1.20℃，季节差异为 -0.93℃。而当山区森林为郊区时，夜间气温城市热岛在典型城市站点的夏季和冬季平均值分别为 4.17℃和 4.66℃，季节差异只有-0.49℃；在城市公园站点的夏季和冬季平均值分别为 1.64℃和 1.59℃，季节差异只有-0.05℃。分析得出，这种差异的产生主要是由于在夏季晚上，山区森林的气温比农田低得多，低了 1.37℃（图 8-4）。所以，当山区森林为郊区时，气温城市热岛在夏季晚上更强。

无论选取农田还是山区森林作为郊区，白天的气温城市热岛都没有明显的季节差异，并且其在天坛公园站点最强，在预警塔站点最弱。其次，晚上的气温城市热岛在中国气象局站点比天安门站点要强。此外，夜间气温城市热岛在天坛公园的冬季依然存在，并且和典型城市站点具有相似的季节变化特征。

8.1.3.3 对比气温城市热岛和地温城市热岛

本节对比了气温城市热岛和地温城市热岛在 3 个典型城市站点和 1 个城市公园站点的季节差异。为了更好地对比差异，增加了阴天条件下气温城市热岛的研究结果。本节只选取了这四个站点，以更好地对比气温城市热岛和地温城市热岛在季节变化上的差异。

图 8-8（a）（d）（g）（j）显示了当农田为郊区时，在晴天条件下，四个卫星过境时刻地温城市热岛的季节变化曲线图。可以看出，地温城市热岛在典型城市站点和城市公园都有着明显的季节变化，并且季节差异十分接近。白天（10:30 和 13:30）的地温城市热岛是夏季强、冬季弱，而晚上（22:30 和 1:30）的地温城市热岛则是冬季强、夏季弱，并且白天的地温城市热岛季节差异更大。其中，10:30 的地温城市热岛在典型城市站点的夏季和冬季分别为 3.91℃和-0.55℃，季节差异为 4.46℃；这一季节差异与城市公园的季节差异（4.69℃）十分接近。地温城市热岛的季节差异在典型城市站点和城市公园的 13:30、22:30 以及 1:30 时刻分别为 5.35℃ 和 5.23℃、-2.31℃ 和 -2.23℃ 以及 -2.94℃ 和 -2.82℃。与他人已有研究结果相比，本研究结果中地温城市热岛强度稍高一些。Liu 等（2016）的研究结果表明，北京地温城市热岛在 2013 年 5 月到 2013 年 11 月的平均值为 2.3℃，出现这样的差异是因为本研究选取了高植被覆盖和低不透水面覆盖率的典型郊区。

和地温城市热岛相比，相同之处是，夜间气温城市热岛也存在着一致的季节变化，即夏季弱、冬季强；不同之处是这种季节差异相对更小，并且在典型城市站点明显高于城市公园站点。另一个不同之处是，白天气温城市热岛并没有明显的季节差异。此外，夜间气温城市热岛的季节差异在阴天［图 8-8（c）（f）（i）（l）］比晴天［图 8-8（b）（e）（h）（k）］更大。其中，晴天条件下，气温城市热岛的季节差异在典型城市站点的 22:30 和 1:30 分别为 -0.28℃ 和 -1.11℃；在城市公园站点的 22:30 和 1:30 分别为 -0.07℃ 和

-1.04℃。阴天条件下，气温城市热岛的季节差异在典型城市站点的 22:30 和 1:30 分别为 -1.16℃和-2.28℃；在城市公园站点的 22:30 和 1:30 分别为-0.62℃和-1.02℃。

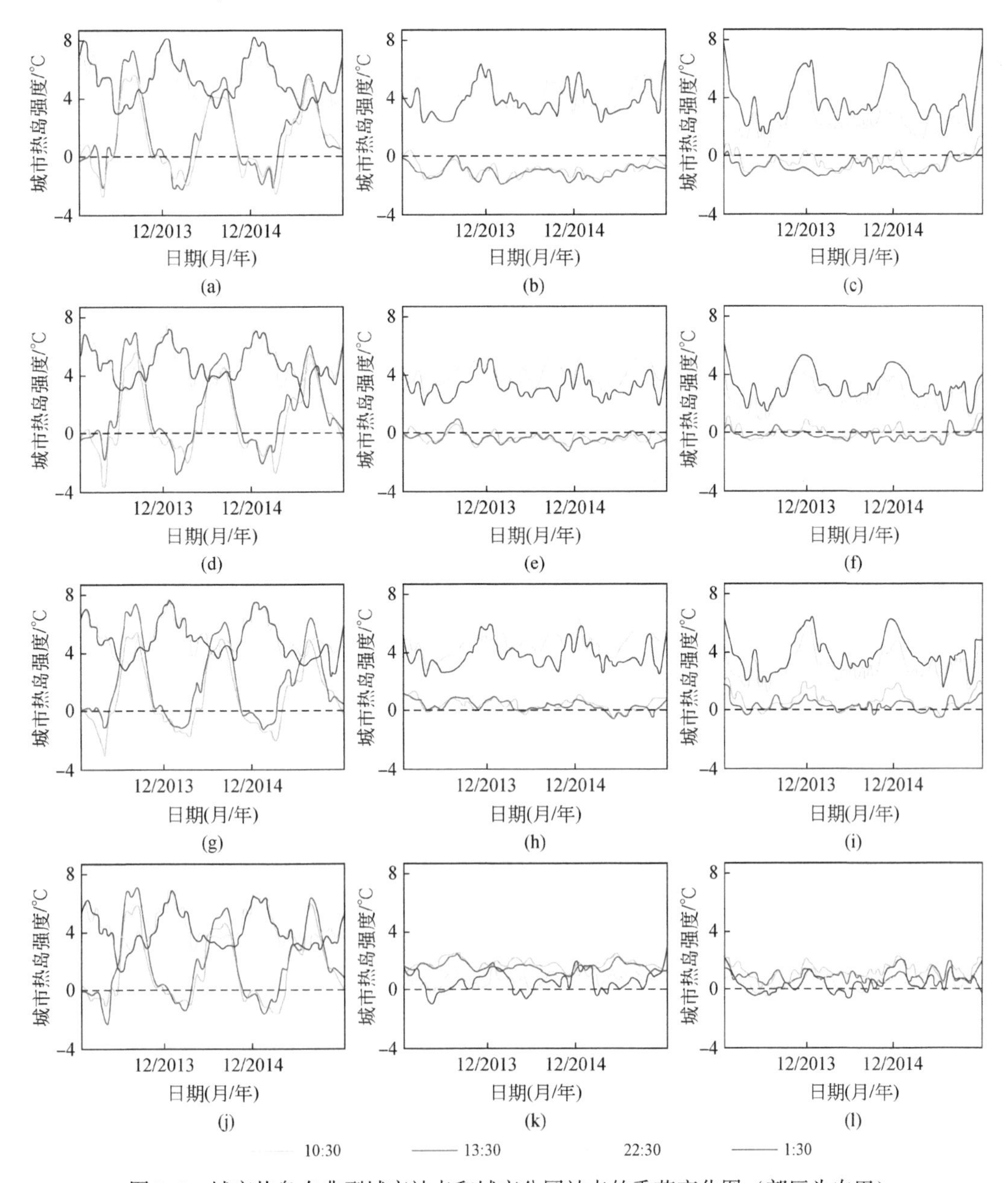

图 8-8　城市热岛在典型城市站点和城市公园站点的季节变化图（郊区为农田）

在四个卫星过境时刻 10:30、13:30、22:30 和 1:30，分别根据 T_s、T_a 和 T_{ac} 计算得到晴天条件下的地温城市热岛［（a）（d）（g）（j）］、晴天条件下的气温城市热岛［（b）（e）（h）（k）］和阴天条件下的气温城市热岛［（c）（f）（i）（l）］。为了减少误差并更好地描述城市热岛的季节变化特征，对城市热岛的数据序列进行了窗口半径为 15 天的平滑处理。（a）~（c）为预警塔站点的城市热岛，（d）~（f）为天安门站点的城市热岛，（g）~（i）为中国气象局站点的城市热岛，（j）~（l）为天坛公园站点的城市热岛值得注意的是，当郊区由农田改为山区森林后，白天地温城市热岛的季节差异依然存在，并且更强；然而，这种差异在夜间的地温城市热岛和气温城市热岛中都基本消失（图 8-9）。其中，在 13:30，地温城市热岛的季节差异在典型城市站点和城市公园站点分别为 6.34℃和 6.16℃；在 1:30，地温城市热岛的季节差异在典型城市站点和城市公园站点分别只有-0.11℃和-0.07℃；晴天气温城市热岛的季节差异在典型城市站点和城市公园站点分别只有-0.33℃和-0.18℃。

另外，当郊区由农田改为山区森林后，白天的地温城市热岛在夏季和冬季都明显变强，而夜间的地温城市热岛则在夏季变强、在冬季减弱，并且这些特征在典型城市站点和城市公园站点表现一致。其中，在 10:30，地温城市热岛在典型城市站点的夏季和冬季分别为 6.96℃和 2.19℃，比使用农田为郊区时分别高了 3.05℃和 2.74℃。在 13:30，地温城市热岛在典型城市站点的夏季和冬季分别为 8.34℃和 2.00℃，比使用农田为郊区时分别高了 3.56℃和 2.56℃。在 22:30，地温城市热岛在典型城市站点的夏季为 5.09℃，比使用农田为郊区时高了 1.07℃；在冬季为 4.06℃，比使用农田为郊区时低了 1.74℃。在 1:30，地温城市热岛在典型城市站点的夏季为 4.65℃，比使用农田为郊区时高了 0.98℃；在冬季为 4.76℃，比使用农田为郊区时低了 1.85℃。

此外，还发现典型城市站点的气温城市热岛在 22:30 和 1:30 时刻存在差异。在晴天条件下，气温城市热岛在 22:30 比 1:30 时强，并且这一差异在夏季大于冬季；而在阴天条件下，气温城市热岛在 22:30 却比 1:30 时弱，并且这一差异在夏季小于冬季。当郊区由农田改为山区森林时，这种差异更加明显。这种差异在城市公园并不明显。其中，对典型城市站点而言：当农田为郊区时，晴天条件下的气温城市热岛在夏季的 22:30 比 1:30 高 1.12℃，在冬季的 22:30 比 1:30 只高了 0.29℃；阴天条件下的气温城市热岛在夏季的 22:30 比 1:30 低 0.47℃，在冬季的 22:30 比 1:30 低 1.59℃。当山区森林为郊区时，晴天条件下的气温城市热岛在夏季的 22:30 比 1:30 高 1.79℃，在冬季的 22:30 比 1:30 只高了 0.23℃；阴天条件下的气温城市热岛在夏季的 22:30 比 1:30 低 0.51℃，在冬季的 22:30 比 1:30 低 1.25℃。

为了了解地温城市热岛这些特征的可能原因，图 8-10 显示了 2013 ~ 2015 年，典型城市站点、城市公园站点和两种郊区的地温变化。可以看出，在白天，农田的地温都高于山区森林，并且这一差异在夏季高于冬季；而在晚上，农田的地温在夏季高于山区森林，在冬季则低于山区森林。其中，在进行海拔订正后，农田和山区森林的地温差异在夏季 10:30、13:30、22:30 和 1:30 分别为 3.45℃、4.45℃、1.26℃和 1.08℃，在冬季 10:30、13:30、22:30 和 1:30 分别为 2.66℃、2.49℃、-1.50℃和-1.69℃。这也解释了为什么使用山区森林作为郊区时，冬季晚上的地温城市热岛明显低于使用农田作为郊区时的地温城市热岛。这也导致了使用山区森林作为郊区时，晚上的地温城市热岛几乎没有明显的季节变化（图 8-10）。

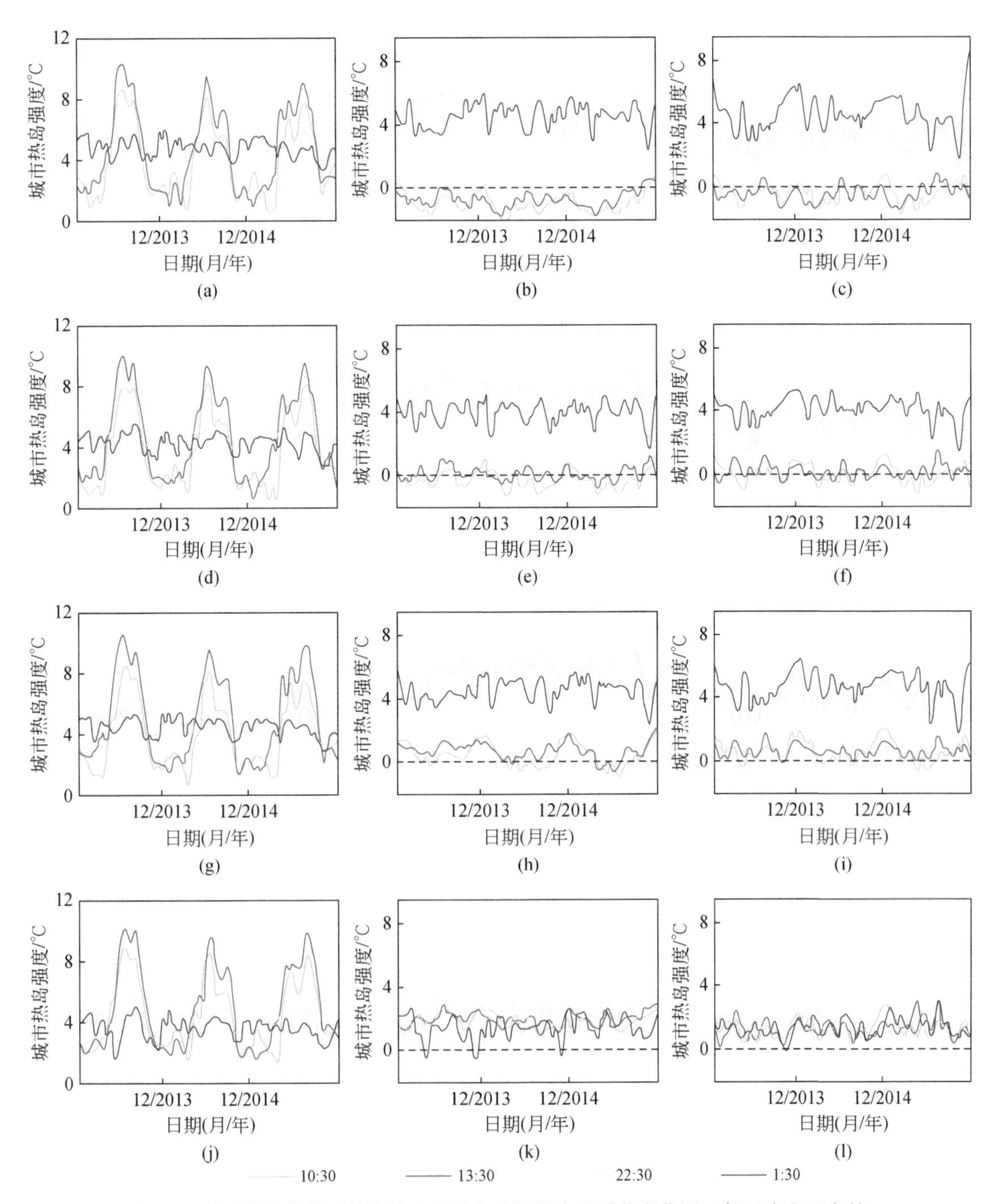

图 8-9 城市热岛在典型城市站点和城市公园站点的季节变化图（郊区为山区森林）

3 个典型城市站点和 1 个城市公园站点在四个卫星过境时刻 10:30、13:30、22:30 和 1:30，分别根据 T_s、T_a 和 T_{ac} 计算得到的晴天条件下的地温城市热岛［(a)(d)(g)(j)］、晴天条件下的气温城市热岛［(b)(e)(h)(k)］和阴天条件下的气温城市热岛［(c)(f)(i)(l)］。为了减少误差并更好地描述城市热岛的季节变化特征，对城市热岛的数据序列进行了窗口半径为 15 天的平滑处理。(a)～(c) 为预警塔站点的城市热岛，(d)～(f) 为天安门站点的城市热岛，(g)～(i) 为中国气象局站点的城市热岛，(j)～(l) 为天坛公园站点的城市热岛

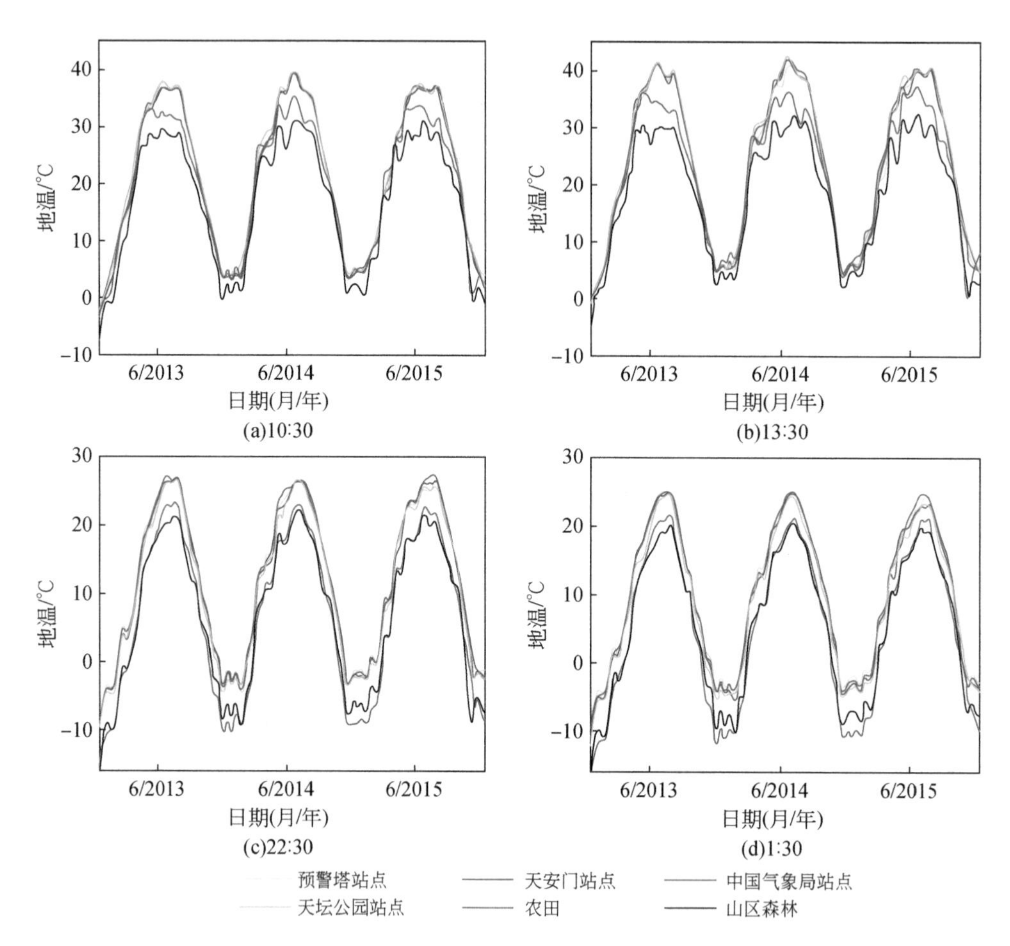

图 8-10　典型城市站点、城市公园站点和郊区站点在 2013～2015 年的地温季节变化

所有数据都是在晴空条件下，因为仅在晴空条件下可以获得遥感反演得到的地温数据。为了减少偶然误差，更好地对比不同站点间的地温季节变化差异，使用了半径为 15 天的滑动窗口进行了平滑。3 个典型城市站点分别是预警塔站点、天安门站点和中国气象局站点，城市公园站点是天坛公园站点，两种郊区分别是农田和山区森林

为了验证这些特征表现是否在大部分城市站点普遍存在，进一步分析了气温城市热岛和地温城市热岛在 45 个城市站点的平均值（表 8-1）。结果表明，对 45 个城市站点进行平均后，这些特征依旧存在，但比典型城市站点略低。例如，气温城市热岛在夏季晴天晚上随时间的增加而减弱，在冬季阴天晚上随时间的增加而增强。其中，当农田为郊区时，晴天条件下的气温城市热岛在夏季的 22:30 比 1:30 高 0.94℃，在冬季的 22:30 与 1:30 近似相等；阴天条件下的气温城市热岛在夏季的 22:30 比 1:30 低 0.19℃，在冬季的 22:30 比 1:30 低 0.75℃。当山区森林为郊区时，晴天条件下的气温城市热岛在夏季的 22:30 比 1:30 高 1.42℃，在冬季的 22:30 比 1:30 低 0.09℃；阴天条件下的气温城市热岛在夏季的 22:30 比 1:30 低 0.15℃，在冬季的 22:30 比 1:30 低 0.47℃。

表 8-1　气温城市热岛和地温城市热岛的平均值

郊区	时刻	季节	城市热岛平均值/℃		
			T_s	T_a	T_{ac}
农田	10:30	夏	3.83	0.64	0.16
		冬	-0.38	0.45	1.00
		全年	1.24	0.44	0.49
	13:30	夏	4.25	0.62	0.27
		冬	-0.38	0.24	0.33
		全年	1.47	0.30	0.20
	22:30	夏	3.41	2.92	1.46
		冬	5.22	3.08	2.28
		全年	4.39	2.95	1.72
	1:30	夏	2.96	1.98	1.65
		冬	5.48	3.08	3.03
		全年	4.35	2.57	2.08
山区森林	10:30	夏	6.86	0.32	0.29
		冬	2.40	0.94	1.04
		全年	4.07	0.46	0.51
	13:30	夏	7.90	0.80	0.75
		冬	2.09	0.72	0.49
		全年	4.49	0.67	0.56
	22:30	夏	4.50	4.55	2.82
		冬	3.36	3.36	2.97
		全年	3.66	3.90	2.76
	1:30	夏	4.12	3.13	2.97
		冬	3.58	3.45	3.44
		全年	3.51	3.22	3.11

注：根据地温（T_s）、晴天条件下的气温（T_a）、阴天条件下的气温（T_{ac}）计算得到的所有 45 个城市站点在夏季、冬季和全年的地温城市热岛和气温城市热岛的平均值，分别使用了农田和山区森林两种郊区类型。

8.1.3.4　城市站点和郊区站点的气温日变化

对 45 个城市站点进行平均后，城市热岛变化特征依旧存在，但比典型城市站点略低，因此，本节基于 45 个城市站点进一步分析了城市热岛的站间差异，及其与站点周围地表不透水面覆盖率的相关性。

图 8-11 显示了当农田为郊区时，城市热岛强度和不透水面覆盖率之间的相关性。可以看出，在夏季白天，地温城市热岛和不透水面覆盖率呈显著正相关，但这种正相关在夜

间不存在，在冬季不存在；在晚上，气温城市热岛和不透水面覆盖率呈显著正相关，并且这种正相关关系在晴天和阴天条件下都存在，在夏季和冬季都存在，但在白天不存在。其中，当农田为郊区时，夏季 13:30 的地温城市热岛和不透水面覆盖率的相关系数为 0.64（$P<0.01$），晴天 22:30 的气温城市热岛和不透水面覆盖率的相关系数在夏季和冬季分别为 0.70 和 0.66（$P<0.01$），阴天 22:30 的气温城市热岛和不透水面覆盖率的相关系数在夏季和冬季分别为 0.72 和 0.65（$P<0.01$）。当郊区由农田改为山区森林时，这一相关性特征依然存在，并且基本一致（表 8-2）。

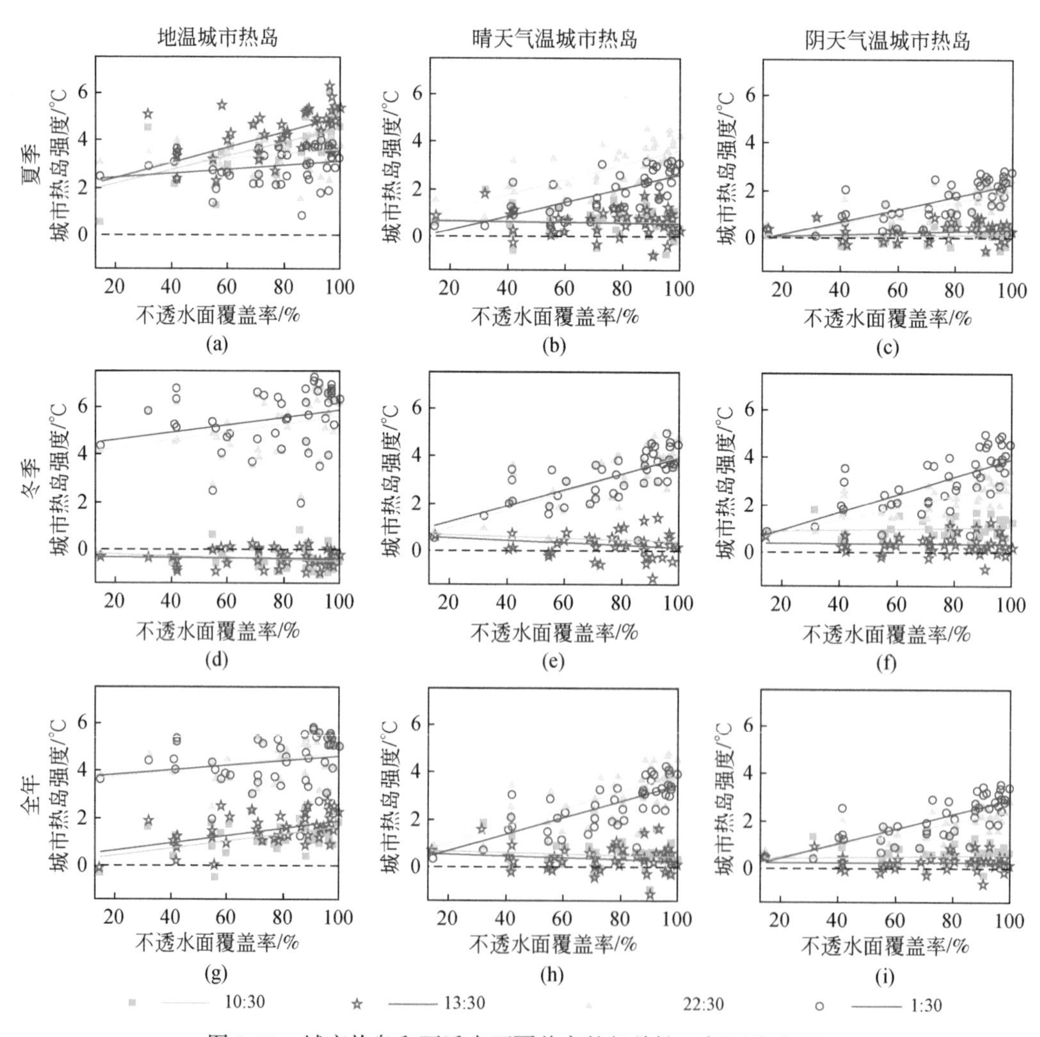

图 8-11　城市热岛和不透水面覆盖率的相关性（郊区为农田）

所有 45 城市站点在四个卫星过境时刻（10:30、13:30、22:30 和 1:30）的地温城市热岛［（a）（d）（g）］、晴天条件下的气温城市热岛［（b）（e）（h）］以及阴天条件下的气温城市热岛［（c）（f）（i）］在夏季（6～8 月）、冬季（12～2 月）和全年尺度上与不透水面覆盖率的相关性。每个散点代表一个城市站点的数值，相关统计数据见表 8-1

表 8-2　城市热岛与不透水面覆盖率的相关性及线性回归系数

郊区	时刻	季节	线性回归系数/(10^{-2}℃/%)			相关系数					
			T_s	T_a	T_{ac}	T_s		T_a		T_{ac}	
农田	10:30	夏	2.87	−0.17	0.31	0.63	$P<0.01$	−0.06	$P>0.05$	0.18	$P>0.05$
		冬	−0.21	−0.26	0.19	−0.11	$P>0.05$	−0.11	$P>0.05$	0.10	$P>0.05$
		全年	1.38	−0.27	0.17	0.44	$P<0.01$	−0.10	$P>0.05$	0.10	$P>0.05$
	13:30	夏	3.21	−0.16	0.28	0.64	$P<0.01$	−0.06	$P>0.05$	0.17	$P>0.05$
		冬	−0.06	−0.50	−0.11	−0.03	$P>0.05$	−0.20	$P>0.05$	−0.06	$P>0.05$
		全年	1.50	−0.41	0.03	0.50	$P<0.01$	−0.17	$P>0.05$	0.02	$P>0.05$
	22:30	夏	0.96	3.11	2.26	0.29	$P>0.05$	0.70	$P<0.01$	0.72	$P<0.01$
		冬	1.67	3.79	2.55	0.30	$P<0.05$	0.66	$P<0.01$	0.65	$P<0.01$
		全年	1.22	3.59	2.27	0.27	$P>0.05$	0.71	$P<0.01$	0.73	$P<0.01$
	1:30	夏	0.90	2.89	2.67	0.26	$P>0.05$	0.72	$P<0.01$	0.74	$P<0.01$
		冬	1.52	3.37	3.74	0.26	$P>0.05$	0.68	$P<0.01$	0.67	$P<0.01$
		全年	1.10	3.42	3.03	0.23	$P>0.05$	0.71	$P<0.01$	0.73	$P<0.01$
山区森林	10:30	夏	2.81	−0.14	0.32	0.64	$P<0.01$	−0.05	$P>0.05$	0.19	$P>0.05$
		冬	−0.07	−0.22	0.21	−0.04	$P>0.05$	−0.09	$P>0.05$	0.11	$P>0.05$
		全年	1.43	−0.23	0.17	0.44	$P<0.01$	−0.09	$P>0.05$	0.10	$P>0.05$
	13:30	夏	2.87	−0.09	0.24	0.66	$P<0.01$	−0.04	$P>0.05$	0.15	$P>0.05$
		冬	−0.05	−0.53	−0.11	−0.03	$P>0.05$	−0.21	$P>0.05$	−0.06	$P>0.05$
		全年	1.43	−0.39	0.03	0.49	$P<0.01$	−0.16	$P>0.05$	0.02	$P>0.05$
	22:30	夏	0.94	3.49	2.19	0.28	$P>0.05$	0.70	$P<0.01$	0.72	$P<0.01$
		冬	1.64	3.75	2.55	0.30	$P<0.05$	0.66	$P<0.01$	0.65	$P<0.01$
		全年	1.24	3.63	2.23	0.28	$P>0.05$	0.71	$P<0.01$	0.73	$P<0.01$
	1:30	夏	0.79	2.84	2.67	0.24	$P>0.05$	0.72	$P<0.01$	0.74	$P<0.01$
		冬	1.55	3.37	3.70	0.26	$P>0.05$	0.68	$P<0.01$	0.68	$P<0.01$
		全年	1.09	3.41	3.04	0.23	$P>0.05$	0.71	$P<0.01$	0.73	$P<0.01$

注：根据地温（T_s）、晴天条件下的气温（T_a）、阴天条件下的气温（T_{ac}）计算得到的所有城市站点的地温城市热岛和气温城市热岛在夏季、冬季和全年与站点周围 1km² 范围内不透水面覆盖率的相关性及线性回归系数，分别使用了农田和山区森林两种郊区类型。

根据不透水面覆盖率和城市热岛的显著相关性，计算了白天地温城市热岛、晚上气温城市热岛与不透水面覆盖率相关系数的平方（R^2）来表达不透水面覆盖率对城市热岛的解释率（表 8-3）。可以得出，不透水面覆盖率可以解释夏季白天地温城市热岛 40%~43% 的站间差异，可以解释夜间气温城市热岛 42%~55% 的变化。这一现象可以部分解释为人为因素的影响，因为人为因素的影响在夜间更强。大多数人为热都是直接释放到空气中的，因而其对气温城市热岛的影响大于地温城市热岛。在晴天条件下，气温城市热岛与不透水面覆盖率的线性回归系数在 22:30 均高于 1:30。然而，在阴天条件下，气温城市热岛的线性回归系数在 22:30 时明显低于 1:30（表 8-2）。

表 8-3　城市热岛和不透水面覆盖率二者相关系数的平方

温度	季节	时刻	郊区	
			农田	山区森林
T_s	夏季	10:30	0.40	0.40
		13:30	0.41	0.43
T_a	夏季	22:30	0.49	0.49
		1:30	0.52	0.52
	冬季	22:30	0.44	0.44
		1:30	0.46	0.47
T_{ac}	夏季	22:30	0.52	0.51
		1:30	0.54	0.55
	冬季	22:30	0.42	0.43
		1:30	0.45	0.46

注：地温城市热岛（由 T_s 计算而得）、晴空条件下的气温城市热岛（由 T_a 计算而得）、阴天条件下的气温城市热岛（由 T_{ac} 计算而得）和不透水面覆盖率的相关系数的平方。

此外，晚上的地温城市热岛与不透水面覆盖率也几乎无关。本研究尝试使用不同站点周围面积（$1km^2$ 以上）来计算不透水面覆盖率，并将晚上的地温城市热岛与不同面积计算的不透水面覆盖率进行相关分析，结果并没有显著的变化。

8.1.4　小结

本节基于 2013～2015 年北京城市气象观测网络的小时气温数据和 MODIS 卫星遥感一日四次观测的地温数据，研究了气温城市热岛和地温城市热岛的日变化和季节变化特征。通过对比分析这些变化特征，梳理了气温城市热岛和地温城市热岛的共性和差异，得出了气温城市热岛和地温城市热岛的主控因子（Wang et al.，2017a）。

结果表明，在日变化特征上，典型城市站点的夜间气温城市热岛在冬季比夏季要晚 2～3h 才开始降低。这可能和冬季晚上人为热源的排放较强有关，如北京的城市区域在冬季昼夜供暖。其次，气温城市热岛在晴天晚上随时间增加而减弱，在阴天晚上随时间增加而增强。在晴天条件下，当农田为郊区时，典型城市站点的年平均城市热岛在 22:30 比 1:30 高 0.70℃。而阴天条件下，典型城市站点的年平均城市热岛在 22:30 却比 1:30 低 1.05℃。这主要是因为长波辐射在晴天和阴天的差异。因为在阴天晚上，云层吸收地表长波辐射，并发射长波辐射，导致大气逆辐射作用增强，补偿了地面发射长波辐射散失的热量。

在季节变化特征上，郊区类型对城市热岛的季节差异具有明显的影响。对典型城市站点而言，当农田为郊区时，夜间气温城市热岛的季节差异（夏-冬）为-2.24℃；而当山区森林为郊区时，这种季节差异只有-0.49℃。同样的，当郊区由农田改为山区森林后，在 13:30，地温城市热岛的季节差异在典型城市站点从-2.94℃减弱到了-0.11℃。这主要和长波辐射冷却效率的差异有关。典型城市站点和山区森林的地表结构在夏季和冬季没有显著的变化，农田在夏季都是作物覆盖，而在冬季几乎是裸地。这一差异使得山区森林在冬季的长波辐射冷却效率低于农田。这解释了为什么当郊区由农田改为山区森林后，夜间气温城市热岛和夜间地温城市热岛的季节差异都变得很小。

此外，基于所有 45 个城市站点分析了不透水面覆盖率与气温城市热岛和地温城市热岛的相关性。结果表明，不透水面覆盖率可以很好地量化植被覆盖和地表蒸散的空间变化特征。不透水面覆盖率可以解释 42%~55% 晚上气温城市热岛的站间差异，也可以解释 40%~43% 夏季白天地温城市热岛的站间差异。

气温城市热岛和地温城市热岛的差异可能主要是由于二者的主控因子不同。城市化过程改变了地表覆盖类型，从而以多种方式改变了陆地-大气系统的辐射和湍流过程。第一，城市建筑减少了白天到达城市冠层的太阳辐射，部分太阳辐射能量被储存在城市建筑中并在晚上以长波辐射的形式释放出来。在晚上，城市建筑结构之间对长波辐射的多次吸收和发射降低了城市区域长波辐射的冷却效率。第二，城市区域密集的人为热源排放，对加热大气具有直接作用。第三，城市化使得原有的植被地表变成了不透水地表，大大降低了白天的蒸散发及蒸散冷却效率（Wang and Dickinson，2012）。

综上，太阳辐射、长波辐射、人为热源和蒸散这几个因素共同作用于气温城市热岛和地温城市热岛，但是作用方式和影响程度却并不相同。长波辐射在城市建筑之间的多次吸收和发射，减弱了长波辐射的冷却效率，这是晚上地温城市热岛形成的主要因素之一。城市区域的高不透水面覆盖率，大大降低了城市区域的蒸散冷却效率，这是白天地温城市热岛形成的主要因素之一。在晚上，除了人为热源的排放外，城市建筑在白天吸收和储存的太阳辐射能量重新以长波辐射的形式释放出来，也进一步增强了气温城市热岛。

8.2 城市热岛和高温热浪

8.2.1 引言

热浪表示持续多天的高温天气（Kuglitsch et al.，2010），是致死率最高的自然灾害之一（Poumadère et al.，2005；Semenza et al.，1996）。研究表明，在全球持续变暖的背景下（Cao et al.，2016b），全球大部分地区将会面临更加频繁、更加严峻和持续时间更长的热浪灾害天气（Lewis et al.，2017；Meehl and Tebaldi，2004）。除此之外，由于受到城市热岛效应的影响，和郊区相比，城市区域在热浪天气下往往更加脆弱，更容易受到严峻的高温压力威胁（Perkins，2015）。随着城市面积的不断扩张、城市人口数量和人口密度的不断增加，在城市热岛和热浪协同效应的影响下，城市区域在应对高温压力下的水电供应（Ke et al.，2016）、疾病发作（Kovats and Kristie，2006）和致死（Huang，2010）等方面都将会有更大的风险，这对城市居民的健康和生命安全都产生了巨大的危害。

目前已经有不少研究在不同区域对热浪和城市热岛的协同效应进行了分析，但是得到的结论却并不完全一致。例如，在美国俄克何马荷州的热浪期间，城市热岛在白天和晚上都显著变强（Basara，2010）。然而，在美国纽约的热浪期间，城市热岛只有晚上增强了（Mcgregor et al.，2007）。热浪期间城市热岛的这些差异表现仍有待进一步研究。此外，不同的区域气候背景被认为是影响城市热岛的重要原因之一（Zhao et al.，2014c；Yoon et al.，2008）。因此，对比不同区域气候背景下的城市热岛在热浪期间的特征表现，有助于更好地了解城市热岛和热浪的协同效应。

北京、上海和广州作为中国的超大城市，城市化水平、城市人口数量和城市人口密度都位于全国前列。尽管处于不同的区域气候背景下，这 3 个城市都存在着明显的城市热岛效应，并且在夏季都面临着严峻的热浪灾害天气威胁。在本研究之前，由于受到数据时空分辨率的限制，无法对日变化特征上的差异很好地描述及归因。如何更好地研究城市热岛在热浪期间的表现及其影响因素，对这 3 个城市应对未来热浪灾害、降低死亡率具有重要的科学意义，对其他城市的研究也具有很好的借鉴意义。因此，本研究将以北京、上海和广州 3 个超大城市为例，基于 2013 ~ 2015 年的小时气象站点观测数据，研究热浪和城市热岛的协同效应在不同区域气候背景下的表现差异，并分析可能的影响因素。

8.2.2 数据与方法

8.2.2.1 北京、上海和广州概况（表 8-4）

北京处于 115.7°E ~ 117.4°E，39.4°N ~ 41.6°N，地处华北平原北部，背靠燕山，毗邻渤海湾，北接辽东半岛，南接山东半岛。北京的西北部是山区，中部则是一个小平原。城市区域就位于这个小平原上，海拔为 20 ~ 60m。山区的海拔基本都超过 1000m，最高为 1500m。北京是半湿润季风气候，降雨多集中在夏季，并以东南风为主，而冬季则比较干，主要刮西北风，年降水量约 500mm。作为中国的首都，北京既是中国的一线城市，也是国际性大都市，同时还是世界第三大人口最多的城市和人口最多的首都。北京的总面积为16 410km^2，在2015年北京的城市面积已经达到了1401km^2，人口数量达到了2171万人，市中心区域（0～10km）的人口密度达2.07万人/km^2，年平均耗能约为6.7×10^{7}t燃煤的能量。

广州位于22.4°N～23.9°N，112.9°E～114.1°E，处于中国南部，南部是中国南海。广州属亚热带季风气候，全年都比较舒适，而且温差较小。广州属于丘陵地貌，地势东北高、西南低，城市平均海拔为37.5m，北部是森林较多的丘陵山区。广州总面积为7434km^2，2015年城市面积达785km^2，人口数量达1350万人，市中心区域（0～10km）的人口密度达2.51万人/km^2。

上海位于30.7°N～31.9°N，120.9°E～122.2°E，处于中国大陆东部，东部是东海，北部是长江入海口，南部是杭州湾，所以上海有一半以上被水域包围。上海全市都处在冲积平原上，地势平坦，山脉很少且都较低小，平均海拔高度约为4m。上海气候温和湿润，是典型的亚热带季风气候，四季分明，日照充足，降雨充沛，每年夏季常会受到来自太平洋的热带气旋（台风）影响，年平均气温约为17℃。上海总面积大约为6340km^2，城市面积在2015年达1364km^2，人口数量达2415万人，市中心区域（0～10km）的人口密度达2.56万人/km^2。

表 8-4　北京、上海和广州在 2013～2015 年的概况

城市	北京	上海	广州
市中心位置	116.4°E，39.9°N	121.1°E，31.1°N	113.3°E，23.1°N
区域气候背景	温带半湿润季风气候	亚热带湿润季风气候	海洋性亚热带季风气候
总面积/km^2	16410	6340	7434
城区面积/km^2	1401	1364	785
2015年人口总数/万人	2171	2415	1350
城市平均海拔/m	43.5	5.5	39.5
城市站点数量/个	8	8	8
郊区站点数量/个	8	8	8

注：数据来源于国家统计局。

8.2.2.2　气象和辐射观测数据

本研究使用的数据主要有小时气象观测数据（包括气温、湿度、风速和风向）、日最高气温数据、云量日观测数据、日总太阳辐射观测数据。数据研究区域是北京、上海和广州，时间范围是2013～2015年的夏季（6～8月），数据来源于中国气象局。日最高气温数据只用了上海及其周边地区站点在1986～2015年夏季7月8日至12日的观测，该数据已由中国气象局进行了严格的质量控制，包括对可信度、时间一致性、历史数值和空间分布等的检验，数据有效率达99%（Yang et al.，2011）。云量和日总太阳辐射数据使用的是气象观测站的日观测数据，北京、上海和广州各有一个站点用来监测各城市的云量和太阳辐射，云量和太阳辐射的观测站点相同。为了提高结果的精度和可靠性，本研究剔除了辐射数据的所有异常值，数据的总体有效率高于99%。

8.2.2.3 方法

由于地理位置、气候环境等各种差异，各个地区对热浪的定义并不相同（Perkins，2015）。现在各国对热浪还没有一致的定义，中国气象局把日最高气温达到或者高于35℃时定义成高温，把连续三天或三天以上日最高气温都超过35℃的高温天气定义为热浪。由于研究的城市都位于中国，因此研究使用的是中国气象局的热浪定义。本研究定义的夏季时间为6月1日~8月31日，将城市区域的站点有连续三天或者三天以上日最高气温超过35℃时的观测日（只要有一个城市站点超过35℃）定义为热浪天，而夏季中剩余的其他天数则被定义为普通天。考虑到复杂的天气状况对研究热浪天和普通天城市热岛差异的影响，本研究依据中国气象局的天气观测资料，将降水天（日累计降水量>0.1mm）、阴天（日观测云量≥0.8）和台风天的观测数据都去除了，没有列入研究观测日范围（Walsh and Chapman，1998），各城市的热浪天数和普通天数见表8-5。

表8-5　北京、上海和广州在2013~2015年夏季的热浪天数和普通天数（单位：天）

观测数据	北京	上海	广州
热浪天数	30	50	91
普通天数	128	121	54

在对北京、上海和广州3个不同城市热浪和城市热岛的协同效应进行对比研究时（8.1.2节），为了提高对比性、减少城市自动气象站周围复杂环境对结果的影响，在选取城市站点时，统一选的都是具有明显城市特征的高不透水面覆盖率站点。城市站点的选取要满足如下要求：①站点必须位于城市中心区域，站点周围1km^{2}范围内的不透水面覆盖率要大于70%；②站点周围1km^{2}范围内的植被（森林、灌丛、草地等）比例要低于20%。所以都排除了城市公园站点。由于北京、上海和广州3个区域的郊区类型不完全一致，但是都具有农田类型的郊区，为了提高对比性，减少郊区类型差异对3个城市对比结果的影响，在对3个城市进行对比研究时，统一选取农田作为郊区，郊区站点的选取要求如下：①站点周围1km^{2}范围内的不透水面覆盖率低于30%；②站点周围1km^{2}范围内的农田比例大于65%；③每个城市所选的郊区站点和城市站点的海拔差值要低于30m；④站点要远离城市区域，距离城市边缘超过20km。由于获取的气象观测数据

中，上海和广州的气象观测站点没有像北京一样密集，为了更好地进行研究，在每个城市选取了同样数量的满足要求的站点，即在每个城市分别选取了 8 个城市站点和 8 个郊区站点。

为了更好地研究城市热岛在热浪天和普通天的变化特征差异，对每个城市，分别将选取的所有郊区站点气温数据进行简单平均，用来代表一个典型的郊区站点。在研究城市站点的气温和城市热岛的日变化时，我们对城市站点的数据进行了相同的数据处理（站点平均）。为了更好地对比气温和城市热岛在不同天气情况下的差异，我们对在热浪天和普通天的气温数据分别进行了平均。在分析城市热岛和太阳辐射的相关性的时候，则没有对热浪天或普通天的数据进行平均，用每个散点代表白天观测数据或者晚上观测数据以此计算白天/晚上城市热岛和日总太阳辐射的相关性。此外，和 8.1 节北京地区城市热岛的研究方法一致，白天平均值计算的时间范围为 10:00 ~ 16:00，晚上平均值计算的时间范围为 22:00 ~ 4:00。

在研究风要素对城市热岛的影响时，采用美国国家海洋和大气管理局公布的计算方法来计算平均风向和平均风速（https://www.ndbc.noaa.gov/wndav.shtml）。这种平均风向和风速的计算方法几乎适用于所有有效载荷报告的测量。其中，平均风速使用简单平均，平均风向则使用单位矢量法平均。与使用真实矢量平均相比，这种方法计算所得的风速稍大。单位矢量法的具体计算公式如下（邱传涛和李丁华，1997）：

$$A_u = \arctan(\bar{U}/\bar{V}) \tag{8-2}$$

$$\bar{U} = \frac{1}{N} \times \sum_{i=1}^{N} \sin(A_i) \tag{8-3}$$

$$\bar{V} = \frac{1}{N} \times \sum_{i=1}^{N} \cos(A_i) \tag{8-4}$$

式中，A_u 为单位矢量的风向；$\bar{U}$为东西方向单位风速矢量的分量；$\bar{V}$为南北方向单位风速矢量的分量。

为了获取每个城市的主要风向，本研究根据均方差法（Miller，1991）剔除了风向数据的离群值。每个站点都有一组白天或者晚上的风向数据，在该组数据中，当某个风向数据和整组数据平均值的差值，比这组数据标准差的两倍还要大时，则将这个风向以及对应的风速数据去除，最终保留了超过 87% 的原始风要素数据。根据观测结果，由于城市和郊区的主要风向基本一致，因此在制作风向玫瑰图时，使用了所有选取的城市和郊区站点的风要素数据。

体感温度（apparent temperature，AT）表示人体感知到的周围环境的冷暖程度。根据所处的地区及季节，体感温度的计算公式各不相同（唐文君，2007）。目前，国际上仍没有一个完全统一的计算公式。由于本研究对体感温度的研究主要在夏季的热浪期间，因此，本研究选用的是适合夏季的体感温度计算公式，采用美国国家气象局天气预报中心所使用的酷热指数来表示夏季的体感温度（https://www. wpc. ncep. noaa. gov/html/heatindex_equation. shtml? tdsourcetag=s_pcqq）。其计算方法是对 Lan P. Rothfusz 进行的多元回归分析方法的改进。目前，这种体感温度的计算方法在热浪天气的研究中已经得到了广泛的应用（Russo et al., 2017；Becker and Stewart, 2011）。

其计算公式如下：

$$\begin{aligned} HI = & -42.379 + 2.04901523 \times T + 10.14333127 \times RH - 0.22475541 \times T \times RH \\ & - 0.00683783 \times T \times T - 0.05481717 \times RH \times RH + 0.00122874 \times T \times T \times RH + \\ & 0.00085282 \times T \times RH \times RH - 0.00000199 \times T \times T \times RH \times RH \end{aligned} \tag{8-5}$$

式中，T 为气温（°F）；RH 为相对湿度（%）；HI 为体感温度（°F）。当 RH<13%，并且 80°F<T<112°F 时，该计算公式的 HI 需要减去调整参量 ADJUSTMENT，其计算公式如下：

$$ADJUSTMENT = \frac{13-RH}{4} \times \sqrt{\frac{17-|T-95|}{17}} \tag{8-6}$$

当 RH>85%，并且 80°F<T<87°F 时，式（8-6）中的 HI 需要加上调整参量 $ADJUSTMENT_2$，其计算公式如下：

$$ADJUSTMENT_2 = \frac{RH-85}{10} \times \frac{87-T}{5} \tag{8-7}$$

当气温和相对湿度计算出来的 HI 低于 80°F 时，Rothfusz 回归并不适用。在这种情况下，使用更简单的公式来计算 HI，其计算公式如下：

$$HI = 0.5 \times \{T + 61.0 + [(T-68) \times 1.2] + (RH \times 0.094)\} \tag{8-8}$$

8.2.3 结果与分析

8.2.3.1 北京、上海和广州在热浪天的城市热岛

图8-12［(a)(c)(e)］显示了北京、上海和广州在热浪天和普通天气温平均值的日变化。可以看出，3 个城市的气温在热浪天和普通天都高于郊区，北京（温带半湿润季风气候）的气温日变化最大，广州（海洋性亚热带季风气候）的气温日变化最小，上海（亚热带湿润季风气候）的高温压力最大。其中，在热浪天，北京、上海和广州城市区域的气温日较差分别为 10.62℃、8.34℃和 6.43℃。在热浪天，北京、上海和广州城市区域的日最高温分别为 35.42℃、36.59℃和 35.16℃（表8-6）。

表 8-6　北京、上海和广州在热浪天和普通天的气温和城市热岛变化　（单位:℃）

观测数据	天气状况	北京	上海	广州
城市日最高温	热浪天	35.42	36.59	35.16
	普通天	29.82	28.22	30.97
城市气温日较差	热浪天	10.62	8.34	6.43
	普通天	7.06	5.08	3.25
城市热岛日最高值	热浪天	3.28	1.63	3.07
	普通天	2.08	0.68	2.22
城市热岛日较差	热浪天	2.77	1.58	2.60
	普通天	1.75	0.66	1.82
白天城市热岛	热浪天	0.74	1.44	0.64
	普通天	0.51	0.59	0.79
夜间城市热岛	热浪天	2.88	0.53	2.90
	普通天	1.95	0.10	2.10

注：城市热岛日较差表示城市热岛的日最高值与最低值的差。白天平均值计算的时间范围为 10:00～16:00，晚上平均值计算的时间范围定义为 22:00～4:00。

除了气温，同时研究了城市热岛在这 3 个不同区域气候背景下的差异（图 8-12）。图 8-12（b）（d）（f）显示了城市热岛在热浪天和普通天的日变化。可以看出，尽管北京和广州的背景气候差异最大，它们却有着相似的城市热岛特征，即白天弱、晚上强［图 8-12（b）（f）］，而上海的城市热岛则表现出相反的特征，即白天强、晚上弱［图 8-12（d）］。出现这种差异的原因主要是城市热岛的均值和日变化特征主要和郊区类型的选择有关。

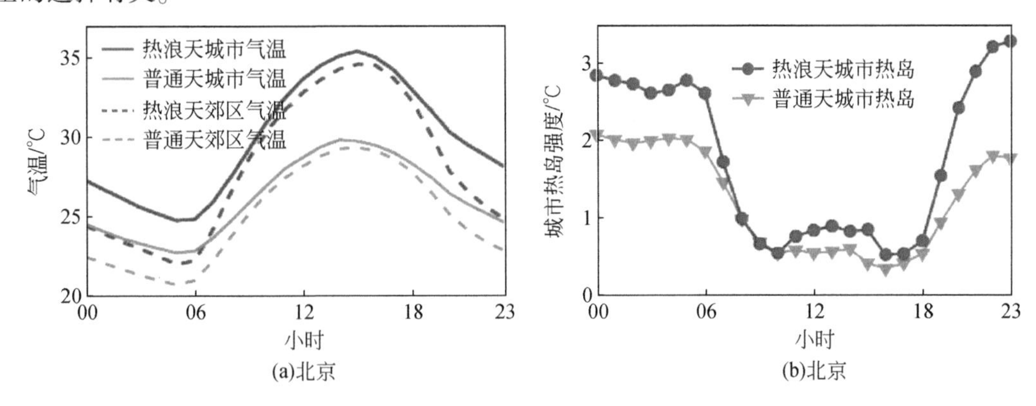

(a)北京　(b)北京

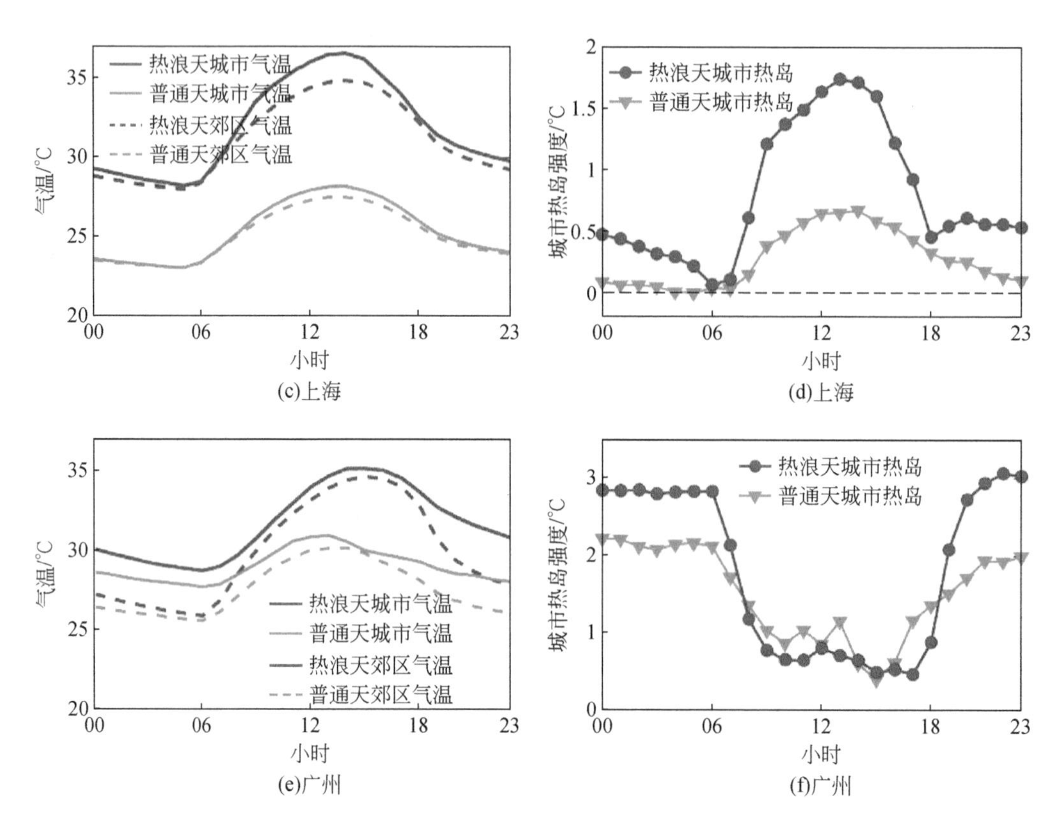

图 8-12　北京、上海和广州在热浪天和普通天的气温日变化及城市热岛日变化

当将两个内陆站点作为郊区时，上海的城市热岛强度明显比北京和广州小得多，但是却呈现相似的日变化特征（图 8-13）。此外，还发现当使用内陆郊区站点作为参考时，上海的城市热岛在下午表现为负值［图 8-13（a）］。北京地区的城市热岛观测中也有类似结果（Wang et al.，2017；Wang et al.，2007）。然而，当使用 6 个海边郊区站点作为参考时，

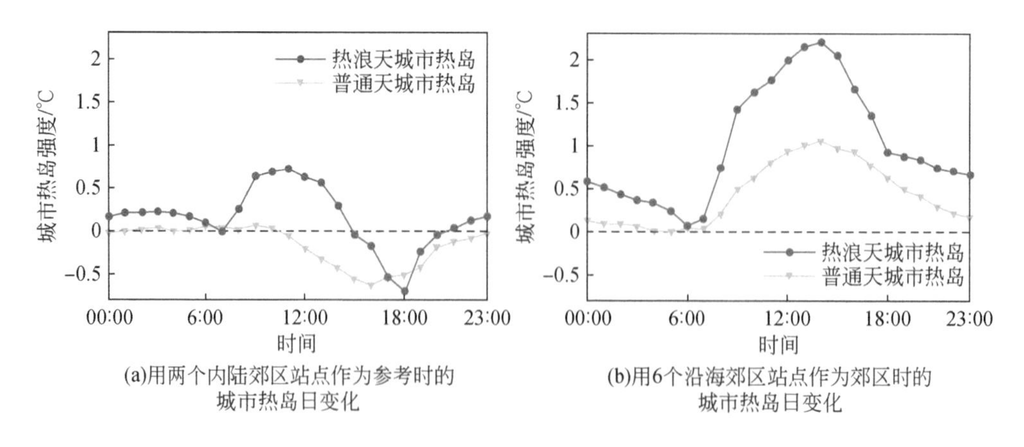

图 8-13　使用不同郊区站点时上海的城市热岛强度日变化

上海地区在热浪天和普通天的城市热岛在白天都很强［图 8-13（b）］。这一结果与他人结果一致（谈建国等，2008）。这一差异主要是因为沿海郊区站受到海陆风的影响较大。北京、上海和广州城市热岛的日变化特征与他人已有的研究结果一致（Huang et al.，2010）。

尽管在这三个城市，城市热岛都是在热浪天比在普通天更强，但北京和广州城市热岛的增强主要发生在热浪天晚上，而上海城市热岛的增强主要发生在热浪天白天。其中，对北京、上海和广州而言，热浪天城市热岛日最高值分别达到了 3.28℃、1.63℃和 3.07℃（表 8-6），比普通天分别高了 1.20℃、0.95℃和 0.85℃；热浪天城市热岛日较差分别达到了 2.77℃、1.58℃和 2.60℃（表 8-6），比普通天分别高了 1.20℃、0.94℃和 0.85℃。在热浪天，夜间城市热岛在北京和广州分别达到了 2.88℃和 2.90℃，比普通天分别高了 0.93℃和 0.79℃。在热浪天，上海白天的城市热岛达到了 1.44℃，比普通天增强了 0.85℃。

8.2.3.2 热浪天太阳辐射对城市热岛的贡献

分析在热浪天太阳辐射对城市热岛的贡献（图 8-14）。可以看出，日总太阳辐射在热浪天约是普通天的 1.5 倍；在北京和广州，夜间的城市热岛和日总太阳辐射呈显著正相关；在上海，白天的城市热岛和日总太阳辐射呈显著正相关。在北京，夜间城市热岛和日总太阳辐射的相关系数 R 在热浪天为 0.76（$P<0.01$），在普通天 R 为 0.31（$P<0.01$）。

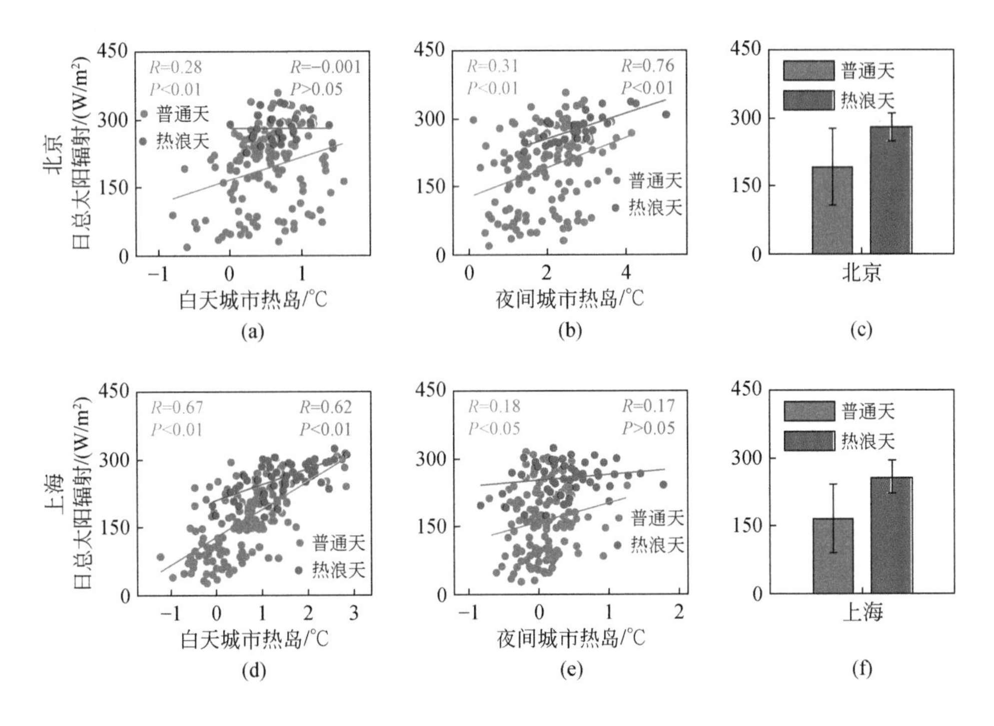

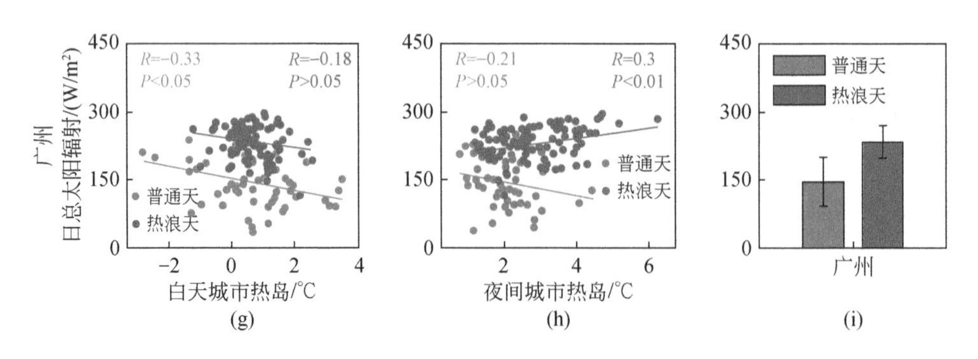

图 8-14　北京、上海和广州在热浪天和普通天的日总太阳辐射及其与城市热岛的相关性

（c）（f）（i）分别表示热浪天和普通天日总太阳辐射的平均值及标准差

在上海，白天的城市热岛和日总太阳辐射的相关系数 R 在热浪天为 0.62（$P<0.01$），在普通天 R 为 0.67（$P<0.01$）。然而，北京和广州白天的城市热岛则和太阳辐射日总量没有显著的相关关系［图 8-14（a），（g）］。上海晚上的城市热岛和日总太阳辐射也没有显著的相关关系［图 8-14（e）］。

8.2.3.3　风向对热浪天城市热岛的影响

已有研究证实风速的变化对北京地区的城市热岛具有重要影响。Li 等（2016）研究了北京地区热浪天的城市热岛，发现热浪天城市白天的风速明显增强，而晚上的风速则明显降低。这使得城市热岛在热浪天白天和晚上都有明显增强。本研究分析了风向在 3 个城市热浪天和普通天的差别。图 8-15 显示了北京、上海和广州这 3 个城市在热浪天和普通天的风向玫瑰图。结果表明，无论是在热浪天还是普通天，北京和广州在白天和晚上的风向基本一致［图 8-15（a）（d）（g）（j）和（c）（f）（i）（l）］，主导风向分别为偏东南风和南风。然而，上海白天的风向在热浪天和普通天却有明显的差异。在热浪天白天，有超过 63% 的风来自西南方向［图 8-15（b）］，而在普通天白天，有超过 70% 的风来自东南方向［图 8-15（e）］。这种风向的变化表明，上海西南方向的相邻城市可能会对上海地区白天的高温压力产生一定的影响。

研究上海及其周边地区的日最高温（T_{max}）在一次热浪过程（2013 年 7 月 8 日至 2013 年 7 月 12 日）的变化情况，结果表明，在上海地区的热浪开始之前（2013 年 7 月 6 日至 2013 年 7 月 7 日），其西南方向相邻城市的 T_{max} 就开始升高，并率先进入热浪天气。同时，在上海的热浪期间（2013 年 7 月 8 日至 2013 年 7 月 12 日），其西南方向相邻城市的 T_{max} 同样很高，甚至有时比上海地区的 T_{max} 还要高，而上海东南方向海域的 T_{max} 则明显低于上海。在此次热浪快结束时，高温现象持续向西南方向移动，并且在此区域消失。

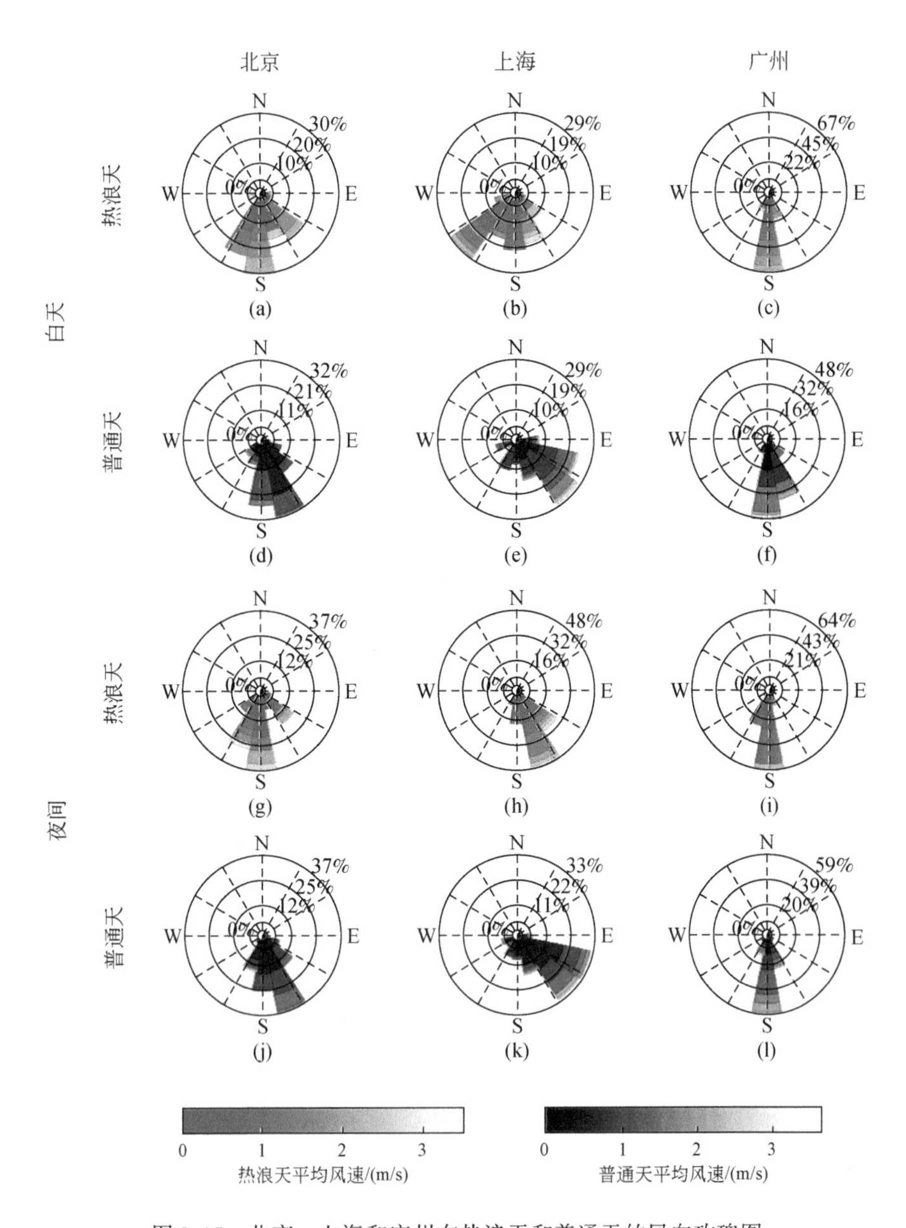

图 8-15 北京、上海和广州在热浪天和普通天的风向玫瑰图

8.2.4 小结

本节基于北京、上海和广州 2013 ~ 2015 年的气象观测数据、辐射观测数据和 30m 分辨率的地表分类数据，研究了不同区域气候背景下，热浪和城市热岛协同效应的表现特征，并分析了可能的影响因素（Jiang et al., 2019）。

结果表明，尽管处于不同的区域气候背景下，北京和广州的城市热岛呈现相似的变化特征，即晚上强、白天弱，上海受到海陆热力性质差异的影响，城市热岛呈现白天强、晚上弱的特征。在热浪天，北京和广州的夜间城市热岛显著增强，上海的白天城市热岛显著增强。和普通天相比，北京和广州在热浪天的夜间城市热岛分别增强了 0.93℃和 0.80℃，上海在热浪天的白天城市热岛增强了 0.85℃。导致热浪天城市热岛增强的关键要素之一是热浪天太阳辐射的显著增强。在热浪天，高温少云的天气使得更多的太阳辐射到达地表，北京、上海和广州的日总太阳辐射约是普通天的 1.5 倍。在热浪期间，北京和广州的夜间城市热岛和日总太阳辐射呈显著正相关（北京：$R=0.76$，$P<0.01$；广州：$R=0.3$，$P<0.01$），上海的白天城市热岛和日总太阳辐射呈显著正相关（$R=0.62$，$P<0.01$）。

风向的改变对上海在热浪天白天城市热岛的增强具有重要贡献。对上海来说，在热浪天白天，有超过63%的风来自西南方向；而在普通天白天，有超过 70%的风来自东南方向。所以，在热浪天白天，一方面来自东海上方温度较低的海风减少，使得上海城市和郊区白天的气温更高，另一方面高温干燥的内陆风增多，云量减少，达到地表的太阳辐射增多。因此，在热浪天白天，上海表现为很强的城市热岛效应。

综上，本研究分析了不同区域气候背景下热浪和城市热岛的协同效应。尽管北京和广州处于不同的区域背景下，城市热岛都是晚上强、白天弱。上海的城市热岛则是白天强、晚上弱的特征。对北京和广州而言，热浪天城市热岛的增强主要发生在晚上；对上海而言，热浪天城市热岛的增强主要发生在白天。热浪天增强的太阳辐射是城市热岛增强的关键因素之一。太阳辐射的增加对上海在白天的城市热岛具有正向贡献，对北京和广州在夜间的城市热岛具有正向贡献。热浪天风向的改变，对上海白天城市热岛的增强具有重要的贡献。

参考文献

陈好，顾行发，程天海，等. 2013. 中国地区气溶胶类型特性分析. 遥感学报，17（6）：1559-1571.
顾朝林，等. 2002. 中国城市地理. 北京：商务印书馆.
顾朝林，吴莉娅. 2008. 中国城市化问题研究综述（Ⅰ）. 城市与区域规划研究，1（2）：104-147.
胡婷，孙照渤，张海东. 2008. 我国380nm波长气溶胶光学厚度分布特征和演变趋势. 应用气象学报，19（5）：513-521.
黄钢. 2017. 中国城市健康生活报告. 北京：社会科学文献出版社.
黄明祥，魏斌，郝千婷，等. 2015. $PM_{2.5}$遥感反演技术研究进展. 环境污染与防治，37（10）：72-26.
江捍平. 2010. 健康与城市：城市现代化的新思维. 北京：中国社会科学出版社.
江伟钰，陈方琳. 2005. 资源环境法词典. 北京：中国法制出版社.
江志红，黄丹莲. 2014. 城市化对中国东部降水气候特征的影响. 北京：第31届中国气象学会年会.
李成才，毛节泰，刘启汉，等. 2003. 利用MODIS光学厚度遥感产品研究北京及周边地区的大气污染. 大气科学，27（5）：869-880.
联合国经济和社会事务部人口司. 2018. 世界城市化前景. 2018年修订版. https://www. un. org/development/desa/publications/2018-revision-of-world-urbanization-prospects. html2018.
刘海猛，方创琳，黄解军，等. 2018. 京津冀城市群大气污染的时空特征与影响因素解析. 地理学报，73（1）：177.
刘金平. 2014. 京津冀1961～2012年降水量时空分布特征. 气候变化研究快报，3（3）：146-153.
卢俐，张晓玲，玉坤，等. 2014. 北京地区自动气象站观测资料的实时质量控制及应用. 安徽农业科学，42（16）：5153-5155.
吕飞. 2018. 健康城市建设策略与实践. 北京：中国建筑工业出版社.
马祖琦. 2015. 健康城市与城市健康：国际视野下的公共政策研究. 南京：东南大学出版社.
邱传涛，李丁华. 1997. 平均风向的计算方法及其比较. 高原气象，16（1）：95-99.
宋全全. 2019. 高温热浪与臭氧对冠心病的交互作用影响及机制研究. 兰州：兰州大学硕士学位论文.
谈建国，郑有飞，彭丽，等. 2008. 城市热岛对上海夏季高温热浪的影响. 高原气象，27（S1）：144-149.
唐文君，闵敏，景元书. 2007. 长江三角洲夏季气候舒适度模糊评判. 气候与环境研究，（6）：773-778.
唐振飞. 2011. 长三角城市及城市群对降水变化影响的分析. 南京：南京信息工程大学硕士学位论文.
王莉莉，王跃思，王迎红，等. 2010. 北京夏末秋初不同天气形势对大气污染物浓度的影响. 中国环境科学，30（7）：924-930.

许学强，周一星，宁越敏 . 2009. 城市地理学 . 北京：高等教育出版社 .

杨茜，高阳华，陈贵川 . 2019. 降水对重庆市大气污染物浓度的影响分析 . 气象与环境科学，42（2）：68-73.

张健，章新平，王晓云，等 . 2009. 京津冀地区近 47a 降水量的变化特征 . 干旱气象，27（1）：23-28.

张庆奎，黄震，项阳，等 . 2010. 基于卫星资料的泛长三角地区夏季降水特征分析 . 北京：全国卫星应用技术交流会 .

赵荣，等 . 2006. 人文地理学 . 北京：高等教育出版社 .

郑艳萍，蒙伟光 . 2015. 珠江三角洲地区强降水变化趋势分析 . 天津：第 32 届中国气象学会年会 .

中国国家标准化管理委员会 . 2012. 中华人民共和国国家标准高温热浪等级 .

仲福来 . 2008. 卫生学 . 北京：人民卫生出版社 .

周晓兰，邓自旺 . 1996. 小波分析在大气科学中的应用方法简介 . 陕西气象学报，3：7-8.

Alizadeh-Choobari O，Sturman A，Zawar-Reza P. 2014. A global satellite view of the seasonal distribution of mineral dust and its correlation with atmospheric circulation. Dynamics of Atmospheres and Oceans，68：20-34.

An N，Wang K. 2015. A comparison of MODIS-derived cloud fraction with surface observations at five SURFRAD sites. Journal of Applied Meteorology and Climatology，54（5）：1009-1020.

Anderson G B，Bell M L. 2011. Heat waves in the United States：Mortality risk during heat waves and effect modification by heat wave characteristics in 43 U. S. communities. Environmental Health Perspectives，119（2）：210-218.

Arnfield A J. 2003. Two decades of urban climate research：A review of turbulence，exchanges of energy and water，and the urban heat island. International Journal of Climatology，23（1）：1-26.

Aubrecht C，Özceylan D. 2013. Identification of heat risk patterns in the US National Capital Region by integrating heat stress and related vulnerability. Environment International，56：65-77.

Bai X，Shi P，Liu Y. 2014. Society：Realizing China's urban dream. Nature，509：158-160.

Barnes E A. 2013. Revisiting the evidence linking Arctic amplification to extreme weather in midlatitudes. Geophysical Research Letters，40（17）：4734-4739.

Barnett T P，Preisendorfer R. 1987. Origins and levels of monthly and seasonal forecast skill for united-states surface air temperatures determined by canonical correlation-analysis. Monthly Weather Review，115（9）：1825-1850.

Barnston A G，Ropelewski C F. 1992. Prediction of enso episodes using canonical correlation-analysis. Journal of Climate，5（11）：1316-1345.

Basara J B，Basara H G，Illston B G，et al. 2010. The impact of the urban heat island during an intense heat wave in Oklahoma City. Advances in Meteorology，230365.

Becker J A，Stewart L K. 2011. Heat-related illness. American Family Physician，83（11）：1325-1330.

Benson-Lira V，Georgescu M，Kaplan S，et al. 2016. Loss of a lake system in a megacity：The impact of urban expansion on seasonal meteorology in Mexico City. Journal of Geophysical Research：Atmospheres，121（7）：3079-3099.

Binkowski F S, Shankar U. 1995. The Regional Particulate Matter Model 1. Model description and preliminary results. Journal of Geophysical Research: Atmospheres, 100 (D12): 26191-26209.

Bintanja R, Van der Linden E C. 2013. The changing seasonal climate in the Arctic. Scientific Reports, 3 (1): 1556.

Bornstein R D. 1968. Observations of the urban heat island effect in New York City. Journal of Applied Meteorology, 7 (4): 575-582.

Brazel A, Gober P, Lee S, et al. 2007. Determinants of changes in the regional urban heat island in metropolitan Phoenix (Arizona, USA) between 1990 and 2004. Climate Research, 33: 171-182.

Bréon F M, Vermeulen A, Descloitres J. 2011. An evaluation of satellite aerosol products against sunphotometer measurements. Remote Sensing of Environment, 115 (12): 3102-3111.

Cai W J, Li K, Liao H, et al. 2017. Weather conditions conducive to Beijing severe haze more frequent under climate change. Nature Climate Change, 7 (4): 257.

Cao Q, Yu D, Georgescu M, et al. 2016a. Impacts of urbanization on summer climate in China: An assessment with coupled land-atmospheric modeling. Journal of Geophysical Research, 121 (18): 10505-10521.

Cao L J, Zhu Y N, Tang G I, et al. 2016b. Climatic warming in China according to a homogenized data set from 2419 stations. International Journal of Climatology, 36 (13): 4384-4392.

Chapman E G, Gustafson J, Easter W I, et al. 2009. Coupling aerosol-cloud-radiative processes in the WRF-Chem model: Investigating the radiative impact of elevated point sources. Atmospheric Chemistry and Physics, 9 (3): 945-964.

Chapman L, Azevedo J A, Prieto-Lopez T. 2013. Urban heat & critical infrastructure networks: A viewpoint. Urban Climate, 3: 7-12.

Chate D M. 2005. Study of scavenging of submicron-sized aerosol particles by thunderstorm rain events. Atmospheric Environment, 39 (35): 6608-6619.

Che W W, Frey H C, Lau A K. 2016. Sequential measurement of intermodal variability in public transportation $PM_{2.5}$ and CO exposure concentrations. Environmental Science and Technology, 50 (16): 8760-8769.

Chen F, Dudhia J. 2001. Coupling an advanced land surface-hydrology model with the Penn State-NCAR MM5 modeling system. Part I: Model implementation and sensitivity. Monthly Weather Review, 129 (4): 569-585.

Chen L, Frauenfeld O W. 2016. Impacts of urbanization on future climate in China. Climate Dynamics, 47 (1-2): 345-357.

Chen J, Li G, Yang J, et al. 2007a. Nd and Sr isotopic characteristics of Chinese deserts: Implications for the provenances of Asian dust. Geochimica et Cosmochimica Acta, 71 (15): 3904-3914.

Chen T, Wang S, Yen M. 2007b. Enhancement of afternoon thunderstorm activity by urbanization in a valley: Taipei. Journal of Applied Meteorology and Climatology, 46 (9): 1324-1340.

Chen S, Huang J, Zhao C, et al. 2013a. Modeling the transport and radiative forcing of Taklimakan dust over the Tibetan Plateau: A case study in the summer of 2006. Journal of Geophysical Research: Atmospheres, 118 (2): 797-812.

Chen M, Liu W, Tao X. 2013b. Evolution and assessment on China's urbanization 1960- 2010: Under-urbanization or over-urbanization? Habitat International, 38: 25-33.

Chen F, Yang X, Zhu W. 2014. WRF simulations of urban heat island under hot-weather synoptic conditions: The case study of Hangzhou City, China. Atmospheric Research, 138: 364-377.

Chin M, Diehl T, Tan Q, et al. 2014. Multi-decadal aerosol variations from 1980 to 2009: A perspective from observations and a global model. Copernics Gmbrl, 14 (7): 3657-3690.

Choi H-D, Liu H, Crawford J H, et al. 2017. Global O_3-CO correlations in a chemistry and transport model during July-August: Evaluation with TES satellite observations and sensitivity to input meteorological data and emissions. Atmos. Chem. Phys., 17: 8429-8452.

Chu D A, Kaufman Y J, Zibordi G, et al. 2003. Global monitoring of air pollution over land from the Earth Observing System-Terra Moderate Resolution Imaging Spectroradiometer (MODIS). Journal of Geophysical Research: Atmospheres, 108 (D21): 4661.

Cohen J, Screen J A, Jones J, et al. 2014. Recent Arctic amplification and extreme mid-latitude weather. Nature Geoscience, 7 (9): 627-637.

Cohen A J, Brauer M, Burnett R, et al. 2017. Estimates and 25-year trends of the global burden of disease attributable to ambient air pollution: An analysis of data from the Global Burden of Diseases Study 2015. The Lancet, 389 (10082): 1907-1918.

Corbin K C, Kreidenweis S M, von der Haar T H. 2002. Comparison of aerosol properties derived from sun photometer data and ground-based chemical measurements. Geophysical Research Letters, 29 (10): 1363.

Creutzig F. 2015. Towards typologies of urban climate and global environmental change. Environmental Research Letters, 10 (10): 101001.

CSY. 2018. China Statistical Yearbook. Beijing: China Statistical Publishing House.

Dekker I N, Houweling S, Aben I, et al. 2017. Quantification of CO emissions from the city of Madrid using MOPITT satellite retrievals and WRF simulations. Atmospheric Chemistry and Physics, 17 (23): 14675-14694.

Dong X, Mace G G. 2003. Profiles of low-level stratus cloud microphysics deduced from ground-based measurements. Journal of Atmospheric and Oceanic Technology, 20 (1): 42-53.

Dong X, Ackerman T P, Clothiaux E E. 1998. Parameterizations of the microphysical and shortwave radiative properties of boundary layer stratus from ground-based measurements. Journal of Geophysical Research: Atmospheres, 103 (D24): 31681-31693.

Dong Z, Qin D, Kang S, et al. 2014. Physicochemical characteristics and sources of atmospheric dust deposition in snow packs on the glaciers of western Qilian Mountains, China. Tellus B: Chemical and Physical Meteorology, 66 (1): 20956.

Du Z, Xiao C, Liu Y, et al. 2015. Geochemical characteristics of insoluble dust as a tracer in an ice core from Miaoergou Glacier, east Tien Shan. Global and Planetary Change, 127: 12-21.

Du Z, Xiao C, Wang Y, et al. 2019a. Dust provenance in Pan-third pole modern glacierized regions: What is the regional source? Environmental Pollution, 250: 762-772.

Du Y, Wan Q, Liu H, et al. 2019b. How does urbanization influence $PM_{2.5}$ concentrations? Perspective of spillover effect of multi-dimensional urbanization impact. Journal of Cleaner Production, 220: 974-983.

Dubovik O, Smirnov A, Holben B N, et al. 2000. Accuracy assessments of aerosol optical properties retrieved from Aerosol Robotic Network (AERONET) sun and sky radiance measurements. Journal of Geophysical Research: Atmospheres, 105 (D8): 9791-9806.

Ek M B, Mitchell K E, Lin Y, et al. 2003. Implementation of Noah land surface model advances in the National Centers for Environmental Prediction operational mesoscale Eta model. Journal of Geophysical Research Atmospheres, 108 (D22): D228851.

Engelstaedter S, Tegen I, Washington R. 2006. North African dust emissions and transport. Earth Science Reviews, 79 (1-2): 73-100.

Fan T Y, Liu X H, Ma P L, et al. 2018. Emission or atmospheric processes? An attempt to attribute the source of large bias of aerosols in eastern China simulated by global climate models. Atmospheric Chemistry and Physics, 18 (2): 1395-1417.

Fang X M, Han Y X, Ma J H, et al. 2004. Dust storms and loess accumulation on the Tibetan Plateau: A case study of dust event on 4 March 2003 in Lhasa. Chinese Science Bulletin, 49 (9): 953-960.

Fast J D, Gustafson W I, Easter R C, et al. 2006. Evolution of ozone, particulates, and aerosol direct radiative forcing in the vicinity of houston using a fully coupled meteorology-chemistry-aerosol model. Journal of Geophysical Research: Atmospheres, 111 (D21): D21305.

Feingold G, Eberhard W L, Veron D E, et al. 2003. First measurements of the Twomey indirect effect using ground-based remote sensors. Geophysical Research Letters, 30 (6): 225-242.

Feng J, Wang Y, Ma Z, et al. 2012. Simulating the regional impacts of urbanization and anthropogenic heat release on climate across China. Journal of Climate, 25 (20): 7187-7203.

Feng J, Wang Y, Ma Z. 2013. Long-term simulation of large-scale urbanization effect on the East Asian monsoon. Climatic Change, 129: 511-523.

Feng S Z, Jiang F, Wu Z, et al. 2020. CO emissions inferred from surface CO observations over China in December 2013 and 2017. Journal of Geophysical Research: Atmospheres, 125 (7): e2019JD031808.

Francis J A, Vavrus S J. 2012. Evidence linking Arctic amplification to extreme weather in mid-latitudes. Geophysical Research Letters, 39: L06801.

Friedmann J. 1966. Regional Development Policy: A Case Study of Venezuela. Massachusetts: MIT Press.

Gao B, Huang Q, He C, et al. 2015. Dynamics of urbanization levels in China from 1992 to 2012: Perspective from DMSP/OLS nighttime light data. Remote Sensing, 7: 1721-1735.

Garrett T J, Zhao C F. 2006. Increased Arctic cloud longwave emissivity associated with pollution from mid-latitudes. Nature, 440: 787-789.

Garrett T J, Zhao C F. 2013. Ground-based remote sensing of thin clouds in the Arctic. Atmospheric Measurement Techniques, 6 (5): 1227-1243.

Garrett T J, Zhao C F, Novelli P C. 2010. Assessing the relative contributions of transport efficiency and scavenging to seasonal variability in Arctic aerosol. Tellus Series B-Chemical and Physical Meteorology, 62 (3): 190-196.

GBD 2017 Risk Factor Collaborators. 2018. Global, regional, and national comparative risk assessment of 84 behavioral, environmental and occupational, and metabolic risks or clusters of risks for 195 countries and territories, 1990–2017: A systematic analysis for the Global Burden of Disease Study 2017. The Lancet, 392 (10159): 1923-1994.

Georgescu M. 2015. Challenges associated with adaptation to future urban expansion. The Journal of Climate, 28: 2544-2563.

Georgescu M, Miguez-Macho G, Steyaert L T, et al. 2009. Climatic effects of 30 years of landscape change over the Greater Phoenix, Arizona, region: 1. Surface energy budget changes. Journal of Geophysical Research: Atmospheres, 114: D05110.

Georgescu M, Moustaoui M, Mahalov A, et al. 2011. An alternative explanation of the semiarid urban area "oasis effect" . Journal of Geophysical Research: Atmospheres, 116: D24113.

Georgescu M, Moustaoui M, Mahalov A, et al. 2013. Summer-time climate impacts of projected megapolitan expansion in Arizona. Nature Climate Change, 3: 37-41.

Georgescu M, Morefield P E, Bierwagen B G, et al. 2014. Urban adaptation can roll back warming of emerging megapolitan regions. Proceedings of the National Academy of Sciences of the United States of America, 111: 2909-2914.

Georgescu M, Chow W T L, Wang Z H, et al. 2015. Prioritizing urban sustainability solutions: Coordinated approaches must incorporate scale-dependent built environment induced effects. Environmental Research Letters, 10: 061001.

Gluch, R, Quattrochi D A, Luvall J C. 2006. A multi-scale approach to urban thermal analysis. Remote Sense of Environment, 104 (2): 123-132.

Gong C, Zhang B, Tang X, et al. 2018. Influences of wind and precipitation on different-sized particulate matter concentrations ($PM_{2.5}$, PM_{10}, $PM_{2.5-10}$). Meteorology and Atmospheric Physics, 130 (3): 383-392.

González J E, Gutierrez E. 2015. On the environmental sensible/latent heat fluxes from A/C systems in urban dense environments: A new modeling approach and case study, California: ASME 2015 9th International Conference on Energy Sustainability collocated with the ASME 2015 Power Conference, the ASME 2015 13th International Conference on Fuel Cell Science, Engineering and Technology, and the ASME 2015 Nuclear Forum.

Gratsea M, Liakakou E, Mihalopoulos N, et al. 2017. The combined effect of reduced fossil fuel consumption and increasing biomass combustion on Athens' air quality, as inferred from long term CO measurements. Science of The Total Environment, 592: 115-123.

Grimm N B, Faeth, S H, Golubiewski N E, et al. 2008. Global change and the ecology of cities. Science, 319: 756-760.

Grimmond S. 2007. Urbanization and global environmental change: Local effects of urban warming. The

Geographical Journal, 173: 83-88.

Grimmond C S B, Oke T R. 1999. Heat storage in urban areas: Local-scale observations and evaluation of a simple model. Journal of Applied Meteorology, 38: 922-940.

Grossman-Clarke S, Zehnder J A, Loridan T, et al. 2010. Contribution of land use changes to near-surface air temperatures during recent summer extreme heat events in the Phoenix metropolitan area. Journal of Applied Meteorology and Climatology, 49: 1649-1664.

Gu Y, Liou K N, Xue Y, et al. 2006. Climatic effects of different aerosol types in China simulated by the UCLA general circulation model. Journal of Geophysical Research: Atmospheres, 111 (D15): D15201.

Guan W J, Zheng X Y, Chung K F, et al. 2016. Impact of air pollution on the burden of chronic respiratory diseases in China: Time for urgent action. The Lancet, 388 (10054): 1939-1951.

Guinot B, Roger J C, Cachier H, et al. 2006. Impact of vertical atmospheric structure on Beijing aerosol distribution. Atmospheric Environment, 40: 5167-5180.

Guo J P, Zhang X Y, Che H Z, et al. 2009. Correlation between PM concentrations and aerosol optical depth in eastern China. Atmospheric Environment, 43: 5876-5886.

Guo J, Miao Y, Zhang Y, et al. 2016a. The climatology of planetary boundary layer height in China derived from radiosonde and reanalysis data. Atmospheric Chemistry and Physics, 16: 13309-13319.

Guo Y, Zeng H, Zheng R, et al. 2016b. The association between lung cancer incidence and ambient air pollution in China: A spatiotemporal analysis. Environmental Research, 144: 60-65.

Gustafson W I, Chapman E G, Ghan S J, et al. 2007. Impact on modeled cloud characteristics due to simplified treatment of uniform cloud condensation nuclei during NEAQS 2004. Geophysical Research Letter, 34: L19809.

Gutiérrez E, González J E, Martilli A, et al. 2015. On the anthropogenic heat fluxes using an air conditioning evaporative cooling parameterization for mesoscale urban canopy models. Journal of Solar Energy Engineering, 137: 051005.

Han Y, Fang X, Zhao T, et al. 2009. Suppression of precipitation by dust particles originated in the Tibetan Plateau. Atmospheric Environment, 34 (18): 568-574.

Han L, Zhou W, Li W, et al. 2014. Impact of urbanization level on urban air quality: a case of fine particles $PM_{2.5}$ in Chinese cities. Environmental Pollution, 194: 163-170.

Han L, Zhou W, Li W. 2015. City as a major source area of fine particulate ($PM_{2.5}$) in China. Environmental Pollution, 206: 183-187.

Hand J L, Kreidenweis S M, Slusser J, et al. 2004. Comparisons of aerosol optical properties derived from Sun photometry to estimates inferred from surface measurements in Big Bend National Park, Texas. Atmospheric Environment, 38 (39): 6813-6821.

Hassler B, McDonald B C, Frost G J, et al. 2016. Analysis of long-term observations of NO_x and CO in megacities and application to constraining emissions inventories. Geophysical Research Letters, 43 (18): 9920-9930.

Hawkins T W, Brazel A J, Stefanov W L, et al. 2004. The role of rural variability in urban heat island determination for Phoenix, Arizona. Journal of Applied Meteorology, 43 (3): 476-486.

He C, Ma Q, Li T, et al. 2012. Spatiotemporal dynamics of electric powerconsumption in Chinese Mainland from 1995 to 2008 modeled using DMSP/OLS stable nighttime lights data. Journal of Geographical Sciences, 22: 125-136.

He C, Han L, Zhang R. 2016. More than 500 million Chinese urban residents (14% of the global urban population) are imperiled by fine particulate hazard. Environmental Pollution, 218: 558-562.

He C, Li J, Zhang X, et al. 2017. Will rapid urban expansion in the drylands of northern China continue: A scenario analysis based on the land use scenario dynamics-urban model and the shared socioeconomic pathways. Journal of Cleaner Production, 165: 57-69.

He C, Liu Z, Gou S, et al. 2019. Detecting global urban expansion over the last three decades using a fully convolutional network. Environmental Research Letters, 14 (3): 034008.

Hegg D, Kaufman Y. 1998. Measurements of the relationship between submicron aerosol number and volume concentration. Journal of Geophysical Research: Atmospheres, 103 (D5): 5671-5678.

Heinonen J, Jalas M, Juntunen J K, et al. 2013a. Situated lifestyles: I. How lifestyles change along with the level of urbanization and what the greenhouse gas implicationsare–A study of Finland. Environmental Research Letters, 8 (2): 025003.

Heinonen J, Jalas M, Juntunen J K, et al. 2013b. Situated lifestyles: II. The impacts of urban density, housing type and motorization on the greenhouse gas emissions of the middle – Income consumers in Finland. Environmental Research Letters, 8 (2): 035050.

Hernández-Paniagua I Y, Lowry D, Clemitshaw K C, et al. 2018. Diurnal, seasonal, and annual trends in tropospheric CO in Southwest London during 2000-2015: Wind sector analysis and comparisons with urban and remote sites. Atmospheric Environment, 177: 262-274.

Holben B N, Eck T F, Slutsker I, et al. 1998. AERONET–A federated instrument network and data archive for aerosol characterization. Remote Sensing of Environment, 66 (1): 1-16.

Holben B N, Tanré D, Smirnov A, et al. 2001. An emerging ground-based aerosol climatology: Aerosol optical depth from AERONET. Journal of Geophysical Research: Atmospheres, 106 (D11): 12067-12097.

Holloway, T, Levy H, Kasibhatla P. 2000. Global distribution of carbon monoxide. Journal of Geophysical Research: Atmospheres, 105 (D10): 12123-12147.

Hondula D M, Balling J R C, Vanos J K, et al. 2015. Rising temperatures, human health, and the role of adaptation. Current Climate Change Reports, 1: 144-154.

Hsu N C, Tsay S C, King M D, et al. 2004. Aerosol properties over bright-reflecting source regions. IEEE Transactions on Geoscience and Remote Sensing, 42 (3): 557-569.

Hu Z, Zhao C, Huang J, et al. 2016. Trans-Pacific transport and evolution of aerosols: Evaluation of quasi-global WRF-Chem simulation with multiple observations. Geoscientific Model Development, 9 (5): 1725-1746.

Hu C, Griffis T J, Lee X, et al. 2018. Top-down constraints on anthropogenic CO_2 emissions within an agricultural-urban landscape. Journal of Geophysical Research: Atmospheres, 123 (9): 4674-4694.

Hu Z, Huang J, Zhao C, et al. 2019a. Modeling the contributions of Northern Hemisphere dust sources to dust outflow from East Asia. Atmospheric Environment, 202 (APR): 234-243.

Hu C, Griffis T J, Liu S, et al. 2019b. Anthropogenic methane emission and its partitioning for the Yangtze River Delta Region of China. Journal of Geophysical Research: Biogeosciences, 124 (5): 1148-1170.

Huang J, Minnis P, Yi Y, et al. 2007. Summer dust aerosols detected from CALIPSO over the Tibetan Plateau. Geophysical Research Letters, 34: L18805.

Huang J, Minnis P, Chen B, et al. 2008. Long-range transport and vertical structure of Asian dust from CALIPSO and surface measurements during PACDEX. Journal of Geophysical Research: Atmospheres, 113: D23212.

Huang W, Kan H, Kovats S. 2010. The impact of the 2003 heat wave on mortality in Shanghai, China. Science of The Total Environment, 408 (11): 2418-2420.

Huang J, Wang T, Wang W, et al. 2014. Climate effects of dust aerosols over East Asian arid and semiarid regions. Journal of Geophysical Research: Atmospheres, 34: 398-311.

Huang K, Zhang X, Lin Y. 2015. The "APEC Blue" phenomenon: Regional emission control effects observed from space. Atmospheric Research, 164: 65-75.

Huang J, Pan X, Guo X, et al. 2018. Health impact of China's Air Pollution Prevention and Control Action Plan: an analysis of national air quality monitoring and mortality data. The Lancet Planetary Health, 2 (7): 313-323.

Imhoff M L, Zhang P, Wolfe R E, et al. 2010. Remote sensing of the urban heat island effect across biomes in the continental USA. Remote Sensing of Environment, 114 (3): 504-513.

Inoue J, Hori M E, Takaya K. 2012. The role of barents sea ice in the wintertime cyclone track and emergence of a warm-arctic cold-siberian anomaly. Journal of Climate, 25 (7): 2561-2568.

Israelevich P L, Ganor E, Levin Z, et al. 2003. Annual variations of physical properties of desert dust over Israel. Journal of Geophysical Research: Atmospheres, 108 (D13): 4381.

Jia R, Liu Y, Chen B, et al. 2015. Source and transportation of summer dust over the Tibetan Plateau. Atmospheric Environment, 123: 210-219.

Jiang Y, Liu X, Yang X Q, et al. 2013. A numerical study of the effect of different aerosol types on East Asian summer clouds and precipitation. Atmospheric Environment, 70: 52-63.

Jiang J, Su H, Huang H, et al. 2018. Contrasting effects on deep convective clouds by different types of aerosols. Nature Communications, 9: 3874.

Jiang S, Lee X, Wang J, et al. 2019. Amplified urban heat islands during heat wave periods. Journal of Geophysical Research: Atmospheres, 124 (14): 7797-7812.

Jiao L. 2015. Urban land density function: A new method to characterize urban expansion. Landscape and Urban Planning, 139: 26-39.

Jickells T D, An Z S, Andersen K K, et al. 2005. Global iron connections between desert dust, ocean biogeochemistry, and climate. Science, 308 (5718): 67-71.

Johnston R J, Gregory D, Smith D M. 1994. The Dictionary of Human Geography (3nd). Oxford: Blackwell.

Jones P D, Liser D H, Li Q. 2008. Urbanization effects in large-scale temperature records, with an emphasis on China. Journal of Geophysical Research: Atmospheres, 113: D16122.

Kang H, Zhu B, van der A R J, et al. 2019. Natural and anthropogenic contributions to long-term variations of SO_2, NO_2, CO, and AOD over East China. Atmospheric Research, 215: 284-293.

Kaufman Y J, Tanre D, Remer L A, et al. 1997a. Operational remote sensing of tropospheric aerosol over land from EOS moderate resolution imaging spectroradiometer. Journal of Geophysical Research: Atmospheres, 102 (D14): 17051-17067.

Kaufman Y J, Wald A E, Remer L A, et al. 1997b. The MODIS 2.1-μm channel – Correlation with visible reflectance for use in remote sensing of aerosol. IEEE Transactions on Geoscience and Remote Sensing, 35 (5): 1286-1298.

Ke X, Wu F, Ma C. 2013. Scenario analysis on climate change impacts of urban land expansion under different urbanization patterns: A case study of Wuhan metropolitan. Advances in Meteorology, 20: 1-12.

Ke X, Wu D, Rice J, et al. 2016. Quantifying impacts of heat waves on power gricl operation. Applied Energy, 183: 504-512.

Kidder S Q, Wu H T. 1987. A multispectral study of the St. Louis area under snow-covered conditions using NOAA-7 AVHRR data. Remote Sensing of Environment, 22 (2): 159-172.

Klose M, Shao Y, Karremann M K. 2010. Sahel dust zone and synoptic background. Geophysical Research Letter, 37: L09802.

Kong L, Lau K K L, Yuan C, et al. 2017. Regulation of outdoor thermal comfort by trees in Hong Kong. Sustainable Cities and Society, 31: 12-25.

Koren I, Martins J V, Remer L A, et al. 2008. Smoke invigoration versus inhibition of clouds over the Amazon. Science, 321: 946-949.

Koren I, Dagan G, Altaratz O. 2014. From aerosol-limited to invigoration of warm convective clouds. Science, 344 (6188): 1143-1146.

Kovats R S, Kristie L E. 2006. Heatwaves and public health in Europe. European Journal of Public Health, 16 (6): 592-599.

Kuglitsch F G, Toreti A, Xoplaki E, et al. 2010. Heat wave changes in the eastern Mediterranean since 1960. Geophysical Research Letters, 37 (4): L04802.

Kuhlmann J, Quaas J. 2010. How can aerosols affect the Asian summer monsoon? Assessment during three consecutive pre-monsoon seasons from CALIPSO satellite data. Atmos Chem Phys, 10: 4673-4688.

Kusaka H, Kimura F. 2004. Coupling a single-layer urban canopy model with a simple atmospheric model: Impact on urban heat island simulation for an idealized case. Journal of the Meteorological Society of Japan, 82: 67-80.

Kusaka H, Kondo H, Kikegawa Y, et al. 2001. A simple single-layer urban canopy model for atmospheric models: Comparison with multi-layer and slab models. Boundary-layer Meteorology, 101: 329-358.

Lau K M, Kim M K, Kim K M. 2006. Asian summer monsoon anomalies induced by aerosol direct forcing: The role of the Tibetan Plateau. Climate Dynamics, 26 (7-8): 855-864.

Lazzarini M, Molini A, Marpu P R, et al. 2015. Urban climate modifications in hot desert cities: The role of land cover, local climate, and seasonality. Geophysical Research Letters, 42: 9980-9989.

Lee J, Kim J, Song C H, et al. 2010. Characteristics of aerosol types from AERONET sun-photometer measurements. Atmospheric Environment, 44: 3110-3117.

Lee S, Lee W, Kim D, et al. 2019. Short-term $PM_{2.5}$ exposure and emergency hospital admissions for mental disease. Environmental Research, 171: 313-320.

Levy R C, Remer L A, Mattoo S, et al. 2007. Second- generation operational algorithm: Retrieval of aerosol properties over land from inversion of moderate resolution imaging Spectroradiometer spectral reflectance. Journal of Geophysical Research: Atmospheres, 112: D13211.

Levy R C, Mattoo S, Munchak L A, et al. 2013. The Collection 6 MODIS aerosol products over land and ocean. Atmospheric Measurement Techniques, 6: 2989-3034.

Lewis S C, King A D, Perkins-Kirkpatrick S E. 2017. Defining a new normal for extremes in a warming world. Bulletin of the American Meteorological Society, 98 (6): 1139-1151.

Li W, Chen S, Chen G, et al. 2011a. Urbanization signatures in strong versus weak precipitation over the Pearl River Delta metropolitan regions of China. Environmental Research Letters, 6: 03402.

Li Z, Niu F, Fan J, et al. 2011b. Long-term impacts of aerosols on the vertical development of clouds and precipitation. Nature Geoscience, 4 (12): 888-894.

Li D, Bou-Zeid E, Barlage M, et al. 2013a. Development and evaluation of a mosaic approach in the WRF-Noah framework. Journal of Geophysical Research: Atmospheres, 118 (21): 11918-11935.

Li J, Carlson B E, Lacis A A. 2013b. Application of spectral analysis techniques in the intercomparison of aerosol data: 1. An EOF approach to analyze the spatial-temporal variability of aerosol optical depth using multiple remote sensing data sets. Journal of Geophysical Research: Atmospheres, 118 (15): 8640-8648.

Li J, Han Z, Zhang R. 2014. Influence of aerosol hygroscopic growth parameterization on aerosol optical depth and direct radiative forcing over East Asia. Atmospheric Research, 140: 14-27.

Li X, Gong P, Liang L. 2015. A 30-year (1984–2013) record of annual urban dynamics of Beijing City derived from Landsat data. Remote Sensing of Environment, 166: 78-90.

Li D, Sun T, Liu M, et al. 2016. Changes in wind speed under heat waves enhance ubran heat islands in the Beijing metropolitan area. Journal of Applied Meteorology and Climatology, 55 (11): 2369-2375.

Li Z, Guo J, Ding A, et al. 2017. Aerosol and boundary-layer interactions and impact on air quality. National Science Review, 4 (6): 810-833.

Liao J, Wang T, Wang X, et al. 2014. Impacts of different urban canopy schemes in WRF/Chem on regional climate and air quality in Yangtze River Delta, China. Atmospheric Research, 145: 226-243.

Lin W, Zhang L, Du D, et al. 2009. Quantification of land use/land cover changes in Pearl River Delta and its impact on regional climate in summer using numerical modeling. Regional Environmental Change, 9: 75-82.

Lin S, Feng J, Wang J, et al. 2016. Modeling the contribution of long-term urbanization to temperature increase in three extensive urban agglomerations in China. Journal of Geophysical Research: Atmospheres, 121 (4): 1683-1697.

Lin Y, Zou J, Yang W, et al. 2018. A review of recent advances in research on $PM_{2.5}$ in China. International Journal of Environmental Research and Public Health, 15 (3): 438.

Liu X, Penner J E. 2005. Ice nucleation parameterization for global models. Meteorologische Zeitschrift, 14 (4): 499-514.

Liu X, Cheng Y, Zhang Y, et al. 2007. Influences of relative humidity and particle chemical composition on aerosol scattering properties during the 2006 PRD campaign. Atmospheric Environment, 42: 1525-1536.

Liu P, Zhao C, Zhang Q, et al. 2009. Aircraft study of aerosol vertical distributions over Beijing and their optical properties. Tellus B: Chemical and Physical Meteorology, 61 (5): 756-767.

Liu J Y, Kuang W H, Zhang Z X, et al. 2014a. Spatiotemporal characteristics, patterns and causes of land use changes in China since the late 1988. Journal of Geographical Sciences, 69: 3-14.

Liu Y, Xu Y, Ma J. 2014b. Quantitative assessment and planning simulation of Beijing urban heat island. Ecology and Environmental Sciences, 23 (7): 1156-1163.

Liu Y, Sato Y, Jia R, et al. 2015. Modeling study on the transport of summer dust and anthropogenic aerosols over the Tibetan Plateau. Atmos Chem Phys, 34 (18): 12581-12594.

Liu K, Su H, Li X, et al. 2016. Quantifying spatial- temporal pattern of urban heat island in Beijing: An improved assessment using land surface temperature (LST) time series observations from LANDSAT, MODIS, and Chinese new satellite GaoFen-1. IEEE Journal of Selected Topics in Applied Earth Observations and Remote Sensing, 9 (5): 2028-2042.

Liu H, Fang C, Zhang X, et al. 2017. The effect of natural and anthropogenic factors on haze pollution in Chinese cities: A spatial econometrics approach. Journal of Cleaner Production, 165: 323-333.

Liu C, Yin P, Chen R J, et al. 2018a. Ambient carbon monoxide and cardiovascular mortality: A nationwide time-series analysis in 272 cities in China. Lancet Planet Health, 2 (1): E12-E18.

Liu S, Hua S B, Wang K, et al. 2018b. Spatial-temporal variation characteristics of air pollution in Henan of China: Localized emission inventory, WRF/Chem simulations and potential source contribution analysis. Science of The Total Environment, 624: 396-406.

Liu X Y, He K B, Zhang Q, et al. 2019a. Analysis of the origins of black carbon and carbon monoxide transported to Beijing, Tianjin, and Hebei in China. Science of The Total Environment, 653: 1364-1376.

Liu S, Fang S X, Liang M, et al. 2019b. Temporal patterns and source regions of atmospheric carbon monoxide at two background stations in China. Atmospheric Research, 220: 169-180.

Lu X, Lin C, Li W, et al. 2019. Analysis of the adverse health effects of $PM_{2.5}$ from 2001 to 2017 in China and the role of urbanization in aggravating the health burden. Science of The Total Environment, 652: 683-695.

Ma W, Xu X, Peng L, et al. 2011. Impact of extreme temperature on hospital admission in Shanghai, China. Science of The Total Environment, 409: 3634-3637.

Ma Z, Hu X, Huang L, et al. 2014. Estimating ground-level $PM_{2.5}$ in China using satellite remote sensing. Environmental Science and Technology, 48: 7436-7444.

Ma W, Zeng W, Zhou M, et al. 2015. The short-term effect of heat waves on mortality and its modifiers in China: An analysis from 66 communities. Environmental International, 75: 103-109.

Ma Q, Wu J, He C. 2016. A hierarchical analysis of the relationship between urban impervious surfaces and land surface temperatures: Spatial scale dependence, temporal variations, and bioclimatic modulation. Landscape Ecology, 31: 1139-1153.

Ma Q, Wu J, He C, et al. 2018. Spatial scaling of urban impervious surfaces across evolving landscapes: from cities to urban regions. Landscape Urban Plan, 175: 50-61.

Maji K J, Ye W F, Arora M, et al. 2018. $PM_{2.5}$-related health and economic loss assessment for 338 Chinese cities. Environment International, 121: 392-403.

Malm W C, Sisler J F, Huffman D, et al. 1994. Spatial and seasonal trends in particle concentration and optical extinction in the United States. Journal of Geophysical Research: Atmospheres, 99 (D1): 1347-1370.

Mao R, Ho C H, Shao Y, et al. 2011. Influence of Arctic oscillation on dust activity over northeast Asia. Atmospheric Environment, 45 (2): 326-337.

Mao R, Gong D, Shao Y, et al. 2013. Numerical analysis for contribution of the Tibetan Plateau to dust aerosols in the atmosphere over the East Asia. Science China-Earth Sciences, 56 (2): 301-310.

Mao R, Hu Z, Zhao C, et al. 2019. The source contributions to the dust over the Tibetan Plateau: A modelling analysis. Atmospheric Environment, 214, 116859.

Mcgregor G R, Pelling M, Wolf T, et al. 2007. The social impacts of heat waves. Science Report Sc2006// SR6. Bristol, CT: Environmental Agency.

Mead M I, Popoola O A M, Stewart G B, et al. 2013. The use of electrochemical sensors for monitoring urban air quality in low-cost, high-density networks. Atmospheric Environment, 70: 186-203.

Meehl G A, Tebaldi C. 2004. More intense, more frequent, and longer lasting heat waves in the 21st century. Science, 305 (5686): 994.

Menon S, Hansen J, Nazarenko L, et al. 2002. Climate effects of black carbon aerosols in China and India. Science, 297: 2250-2253.

Miao S, Chen F, LeMone M A, et al. 2009. An observational and modeling study of characteristics of urban heat island and boundary layer structures in Beijing. Journal of Applied Meteorology and Climatology, 48: 484-501.

Miao S, Chen F, Li Q, et al. 2011. Impacts of urban processes and urbanization on summer precipitation: A case study of heavy rainfall in Beijing on 1 August 2006. Journal of Applied Meteorology and Climatology, 50: 806-825.

Miller J. 1991. Short report: Reaction time analysis with outlier exclusion: Bias varies with sample size. The Quarterly Journal of Experimental Psychology Section A, 43 (4): 907-912.

Mills G. 2007. Cities as agents of global change. International Journal of Climatology, 27: 1849-1857.

Mircea M, Stefan S, Fuzzi S. 2000. Precipitation scavenging coefficient: Influence of measured aerosol and raindrop size distributions. Atmospheric Environment, 34 (29-30): 5169-5174.

Moran P A P. 1950. Notes on continuous stochastic phenomena. Biometrika, 37 (1-2): 17-23.

Mulcahy J P, O'Dowd C D, Jennings S G, et al. 2008. Significant enhancement of aerosol optical depth in marine air under high wind conditions. Geophysical Research Letters, 35 (16): 119-128.

Muller C L, Chapman L, Grimmond C S B, et al. 2013. Toward a standardized metadata protocol for urban meteorological networks. Bulletin of the American Meteorological Society, 94 (8): 1161-1185.

Myint S W, Wentz E A, Brazel A J, et al. 2013. The impact of distinct anthropogenic and vegetation features on urban warming. Landscape Ecology, 28: 959-978.

Nagatsuka N, Takeuchi N, Nakano T, et al. 2010. Sr, Nd, and Pb stable isotopes of surface dust on Urumqi glacier No. 1 in western China. Ann. Glaciol., 51 (56): 95-105.

Nicholls N. 1987. The use of canonical correlation to study teleconnections. Monthly Weather Review, 115 (2): 393-399.

Niu F, Li Z Q, Li C, et al. 2010. Increase of wintertime fog in China: Potential impacts of weakening of the Eastern Asian monsoon circulation and increasing aerosol loading. Journal of Geophysical Research: Atmospheres, 115: D00K20.

Niyogi D, Pyle P, Lei M, et al. 2011. Urban modification of thunderstorms: An observational storm climatology and model case study for the Indianapolis urban region. Journal of Applied Meteorology and Climatology, 50: 1129-1144.

North G R, Bell T L, Cahalan R F, et al. 1982. Sampling errors in the estimation of empirical orthogonal functions. Monthly Weather Review, 110 (7): 699-706.

Oke T R. 1973. City size and the urban heat island. Atmospheric Environment, 7 (8): 769-779.

Oke T R. 2008. Guide to meteorological instruments and observation methods: Part Ⅱ. Geneva: World Meteorological Organization.

Oke T R, Cleugh H A. 1987. Urban heat storage derived as energy balance residuals. Boundary-Layer Meteorology, 39 (3): 233-245.

Park C, Sugimoto N, Matsui I, et al. 2005. Long-range transport of saharan dust to East Asia observed with lidars. Scientific Online Letters on the Atmosphere, 1: 121-124.

Parker D E. 2010. Urban heat island effects on estimates of observed climate change. Wiley Interdisciplinary Reviews: Climate Change, 1 (1): 123-133.

Patz J A, Campbell-Lendrum D, Holloway T, et al. 2005. Impact of regional climate change on human health. Nature, 438: 310-317.

Perkins S E. 2015. A review on the scientific understanding of heatwaves–Their measurement, driving mechanisms, and changes at the global scale. Atmospheric Research, 164: 242-267.

Petoukhov V, Semenov V A. 2010. A link between reduced Barents-Kara sea ice and cold winter extremes over northern continents. Journal of Geophysical Research: Atmospheres, 115: D21111.

Petoukhov V, Rahmstorf S, Petri S, et al. 2013. Quasiresonant amplification of planetary waves and recent

Northern Hemisphere weather extremes. Proceedings of the National Academy of Sciences of the United States of America, 110 (14): 5336-5341.

Phillips V, DeMott P, Andronache C. 2008. An empirical parameterization of heterogeneous ice nucleation for multiple chemical species of aerosol. Journal of the Atmospheric Sciences, 65: 2757-2783.

Portman D A. 1993. Identifying and correcting urban bias in regional time series: Surface temperature in China's northern plains. Journal of Climate, 6: 2298-2308.

Poumadère M, Mays C, Mer L S. 2005. The 2003 heat wave in France: Dangerous climate change here and now. Risk Analysis, 25 (6): 1483-1494.

Price J C. 1979. Assessment of the urban heat island effect through the use of satellite data. Monthly Weather Review, 107 (11): 1554-1557.

Qian B, Jong D R, Gameda S. 2009a. Multivariate analysis of water-related agroclimatic factors limiting spring wheat yields on the Canadian prairies. European Journal of Agronomy, 30 (2): 140-150.

Qian Y, Gong D, Fan J, et al. 2009b. Heavy pollution suppresses light rain in China: Observations and modeling. Journal of Geophysical Research: Atmospheres, 114: D00K02.

Qian Y, Yasunari T J, Doherty S J, et al. 2016. Light-absorbing particles in snow and ice: Measurement and modeling of climatic and hydrological impact. Advances in Atmospheric Sciences, 32 (1): 64-91.

Randles C A, Silva da A M, Buchard V, et al. 2017. The MERRA-2 aerosol reanalysis, 1980 onward. Part Ⅰ: system description and data assimilation evaluation. Journal of Climate, 30 (17): 6823-6850.

Rangno A L, Hobbs P V. 2005. Microstructures and precipitation development in cumulus and small cumulonimbus clouds over the warm pool of the tropical Pacific Ocean. Quarterly Journal of the Royal Meteorological Society, 131 (606): 639-673.

Remer L A, Kaufman Y J, Tanre D, et al. 2005. The MODIS aerosol algorithm, products and validation. Journal of the Atmospheric Sciences, 62: 947-973.

Ren G, Zhou Y, Chu Z, et al. 2008. Urbanization effects on observed surface air temperature trends in North China. Journal of Climate, 21: 1333-1348.

Ren Q, He C, Huang Q, et al. 2018. Urbanization impacts on vegetation phenology in China. Remote Sensing, 10 (12): 1905.

Rothfusz L P. 1990. The heat index equation. NWS Southern Region Technical Attachment (SR 90-23). Fort Worth, Texas: Scientific Services Division NWS Southern Region Headquarters.

Russo S, Sillmann J, Sterl A. 2017. Humid heat waves at different warming levels. Scientific Reports, 7 (1): 7447.

Saha S, Brock J W, Vaidyanathan A, et al. 2015. Spatial variation in hyperthermia emergency department visits among those with employer-based insurance in the United States – a case-crossover analysis. Environmental Health, 14 (20): 20.

Saikawa E, Kim H, Zhong M, et al. 2017. Comparison of emissions inventories of anthropogenic air pollutants and greenhouse gases in China. Atmospheric Chemistry and Physics, 17 (10): 6393-6421.

Sailor D J, Georgescu M, Milne J M, et al. 2015. Development of a national anthropogenic heating database with an extrapolation for international cities. Atmospheric Environment, 118: 7-18.

Sakakibara Y, Owa K. 2005. Urban- rural temperature differences in coastal cities: Influence of rural sites. International Journal of Climatology, 25 (6): 811-820.

Salamanca F, Georgescu M, Mahalov A, et al. 2014. Anthropogenic heating of the urban environment due to air conditioning. Journal of Geophysical Research: Atmospheres, 119: 5949-5965.

Schneider A, Woodcock C E. 2008. Compact, dispersed, fragmented, extensive? A comparison of urban growth in twenty-five global cities using remotely sensed data, pattern metrics and census information. Urban Studies, 45 (3): 659-692.

Schneider A, Friedl M A, Potere D. 2009. A new map of global urban extent from MODIS satellite data. Environmental Research Letters, 4 (4): 044003.

Schwarz N, Lautenbach S, Seppelt R. 2011. Exploring indicators for quantifying surface urban heat islands of European cities with MODIS land surface temperatures. Remote Sensing of Environment, 115 (12): 3175-3186.

Screen J A, Simmonds I. 2014. Amplified mid-latitude planetary waves favour particular regional weather extremes. Nature Climate Change, 4 (8): 704-709.

Semenza J C, Rubin C H, Falter K H, et al. 1996. Heat-related deaths during the July 1995 heat wave in Chicago. New England Journal of Medicine, 335 (2): 84-90.

Serreze M C, Barrett A P, Slater A G, et al. 2007. The large-scale energy budget of the Arctic. Journal of Geophysical Research: Atmospheres, 112 (D11): D11122.

Seto K C, Güneralp B, Hutyra L R. 2012. Global forecasts of urban expansion to 2030 and direct impacts on biodiversity and carbon pools. Proceedings of the National Academy of Sciences of the United States of America, 109: 16083-16088.

Shah A, Langrish J P, Nair H, et al. 2013. Global association of air pollution and heart failure: A systematic review and meta-analysis. The Lancet, 382 (9897): 1039-1048.

Shao Y, Klose M, Wyrwoll K H. 2013. Recent global dust trend and connections to climate forcing. Journal of Geophysical Research: Atmospheres, 118 (19): 11107-11118.

She Q, Peng X, Xu Q, et al. 2017. Air quality and its response to satellite-derived urban form in the Yangtze River Delta, China. Ecological Indicators, 75: 297-306.

Shen Y, Zhao P, Pan Y, et al. 2014. A high spatiotemporal gauge-satellite merged precipitation analysis over China. Journal of Geophysical Research: Atmospheres, 119 (6): 3063-3075.

Shepherd J M, Carter M, Manyin M, et al. 2010. The impact of urbanization on current and future coastal precipitation: A case study for Houston. Environment and Planning B-Urban, 37 (2): 284-304.

Shrestha P, Barros A P. 2010. Joint spatial variability of aerosol, clouds and rainfall in the Himalayas from satellite data. Atmospheric Chemistry and Physics, 10 (17): 8305-8317.

Simmons A. 2010. Monitoring atmospheric composition and climate. ECMWF Newsletter, 123: 10-13.

Skamarock W C, Klemp J B, Dudhia J, et al. 2008. A description of the advanced research WRF version 3 (No. NCAR/TN-475+STR). NCAR Technical Note, NCAR/TN-475+STR. doi: 10.5065/D68S4MVH.

Son J, Lee J, Anderson B G, et al. 2012. The impact of heat waves on mortality in seven major cities in Korea. Environmental Health Perspectives, 120 (4): 566-571.

Sorooshian A, Wonaschütz A, Jarjour E G, et al. 2011. An aerosol climatology for a rapidly growing arid region (southern Arizona): Major aerosol species and remotely sensed aerosol properties. Journal of Geophysical Research: Atmospheres, 116 (19): D19205.

Sreekanth, V, Mahesh, B, Niranjan K. 2017. Satellite remote sensing of fine particulate air pollutants over Indian mega cities. Advances in Space Research, 60: 2268-2276.

Stempihar J, Pourshams-Manzouri T, Kaloush K, et al. 2012. Porous asphalt pavement temperature effects for urban heat island analysis. Transportation Research Record, 2293: 123-130.

Stevens B, Feingold G. 2009. Untangling aerosol effects on clouds and precipitation in a buffered system. Nature, 461 (7264): 607-613.

Stewart I D. 2011. A systematic review and scientific critique of methodology in modern urban heat island literature. International Journal of Climatology, 31 (2): 200-217.

Stewart I D, Oke T R. 2012. Local climate zones for urban temperature studies. Bulletin of the American Meteorological Society, 93: 1879-1900.

Stocker T F, Qin D, Plattner G K, et al. 2013. IPCC, 2013: Climate Change 2013: the Physical Science Basis. Contribution of Working Group I to the Fifth Assessment Report of the Intergovernmental Panel on Climate Change.

Stull R B. 1988. An Introduction to Boundary Layer Meteorology. Dordrecht: Kluwer Academic Publishers.

Su C W, Liu T Y, Chang H L, et al. 2015. Is urbanization narrowing the urban-rural income gap? A cross-regional study of China. Habitat International, 48: 79-86.

Sun R, Chen L. 2017. Effects of green space dynamics on urban heat islands: Mitigation and diversification. Ecosystem Services, 23: 38-46.

Sun Y, Zhang X, Zwiers F W, et al. 2014. Rapid increase in the risk of extreme summer heat in Eastern China. Nature Climate Change, 4: 1082-1085.

Sun Y, Zhang X, Ren G, et al. 2016. Contribution of urbanization to warming in China. Nature Climate Change, 6: 706-709.

Sun H, Liu X, Pan Z. 2017. Direct radiative effects of dust aerosols emitted from the Tibetan Plateau on the east Asian summer monsoon-A regional climate model simulation. Atmospheric Chemistry and Physics, 17 (22): 13731-13745.

Sun Y, Zhao C, Su Y, et al. 2019. Distinct impacts of light and heavy precipitation on $PM_{2.5}$ mass concentration in Beijing. Earth and Space Science, 6 (10): 1915-1925.

Susca T, Gaffin S R, Dell'Osso G R. 2011. Positive effects of vegetation: Urban heat island and green roofs. Environmental Pollution, 159: 2119-2126.

Tai A P K, Jacob D J, Mickley L J. 2010. Correlations between fine particulate matter ($PM_{2.5}$) and meteorological variables in the United States: Implications for the sensitivity of $PM_{2.5}$ to climate change. Atmospheric Environment, 44 (32): 3976-3984.

Tanaka T, Kurosaki Y, Chiba M, et al. 2005. Possible transcontinental dust transport from North Africa and the Middle East to East Asia. Atmospheric Environment, 39 (21): 3901-3909.

Tang Q H, Zhang X J, Yang X H, et al. 2013. Cold winter extremes in northern continents linked to Arctic sea ice loss. Environmental Research Letters, 8 (1): 014036.

Tanre D, Deschamps P Y, Devaux C, et al. 1988. Estimation of saharan aerosol optical-thickness from blurring effects in thematic mapper data. Journal of Geophysical Research: Atmospheres, 93 (D12): 15955-15964.

Tegen I, Lacis A A. 1996. Modeling of particle size distribution and its influence on the radiative properties of mineral dust aerosol. Journal of Geophysical Research: Atmospheres, 101 (D14): 19237-19244.

Tian Z, Li S, Zhang J, et al. 2013. The characteristic of heat wave effects on coronary heart disease mortality in Beijing, China: A time series study. PlOS One, 8 (9): e77321.

Torrence C, Compo G P. 1998. A practical guide to wavelet analysis. Bulletin of the American Meteorological Society, 79 (1): 61-78.

Townsend C L, Maynard R I. 2002. Effects on health of prolonged exposure to low concentrations of carbon monoxide. Occupational and Environmental Medicine, 59: 8-11.

Troyan D. 2013. Interpolated Sounding Value-Added Product. Upton, NY (United States): Brookhaven National Laboratory (BNL).

Twomey S. 1977. Influence of pollution on shortwave albedo of clouds. Journal of the Atmospheric Sciences, 34: 1149-1152.

UNFCCC. 2015. Decision 1/CP21: Adoption of the Paris Agreement. Paris: Paris Climate Change Conference.

United Nations. 2012. World Urbanization Prospects, the 2011 Revision. United Nations, New York. http://esa. un. org/unpd/wup/index. htm.

United Nations. 2014. World urbanization prospects: The 2014 version, highlights (ST/ESA/SERA/352). Population Division. New York: Department of Economic and Social Affairs.

Van Donkelaar A, Martin R V, Park R J. 2006. Estimating ground-level $PM_{2.5}$ using aerosol optical depth determined from satellite remote sensing. Journal of Geophysical Research: Atmospheres, 111 (D21): D2120.

Van Donkelaar A, Martin R V, Brauer M, et al. 2010. Global estimates of ambient fine particulate matter concentrations from satellite-based aerosol optical depth: Development and application. Environmental Health Perspectives, 118: 847-855.

Van Donkelaar A, Martin R V, Spurr R J D, et al. 2013. Optimal estimation for global ground-level fine particulate matter concentrations. Journal of Geophysical Research: Atmospheres, 118: 5621-5636.

Van Donkelaar A, Martin R V, Brauer M, et al. 2015. Use of satellite observations for long-term exposure assessment of global concentrations of fine particulate matter. Environmental Health Perspectives, 123 (2): 135-143.

Van Donkelaar A, Martin R V, Brauer M, et al. 2016. Global estimates of fine particulate matter using a combined geophysical-statistical method with information from satellites, models, and monitors. Environmental Science and Technology, 50 (7): 3762-3772.

Van Donkelaar A, Martin R V, Li C, et al. 2019. Regional estimates of chemical composition of fine particulate matter using a combined geoscience-statistical method with information from satellites, models, and monitors. Environmental Science and Technology, 53 (5): 2595-2611.

Voogt J A, Oke T R. 2003. Thermal remote sensing of urban climates. Remote Sensing of Environment, 86 (3): 370-384.

Walsh J E, Chapman W L. 1998. Arctic cloud- radiation- temperature associations in observational data and atmospheric reanalyses. Journal of Climate, 11 (11): 3030-3045.

Wang K, Dickinson R E. 2014. Contribution of solar radiation to decadal temperature variability over land Proceedings of the Mational Academy of Sciences of the Unoted States of America, 110 (37): 14877-14882.

Wang K, Dickinson R E. 2012. A review of global terrestrial evapotranspiration: Observation, modeling, climatology, and climatic variability. Reviews of Geophysics, 50 (2): RG2005.

Wang K, Wang J, Wang P, et al. 2007. Influences of urbanization on surface characteristics as derived from the Moderate-Resolution Imaging Spectroradiometer: A case study for the Beijing metropolitan area. Journal of Geophysical Research: Atmospheres, 112 (D22): D22S06.

Wang J, Feng J, Yan Z, et al. 2012. Nested high-resolution modeling of the impact of urbanization on regional climate in three vast urban agglomerations in China. Journal of Geophysical Research: Atmospheres, 117: D21103.

Wang M, Zhang X, Yan X. 2013. Modeling the climatic effects of urbanization in the Beijing-Tianjin-Hebei metropolitan area. Theoretical and Applied Climatology, 113: 377-385.

Wang Y, Zhang R Y, Saravanan R. 2014a. Asian pollution climatically modulates mid-latitude cyclones following hierarchical modelling and observational analysis. Nature Communications, 5: 3098.

Wang X, Liao J, Zhang J, et al. 2014b. A numeric study of regional climate change induced by urban expansion in the Pearl River delta, China. Journal of Applied Meteorology and Climatology, 53: 346-362.

Wang H J, Chen H P, Liu J P. 2015a. Arctic sea ice decline intensified haze pollution in eastern China. Atmospheric and Oceanic Science Letters, 8 (1): 1-9.

Wang J, Feng J, Yan Z. 2015b. Potential sensitivity of warm season precipitation to urbanization extents: Modeling study in Beijing-Tianjin-Hebei urban agglomeration in China. Journal of Geophysical Research: Atmospheres, 120: 9408-9425.

Wang J, Huang B, Fu D, et al. 2016. Response of urban heat island to future urban expansion over the Beijing-Tianjin-Hebei metropolitan area. Applied Geography, 70: 26-36.

Wang K, Jiang S, Wang J, et al. 2017a. Comparing the diurnal and seasonal variabilities of atmospheric and surface urban heat islands based on the Beijing urban meteorological network. Journal of Geophysical Research: Atmospheres, 122 (4): 2131-2154.

Wang S, Zhou C, Wang Z, et al. 2017b. The characteristics and drivers of fine particulate matter ($PM_{2.5}$) distribution in China. Journal of Cleaner Production, 142: 1800-1809.

Wang Q, Li Z, Guo J, et al. 2018a. The climate impact of aerosols on the lightning flash rate: Is it detectable from long-term measurements? Atmospheric Chemistry and Physics, 18: 12797-12816.

Wang S, Liu X, Yang X, et al. 2018b. Spatial variations of $PM_{2.5}$ in Chinese cities for the joint impacts of human activities and natural conditions: A global and local regression perspective. Journal of Cleaner Production, 203: 143-152.

WHO (World Health Organization). 1946. Constitution of the World Health Organization. https://apps. who. int/gb/bd/PDF/bd47/EN/constitution-en. pdf? ua=1.

WHO (World Health Organization). 1997. Twenty Steps for Developing A Healthy Cities Project. http://www. euro. who. int/en/health-topics/environment-and-health/

WHO (World Health Organization). 1998. The WHO Health Promotion Glossary. https://www. who. int/health-promotion/about/HPR%20Glossary%201998. pdf? ua=1.

WHO (World Health Organization) . 2005. WHO air quality guidelines for particulate matter, ozone, nitrogen dioxide and sulfur dioxide. http://apps. who. int/iris/bitstream/10665/69477/1/WHO_SDE_PHE_OEH_06. 02 _eng. pdf (2005).

WHO (World Health Organization). 2016a. Global report on urban health: equitable healthier cities for sustainable development. https://apps. who. int/iris/rest/bitstreams/ 909311 /retrieve.

WHO (World Health Organization). 2016b. Ambient air pollution: A global assessment of exposure and burden of disease. http://www. who. int/phe/publications/air-pollution-global-assessment/en/.

Wilks D S. 2011. Statistical methods in the atmospheric sciences. International Geophysics, 100: 2-676.

Willett K M, Sherwood S. 2012. Exceedance of heat index thresholds for 15 regions under a warming climate using the wet-bulb globe temperature. International Journal of Climatology, 32: 161-177.

Wouters H, De Ridder K, Poelmans L, et al. 2017. Heat stress increase under climate change twice as large in cities as in rural areas: A study for a densely populated midlatitude maritime region. Geophysical Research Letters, 44: 8997-9007.

Wu J. 2008. Making the case for landscape ecology: An effective approach to urban sustainability. Landscape Ecology, 27: 41-50.

Wu J G. 2014. Urban ecology and sustainability: The state-of-the-science and future directions. Landscape and Urban Planning, 125: 209-221.

Wu G, Yao T D, Xu B Q, et al. 2010. Dust concentration and flux in ice cores from the Tibetan Plateau over the past few decades. Tellus B: Chemical and Physical Meteorology, 62 (3): 197-206.

Wu J, Xiang W, Zhao J. 2014. Urban ecology in China: Historical developments and future directions. Landscape Urban Plan, 125: 222-233.

Wu X, Chen Y, Guo J, et al. 2016. Spatial concentration, impact factors and prevention-control measures of $PM_{2.5}$ pollution in China. Natural Hazards, 86 (1): 393-410.

Xie R, Sabel C E, Lu X, et al. 2016. Long-term trend and spatial pattern of $PM_{2.5}$ induced premature mortality in China. Environment International, 97: 180-186.

Xin J, Gong C, Liu Z, et al. 2016. The observation-based relationships between $PM_{2.5}$ and AOD over China. Journal of Geophysical Research: Atmospheres, 121 (18): 10701-10716.

Xu J, Hou S, Chen F, et al. 2009a. Tracing the sources of particles in the East Rongbuk ice core from Mt. Qomolangma. Chinese Science Bulletin, 54 (10): 1781-1785.

Xu Y, Gao X, Shen Y, et al. 2009b. A daily temperature dataset over China and its application in validating a RCM simulation. Advances in Atmospheric Sciences: Atmospheres, 26: 763-772.

Xu J, Yu G, Kang S, et al. 2012. SreNd isotope evidence for modern aeolian dust sources in mountain glaciers of western China. Journal of Glaciology, 58 (211): 859-865.

Xu L, Batterman S, Chen F, et al. 2017. Spatiotemporal characteristics of $PM_{2.5}$ and PM_{10} at urban and corresponding background sites in 23 cities in China. Science of The Total Environment, 599: 2074-2084.

Yang P, Liu W, Zhong J, et al. 2011. Evaluating the quality of temperature measured at automatic weather station in Beijing. Journal of Applied Meteorology, 22 (6): 706-715.

Yang B, Zhang Y, Qian Y. 2012. Simulation of urban climate with high-resolution WRF model: A case study in Nanjing, China, Asia-Pacific. Journal of Atmospheric Science, 48: 227-241.

Yang P, Ren G, Liu W. 2013. Spatial and temporal characteristics of Beijing urban heat island intensity. Journal of Applied Meteorology and Climatology, 52 (8): 1803-1816.

Yang B, Zhang Y, Qian Y, et al. 2015. Calibration of a convective parameterization scheme in the WRF model and its impact on the simulation of East Asian summer monsoon precipitation. Climate Dynamic, 44: 1661-1684.

Yang L, Niyogi D, Tewari M, et al. 2016a. Contrasting impacts of urban forms on the future thermal environment: Example of Beijing metropolitan area. Environmental Research Letters, 11: 034018.

Yang X, Zhao C, Guo J, et al. 2016b. Intensification of aerosol pollution associated with its feedback with surface solar radiation and winds in Beijing. Journal of Geophysical Research: Atmospheres, 121: 4093-4099.

Yang X, Zhao C, Zhou L, et al. 2016c. Distinct impact of different types of aerosols on surface solar radiation in China. Journal of Geophysical Research: Atmospheres, 121: 6459-6471.

Yang Q, Yuan Q, Li T, et al. 2017. The relationships between $PM_{2.5}$ and meteorological factors in china: seasonal and regional variations. International Journal of Environmental Research and Public Health, 14 (12): 1510.

Yang J, Siri J G, Remais J V, et al. 2018a. The Tsinghua- Lancet Commission on Healthy Cities in China: Unlocking the power of cities for a healthy China. The Lancet, 391 (10135): 2140-2184.

Yang X, Zhao C, Zhou L, et al. 2018b. Wintertime cooling and a potential connection with transported aerosols in Hong Kong during recent decades. Atmospheric Research, 211: 52-61.

Yang X, Zhou L, Zhao C, et al. 2018c. Impact of aerosols on tropical cyclone induced precipitation over the mainland of China. Climatic Change, 148 (1-2): 173-185.

Yang Y K, Zhao C F, Sun L, et al. 2019a. Improved aerosol retrievals over complex regions using NPP Visible Infrared Imaging Radiometer Suite observations. Earth and Space Science, 6: 629-645.

Yang X, Zhao C, Luo N, et al. 2019b. Evaluation and Comparison of Himawari-8 L2 V1.0, V2.1 and MODIS C6.1 aerosol products over Asia and the oceania regions. Atmospheric Environment, 220: 117068.

Yang Y, Zhao C F, Dong X B, et al. 2019c. Toward understanding the process-level impacts of aerosols on microphysical properties of shallow cumulus cloud using aircraft observations. Atmospheric Research, 221: 27-33.

Yoon D, Cha D, Lee G, et al. 2018. Impacts of synoptic and local factors on heat wave events over southeastern region of Korea in 2015. Journal of Geophysical Research: Atmospheres, 123 (21): 12081-12096.

Yuan T, Li Z, Zhang R, et al. 2008. Increase of cloud droplet size with aerosol optical depth: An observation and modeling study. Journal of Geophysical Research: Atmospheres, 113 (D4): D04201.

Zaveri R A, Peters L K. 1999. A new lumped structure photochemical mechanism for large-scale applications. Journal of Geophysical Research: Atmospheres, 104: 30387-30415.

Zaveri R A, Easter R C, Fast J D, et al. 2008. Model for Simulating Aerosol Interactions and Chemistry (MOSAIC). Journal of Geophysical Research: Atmospheres, 113: D13204.

Zhai T Y, Zhao Q, Gao W, et al. 2015. Analysis of spatio-temporal variability of aerosol optical depth with empirical orthogonal functions in the Changjiang River Delta, China. Frontiers of Earth Science, 9 (1): 1-12.

Zhang X, Friedl M A, Schaaf C B, et al. 2003. Monitoring vegetation phenology using MODIS. Remote Sense Environment, 84: 471-475.

Zhang Q, Ma X, Tie X, et al. 2009. Vertical distributions of aerosols under different weather conditions: Analysis of in-situ aircraft measurements in Beijing, China. Atmospheric Environment, 43: 5526-5535.

Zhang N, Gao Z, Wang X, et al. 2010. Modeling the impact of urbanization on the local and regional climate in Yangtze River Delta, China. Theoretical and Applied Climatology, 102: 331-342.

Zhang Q, Quan J, Tie X, et al. 2011. Impact of aerosol particles on cloud formation: Aircraft measurements in China. Atmospheric Environment, 45 (3): 665-672.

Zhang J, Liu S, Han J, et al. 2016. Impact of heat waves on nonaccidental deaths in Jinan, China, and associated risk factors. International Journal of Biometeorology, 60 (9): 1367-1375.

Zhang Y, Miao S, Dai Y, et al. 2017. Numerical simulation of urban land surface effects on summer convective rainfall under different UHI intensity in Beijing. Journal of Geophysical Research: Atmospheres, 122: 7851-7868.

Zhang L, Zhang Z, Ye T, et al. 2018. Mortality effects of heat waves vary by ageand area: A multi-area study in China. Environmental Health, 17: 54.

Zhang Q, Zheng Y, Tong D, et al. 2019. Drivers of improved $PM_{2.5}$ air quality in China from 2013 to 2017. Proceedings of the National Academy of Sciences of the United States of America, 116 (49): 24463-24469.

Zhao C, Garrett T. 2015. Effects of Arctic haze on surface cloud radiative forcing. Geophysical Research Letters,

42：557-564.

Zhao P，Zhang X D，Zhou X J，et al. 2004. The sea ice extent anomaly in the North Pacific and its impact on the East Asian summer monsoon rainfall. Journal of Climate，17（17）：3434-3447.

Zhao C F，Andrews A E，Bianco L，et al. 2009. Atmospheric inverse estimates of methane emissions from Central California. Journal of Geophysical Research：Atmospheres，114（D16）：D16302.

Zhao C，Liu X，Leung L R，et al. 2011. Radiative impact of mineral dust on monsoon precipitation variability over West Africa. Atmospheric Chemistry and Physics，11：1879-1893.

Zhao C，Xie S，Klein S A，et al. 2012. Toward understanding of differences in current cloud retrievals of ARM ground-based measurements. Journal of Geophysical Research：Atmospheres，117（D10）：D10206.

Zhao C，Chen S，Leung L R，et al. 2013a. Uncertainty in modeling dust mass balance and radiative forcing from size parameterization. Atmospheric Chemistry and Physics，13：10733-10753.

Zhao C，Leung L R，Easter R，et al. 2013b. Characterization of speciated aerosol direct radiative forcing over California. Journal of Geophysical Research：Atmospheres，118：2372-2388.

Zhao C，Xie S，Jensen M，et al. 2014a. Quantifying uncertainties of cloud microphysical property retrievals with a perturbation method. Journal of Geophysical Research：Atmospheres，119（9）：5375-5385.

Zhao L，Lee X，Smith R B，et al. 2014b. Strong contributions of local background climate to urban heat islands. Nature，511（7508）：216-219.

Zhao C F，Li Y N，Zhang F，et al. 2018a. Growth rates of fine aerosol particles at a site near Beijing in June 2013. Advances in Atmospheric Sciences，35（2）：209-217.

Zhao C，Lin Y，Wu F，et al. 2018b. Enlarging rainfall area of tropical cyclones by atmospheric aerosols. Geophysical Research Letters，45（16）：8604-8611.

Zhao C，Wang Y，Shi X，et al. 2019a. Estimating the contribution of local primary emissions to particulate pollution using high- density station observations. Journal of Geophysical Research：Atmospheres，124：1648-1661.

Zhao C F，Zhao L J，Dong X B. 2019b. A case study of stratus cloud properties using in situ aircraft observations over Huanghua，China. Atmosphere，10（1）：19.

Zhao X，Zhou W，Han L. 2019c. Human activities and urban air pollution in Chinese mega city：An insight of ozone weekend effect in Beijing. Physics and Chemistry of the Earth，110：109-116.

Zhao C F，Yang Y K，Fan H，et al. 2020. Aerosol characteristics and impacts on weather and climate over Tibetan Plateau. National Science Review，7（3）：492-495.

Zheng Y，Zhao T，Che H，et al. 2016. A 20-year simulated climatology of global dust aerosol deposition. Science of The Total Environment，557：861-868.

Zhou L，Dickinson R E，Tian Y，et al. 2004. Evidence for a significant urbanization effect on climate in China. Proceedings of the National Academy of Sciences of the United States of America，101：9540-9544.

Zhou D，Zhao S，Zhang L，et al. 2016. Remotely sensed assessment of urbanization effects on vegetation phenology in China's 32 major cities. Remote Sensing of Environment，176：272-281.

Zhu X, Zhang Q, Sun P, et al. 2019. Impact of urbanization on hourly precipitation in Beijing, China: Spatiotemporal patterns and causes. Global and Planetary Change, 172: 307-324.
Zou B, You J, Lin Y, et al. 2019. Air pollution intervention and life-saving effect in China. Environment International, 125: 529-541.